国家电网有限公司

技能人员专业培训教材

信息通信工程建设

上册

国家电网有限公司　组编

图书在版编目（CIP）数据

信息通信工程建设：全 2 册/国家电网有限公司组编. —北京：中国电力出版社，2020.5
国家电网有限公司技能人员专业培训教材
ISBN 978-7-5198-4172-0

Ⅰ. ①信… Ⅱ. ①国… Ⅲ. ①信息技术–通信工程–技术培训–教材 Ⅳ. ①TN91

中国版本图书馆 CIP 数据核字（2020）第 022848 号

出版发行：中国电力出版社
地　　址：北京市东城区北京站西街 19 号（邮政编码 100005）
网　　址：http://www.cepp.sgcc.com.cn
责任编辑：王杏芸（010-63412394）
责任校对：黄　蓓　王小鹏　常燕昆
装帧设计：郝晓燕　赵姗姗
责任印制：杨晓东

印　　刷：三河市百盛印装有限公司
版　　次：2020 年 5 月第一版
印　　次：2020 年 5 月北京第一次印刷
开　　本：710 毫米×980 毫米　16 开本
印　　张：59
字　　数：1118 千字
印　　数：0001—2000 册
定　　价：180.00 元（上、下册）

本书编委会

前　言

为贯彻落实国家终身职业技能培训要求，全面加强国家电网有限公司新时代高技能人才队伍建设工作，有效提升技能人员岗位能力培训工作的针对性、有效性和规范性，加快建设一支纪律严明、素质优良、技艺精湛的高技能人才队伍，为建设具有中国特色国际领先的能源互联网企业提供强有力人才支撑，国家电网有限公司人力资源部组织公司系统技术技能专家，在《国家电网公司生产技能人员职业能力培训专用教材》（2010 年版）基础上，结合新理论、新技术、新方法、新设备，采用模块化结构，修编完成覆盖输电、变电、配电、营销、调度等 50 余个专业的培训教材。

本套专业培训教材是以各岗位小类的岗位能力培训规范为指导，以国家、行业及公司发布的法律法规、规章制度、规程规范、技术标准等为依据，以岗位能力提升、贴近工作实际为目的，以模块化教材为特点，语言简练、通俗易懂，专业术语完整准确，适用于培训教学、员工自学、资源开发等，也可作为相关大专院校教学参考书。

本书为《信息通信工程建设》分册，共分为上、下两册，由曹晶、薛晓峰、黄敏、程雷、丁士长、蒋同军、马跃、曹爱民、战杰、张耀坤、杜森编写。在出版过程中，参与编写和审定的专家们以高度的责任感和严谨的作风，几易其稿，多次修订才最终定稿。在本套培训教材即将出版之际，谨向所有参与和支持本书籍出版的专家表示衷心的感谢！

由于编写人员水平有限，书中难免有错误和不足之处，敬请广大读者批评指正。

目 录

上 册

第一部分 传输、接入设备安装与调试

第二部分　通信交换设备安装与调试

下　　册

第三部分　数据网络、安全及服务设备安装与调试

第四部分　机房辅助设施安装与调试

第五部分　光缆敷设、接续与测试

第六部分　信息通信规程规范

第一部分

传输、接入设备安装与调试

第一章

SDH 设备安装与调试

模块 1　SDH 设备硬件组成（Z38E1001 Ⅰ）

【模块描述】本模块包含常见的 SDH 网元类型和 SDH 设备基本逻辑功能块组成。通过对 TM、ADM、REG、DXC 功能的描述及各功能块对信号流处理过程的介绍，掌握 SDH 设备的基本组成。

【模块内容】

在 SDH 网络中经常提到的一个概念是网元，网元就是网络单元，一般把能独立完成一种或几种功能的设备都称之为网元。一个设备就可称为一个网元，但也有多个设备组成一个网元的情况。

一、SDH 网络的常见网元

SDH 网的基本网元有终端复用器（TM）、分/插复用器（ADM）、再生中继器（REG）和数字交叉连接设备（DXC）。通过这些不同的网元完成 SDH 网络功能：上/下业务、交叉连接业务、网络故障自愈等，下面讲述这些网元的特点和基本功能。

1. TM——终端复用器

终端复用器用在网络的终端站点上，如一条链的两个端点上，它是一个双端口器件，如图 1–1–1 所示。

它的作用是将支路端口的低速信号复用到线路端口的高速信号 STM–N 中，或从 STM–N 的信号中分出低速支路信号。请注意它的线路端口仅输入/输出一路 STM–N 信号，而支路端口却可以输出/输入多路低速支路信号。在将低速支路信号复用进 STM–N 帧（线路）上时，有一个交叉的功能。

2. ADM——分/插复用器

分/插复用器用于 SDH 传输网络的转接站点处，例如链的中间结点或环上结点，是 SDH 网上使用最多、最重要的一种网元，它是一个三端口的器件，如图 1–1–2 所示。

ADM 有两个线路端口和一个支路端口。ADM 的作用是将低速支路信号交叉复用到线路上去，或从线路信号中拆分出低速支路信号。另外，还可将两个线路侧的 STM–N

信号进行交叉连接。

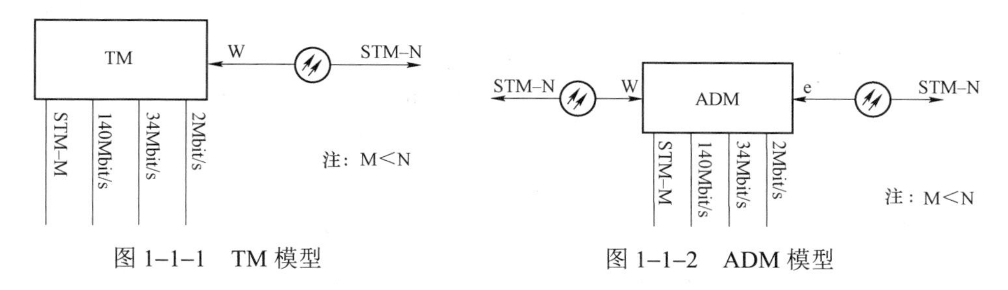

图 1–1–1　TM 模型　　　图 1–1–2　ADM 模型

ADM 是 SDH 最重要的一种网元，它也可等效成其他网元，即能完成其他网元的功能，如一个 ADM 可等效成两个 TM。

3. REG——再生中继器

光传输网的再生中继器有两种，一种是纯光的再生中继器，主要进行光功率放大以实现长距离光传输的目的；另一种是用于脉冲再生整形的电再生中继器，主要通过光/电转换、抽样、判决、再生整形、电/光转换，这样可以不积累线路噪声，保证线路上传送信号波形的完好性。REG 讲的是后一种再生中继器，它是双端口器件，只有两个线路端口，没有支路端口。REG 模型如图 1–1–3 所示。

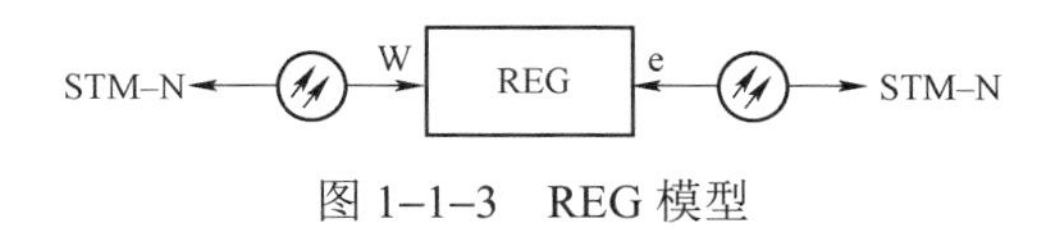

图 1–1–3　REG 模型

它的作用是将一个线路侧的光信号经光/电转换、抽样、判决、再生整形、电/光转换，在另一个线路侧发出。

4. DXC——数字交叉连接设备

数字交叉连接设备完成的主要是 STM–N 信号的交叉连接功能，它是一个多端口器件，实际上相当于一个交叉矩阵，完成各个信号间的交叉连接，如图 1–1–4 所示。

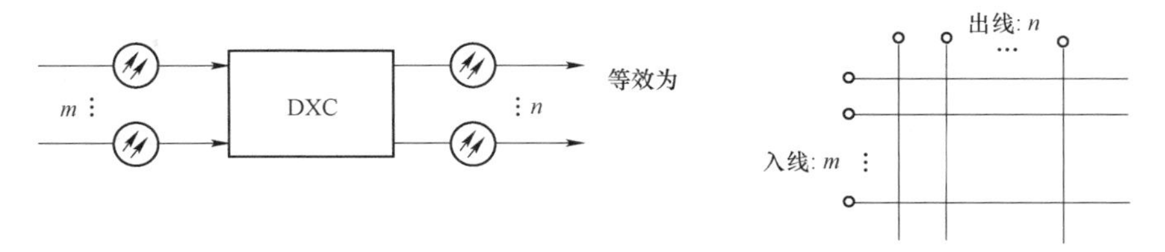

图 1–1–4　DXC 模型

通常用 DXCm/n 来表示一个 DXC 的配置类型和性能（$m \geqslant n$），其中 m 表示输入端口速率的最高等级，n 表示参与交叉连接的最低速率等级。m 越大表示 DXC 的承载容量越大；*n* 越小表示 DXC 的交叉灵活性越大。其中，数字 0 表示 64kbit/s 电路速率；数字 1、2、3、4 分别表示 PDH 的 1～4 次群的速率，其中 4 也代表 SDH 的 STM1 等级；数字 5 和数字 6 分别代表 SDH 的 STM4 和 STM16 等级。例如，DXC4/1 表示输入端口的最高速率为 155Mbit/s（对于 SDH）或 140Mbit/s（对于 PDH），而交叉连接的最低速率等级为 2Mbit/s。目前应用最广泛的是 DXC1/0、DXC4/1 和 DXC4/4。

二、SDH 设备的逻辑功能块

ITU–T 采用功能参考模型的方法对 SDH 设备进行了规范，将设备所应完成的功能分解为各种基本的标准功能块，功能块的实现与设备的物理实现无关（以哪种方法实现不受限制），不同的设备由这些基本的功能块灵活组合而成，以完成设备不同的功能。通过基本功能块的标准化，来规范了设备的标准化，同时也使规范具有普遍性，叙述清晰简单。

下面以一个 TM 设备的典型功能块组成来讲述各个基本功能块的作用，如图 1–1–5 所示。

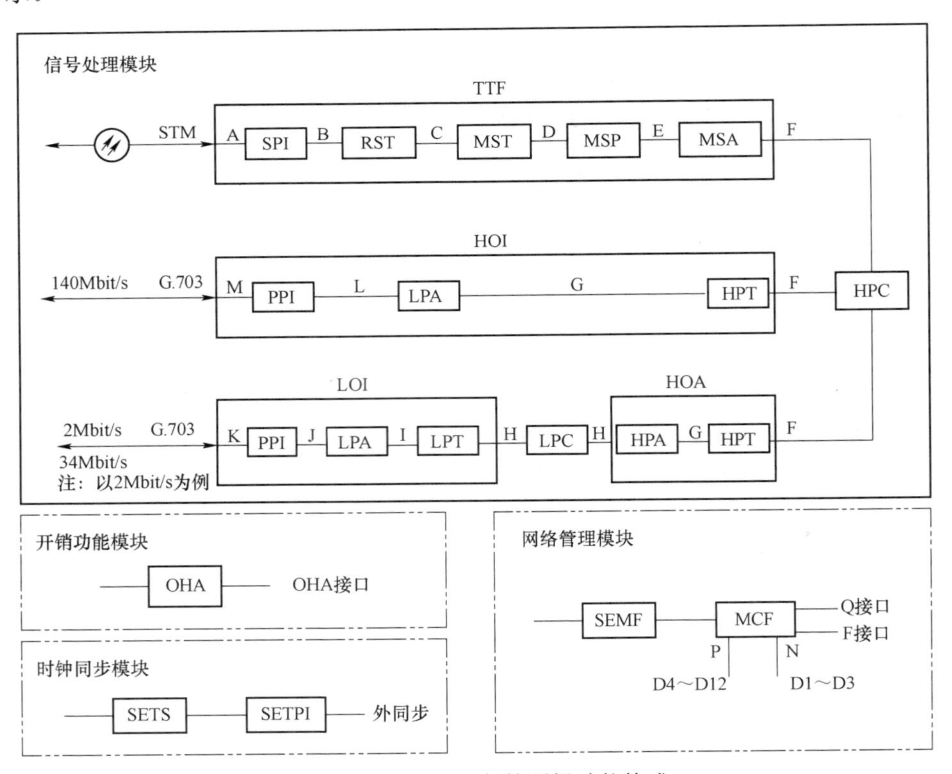

图 1–1–5 SDH 设备的逻辑功能构成

从图1–1–5可以看出，SDH设备的逻辑功能块可以分为四个大的模块：信号处理模块、开销功能模块、网络管理模块和时钟同步模块。其中比较复杂的是信号处理模块，下面逐一对这些模块进行讨论。

（一）信号处理模块

信号处理模块的主要作用是将各种低速业务（2Mbit/s、34Mbit/s、140Mbit/s）复用到光纤线路，以及从光纤线路上解复用出各种低速业务。以140Mbit/s为例，复用过程为M→L→G→F→E→D→C→B→A，解复用的过程为A→B→C→D→E→F→G→L→M。其中，信号处理模块又可以分为传送终端功能块（TTF）、高阶接口功能块（HOI）、低阶接口功能块（LOI）、高阶组装器（HOA）四个复合功能块，以及高阶通道连接功能块（HPC）、低阶通道连接功能块（LPC）。

1. 传送终端功能块（TTF）

传送终端功能块的作用是在收方向对STM–N光线路进行光/电变换（SPI）、处理RSOH（RST）、处理MSOH（MST）、对复用段信号进行保护（MSP）、对AUG消间插并处理指针AU–PTR，最后输出N个VC4信号；发方向与此过程相反，进入TTF的是VC4信号，从TTF输出的是STM–N的光信号。它由下列子功能块组成：

（1）SPI，SDH物理接口功能块。SPI是设备和光路的接口，主要完成光/电变换、电/光变换，提取线路定时，以及相应告警的检测。

（2）RST，再生段终端功能块。RST是再生段开销（RSOH）的源和宿，也就是说RST功能块在构成SDH帧信号的过程中产生RSOH（发方向），并在相反方向（收方向）处理（终结）RSOH。

（3）MST，复用段终端功能块。MST是复用段开销（MSOH）的源和宿，在接收方向处理（终结）MSOH，在发方向产生MSOH。

（4）MSP，复用段保护功能块。MSP用以在复用段内保护STM–N信号，防止随路故障，它通过对STM–N信号的监测、系统状态评价，将故障信道的信号切换到保护信道上去（复用段倒换）。

（5）MSA，复用段适配功能块。MSA的功能是处理和产生管理单元指针（AU–PTR），以及组合/分解整个STM–N帧，即将AUG组合/分解为VC4。

2. 高阶接口功能块（HOI）

此复合功能块作用是完成将140Mbit/s的PDH信号适配进C或VC4的功能，以及从C或VC4中提取140Mbit/s的PDH信号的功能。它由下列子功能块组成：

（1）PPI，PDH物理接口功能块。PPI的功能是作为PDH设备和携带支路信号的物理传输媒质的接口，主要功能是进行码型变换和支路定时信号的提取。

（2）LPA，低阶通道适配功能块。LPA的作用是通过映射和去映射将PDH信号适配进 C（容器），或把 C 信号去映射成 PDH 信号。

（3） HPT，高阶通道终端功能块。从 HPC 中出来的信号分成了两种路由：一种进 HOI 复合功能块，输出 140Mbit/s 的 PDH 信号；另一种进 HOA 复合功能块，再经 LOI 复合功能块最终输出 2Mbit/s 的 PDH 信号。不过不管走哪一种路由都要先经过 HPT 功能块。

3. 低阶接口功能块（LOI）

此复合功能块作用是完成将 2Mbit/s、34Mbit/s 的 PDH 信号适配进 VC12 的功能，以及从 VC12 中提取 2Mbit/s、34Mbit/s 的 PDH 信号的功能。它由下列子功能块组成：

（1） PPI，PDH 物理接口功能块。PPI 的功能是作为 PDH 设备和携带支路信号的物理传输媒质的接口，主要功能是进行码型变换和支路定时信号的提取。

（2） LPA，低阶通道适配功能块。LPA 的作用是通过映射和去映射将 PDH 信号适配进 C（容器），或把 C 信号去映射成 PDH 信号。

（3） LPT，低阶通道终端功能块。LPT 是低阶 POH 的源和宿，对 VC12 而言就是处理和产生 V5、J2、N2、K4 四个 POH 字节。

4. 高阶组装器（HOA）

此复合功能块作用是将 2Mbit/s 和 34Mbit/s 的 POH 信号通过映射、定位、复用，装入 C4 帧中，或从 C4 中拆分出 2Mbit/s 和 34Mbit/s 的信号。它由下列子功能块组成：

（1） HPA，高阶通道适配功能块。HPA 的作用有点类似 MSA，只不过进行的是通道级的处理/产生支路单元指针（TU–PTR），将 C4 这种信息结构拆/分成 TU12（对 2Mbit/s 的信号而言）。

（2） HPT，高阶通道终端功能块。从 HPC 中出来的信号分成了两种路由：一种进 HOI 复合功能块，输出 140Mbit/s 的 PDH 信号；另一种进 HOA 复合功能块，再经 LOI 复合功能块最终输出 2Mbit/s 的 PDH 信号。不过不管走哪一种路由都要先经过 HPT 功能块。

5. 高阶通道连接功能块（HPC）

HPC 实际上相当于一个高阶交叉矩阵，它完成对高阶通道 VC4 进行交叉连接的功能，除了信号的交叉连接外，信号流在 HPC 中是透明传输的。

6. 低阶通道连接功能块（LPC）

LPC 与 HPC 类似，LPC 也是一个交叉连接矩阵，不过它是完成对低阶 VC（VC12/VC3）进行交叉连接的功能，可实现低阶 VC 之间灵活的分配和连接。

（二）开销功能模块

开销功能模块比较简单，它只含一个逻辑功能块 OHA，它的作用是从 RST 和 MST 中提取或写入相应 E1、E2、F1 公务联络字节，进行相应的处理。

（三）网络管理模块

网络管理模块主要完成网元和网管终端间、网元和网元间的 OAM 信息的传递和互通，它由下列功能块组成：

1. SEMF 同步设备管理功能块

它的作用是收集其他功能块的状态信息，进行相应的管理操作。这就包括了向各个功能块下发命令，收集各功能块的告警、性能事件，通过数据通信通路（DCC）向其他网元传送 OAM 信息，向网络管理终端上报设备告警、性能数据及响应网管终端下发的命令。

2. MCF 消息通信功能块

MCF 功能块实际上是 SEMF 和其他功能块和网管终端的一个通信接口，通过 MCF，SEMF 可以和网管进行消息通信。另外，MCF 通过 N 接口和 P 接口分别与 RST 和 MST 上的 DCC 通道交换 OAM 信息，实现网元和网元间的 OAM 信息的互通。

（四）时钟同步模块

时钟同步模块主要完成 SDH 网元的时钟同步作用，它由下列功能块组成：

（1） SETS 同步设备定时源功能块。提供 SDH 网元乃至 SDH 系统的定时时钟信号。

（2） SETPI 同步设备定时物理接口。SETS 与外部时钟源的物理接口，SETS 通过它接收外部时钟信号或提供外部时钟信号。

【思考与练习】

1. SDH 常见的网元形式有哪些？

2. DXC4/1 的表示的是不是“四个线路侧端口、一个支路侧端口的 DXC”？

3. TTF 功能块的作用是什么？

模块 2　SDH 设备板卡及其功能（Z38E1002 Ⅰ）

【模块描述】本模块包含 SDH 设备组成板件及其功能描述。通过 SDH 设备主控板、交叉板、线路板、支路板等各组成板件作用及特性的介绍，掌握 SDH 设备各板件的功能及其相互关系。

【模块内容】

SDH 设备由子架和功能单元组成，功能单元由相应的板件组成。不同设备的板件设计不同，下面介绍常见的板件类型。

一、线路接口单元板件

线路接口单元由各种 SDH 光板、光放板和色散补偿板等板件组成，所以也称为

SDH 接口单元。

1. SDH 光板

（1）SDH 光板在接收方向进行光/电转换，将 STM–N 的 SDH 光信号进行解复用成 VC4 级别，送入交叉连接单元，进行内部处理；在发送方向进行电/光转换，将 VC4 信号复用成 STM–N 级别的 SDH 光信号，送入光缆线路。同时，SDH 光板还有上报光路故障告警等功能。

（2）SDH 光板的工作模式一般为单模，工作波长一般为 1310nm 或 1550nm。SDH 光板根据传输速率可以分为 STM–1、STM–4、STM–16 和 STM–64 四种；根据光口的数量可以分为单光口光板和多光口光板；根据传输距离可分为局间（I 口）光板、短距（S 口）光板、长距（L 口）光板。

2. 光放板

光放板用于提升发光的光功率和接收灵敏度，配合 SDH 光板进行长距离传输时使用。光放板根据安装在光板的发端、收端和中间，分别称为功放（BA）、预放/前放（PA）和线放（LA）。

3. 色散补偿板

色散补偿板用于抵消色散效应，配合 SDH 光板进行长距离传输时使用。色散补偿板分为不可调色散量色散补偿板和可调色散量色散补偿板，常见的是使用色散补偿光纤技术实现的不可调色散量色散补偿板。

二、支路接口单元板件

支路接口单元由各种 PDH 业务板、SDH 业务板、以太网业务板、ATM 业务板等组成。

1. PDH 业务板

（1）PDH 业务板对 PDH 的信号（E1/T1、E3/T3…）进行映射、定位和复用成 VC12、VC3、VC4 级别，送入交叉连接单进行交叉处理，以及逆过程的处理。PDH 业务板具有对 PDH 业务信号的保护功能，以及上报 PDH 支路故障告警等功能。

（2）PDH 业务板的保护一般采用 1:N 业务保护倒换（TPS）来实现。其工作原理是用保护槽位上的一块业务板来保护工作槽位上的 N 个业务板，当某个工作槽位上的业务板故障，保护槽位上的业务板立即介入进行替代工作，达到保护支路板的作用，如图 1–2–1 所示。

（3）PDH 业务板一般由 PDH 处理板、PDH 接线板、PDH 保护倒换板组成，也可能这三块板件集成为一块板件。处理板进行业务处理（如映射、定位和复用等）。接线板不进行信号的处理，仅仅对信号进行传递和转接。保护倒换板配合处理板和接线板进行 TPS 保护。

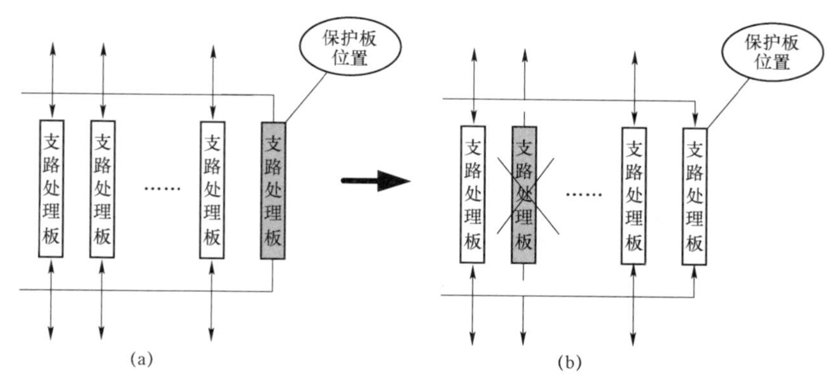

图 1-2-1 1:*N* 业务保护倒换（TPS）示意图
（a）正常工作状态；（b）保护工作状态

PDH 业务板中，2M 业务板的阻抗分为 75 欧姆非平衡式和 120 欧姆平衡式两种。

2. SDH 业务板

（1）SDH 业务板一般特指处理 STM-1 电信号的 SDH 业务板。SDH 业务板对 STM-1 电信号的 SDH 业务进行映射、定位和复用成 VC4 级别，送入交叉连接单进行交叉处理，以及逆过程的处理。SDH 业务板具有对 SDH 业务信号的 TPS 保护功能，以及上报 SDH 支路故障告警等功能。

（2）SDH 业务板一般由 SDH 处理板、SDH 接线板、SDH 保护倒换板组成，也可能这三块板件集成为一块板件。处理板进行业务处理（如映射、定位和复用等）。接线板不进行信号的处理，仅仅对信号进行传递和转接。保护倒换板配合处理板和接线板，进行 TPS 保护。

3. 以太网业务板

（1）以太网业务板对以太网的信号（10Base_T/100Base_T/1000Base_T，电口/光口等）进行以太网处理，并映射、定位和复用成 VC12/VC4 级别，送入交叉连接单元进行交叉处理，以及逆过程的处理。以太网业务板具有对以太网业务信号的 TPS 保护功能，以及上报以太网支路故障告警等功能。

（2）以太网业务板一般由以太网处理板、以太网接线板、以太网保护倒换板组成，也可能这三块板件集成为一块板件。处理板进行业务处理（如映射、定位和复用等）。接线板不进行信号的处理，仅仅对信号进行传递和转接。保护倒换板配合处理板和接线板，进行 TPS 保护。

（3）以太网单板根据支持的功能和协议，可以分为透传以太网板、二层交换以太网板和以太环网板等，根据速率可以分为百兆以太网板、千兆以太网板、万兆以太网板等，根据接口类型可以分为电口以太网板、多模光口以太网板、单模光口以太网板等。

4. ATM 业务板

ATM 业务板目前使用得较少，目前 SDH 设备主要支持 155Mbit/s 和 622Mbit/s 两种 ATM 光板，在本模块不展开描述。

三、交叉连接单元板件

（1）交叉连接单元由交叉板组成，作用是对线路板和支路板送过来的 VC 信号进行高低阶交叉连接，从而实现业务的连通与调度功能。

（2）交叉板是 SDH 设备的关键板件之一，一般情况下，设备均支持交叉板的 1+1 热保护，就是一台设备上同时插两块交叉板，一主一备。当主用交叉板故障后，备用交叉板立即启动代替主用交叉板工作，从而达到不间断运行的目的。

（3）交叉板的交叉功能分为高阶交叉和低阶交叉，分别表示对 VC4 和 VC12 的交叉连接能力（VC3 的交叉使用较少）。

（4）交叉板的最主要技术指标是交叉能力，一般用 G 或 VC 表示，比如“高阶 200G，低阶 20G”，和“高阶 1280×1280VC4，低阶 8064×8064VC12”的描述是同一个意思。

四、同步定时单元板件

同步定时单元由时钟板组成，作用是从外接时钟提取时钟信息，自身晶体时钟提供时钟同步信息，提供给其他设备时钟同步信息，以及这些时钟同步信息的处理。

时钟板是 SDH 设备的关键板件之一，一般设备均支持 1+1 热保护。

五、系统控制与通信单元板件

系统控制与通信单元由主控板组成，作用是提供系统控制和通信功能，同时提供网管接口功能。

主控板对于 SDH 设备来说，不属于关键板件，只有在网管需要下发配置和读取网元相关信息的时候，主控板才起作用。如果主控板故障，不会影响 SDH 网络业务的运行，所以一般无需配置 1+1 热保护。

六、辅助功能单元板件

辅助功能单元主要由电源板、开销板、辅助接口板、风扇等板件组成。

电源板实现电源的引入和防止设备受异常电源的干扰功能，属于关键板件，一般设备均支持 1+1 热保护。

开销板作用是利用闲置开销字节实现一些辅助功能，不属于关键板件，一般无需配置 1+1 热保护。

辅助接口板作用是为设备提供辅助接口，不属于关键板件，一般无需配置 1+1 热保护。

风扇的作用是在需要的时候，对 SDH 设备进行风冷降温。

【思考与练习】

1. SDH 线路单元板件有哪些板件？
2. 时钟板是否为关键板件？
3. 如果支路接口单元板件采用 1+1 的热保护缺点是什么？

模块 3　SDH 设备安装（Z38E1003 Ⅰ）

【模块描述】本模块包含 SDH 光传输设备安装。通过对 SDH 光传输设备安装前机房环境和设备器材的检查要点以及槽道和列柜的安装、电缆布放和成端处理、电源线布放等工作规范的介绍，掌握 SDH 光传输设备安装的规范要求。

本模块侧重介绍了 SDH 光传输设备安装流程中各项工作的基本要求。

【模块内容】

一、安装准备

为保证整个设备安装的顺利进行，需要准备以下相关技术资料及工具。

（1） 合同协议书、设备配置表。

（2） 机房设计书、施工详图。

（3） 安装手册。

除常用工具和仪表外，还需准备好 2M 误码仪、光连接器、卡线钳、防静电手腕、光功率计、光衰减器、专用拔纤器等。仪表必须经过严格校验，证明合格后方能使用。

二、施工条件的检查

1. 机房建筑条件检查

按照传输机房建筑要求，对机房的面积、高度、承重、门窗、墙面、沟槽布置等有关项目进行检查。如果有不符合要求的地方，建议用户进行工程改造，以免给工程安装和日后的运行维护工作留下隐患。

2. 环境条件检查

（1） 机房的照明条件包括日常照明、备用照明、事故照明，三套照明系统要达到满足设备维护的要求。

（2） 空调通风系统足以保证机房环境满足设备温、湿度要求。

（3） 有效的防静电、防干扰、防雷措施和良好的接地系统。

（4） 机房应配备足够的消防设备。

（5） 机房设计达到规定的抗震等级。机房地面应坚固，确保机柜的紧固安装。

3. 机房供电条件检查

（1） 交流电供电设施齐全，满足通信电源的交流电压及其波动范围要求和传输设备功率要求。除了市电引入线外，应提供备用电源。

（2）直流配电设备满足要求，供电电压满足设备直流电源电压指标。

（3）有足够容量的蓄电池，保证在供电事故发生时，传输设备能继续运行。

4. 配套设备、其他设施检查

（1）应检查与其对接的交换设备和其他设备（如附属的数字配线架 DDF、光配线架 ODF）是否正常连接。

（2）施工现场需配备必要的交流电源及引伸插座。

三、机柜安装

机柜安装的基本要求包括：

（1）机柜的排列、安装位置及方向应符合设计要求。

（2）机柜前后左右，与地面垂直，偏差不应大于 3mm。

（3）主走道侧对齐成直线，误差不大于 5mm，相邻机柜紧密靠拢，整列机柜平齐。

（4）机柜固定方式符合厂家规定，防震加固措施符合设计要求，各紧固部分牢固无松动。

（5）机柜有可靠接地。

（6）保护地、电源地分开接入机柜。

（7）机柜各种标志应正确、清晰、齐全。

（8）防静电手腕插入机柜上的防静电安装孔内。

（9）机柜上方的声光告警系统工作正常。

四、结构件安装

结构件安装的基本要求包括：

（1）各结构件如子架、风机盒等不能存在变形或碰伤等现象。

（2）机柜各结构件安装螺钉都需加平垫、弹垫并拧紧。

（3）母板上的插针应平直、整齐、清洁。

（4）子架按设计线路正确接地，连接牢靠。

（5）内部电缆布放应便于维护扩容。

（6）风扇电源开关正常，风扇转动正常。

五、单板安装

1. 插入单板

插入单板时，按以下步骤进行：

（1）如果子架相应槽位上装有假拉手条，先用螺丝旋具松开该拉手条的松不脱螺钉，将假拉手条从插框中拆除。

（2）双手向外翻动单板拉手条上的扳手，沿着插槽导轨平稳滑动插入单板，当该单板的拉手条上的扳手与子架接触时停止向前滑动。

（3）双手向内翻动单板拉手条上的扳手，靠扳手与子架定位孔的作用力，将单板插入子架，直到拉手条的扳手内侧贴住拉手条面板。

（4）用螺丝旋具拧紧松不脱螺钉，固定单板。

2. 拔出单板

拔出单板时，按以下步骤进行：

（1）首先要松开拉手条上的松不脱螺钉。

（2）双手抓住拉手条上的扳手，然后朝外拉扳手，使单板和背板上的接插件分离，缓慢拉出单板。

（3）拔出单板后，把拉扳手向内翻，固定单板上的拉扳手。

（4）如果需要，要把假拉手条装上。

3. 注意事项

（1）拔插单板时不可过快，要缓缓推入或拔出。

（2）插入单板时注意对准上下的导轨，沿着导轨推入才能与背板准确对接。

（3）单板插入槽位后，要拧紧单板拉手条上的两颗松不脱螺钉，保证单板拉手条与插框的可靠接触。

（4）插拔单板时要佩戴防静电手腕，或者戴上防静电手套。

（5）在未插单板的槽位处，需安装假拉手条，以保证良好的电磁兼容性及防尘要求。

六、线缆布放

（1）直流电源线的敷设路由、路数及布放位置应符合施工图的规定。电源线的规格、熔丝的容量均应符合设计要求。

（2）电源线必须采用整段线料，中间无接头。

（3）电缆转弯应均匀圆滑，转弯的曲率半径应大于电缆直径的 5 倍。

（4）电缆绑扎应紧密靠拢，外观平直整齐，线扣间距均匀，松紧适度。

（5）直流电源线的成端接续连接牢靠，接触良好，电压降指标及对地电位符合设计要求。

（6）光纤应顺直布放，不扭绞，拐弯处曲率半径不小于光纤直径的 20 倍。

（7）走线槽架内布放尾纤应加套管进行保护，无套管保护处用扎带绑扎，但不宜过紧。

七、安装完成后检查

（1）采取防静电措施后，对业务盘上的拨码开关、跳针等进行设置。

（2）核查设备外观、连线、位置等，测量直流电源屏相应分路电压、极性是否符合要求。

（3）按照机柜、子架、机盘的先后顺序，对设备逐级加电。通电后，检查设备的指示灯、告警灯、风扇装置等是否工作正常。

【思考与练习】

1. SDH 光传输设备安装时应准备好哪些专用工具和仪表？
2. 安装机柜有哪些基本要求？
3. 简述 SDH 单板插拔的步骤及注意事项。
4. SDH 设备通电时，应按照什么顺序对设备加电？

模块 4 SDH 设备板卡配置（Z38E1004Ⅱ）

【模块描述】本模块包含 SDH 设备各种板卡配置方法。通过对主控板、交叉板、时钟板、线路板、支路板、电源板等板卡配置方法的介绍，掌握网络开局时 SDH 各种板卡配置的方法。

【模块内容】

SDH 设备硬件安装后，还需要通过网管系统进行一定的软件配置。SDH 设备的软件配置大致可以分为板卡配置、业务配置和辅助功能配置。板卡配置主要作用是让板卡软件正确地运行，做好传递业务的准备。业务配置是根据业务需求在网络中进行相应的业务传送的软件设置。辅助功能配置是为了保障业务正确传送或网络更好运行而进行的其他软件设置，如时钟同步设置、公务电话设置、网管通道设置等。

常见 SDH 设备的板卡配置主要有两个步骤：单板就位操作和单板开工操作。单板就位操作就是在网管侧将设备上的板卡进行正确的加载，使网管侧和设备侧数据一致，为下一步在网管上进行软件设置操作做好准备。单板就位操作完成后，安装好的板卡即处于在位状态。单板开工操作就是对相应的板卡的单板软件进行启动，完成板卡的自检。单板开工操作结束后，板卡配置即完成，可以进行业务配置和辅助功能配置了。需要说明的是，不同设备、不同板件的板卡配置过程是不同的，比如有些单板安装加电后，就自动开工，无需人工设置。

下面以华为 OptiXOSN3500 为例对 SDH 的单板设置进行描述。

一、主控板配置

网管系统通过连接网络中某个网元的主控板进行全网的管理，要使用网管系统对 SDH 设备进行软件设置，首先，必须对主控板进行正确的软件设置。除了主控板必须先进行软件配置外，其余板卡的配置顺序没有明确要求。

OptiXOSN3500 的主控板经过正确的硬件安装并加电后，默认就位，同时主控板软件自动运行完成开工操作。主控板的软件开始运行后，就可以通过网管登录到网元对其他板卡的进行配置了。

二、交叉板配置

1. 单板就位操作

首先，在 T2000 网管主视图上双击网元打开板位图，在第 9 槽位单击鼠标右键弹出快捷菜单，菜单显示的单板类型为此槽位能添加安装的单板，选择“添加 GXCSA”命令，如图 1–4–1 所示。

如果错误选择了不同类型的交叉板，网管会报单板类型错误的提示。

操作完成后，交叉板未开工时在网管上对应槽位显示蓝色，表示单板就位操作完成。

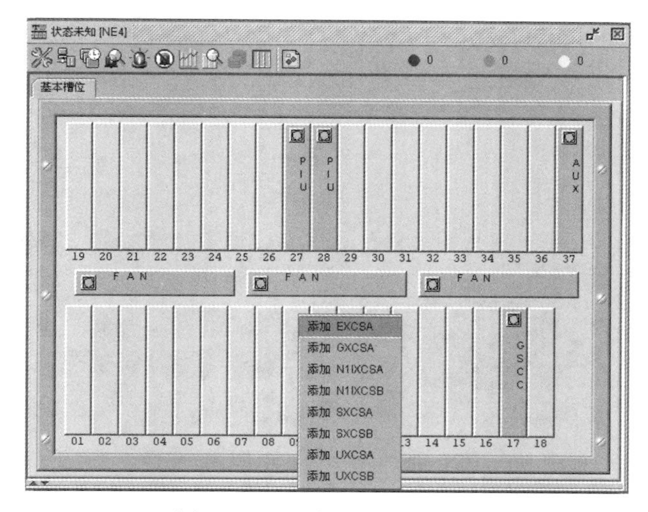

图 1–4–1　添加 GXCSA 单板

2. 单板开工操作

单板就位操作完成后，GXCS 交叉板自动进行单板开工操作。通过双击网元打开板位图查看单板在板位图上是否显示变为绿色，可以确认 GXCS 交叉板单板是否开工。

三、时钟板配置

华为设备的时钟板基本上都是集成在交叉板上的，交叉板开工后，时钟板也同时开工，所以在网管不需要进行专门的配置操作。

四、电源板、风扇、辅助接口板等板卡配置

单板正确硬件安装并加电运行后，电源板、风扇、辅助接口板自动就位并开工，不需在网管上进行任何配置操作。

五、线路板配置

以 OptixOSN3500 在 8 槽位安装一块 N1SL16 为例，板卡配置步骤如下：

1. 单板就位操作

首先，在 T2000 网管主视图上双击网元打开板位图，在第 8 槽位右击弹出快捷菜单，选择“添加 N1SL16”命令，如图 1–4–2 所示。

操作完成后，N1SL16 板在网管上对应槽位是蓝色的，单板就位操作完成。

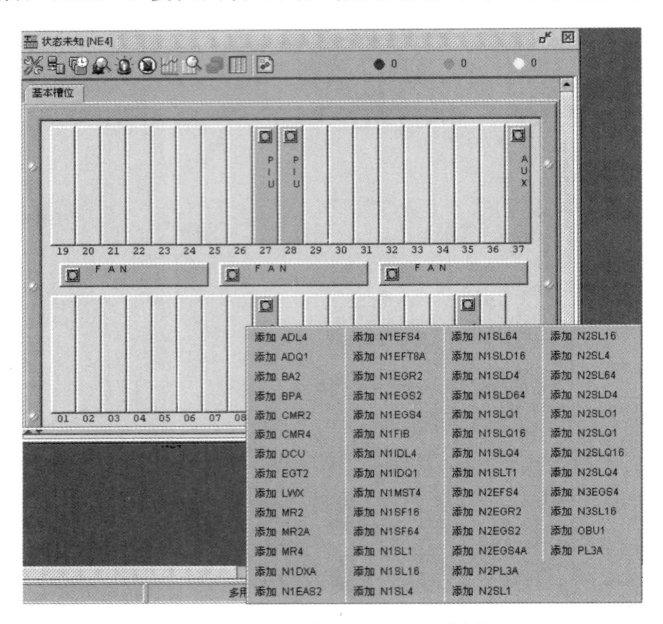

图 1–4–2　添加 N1SL16 单板

2. 单板开工操作

单板就位操作完成后，N1SL16 线路板软件自动运行，完成自检和开工操作。通过双击网元打开板位图查看单板在板位图上是否显示是绿色的，可以确认 N1SL16 单板是否开工。如果此单板未收到对端光板发送的光信号，单板开工后单板会上报 R–LOS（光信号丢失）紧急告警。

六、支路板配置

支路板的配置方法与线路板配置方式基本一致，但支路板开工后不会产生告警。

【思考与练习】

1. SDH 设备的板卡配置两个步骤分别是什么？
2. SDH 设备的板卡配置顺序是什么？
3. 请按照本节描述进行一台 SDH 设备的板卡设置。

模块 5　冗余板卡倒换功能检查（Z38E1005Ⅱ）

【模块描述】本模块介绍了 SDH 设备调试过程中冗余板卡倒换功能的检查步骤。通过对电源板、交叉/时钟板、E1 支路板等冗余板卡倒换操作过程介绍，掌握 SDH 设备冗余板卡倒换功能的检查方法。

【模块内容】

一、测试目的

为避免因为单板设备故障造成整个站点通信中断，在设备配置时一般对重要的板卡进行冗余配置。在 SDH 单机测试时，须对配置的冗余板卡保护功能进行检查。

二、安全注意事项

（1）插拔单板时要佩戴防静电手腕，或者戴上防静电手套。

（2）插拔单板时不可过快，要缓缓推入或拔出；插入单板时注意对准上下的导轨，沿着导轨推入才能与背板准确对接。

（3）单板插入槽位后，要拧紧单板拉手条上的两颗松不脱螺钉，保证单板拉手条与插框的可靠接触。

三、操作步骤

冗余板卡倒换功能检查主要有电源板、交叉/时钟板、2M 处理板。

1. 电源板 1:1 保护板卡倒换功能检查

电源板的两路输入电源工作正常时，在主、备电源板的工作灯均显示正常运行的情况下，可进行电源板主备用板卡的倒换功能测试。

（1）拔出主用电源板，若设备没有断电，且运行正常，说明从主用电源板倒换至备用电源板切换功能正常。

（2）插入主用电源板，待主用电源板恢复正常运行后，拔出备用电源板，若设备没有断电，且运行正常，说明从备用电源板倒换至主用电源板切换功能正常。

（3）插入备用电源板，在表 1–5–1 中记录倒换测试结果。

2. 交叉/时钟板 1+1 保护板卡倒换功能检查

大部分设备交叉板与时钟板合二为一，交叉/时钟板的保护板卡按 1+1 配备。

（1）在设备正常运行状态下，进行主备用交叉/时钟板卡切换测试前，须在网管确认主备交叉/时钟板不处于强制工作状态。若处于强制工作状态，主备板卡倒换会中断本站所有业务，导致倒换失败。

（2）用网管察看当前主备用交叉/时钟板工作状态。若网管观察到设备工作在主用交叉/时钟板，且备板运行正常，此时可以拔出主用交叉/时钟板，网管观察是否启动保护倒换。

（3） 若倒换成功，则插入主用交叉/时钟板。

（4） 用网管察看，此时设备应工作在备用交叉/时钟板上。

（5） 拔出备用交叉/时钟板，网管观察是否启动保护倒换。

（6） 若倒换成功，此时设备应工作在主用交叉/时钟板上。

（7） 插入备用交叉/时钟板，在表 1–5–1 中记录倒换测试结果。

3. E1 板 1:*N* 保护板卡倒换功能检查

E1 板的保护通常按 1:*N* 配备。

（1） 察看设备运行状态，用网管察看保护业务的配置情况。

（2） 设备正常运行时，拔掉主用 E1 处理板，网管观察业务是否倒换至保护板上。若启动保护倒换，且业务运行正常，则恢复主用 E1 处理板。

（3） 待主用 E1 处理板运行正常后，网管观察业务是否已恢复。若业务已由保护板倒换至主用 E1 处理板上，说明 E1 板 1:*N* 保护板卡倒换正常。

（4） 倒换完成，在表 1–5–1 中记录倒换测试结果。

表 1–5–1　　SDH 设备冗余板卡倒换功能检查测试表格

站点	电源板倒换	交叉/时钟板倒换	E1 支路板倒换	结论

备注：

监理签字：施工单位签字：督导签字

测试时间：　　年　　月　　日

【思考与练习】

1. 简述 SDH 设备冗余板卡倒换功能检查过程中的注意事项。

2. 简述SDH设备冗余板卡倒换功能检查包括哪几个项目。

3. 主备交叉/时钟板倒换前须注意的事项是什么？

模块6　查看告警信息（Z38E1006Ⅱ）

【模块描述】本模块包含SDH网络中常见告警及相互抑制关系。通过对告警产生的原因及引起网络故障现象的介绍，掌握通过网管或查看现场设备获知告警信息分析告警类型的方法。

【模块内容】

SDH网络在运行过程中，由于环境、人为因素等原因，会出现各种各样的故障。为了及时发现这些问题，SDH帧结构中加入了大量的维护字节，可对SDH网络的运行状况进行层层监控。对SDH告警的定期查询及分析可掌握网络运行情况，对网络是否安全做出判断。

SDH设备具有自动上报故障告警信息的功能，网管会及时收到SDH设备上报的告警信息。通过对告警信息的分析能及时发现并定位网络上存在的问题，排除故障，规避可能出现的严重网络风险。

一、SDH告警查询的方法

SDH告警信息一般可以在设备上或网管上进行查看或查询。设备上一般用单板指示灯指示是否有告警，比如用指示灯闪烁频率或颜色变化来显示正常状态或故障状态。如果SDH设备产生了告警，还可以通过蜂鸣器、机柜指示灯提示现场工程维护人员设备有告警产生，需尽快处理。受制于指示灯显示模式数量较少，通过设备查看SDH告警只能了解到是否有告警以及告警的级别，详细的告警信息需要在网管上进行查询。使用网管查询SDH告警信息，可以查询到全网所有SDH设备的各种告警，告警信息包括告警种类、告警位置、告警数量、告警产生的时间等。网管通过配置相应的设备可以发出声光报警信号进行提示。

SDH告警一般分为三类：紧急告警、主要告警和次要告警（一般告警）。告警信息可以根据需要自行定义其级别，通常分类如下：紧急告警是指SDH网络产生了已影响到网络安全、大面积业务中断的故障，如光信号接收失败、网元通信故障等。主要告警是指部分业务中断或受保护的业务发生了倒换的故障告警。主要告警可能是由于某块业务单板故障或某条业务配置错误引起的，只对部分业务产生影响，如时钟源丢失、2M板不在位故障、2M信号接收失败、2M业务倒换和2M业务配置错误等。次要告警是指可能即将引起业务中断的一些故障告警，如字节失配、误码越限和时钟源劣化等。

二、SDH 告警查询的一般步骤

由于在设备上只能查看有限的 SDH 告警信息，因此本模块以下内容主要描述在网管上进行告警查询的方法、步骤等。

在 SDH 网络中，高级别的告警通常会关联引发低级别的告警，或者传递给相邻网元引发相邻网元产生告警，导致在网管上查询告警时，往往会面对种类、数量庞大的告警信息，使得告警分析和故障定位无从下手。这时候可以通过合适的查询步骤，尽快实现告警分析和故障定位，同时也不会遗漏某些危险告警。某些网络级/子网级 SDH 网管可以支持各种告警信息进行自动的相关分析并过滤处理，可以大大减少人工处理时间。SDH 告警查询的步骤可以根据实际需要进行灵活调整，下面描述的是常见的告警查询步骤：

（1）对全网告警进行核对，确保网管上显示内容与 SDH 设备上产生的告警相一致。

（2）查询紧急告警。通过故障处理，直至消除所有的紧急告警。如果某个紧急告警不是由于网络不正常而产生的，比如光板的某个光口没有使用而引起的紧急告警，这种紧急告警可以不用处理或进行屏蔽。

（3）对全网告警进行再次核对后，查询主要告警。通过故障处理，直至消除所有的主要告警。同样，也可以忽略或屏蔽某些不是由于网络不正常而产生的主要告警。若有网络倒换提示告警，应尽快处理。虽然网络倒换时并不引起业务中断，但表明已有故障产生，而且网络的安全级别已经下降。

（4）对全网告警进行再次核对后，查询次要告警。通过故障处理，直至消除所有的次要告警。同样，也可以忽略或屏蔽某些不是由于网络不正常而产生的次要告警。次要告警虽然不影响业务的传送，但次要告警往往预示着网络已经产生故障，并可能随时产生可以中断业务的故障。

三、华为 SDH 设备常见告警及告警抑制关系

SDH 设备的告警信息种类非常多，各厂家定义的告警名称也略有不同。以华为公司命名为例，常见告警有单板不在位、光信号接收失败、光信号帧失步、2M 信号接收失败、2M 业务配置错误、以太网信号接收失败、倒换告警、字节失配、时钟源丢失、时钟源劣化等，下面逐一进行描述。

1. “BD_STATUS” 单板不在位

表示设备没有识别到本单板，为主要告警。产生此告警的常见原因为单板未插、单板故障、单板与母板之间通信故障或单板正在复位重启中。BD_STATUS 产生后，将影响本板上所有业务，一般可能产生 PS、TU–AIS 等关联告警。

2. “R–LOS” 光信号接收失败

表示光板的接收机没有收到可识别的光信号，为紧急告警。产生此告警的常见原

因为本端接收机故障、尾纤或光缆中断、对端发送机故障、线路光衰耗大导致收光功率低于接收机的接收灵敏度。R-LOS产生后，对应的光缆通道将会失效，一般还会关联引发PS、TU-AIS、LTI等关联告警。

3.“R-LOF”光信号帧失步

表示光板的接收机连续5帧未收到可识别的光信号，为紧急告警。产生此告警的常见原因为光信号处于接收失败的前期阶段，或收光功率接近或超过接收机的临界值（接收灵敏度、过载点等）。R-LOF产生后，对应的光缆通道将会失效或不稳定，一般情况会关联引发PS、TU-AIS、LTI等关联告警。

4.“T-ALOS”2M信号接收失败

表示2M接口没有检测到对端设备送来的信号，为主要告警。2M接口一般与对端的PCM设备、SDH设备、程控交换机、路由器等相连，产生此告警的常见原因有2M板未接对端设备、用户侧设备无信号发出、对接线缆中断或2M板故障。T-ALOS产生后，对应的2M通道将会失效，一般无关联告警产生。

5.“TU-AIS”2M业务配置错误

表示在配置过程中出现时隙没有对应或业务路由不完整现象（有收无发或有发无收等），为主要告警。产生此告警的常见原因为配置时隙没有对应、2M板故障、交叉板故障。TU-AIS产生后，对应的2M通道将会失效，一般情况会关联引发PS告警。

6.“ETH-LOS”以太网信号接收失败

表示以太网接口没有收到对接设备发送过来的以太网信号，为紧急告警。SDH以太网接口一般与交换机、路由器等网络设备的接口相连，产生此告警的常见原因为用户侧设备无信号发出、对接线缆中断或SDH设备以太网口故障。ETH-LOS产生后，对应的以太网通道将会失效，一般无关联告警产生。

7.“PS”倒换告警

此告警表示业务通道发生了保护倒换或热备份板件发生了主备用切换，为主要告警。产生此告警的常见原因为设保护的网络光板/光路中断、主用板件故障、主用时隙配置错误等。PS产生后，业务暂时不受影响，一般无关联告警产生。

“J0-MM”J0字节失配、“HP-TIM”J1字节失配、“HP-SLM”C2字节失配表示两端SDH设备所收到J0、J1、C2标识字节不一致，为次要告警。产生此告警的常见原因为对端与本端设置的标识字节不一致。由于J0、J1、C2仅仅为标识字节，不同厂家对此告警处理也有不同：有的会中断会业务，有的不影响任何业务。字节失配告警产生后，一般无关联告警产生。

8.“LTI”跟踪时钟源丢失

表示设备提取不到应跟踪的时钟基准源，为主要告警。产生此告警的常见原因为被跟踪时钟源故障、光缆中断、时钟跟踪方向配置错误、时钟跟踪方向链路故障等。一般 SDH 设备会设置时钟保护，所以 LTI 出现后业务暂时不受影响。如果时钟源丢失后，SDH 设备的时钟劣化严重，则会影响业务的质量，甚至导致业务失效。LTI 一般无关联告警产生。

9. “SYNC–BAD” 时钟源劣化

表示 SDH 设备的时钟由高级别切换到了低级别，为次要告警。产生此告警的常见原因为时钟进行了保护倒换，跟踪了低级别的时钟源。PS 产生后，业务不受影响或业务质量下降，一般无关联告警产生。

一般情况下，高级别告警的产生往往会关联引发低级别的告警，低级别告警则不会关联引发高级别告警。例如，发生了光缆中断故障，设备会上报 R–LOS 告警，伴随着也会关联引发 LTI 和 SYNC–BAD 告警。同时处于保护配置状态的业务类型会关联引发 PS 告警信息而没有保护配置的业务，因为此时业务的双向路径变得不完整而关联引发 TU–AIS 告警、字节适配告警等相关告警。由于告警的这些抑制关系，所以对 SDH 网络产生的告警信息应综合分析，优先解决高级别的告警，再处理低级别告警。

四、危险点分析

查看告警属于查询类操作，仅仅是提取网元上的告警信息以显示到网管上来，不会对设备造成任何影响，也不会改变业务配置，所以不存在危险操作。但需注意以下情况：

（1） 告警时间要保证准确。告警产生时间提取的是网元本身的时间，所以要将所有网元的时间设置为和实际时间一致，这样当有告警上报时才能反映出实际的故障时间，有利于分析处理。

（2） 告警确认、删除要慎重。当有告警产生时，表明网络出现了问题，若没有找出故障原因不允许对告警进行确认或删除操作，否则将为处理故障带来不便。建议将维护人员的操作权限进行分级，平时监控网管的值班人员给予低权限，使之只有查看权利而没有删除权利。

五、SDH 告警查询应用

下面以华为设备和网管为例，进行查询 SDH 设备告警操作。华为的 T2000 网管支持全网、单台设备、单个板件三个范围的告警查询，操作如下：

1. 查询全网告警信息

（1） 首先同步全网告警，在主视图中的“故障”菜单栏中选择“同步全网告警”命令，如图 1–6–1 所示。

（2） 当出现的“操作进度”对话框中进度条达到 100%后会出现“操作结果”对话框。如果提示操作成功则单击“关闭”按钮即可。若提示操作失败，可单击“详细信息”按钮查看出现什么错误，排除故障后再次进行步骤 1 的操作。

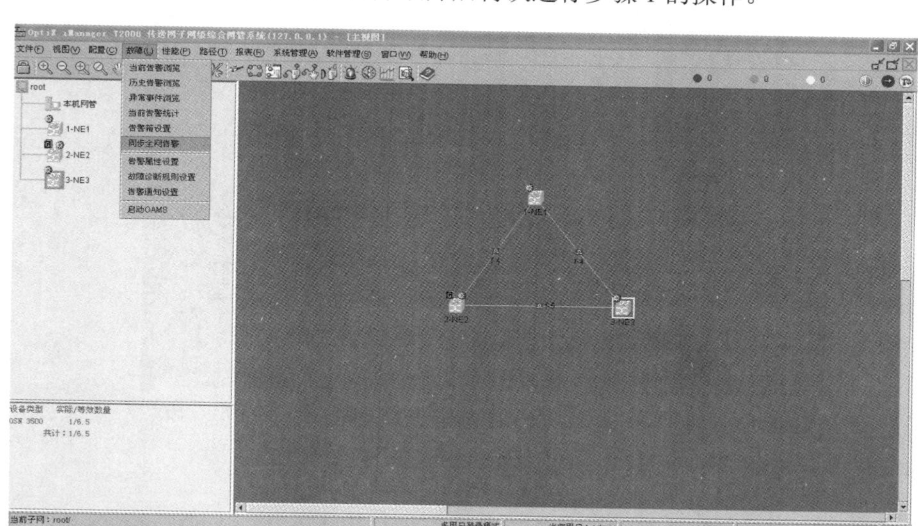

图 1–6–1　同步全网的告警信息

（3） 在主视图中的“故障”菜单栏中选择“当前告警浏览”命令，即可查询全网所有告警。

（4） 在出现的告警列表中点选某条告警，在视图中部就会出现相应的文字提示，在视图最下部也可进行相应的“同步”“核对”“确认”“删除”等操作。其中，“同步”表示重新查询全网所有的告警并在网管上显示出来；“核对”表示将网管上选中的告警与相应的设备上的告警重新对比，并将网管上的告警按照网元上的实际告警进行刷新；“确认”表示操作人员已看到该告警，如果该告警已经结束，则该告警会在视图中消失，进入历史告警库；“删除”表示在网管上删除该告警，但设备上此告警信息依然存在。

2. 查询单个网元的告警信息

（1） 在主视图中右键单击某网元，在出现的下拉菜单中单击“同步当前告警”命令，如图 1–6–2 所示，进行告警同步操作。

（2） 告警同步顺利完成后，右键单击该网元，在出现的下拉菜单中单击“当前告警浏览”命令，查询此网元所有告警。

（3） 选中某条告警，在视图中部的“告警的详细信息”和“告警原因”窗口中会对告警信息和产生原因进行说明，在视图最下部也可进行相应的“同步”“核对”“确认”“删除”等操作。

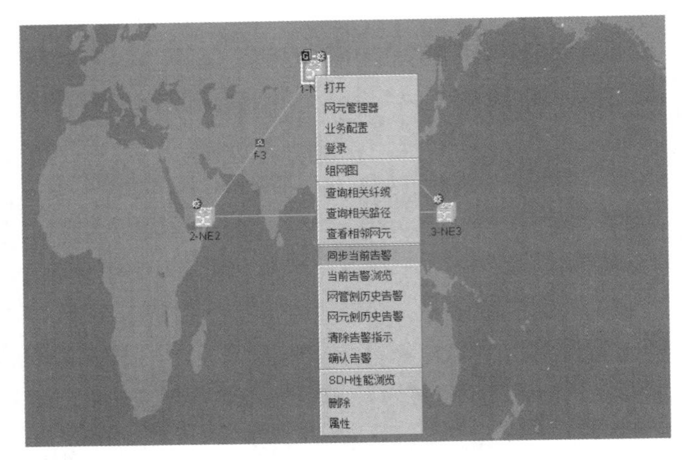

图 1–6–2 查询单个网元的告警信息

3. 查询单板的告警信息

以查询某网元的 GSCC 板的告警信息为例进行描述：

（1） 在主视图中双击打开该网元的面板图。

（2） 右键单击 GSCC 板，在出现的下拉菜单中单击“告警浏览”命令，如图 1–6–3 所示，即可查询此单板的所有告警，并根据提示进行后续操作。

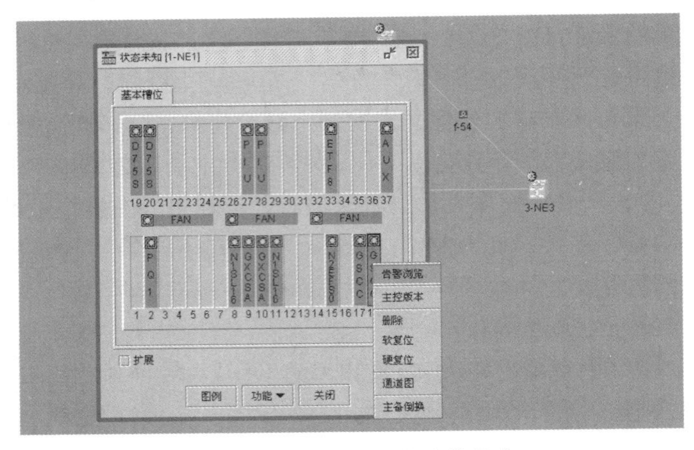

图 1–6–3 查询单板的告警信息

【思考与练习】

1. SDH 设备告警查询的方法有哪两种方式？
2. 查看 SDH 告警信息是否会对设备业务配置产生影响？
3. 如何查询 SDH 网元上某块单板的告警？

模块7　2M业务配置（Z38E1010Ⅱ）

【模块描述】本模块包含SDH设备2M业务的配置。通过对实际组网中2M业务路径配置方法和SDH层配置方法的介绍，掌握开通、删除SDH网络2M业务的方法和技能。

【模块内容】

一、基本概念

2M业务又称E1业务，即基本传输速率为2Mbit/s的双向链路通道，是SDH网络中最常见的业务之一。在SDH网络中开通一条2M业务时需要确定源端口、宿端口、业务时隙、业务路由及保护方式等基本信息。

2M业务的配置目前一般有路径配置法和SDH层配置法两种方式。路径配置法只需指定业务的源端和宿端、业务速率，采用端到端的方式，网管自动完成路由的确定、源宿网元的业务上下和所经网元的业务穿通等设置。SDH层配置法又称作单站业务配置法，配置业务时需要按照业务流向，在业务经过的每个站点进行业务上下或穿通配置。由于采用SDH层配置法来配置全网业务比较烦琐且容易操作出错，因此，如果网管支持，建议采用路径配置法来配置业务。对于2M业务的配置或删除，每个厂家可能有所不同，下面以华为设备为例进行介绍。

二、2M业务配置的基本步骤

1. 路径配置法

（1）首先设置网络保护方式。

（2）创建2M业务所有涉及网元之间的VC4服务层路径。

（3）选择源宿网元的2M板端口，选择VC4服务路径，系统将自动完成业务创建工作。

（4）业务验证。

2. SDH层配置法

（1）根据源端口、宿端口、线路时隙、组网方式设计业务路由时隙图。

（2）对照业务路由时隙图逐站进行配置。

（3）业务验证。

三、2M业务删除的基本步骤

业务的删除是创建的逆过程，所以2M业务的删除有两种方式：路径删除法和SDH层删除法。

1. 路径删除法

（1） 通过路径搜索确认所需删除的业务路径。

（2） 对选中的需要删除业务进行“去激活”操作。

（3） 对已完成去激活的业务进行“删除”操作，完成具体业务的删除。

值得注意的是，只有对业务进行“去激活”操作后才能进行“删除”操作，激活状态下的业务无法直接删除，这样设计是为了防止误操作。业务的“激活”状态表示本条业务已下发到设备侧，设备运行时本条业务可用。“去激活”表示本条业务已从设备侧数据中删除，但还保留在网管数据中且业务已不可用，“去激活”后业务还可通过“激活”命令重新使业务在设备侧数据中快速恢复。

2. SDH 层删除法

（1） 查找 2M 业务经过的所有网元的占用时隙。

（2） 按照业务路由对网元逐个进行时隙删除操作后完成具体业务的删除。

四、2M 业务创建实例

假设网元 1–NE1、2–NE2 和 3–NE3 组成 2.5G 两纤单向通道保护环，主环方向为逆时针方向，环上未开通业务，单板配置、网络保护方式已经设置完成，拓扑图如图 1–7–1 所示，网元面板图如图 1–7–2 所示。现要求从 1–NE1 的支路板的第一个端口到 3–NE3 的支路板的第一个端口开通一条 2M 业务。

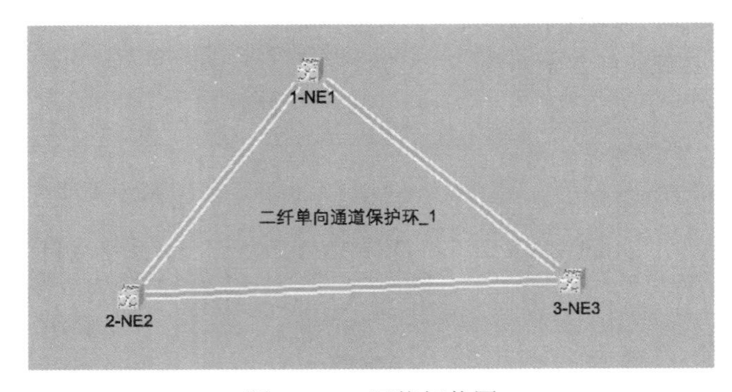

图 1–7–1 网络拓扑图

（一）使用路径配置法创建 2M 业务

路径可分为服务层路径和客户层路径，低级别路径被称为客户层路径，而承载网元间低级别路径的上一级路径称为服务层路径。一般来说，VC12/VC3 路径为客户层路径，VC4 路径为服务层路径。在配置各站点的 VC12/VC3 业务前，需要在站点间首先建立 VC4 级别的服务层路径。而在删除 VC4 服务层路径前，需要先删除该路径上承载的所有低级别业务路径。

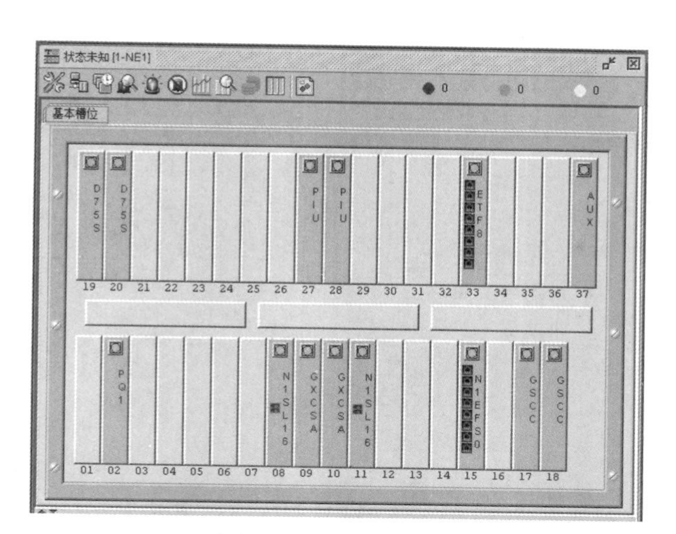

图 1–7–2　网元面板图

1. 创建各网元间的 VC4 服务层路径

通道保护环创建服务层路径时必须按同一方向（顺时针或逆时针）依次创建相邻网元间的服务层路径，直至闭合闭合为环，而且服务路径占用的 VC4 序号要一致，否则 VC12、VC3 路径不能创建成功。

（1） 在主视图主菜单栏中选择“路径”菜单，在下拉菜单中单击“SDH 路径创建”命令进入路径创建视图。

（2） 服务路径参数设置。在“方向”下拉表中选择“双向”，在“级别”下拉表选择“VC4 服务层路径”，“资源使用策略”和“路径优先策略”采取默认设置。

（3） 服务路径源端和宿端选择。双击 1–NE1，网元图标上会出现一个向上的箭头，表示 1–NE1 为业务源端。再双击 2–NE2，网元图标上会出现一个向下的箭头，表示 2–NE2 为业务宿端。在路由信息栏内会显示相应的路由信息，如图 1–7–3 所示。

（4） 选中左下方“激活”复选框，并单击左下角的“应用”按钮，出现“操作成功”的提示框，1–NE1 到 2–NE2 之间的服务层路径就创建好了。

（5） 用同样方法依次创建 2–NE2 到 3–NE3 之间和 3–NE3 到 1–NE1 之间的服务层路径。

2. 创建 2M 业务路径

（1） 在主视图主菜单栏中选择“路径”菜单，在下拉菜单中单击“SDH 路径创建”命令进入路径创建视图。

（2） 路径参数设置。在“方向”下拉表中选择“双向”，在“级别”下拉表中选择“VC12”，“资源使用策略”和“路径优先策略”均采取默认设置，“计算路由”栏

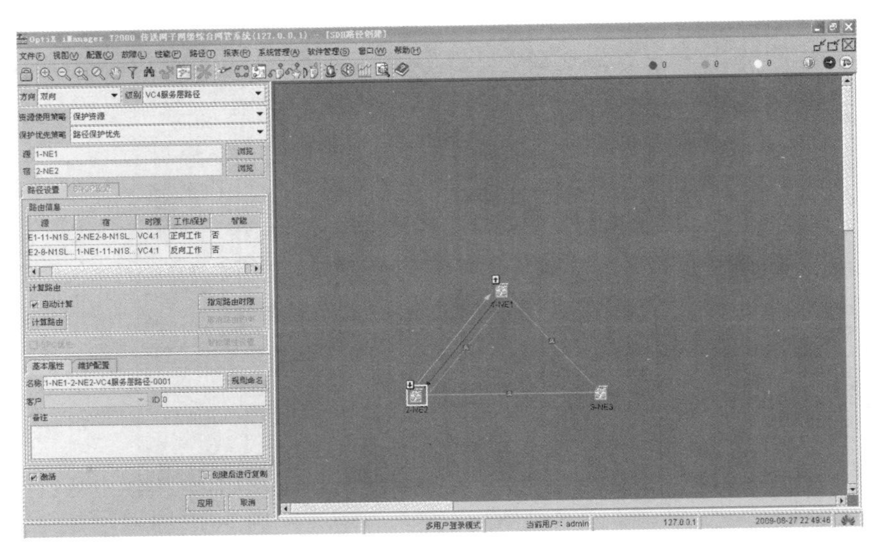

图 1–7–3　源宿网元选择

中选中“自动计算”复选框。

（3） 源端口选择。双击 1–NE1，在弹出的端口选择对话框中“板位图”一栏单击 2 槽位 PQ1，在“支路端口”栏中选中“1”的单选按钮，单击右下角的“确定”按钮，表示选取了 1–NE1 的第一个 2M 端口，如图 1–7–4 所示。

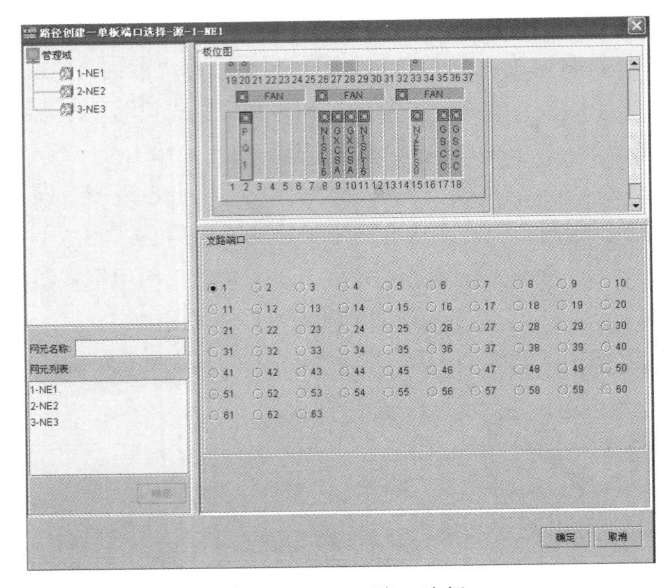

图 1–7–4　2M 端口选择

（4）宿端口选择。参照源端口选择的步骤选择3–NE3的第一个支路端口作为宿端口。

（5）路由建立。选择完宿端口后路由信息会立即体现在左侧“路由信息”一栏中。在网元图标之间会出现不同颜色的箭头表示主用业务方向和备用业务方向，如图1–7–5所示。

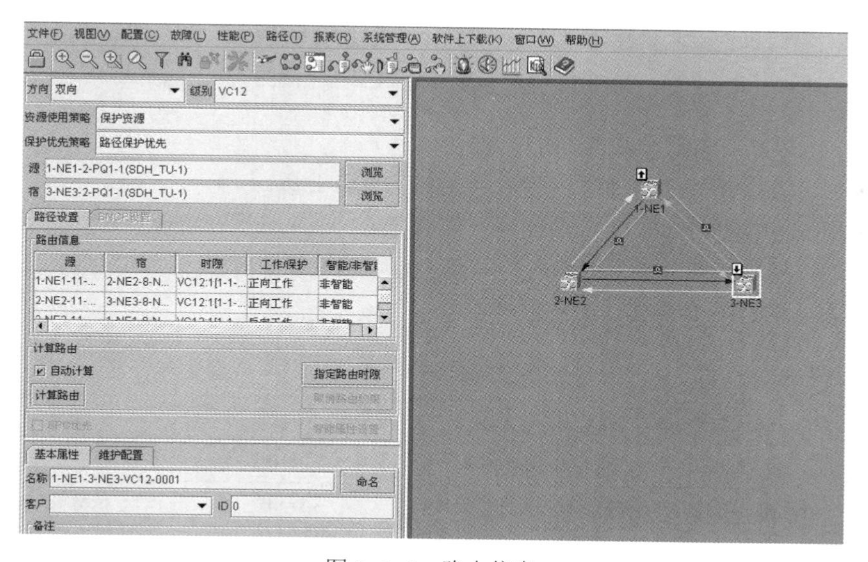

图1–7–5　路由信息

（6）数据下发：选中左下方的“激活”复选框，并单击左下角的“应用”按钮，出现“操作成功”的提示，此时1–NE1到3–NE3之间的一条2M业务就创建完成。

3. 业务配置成功确认

配置完成后可通过查询相关网元告警信息、用户设备运行情况、仪表测试等方式确认业务配置是否成功。

分别查询源网元、宿网元是否有异常告警，没接入业务的情况下，网元应只有T–ALOS告警，如有TU–AIS告警时，表明业务配置不正确，需进行排查处理。

在接入用户设备的情况下也可通过确认用户设备是否已经正常运行来确认业务配置是否正确。

在条件允许的情况下，也可以通过使用2M误码仪在本端挂接，对端2M端口做环回（可现场做硬件环回，也可通过网管对端口做软件内环回）的方式对新配置业务进行测试确认。业务配置正常时，误码仪没任何告警的，并且误码值为“0”。测试连接如图1–7–6所示。

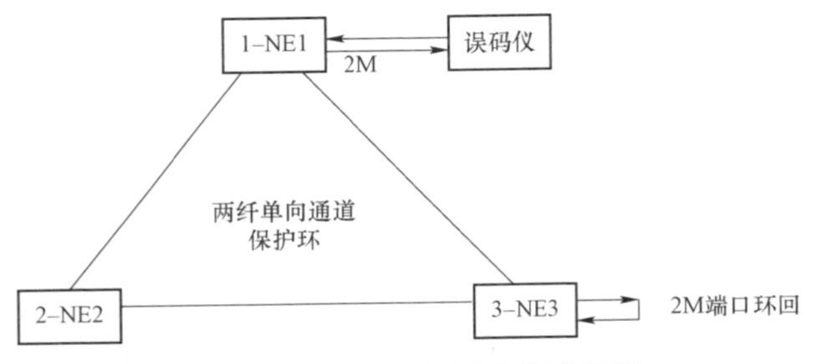

图 1-7-6 误码仪测试业务连接图

（二）SDH 层配置法创建 2M 业务

使用 SDH 层配置法配置和上例相同的一条 2M 业务。

使用 SDH 层配置法，不需要创建服务层路径，VC4 序号的选择是在时隙选择中直接完成的，但需要知道网元间的光纤连接关系。通过查询网管，得知它们之间的光纤连接关系见表 1–7–1。

表 1–7–1 光纤连接关系表

序号	源网元	源端口	宿网元	宿端口
1	1–NE1	11 槽 2.5G 板	2–NE2	8 槽 2.5G 板
2	2–NE2	11 槽 2.5G 板	3–NE3	8 槽 2.5G 板
3	3–NE3	11 槽 2.5G 板	1–NE1	8 槽 2.5G 板

根据光纤连接关系和 2M 业务的需求，画出 2M 业务经历相关网元的路由时隙图，如图 1–7–7 所示。

网元/时隙	1-NE1		2-NE2		3-NE3	
	8-N1SL16	11-N1SL16	8-N1SL16	11-N1SL16	8-N1SL16	11-N1SL16
#1VC4	2-PQ1:1	vc12:1	vc12:1	vc12:1	vc12:1	2-PQ1:1

说明：●—— 表示信号在该网元落地； ——▸◂—— 表示信号在该网元穿通；

图 1–7–7 业务路由时隙图

从图 1–7–7 中，可以很清晰地看出业务源端口、宿端口、线路时隙、穿通站点等信息。在 SDH 层配置法配置时，可以根据业务路由时隙图，有条不紊地逐个网元进行配置。

1. 配置 1–NE1 的上下业务

单向通道保护环业务类型为双发选收，所以配置业务时需要创建从支路向环的两个方向光口的双发业务，同时还要创建环的两个方向光口到支路的选收业务。注意：双发选收业务都是单向业务，配置业务时“方向”要选择为“单向”。

在主视图中选中 1–NE1 然后单击右键，在弹出快捷菜单中选择“业务配置”命令，进入“1–NE1 的 SDH 业务配置”视图。点击下方“新建”按钮，弹出“新建 SDH 业务”对话框。

（1）发端业务参数设置。在对话框的“等级”下拉表中选择“VC12”，在“方向”下拉表中选择“单向”，在“源板位”下拉表中选择“2–PQ1”，在“源时隙范围”文本输入框中输入“1”，在“宿板位”下拉表中选择“8–N1SL16–1”，在“宿 VC4”下拉表中选择“VC4–1”，在“宿时隙范围”文本输入框中输入键入“1”，在“立即激活”下拉表中选“是”，点击“应用”按钮完成支路板 2–PQ1–1 到线路板 8–SL16 方向的单向业务，如图 1–7–8 所示。

重复上述操作，参数设置时把“宿板位”选择“11–N1SL16–1”，其他参数不变，点击“应用”按钮。此时有两条业务出现在“交叉连接”列表内，双发业务配置完成。

（2）选收业务配置。在 SDH 业务配置界面，点击“新建 SNCP 业务”按钮，弹出“新建 SNCP 业务”对话框。在对话框中“业务类型”下拉表中选择“SNCP”，在“方向”下拉表中选择“单向”，在“等级”下拉表中选择“VC12”“拖延时间”默认为“0”，在“恢复模式”下拉表中选择“恢复”“等待恢复时间”默认值“600”“工作业务”栏中的“源板位”选择“8–N1SL16–1”“保护业务”栏中的“源板位”选择“11–N1SL16–1”“源 VC4”都选择“VC4–1”“源时隙范围”都输入“1”“宿板位”选择“2–PQ1”，“宿时隙范围”输入“1”，选中“立即激活”复选框，如图 1–7–9 所示。

（3）数据下发。点击“确定”按钮，向网元下发配置，到此 1–NE1 的双发选收业务配置完成。

2. 配置 2–NE2 的穿通业务

配置由“8–N1SL16”到“11–N1SL16”的双向穿通业务，具体配置方法可参考模块 1（穿通业务配置）相关内容。

3. 配置宿网元 3–NE3 的上下业务

按照 1–NE1 的配置方法进行。通过对以上三个步骤的配置，就完成了一条 1–NE1 到 3–NE3 的 2M 业务的配置。

4. 业务配置成功确认

参考本模块“路径配置法”相关内容进行。

新建 SDH 业务

属性	值
等级	VC12
方向	单向
源板位	2-PQ1
源VC4	
源时隙范围(如:1，3-6)	1
宿板位	8-N1SL16-1(SDH-1)
宿VC4	VC4-1
宿时隙范围(如:1，3-6)	1
立即激活	是

确定 取消 应用

图 1-7-8 双发业务配置

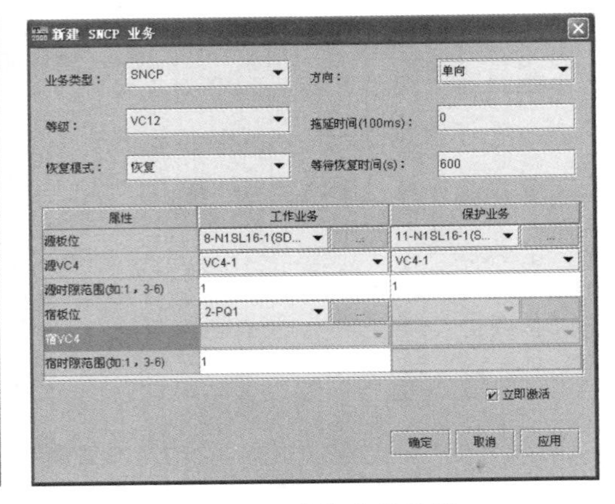

图 1-7-9 选收业务配置

五、2M 业务的删除实例

业务的删除是业务配置的逆过程，下面通过路径删除法和 SDH 层删除法两种方法对本模块前面所创建的业务进行删除操作描述。

（一）路径删除法

1. 选择业务

在主视图界面右键单击 1–NE1、2–NE2 和 3–NE3 中任意一网元，在弹出的快捷菜单中选择“查询相关路径”命令，即可看到所有经过本站点的业务路径和服务层路径。查看“级别”“源端”和“宿端”，找到“级别”为“VC12”，“源端”为“1–NE1–2–PQ1–1（SDH–TU1）”“宿端”为“3–NE3–2–PQ1–1（SDH–TU1）”的 2M 业务路径，即创建的那条 2M 业务。右键单击本条业务，弹出快捷菜单，如图 1–7–10 所示。

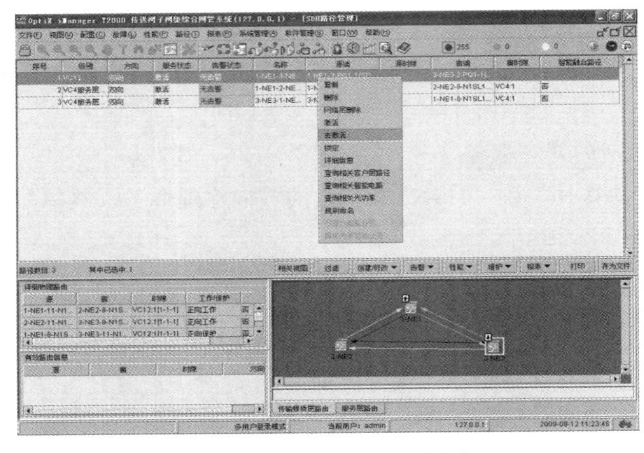

图 1–7–10 路径查询及选择

2. 去激活业务路径

选择快捷菜单中的“去激活”命令，会出现两次操作确认提示，均选择“确定”按钮。提示去激活路径成功后，本条路径的“服务状态”会变成“未激活”。

3. 删除业务路径

右键选择本条路径，在弹出的快捷菜单中选择“删除”命令，也会出现两次操作确认提示，均选择“确定”按钮。提示删除成功后本条路径从路径列表中删除。此时不仅将业务路径源、宿站点的业务进行了删除，业务路径穿通的站点业务也同时进行了删除。

服务路径是否删除要根据具体情况而定，若服务路径上还承载其他电路时，不允许删除。

4. 业务删除成功确认

在主视图中右键单击站点 1–NE1，在弹出的快捷菜单中选择“业务配置”命令，出现“SDH 业务配置”窗口，进入“SDH 业务配置”窗口，在“交叉连接”栏中查看“源板位”为“2–PQ1”“源时隙/通道”为“1”的业务是否存在。成功删除后业务应从“交叉连接”栏中消失，原来业务占用的时隙得到释放。同样的方法确认 2–NE2、3–NE3 上的原来业务占用的时隙得到释放。

（二）SDH 层删除法

SDH 层删除法比较烦琐，删除业务时需按业务经历相关网元的时隙逐个网元进行删除操作。

1. 源网元业务删除

在主视图中右键单击业务源站点 1–NE1，在弹出的快捷菜单中选择“业务配置”命令，进入“SDH 业务配置”窗口，在“交叉连接”栏中，找到“源板位”为“2–PQ1”“源时隙/通道”为“1”的所有业务列表。本例中有两条业务，拖动鼠标将两条业务全部选中，按照先“去激活”再“删除”的次序删除业务路径源站点的业务时隙。

2. 宿网元业务删除

用同样方法删除业务宿站点 3–NE3 上的业务时隙。

3. 穿通业务删除

在主视图中右键单击业务源站点 2–NE2，在弹出的快捷菜单中选择“业务配置”命令，进入“SDH 业务配置”窗口，在“交叉连接”栏中，找到“宿时隙/通道”为“VC4:1:1”的业务列表，本例中只有一条业务。右键单击此条业务，在弹出快捷菜单中依次进行“去激活”命令和“删除”命令即可删除穿通站点业务。

此例中的穿通站点只有 2–NE2 一个，实际组网中穿通站点可能会有很多，因此每个站点都要仔细核对穿通时隙才能进行业务删除。

4. 业务删除成功确认

参考本模块中路径删除法“业务删除成功确认”部分。

六、注意事项

（1）对网元数据进行操作更改后建议在网管上进行数据备份。

（2）通道保护环在创建服务层路径时，必须按同一方向（顺时针或逆时针）依次创建相邻网元间的服务层路径，直至闭合闭合为环，而且服务路径占用的 VC4 序号要一致，否则 VC12、VC3 路径不能创建成功。

（3）使用 SDH 层配置法配置穿通业务时，由于时分交叉资源有限，尽量少用时分交叉功能。

（4）路径法删除业务时，服务路径是否删除要根据具体情况而定，若服务路径上还承载其他电路时，不允许删除。

（5）SDH 层配置法进行业务的配置和删除过程中，每一步操作基本都会产生相应的告警（如 T–ALOS、TU–AIS、PS 等），在操作过程中需随时观察网管告警，这样不仅能确认每一步操作是否正确，而且能避免恰在此时发生的网络故障被忽略。

【思考与练习】

1. 服务层路径和客户层路径是什么关系？
2. 用路径配置法进行 2M 业务配置有哪些基本步骤？
3. 用 SDH 层配置法进行 2M 业务配置时，为什么要先画出 2M 业务经历相关网元的路由时隙图？
4. SDH 层配置法进行业务的配置和删除过程中，为什么要随时观察网管告警？

模块 8 以太网业务的配置（Z38E1011Ⅱ）

【模块描述】本模块包含 SDH 设备以太网业务的配置。通过对实际组网中以太网业务路径配置方法和 SDH 层配置方法的介绍，掌握开通、删除及测试 SDH 以太网业务的方法和技能。

【模块内容】

一、基本概念

以太网业务是 SDH 设备传送的重要业务，在掌握 SDH 网络中配置以太网业务的方法之前，需要简单了解一些 SDH 网络上以太网业务的基本概念与知识。

1. SDH 网络上的以太网业务类型

根据 IUT–T 规范，SDH 网络中有四种以太网业务类型，如图 1–8–1 所示，目前使用较多的是 EPL 业务和 EPLAN 业务。

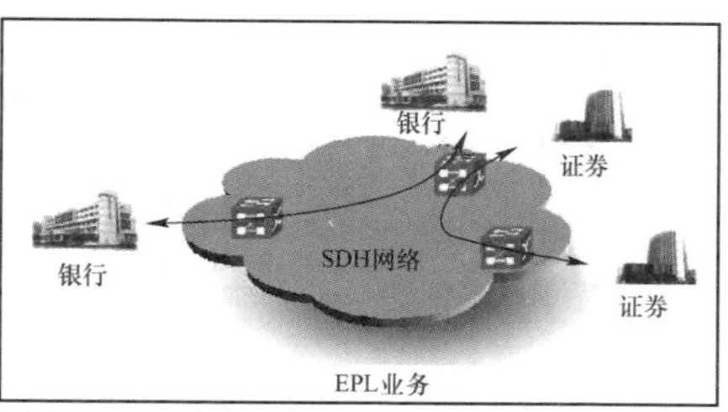

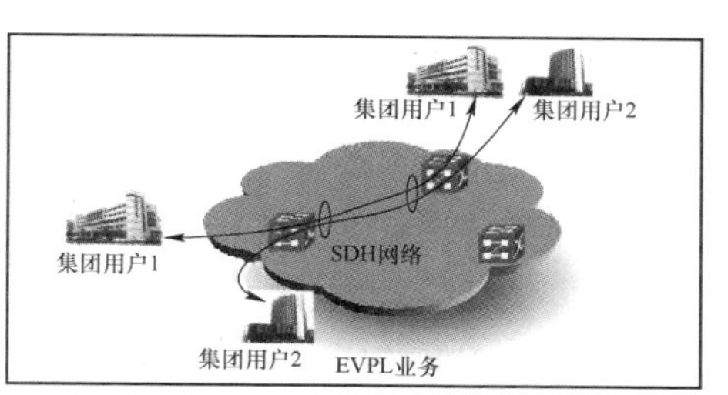

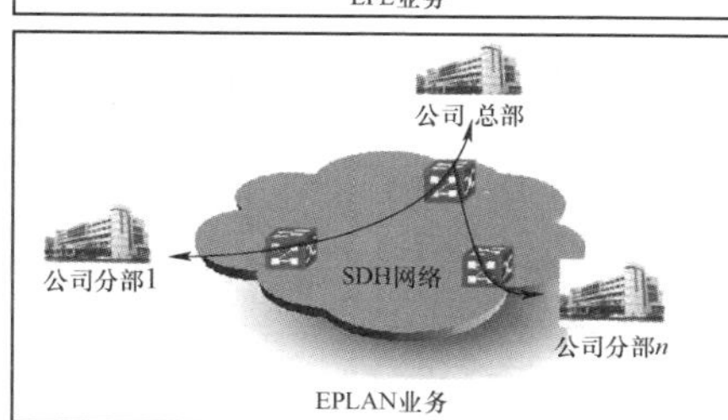

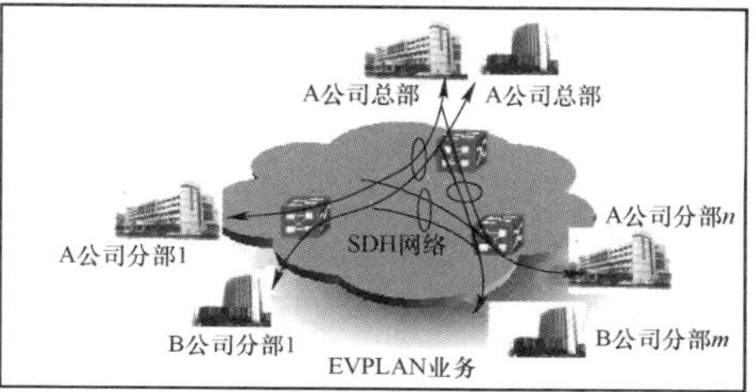

图 1–8–1　以太网业务类型

（1） EPL（以太网专线）。EPL 有两个业务接入点，实现对用户以太网 MAC 帧进行点到点的透明传送。不同用户不需要共享 SDH 带宽，因此具有严格的带宽保障和用户隔离，不需要采用其他的 QoS 机制和安全机制。由于是点到点传送，因此不需要 MAC 地址学习。

（2） EVPL（以太网虚拟专线）。EVPL 与 EPL 的主要区别是不同的用户需要共享 SDH 带宽，因此，需要使用 VLANID 或其他机制来区分不同用户的数据。如果还需要对不同用户提供不同质量的服务，则需要采用相应的 QoS 机制。如果配置足够多的带宽资源，则 EVPL 可以提供类似 EPL 的业务质量。

（3） EPLAN（以太网专用局域网）。EPLAN 至少具有两个业务接入点。不同用户不需要共享 SDH 带宽，因此，具有严格的带宽保障和用户隔离，不需要采用其他的 QoS 机制和安全机制。由于具有多个节点，因此，需要基于 MAC 地址进行数据转发并进行 MAC 地址学习。

（4） EVPLAN（以太网虚拟专用局域网）。EVPLAN 与 EPLAN 的主要区别是不同的用户需要共享 SDH 带宽。因此，需要使用 VLANID 或其他机制来区分不同用户的数据。如果需要对不同用户提供不同质量的服务，则需要采用相应的 QoS 机制。

2. 以太网板的工作原理

以基于 SDH 的 MSTP 基本功能模型为例，如图 1–8–2 所示。

从图 1–8–2 可以看出，以太网板实现的是以太网接口到 VC 映射的诸多功能，当完成 VC 映射后，SDH 设备对于以太网业务的处理将和对 PDH 业务（如 E1、E3 等）处理方法相同。

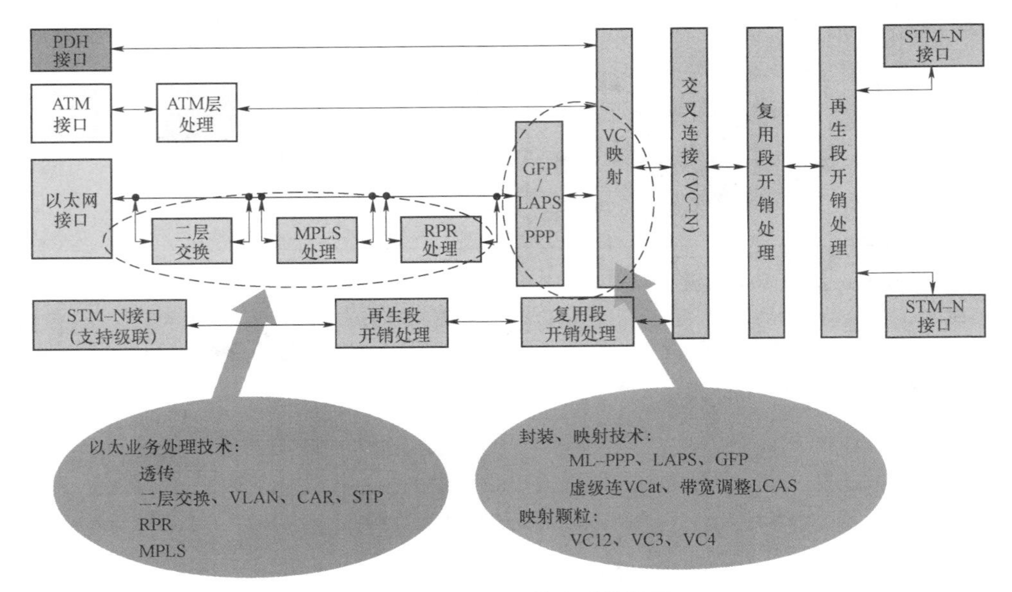

图 1–8–2 MSTP 基本功能模型

为了能够实现 EPL、EPLAN、EVPL、EVPLAL 四种业务，以太网板一般具有外部端口和内部端口。外部端口就是以太网板上的实际以太网端口，内部端口是虚拟端口，用于和 SDH 内部的 VC 相连接从而实现以太网数据在 SDH 网络上的传送。通过灵活设置外部端口和内部端口的连接关系、内部端口和 VC 之间的连接关系，同时结合标签、QoS 等技术，即可以方便地实现上述业务。以具有四个外部端口、8 个内部端口的以太网板为例，EPL、EPLAN、EVPL 业务连接示意如图 1–8–3 所示，EVPLAN 业务可以认为是 EPLAN 和 EVPL 的结合，不进行展开描述。

需要注意的是图 1–8–3 仅供理解以太网配置原理时使用。

3. SDH 网络中以太网板的时隙

SDH 的以太网板是通过内部端口连接 VC 的，为了实现以太网带宽的控制，以太网板具有时隙概念，以太网板的每个时隙和一条 VC 时隙相联，以太网板的每个内部端口可以连接多个以太网板时隙，从而实现了对 VC 时隙的捆绑，满足各种以太网业务的带宽需要。

4. SDH 网络中以太网板的 VLAN/MPLS 标签

SDH 网络中，一般存在三种 VLAN/MPLS 标签：用户设备发过来的以太网信息中含有的 VLAN/MPLS 标签，外部端口设置的 VLAN/MPLS 标签，内部端口设置的 VLAN/MPLS 标签。其中，用户设备发过来的以太网信息中含有的 VLAN/MPLS 标签的作用是在用户设备之间进行数据的标识隔离，内、外部端口设置的 VLAN/MPLS 标

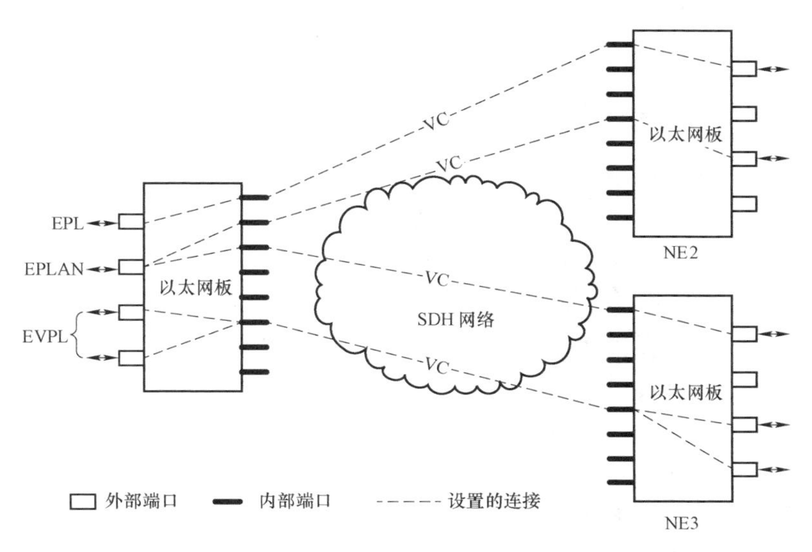

图 1-8-3　以太网业务实现示意图

签的作用是在 SDH 网络中进行传输数据的标识隔离。比如 EVPL 业务，每个外部端口接收用户数据后，要打上 VLAN/MPLS 标签再和一个内部端口连接后，共享一条内部通道传送业务，在出口侧的外部端口再剥离标签将信号送出。这里的外部端口所打上的标签就保证了这些用户业务数据之间的隔离。

理解了以上的几个 SDH 上的以太网技术实现细节，还需要结合以太网的其他知识，才能更好地理解和配置 SDH 网络的以太网业务。下面以华为设备为例进行以太网业务配置的描述。

二、SDH 以太网配置的基本步骤

从上面描述可以看出，SDH 以太网业务配置可分为 SDH 侧业务配置和以太网侧业务配置两个部分。SDH 侧业务主要实现以太网板时隙和 VC 时隙的连接、VC 的通道建立，可以提供点到点的传输通道，其配置方法与 E1 业务配置方法类似。以太网侧的业务配置是完成内部端口对以太网时隙的捆绑连接、内部端口（VCTRUNK 口）属性设置、外部端口（PORT 口）属性设置、内外端口间的连接和相关协议的配置。不同类型以太网业务的 SDH 侧业务配置方法基本一致，区别主要在于以太网侧业务配置操作方法不同。

1. SDH 侧业务配置

配置 SDH 侧业务的过程，可以看作是线路到支路的上下业务，也可看作是线路时隙和以太网板内部时隙的穿通业务，和 2M 业务配置一样，也有路径配置法和 SDH 层配置法。配置 SDH 侧业务的一般过程如下：

（1） 确定源/宿网元以太网板时隙须使用的 VC 数量和级别，分配相应的以太网板时隙并连接。

（2） 配置 VC 的 SDH 传递业务，可以使用路径配置法或 SDH 层配置法方法。

2. 以太网侧业务配置

以太网侧业务处理是 SDH 实现不同种类以太网业务传送的关键过程，根据不同的业务类型，需要配置的参数和协议也不同。常用的配置过程如下：

（1） 配置内部端口和以太网板时隙的捆绑和连接。内部端口捆绑的以太网板时隙是根据以太网业务带宽要求设定的，捆绑对应的 VC 数量越多或 VC 颗粒越大，相应的以太网业务的实际可用带宽越大。

（2） 配置内部、外部端口之间的连接关系。

（3） 配置源网元、宿网元以太网板内部、外部端口的各属性参数。

三、SDH 以太网业务配置实例

下面在华为设备上演示最常见的 EPL 业务和 EPLAN 业务的创建过程，通过此示例可以掌握不同类型以太网业务的一般配置步骤，完成实际工作中以太网业务的配置过程。

假设网络拓扑如图 1–8–4 所示，为 2.5G 两纤单向通道保护环，主环方向为逆时针方向，网元添加、单板配置、光纤连接、网络保护方式等已经设置完成。各站设备面板图如图 1–8–5 所示。

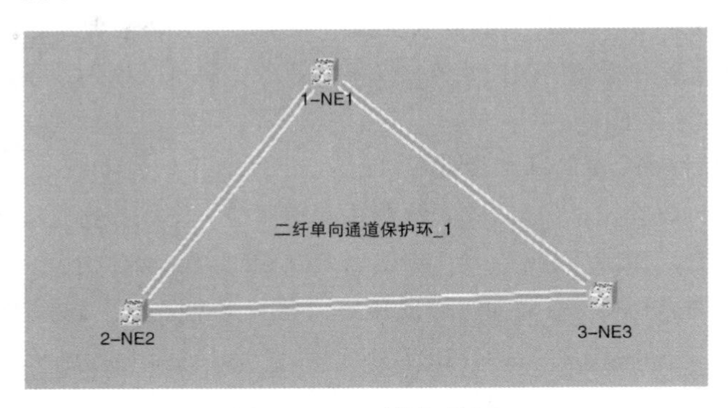

图 1–8–4 网络拓扑图

（一）EPL 业务配置

EPL（以太网专线）业务是点到点的业务形式，即常说的透传业务。本例中配置一条 1–NE1 第 15 槽以太网板 PORT1 口到 2–NE2 第 15 槽以太网板 PORT1 口带宽为 2M 的以太网业务，用于 PC 互联。

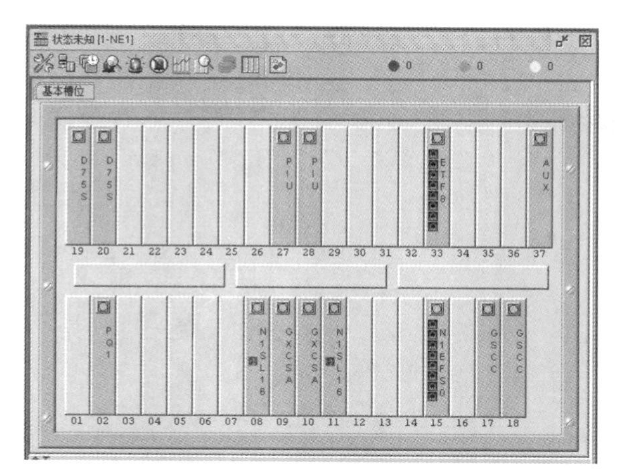

图 1–8–5　设备面板图

1. SDH 侧业务配置

以下按照路径配置法为例，描述配置 1–NE1 以太网板到 2–NE2 以太网板的 SDH 侧业务的过程。SDH 侧业务配置过程和 2M 业务配置过程类似，按先创建服务路径再创建 2M 路径的操作顺序进行。

（1） 在主视图主菜单栏中选中“路径”菜单，在下拉菜单中单击“SDH 路径创建”命令进入“SDH 路径创建”视图。

（2） 路径参数设置。在“SDH 路径创建”视图中的“方向”下拉表中选择“双向”，在“级别”下拉表中选择“VC12”，“资源使用策略”和“路径优先策略”均采取默认设置，“计算路由”栏中选中“自动计算”复选框。

（3） 源端口选择。双击 1–NE1，弹出设备面板图，在“基本槽位”一栏中单击选中 15 槽位 N1EFS0，此时“端口”默认为“1”，“高阶”默认为“4”，“低阶”时隙默认为“1”（“低阶”时隙可任意选择，这里选择第 1 个时隙）。点击“确定”按钮，完成源端口的选择，如图 1–8–6 所示。

（4） 宿端口选择。双击 2–NE2，作同样选择完成“宿端口”的选择。路由信息会立即体现在左侧“路由信息”一栏中。在网元图标之间会出现不同颜色的箭头表示主用业务方向和备用业务方向。

（5） 数据下发。选中左下方的“激活”复选框，并单击左下角的“应用”按钮。出现操作成功的提示说明 1–NE1 到 2–NE2 的以太网业务 SDH 侧业务配置完成。

用 SDH 层配置法配置以太网的 SDH 侧业务，和 2M 业务的 SDH 层配置法类似，仅仅是板件选择不同，可以参考模块 ZY3201604001（2M 业务配置）操作，不做赘述。

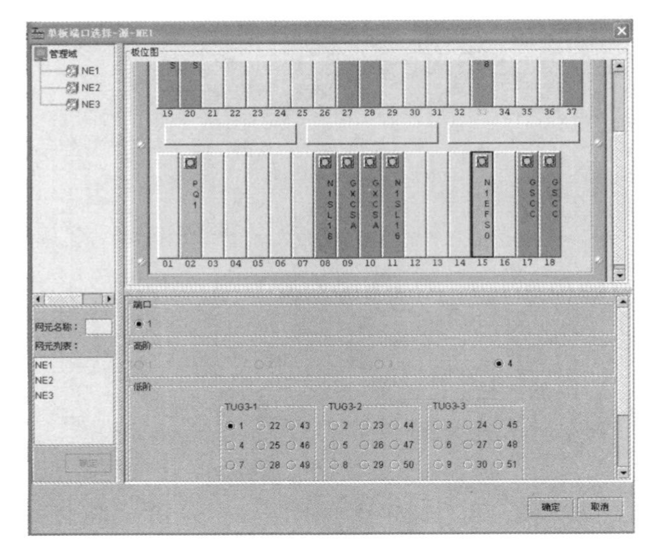

图 1–8–6 业务端口选择

2. 以太网侧业务配置

配置以太网侧业务配置之前，先了解一下端口属性的相关定义。端口属性一般有“Access”“TagAware”和“Hybrid”三种方式。

（1） TagAware。对于这种方式的端口接收和发送的报文都是带 VLAN 标签的，如果接收的帧带 VLAN 标签则直接转发，并丢弃不带 VLAN 标签的信息帧。如果明确知道用户设备发送的数据是带 VLAN 标签的，外部端口选择此属性。

（2） Access。这种方式的端口接收和发送的报文都是不带 VLAN 标签的。如果这种端口进来的帧带 VLAN 标签就丢弃，收到不带 VLAN 标签的帧就加上本端口的默认 VLANID 进行发送。如果明确知道用户设备发送的数据是不带 VLAN 标签的（如 PC、二层交换机），外部端口选择此属性。

（3） Hybrid（混合型）。这种方式的端口属性是 TagAware 和 Access 的组合，有无 VLAN 标签的帧均允许接收和发送。接收时，如果帧不带 VLAN 标签，就为它加上本端口的默认 VLANID；发送时，如果帧的 VLANID 和端口的默认 VLANID 一致，则把 VLANID 去掉再发送出去，否则直接发送。这种端口组网连接的设备相对灵活，但是这种端口的微码处理效率却因此而降低了，所以这种属性的端口较少使用。

对于外部端口，可以根据用户配成 TagAware 方式或 Access 方式，对于内部端口一般设置为 TagAware 方式。

配置以太网侧业务包括配置内外部端口挂接和端口属性设置等参数，以下是具体操作步骤。

（1）在主视图中选中 1–NE1 单击右键，在弹出快捷菜单中选择“网元管理器”命令，进入网元管理器页面。

（2）创建 EPL 业务。在网元 1–NE1 的单板栏中选中“15–N1EFS0”单板，在功能树文件夹列表中逐级打开“配置”“以太网业务”“以太网专线业务”文件夹，点击“新建”按钮，弹出“新建以太网专线业务”对话框。

（3）EPL 业务参数设置。如图 1–8–7 所示，在“方向”的下拉表中选择“双向”，在“源端口”的下拉表中选择“PORT1”，在“宿端口”的下拉表中选择“VCTRUNK1”“端口属性”框中的“TAG 标识”中，VCTRUNK 端口的属性按照默认的“TagAware”，PORT 口的选择“Access”。

（4）通道绑定配置。点击“配置”按钮，弹出“绑定通道配置”对话框，如图 1–8–8 所示。在“可配置端口”下拉表中选择“VCTRUNK1”，在“级别”下拉表中选择“VC12–xv”，在“方向”下拉表中选择“双向”，“可选时隙”选择在配置 SDH 侧业务时所选的以太网板的低阶端口号，此处选择“VC12–1”然后点击“>>”按钮将其选到右侧“已选绑定通道”窗口。点击“确定”按钮，确认修改正确后返回到“新建以太网专线业务”对话框界面，点击“确定”按钮，即完成了 1–NE1 的以太网侧的业务配置。

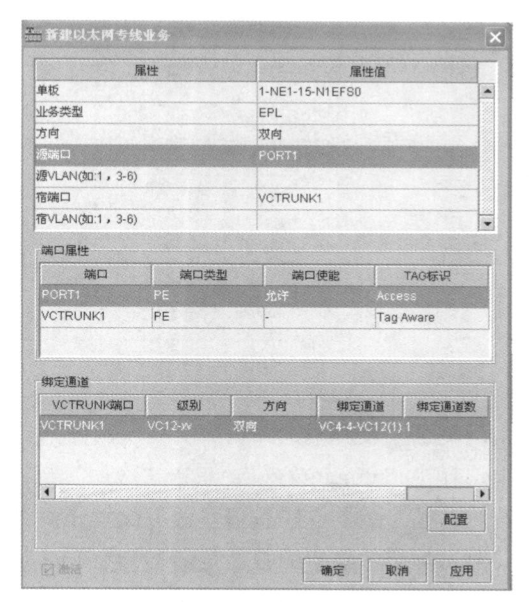

图 1–8–7　EPL 业务参数设置

（5）根据以上步骤对 2–NE2 进行同样操作，完成 2–NE2 以太网单板带宽绑定。这样就完成了 1–NE1 到 2–NE2 以太网板第一个口的 EPL 业务配置。

3. EPL 业务验证

（1）可以通过查看网管告警信息，确认以太网业务配置情况，业务配置正确时网元是没有 AIS 类告警的。

（2）以太网单板具有“以太网测试”功能时，可以在网管上使用该项功能进行以太网业务测试。在主视图中选中 1–NE1 单击右键，在弹出快捷菜单中选择“网元管理器”命令，进入网元管理器页面，在网元 1–NE1 的单板栏中选中“15–N1EFS0”单板，在功能树文件夹列表中逐级打开“配置”“以太网维护”“以太网测试”文件夹。在“以

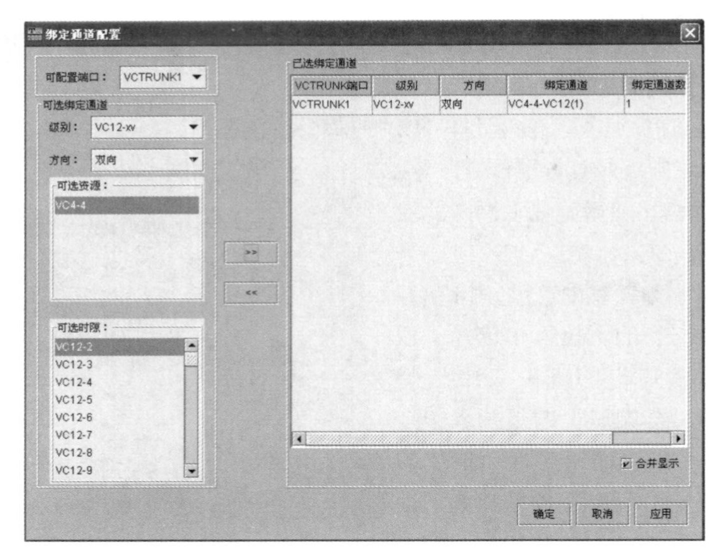

图 1–8–8　带宽绑定

太网测试列表”中选择相应的以太网内部端口“VCTRUNK”，在“发送模式”下拉表中选择“continue 模式”，单击“应用”按钮。观察“发送测试帧个数”与“收到的应答测试帧个数器”的数值，业务配置正确时，观察“发送测试帧个数”与“收到的应答测试帧个数器”的数值是基本一致的（允许有轻微的偏差），如图 1–8–9 所示。

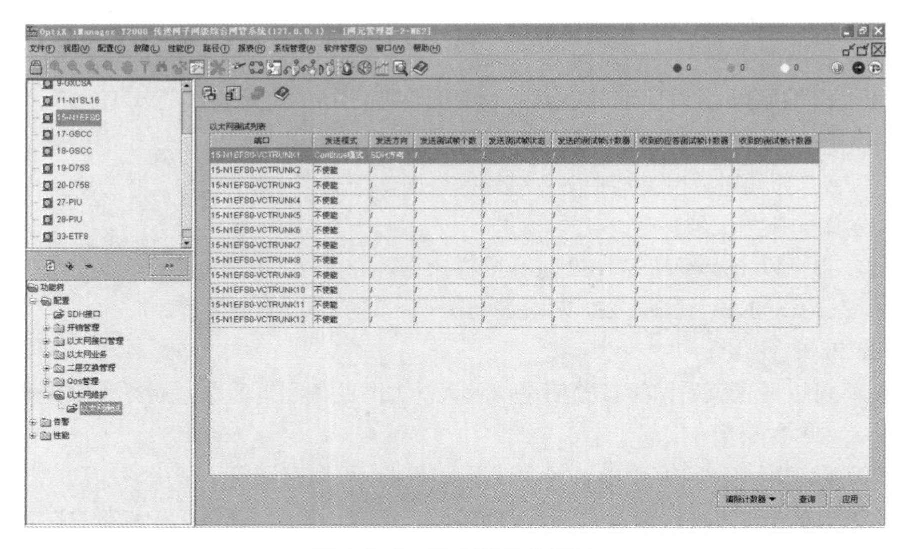

图 1–8–9　以太网业务测试

（3）使用ping命令初步验证以太网业务，在业务的源、宿两端，分别通过交叉网线连接以太网单板端口与计算机。设置两台计算机的IP地址，并确保它们的IP地址在同一网段内。在其中一台计算机上执行命令pingx.x.x.x–n60，ping的目的地址设置为另一台计算机，如果没有丢包，证明业务通道可用（对于Port+VLAN的业务，验证之前需将与计算机相连接的以太网板的外部端口的端口类型设置为“Access”）。

（二）EPLAN业务配置

EPLAN业务是一点到多点的业务形式，即常说的汇聚型业务。主要用于星型业务，可节约汇聚站点以太网板的PORT端口。

下面用上例中的网络，开通1–NE1到2–NE2和3–NE3各一条带宽为2M的以太网业务，在1–NE1共用PORT1口，在2–NE2和3–NE3均用PORT1口，也用于PC互联。

1. SDH侧业务配置

SDH侧业务配置方法和配置EPL时的一样，但需要从1–NE1到2–NE2和3–NE3各创建一条2M通道。由于线路时隙、以太网板内部时隙和内部端口是不可重复利用的，所以1–NE1到2–NE2用第1个时隙，1–NE1到3–NE3用第2个时隙。1–NE1的VCTRUNK1对2–NE2的VCTRUNK1，1–NE1的VCTRUNK2对3–NE3的VCTRUNK1。

2. 以太网侧配置

EPLAN业务以太网侧需要配置以太网单板的带宽绑定、端口属性设置、内外部端口挂接和添加VLAN过滤表等。

（1）在主视图中选中1–NE1单击右键，在弹出快捷菜单中选择“网元管理器”命令，进入“网元管理器–1–NE1”页面。在单板栏中选中“15–N1EFS0”单板，在功能树文件夹列表中逐级打开“配置”“以太网业务”“以太网LAN业务”文件夹，单击“新建”按钮，弹出“创建以太网LAN业务”对话框。

（2）EPLAN业务参数设置。在弹出的“创建以太网LAN业务”对话框中，“VB名称”输入框输入VB名称。VB名称为随意设置，一般写明本条业务的用途，这里命名为“EVPLAN业务”。

（3）VB挂接端口配置。单击“配置挂接端口”按钮，弹出“VB挂接端口配置”对话框，如图1–8–10所示。在对话框中的“可选挂接端口”栏内选中PORT1、VCTRUNK1和VCTRUNK2，分别通过单击“>>”按钮选到“已选挂接端口”栏中。单击“确定”按钮，返回到“创建以太网LAN业务”对话框界面。

汇聚型业务是共用PORT端口，而对于VCTRUNK端口有几个站点汇聚就需要挂接几个。1–NE1对2–NE2和3–NE3都要开通业务，所以1–NE1有两个业务方向，必须使用两个VCTRUNK。

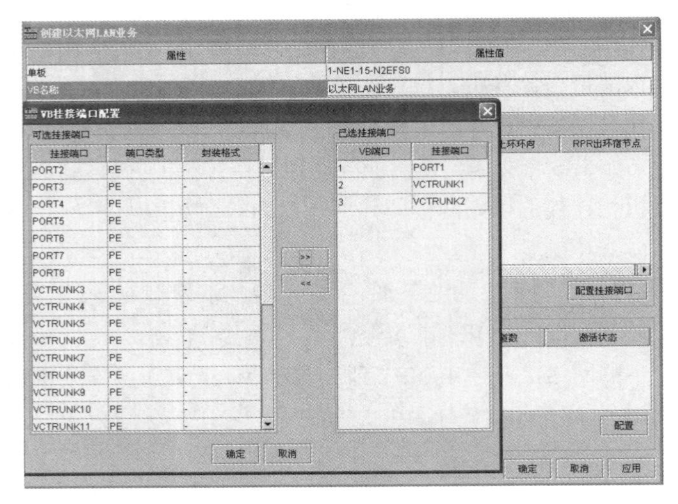

图 1–8–10 端口挂接

（4） 绑定通道配置。单击“配置”按钮，弹出“绑定通道配置”对话框（见图 1–8–11）。在“可配置端口”下拉表中选择“VCTRUNK1”，在“级别”下拉表中选择“VC12–xv”，在“方向”下拉表选择“双向”，“可选时隙”选择“VC12–2”并单击“>>”按钮将其选到右侧“已选绑定通道”窗口。更改“可配置端口”为“VCTRUNK2”，并将“VC12–2”选到“已选绑定通道”窗口。（单个 VCTRUNK 可绑定带宽是任意的，这里绑定了一个 2M 时隙，带宽即为 2M。若需 10M 带宽，可将 5 个 2M 时隙绑定到一个 VCTRUNK 中，同时必须保证这 5 个 2M 时隙的 SDH 侧业务已配置）。

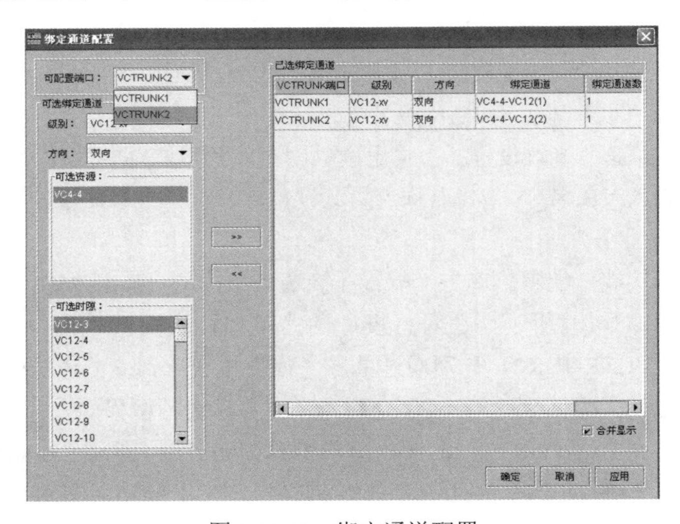

图 1–8–11 绑定通道配置

（5）单击“确定”按钮并确认修改正确，返回到“创建以太网 LAN 业务”对话框界面。单击“确定”按钮即完成了端口挂接和通道绑定配置。

（6）添加VLAN过滤表。在“以太网LAN业务”界面中，单击“VLAN过滤表”标签，单击“新建”按钮，弹出“创建 VLAN”对话框（见图1–8–12）。在“VLANID”输入框中输入 VLANID，这里采取默认“1”，并将PORT1、VCTRUNK1 和 VCTRUNK2 通过“>>”按钮选到“已选转发端口”栏中（表示VLANID 为 1 的信息在这三个端口中可互相转发）。单击“确定”提示操作成功后，在下边窗口中就会出现一条“VLANID”为“1”的过滤表。

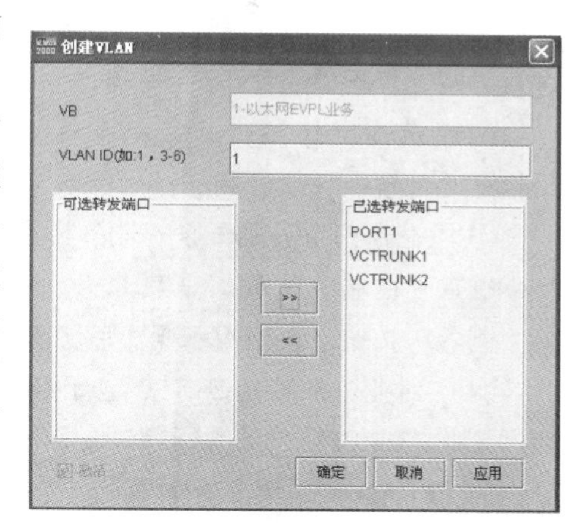

图1–8–12 “VLAN过滤表”添加

（7）外部端口属性设置。在“网元管理器–1–NE1”视图中选择“15–N2EFS0”，在功能树文件夹列表中逐级打开“配置”“以太网业务接口管理”“以太网接口”文件夹。在右侧视图中选择“外部端口”单选按钮，单击“基本属性”标签，根据实际情况可设置相应PORT的“工作模式”，在此默认值为“自协商”。单击“TAG属性”标签，在PORT1的“TAG标识”的下拉表中选择“Access”“默认VLANID”选用默认的“1”，其他选项取默认值，单击“应用”按钮。到此1–NE1网元的以太网侧业务配置完成。

（8）2–NE2 和 3–NE3 的设置与 1–NE1 的设置大致相同。由于 2–NE2 和 3–NE3 只是对 1–NE1 有业务，所以只有一个业务方向，只用一个 VCTRUNK 即可。2–NE2 带宽绑定时选择“VC12–1”，3–NE3 带宽绑定时选择“VC12–2”；端口属性同样设置为“Access”。“VLAN过滤表”中的VLANID必须和1–NE1保持一致。

3. EPLAN 业务验证

EPLAN业务的验证方法与EPL的一样，详细操作请参考本模块“EPL业务验证”部分。

四、以太网业务的删除实例

1. SDH 侧业务删除

SDH侧业务删除可参考模块ZY3201604001（SDH2M业务配置）中2M业务的删除方法进行。

在删除了 SDH 侧业务之后，以太网业务已经为不可用了，但在以太网侧，端口挂接、带宽绑定及 VLAN 过滤表还存在，还需将这些配置进行删除，这些操作只需在业务源、宿站点进行。

2. EPL 以太网侧业务删除

（1）在主视图中右键单击网元 1–NE1 弹出快捷菜单，选择“网元管理器”命令，进入“网元管理器–1–NE1”视图。

（2）选择左上“1–NE1”单板列表中的“15–N1EFS0”，在功能树文件夹列表中逐级打开“配置”“以太网业务”“以太网专线业务”文件夹。

（3）在窗口可看到一条“业务类型”为“EPL”“方向”为“双向”“源端口”为“PORT1”“宿端口”为“VCTRUNK1”的以太网业务。选中本条业务，单击窗口右下的“删除”按钮，根据提示操作后删除操作成功。

（4）对业务宿网元 2–NE2 进行相同操作，即可将宿网元的端口挂接和带宽绑定删除，至此完成 EPL 业务的删除。

3. EPLAN 太网侧业务删除

（1）进入“网元管理器–1–NE1”中，在功能树文件夹列表中逐级打开“配置”“以太网业务”“以太网 LAN 业务”。

（2）在右侧窗口的“VB 挂接端口”项中可看到“挂接端口”下有 PORT1、VCTRUNK1 和 VCTRUNK2 三个端口，即为创建的 EPLAN 业务 VB 挂接端口信息。

（3）选择“VLAN 过滤表”，找到“转发物理端口”为“PORT1，VCTRUNK（1–2）”的过滤表，选中后单击“删除”按钮，确认后删除操作成功。只有完全删除 VLAN 过滤表后才能删除 EPLAN 业务。

（4）点击“VB 挂接端口”标签，选中挂接端口为“PORT1、VCTRUNK1 和 VCTRUNK2”中的任意一项业务，点击窗口右下的“删除”按钮，确认后删除操作成功。至此 1–NE1 侧的 EVPLAN 业务就删除成功了。

（5）对 2–NE2 和 3–NE3 操作与 1–NE1 相同。

4. 业务删除验证

以太网删除后，需对网元进行查询验证，以保证所占用的时隙已经释放，具体验证方法请参考模块 ZY3201604001（2M 业务配置）中的“业务删除成功确认”部分。

【思考与练习】

1. 以太网业务分哪几种？
2. 以太网点到点 EPL 业务配置过程有哪些步骤？
3. 删除 EPL 业务和删除 EVPLAN 业务有什么不同？

模块 9　高次群业务配置（Z38E1012Ⅱ）

【模块描述】本模块包含 SDH 设备高次群业务的配置。通过对实际组网中 E3/T3、E4 等高次群业务路径配置方法和 SDH 层配置方法的介绍，掌握 SDH 网络高次群业务开通、删除的方法和技能。

【模块内容】

一、高次群的基本概念

高次群是 PDH 体系中的高速信号。同 SDH 体系一样，PDH 体系中的高速信号也是由低速信号复用而来，比如欧洲标准中一次群的速率为 E1（2Mbit/s），通过逐级复用，可形成二次群 E2（8Mbit/s）、三次群 E3（34Mbit/s）、四次群 E4（139Mbit/s）等高次群。

在 ITU–T 规范的 SDH 复用路线中，SDH 并不支持高次群业务进行解复用得到低次群或一次群业务，所以对于 SDH 设备来说，处理高次群业务和处理一次群业务的方法一样，都是作为完整的、不可分割的业务进行处理，仅仅是适配时选择较大的虚容器即可。

二、高次群配置的基本步骤

高次群业务和与 2M 业务的配置基本步骤相同，同样有路径配置法和单站业务配置法（SDH 层配置法）两种方法，具体如下：

1. 路径配置法

（1）首先设置网络保护方式。

（2）创建 2M 业务所有涉及网元之间的 VC4 服务层路径。

（3）选择源宿网元的 2M 板端口，选择 VC4 服务路径，系统将自动完成业务创建工作。

（4）业务验证。

2. 单站业务配置法

（1）根据源端口、宿端口、线路时隙、组网方式设计业务路由时隙图。

（2）根据业务路由时隙图对单站逐个配置业务。

（3）业务验证。

三、配置实例

下面以华为设备为例演示高次群业务的创建过程。

假设组网图如图 1–9–1 所示，为 2.5Gbit/s 的两纤单向通道保护环，网元添加、单板配置、光纤连接、网络保护方式已经设置完成，单站配置图如图 1–9–2 所示。如现要创建一条从 1–NE1 到 2–NE2 的 E3 业务。

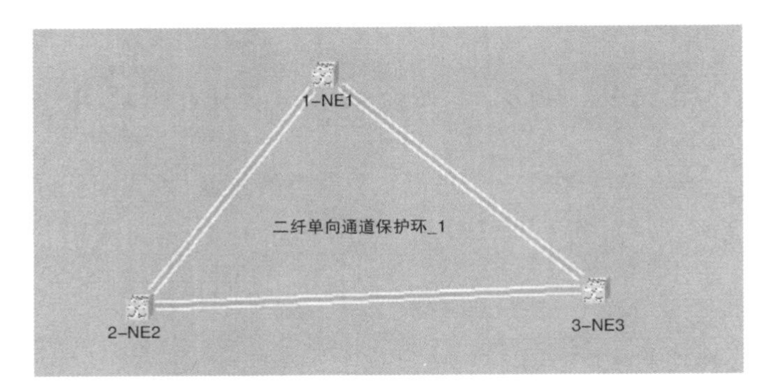

图 1–9–1 网络拓扑图

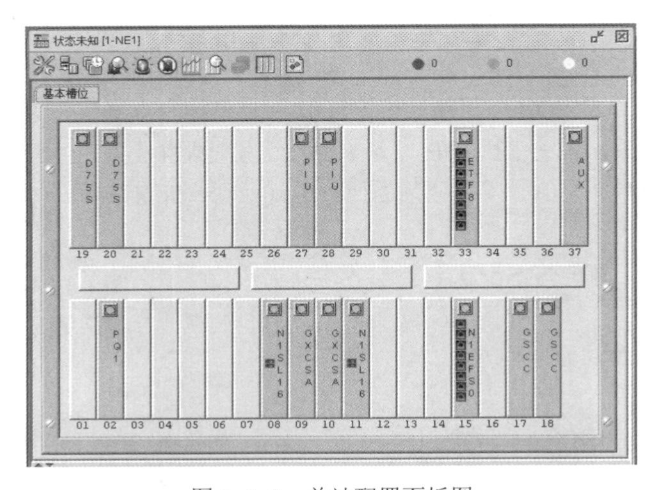

图 1–9–2 单站配置面板图

1. 路径创建法创建 E3 业务

（1） 在主视图的主菜单中单击“路径”菜单，在下拉菜单中单击“SDH 路径创建”命令，进入路径创建视图。

（2） 创建服务路径。创建各网元间的“VC4 服务层路径”。

（3） 创建 VC3 路径。在主视图主菜单栏中单击“路径”菜单，在下拉菜单中单击“SDH 路径创建”命令进入路径创建视图。在“方向”下拉表中选择“双向”，在“级别”下拉表中选择“VC3”，“资源使用策略”和“路径优先策略”均采取默认设置。“计算路由栏”中选中“自动计算”复选框。注意，这一步是和 2M 配置有所不同的，2M 选择的是 VC12 路径。

（4） 源、宿端端口选择。双击 1–NE1 图标，在弹出的源端口选择对话框中单击 2 槽位 PD3，在“支路端口”栏中选中“1”的单选按钮，如图 1–9–3 所示。点击“确定”

完成源端口选择。用同样的方法，完成 2–NE2 的宿端口选择。注意，这一步是和 2M 配置有所不同的，2M 选择的是 PQ1 板件的端口。

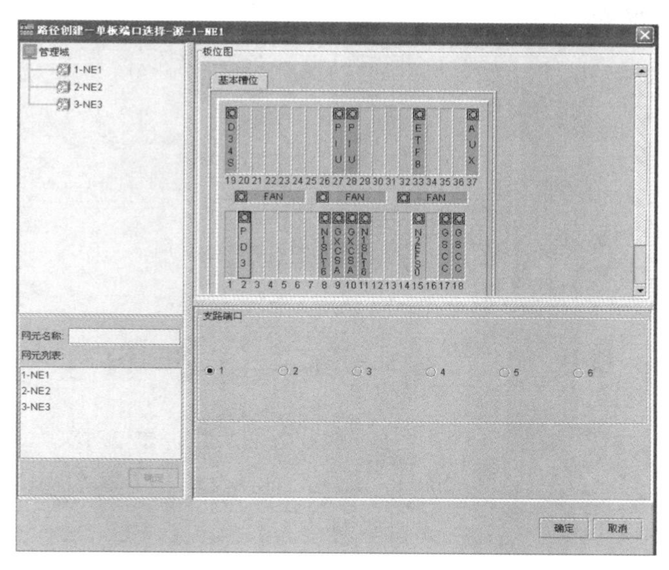

图 1–9–3　业务端口选择

（5） 选择完源宿端口后，网管上自动显示业务路由，如图 1–9–4 所示。

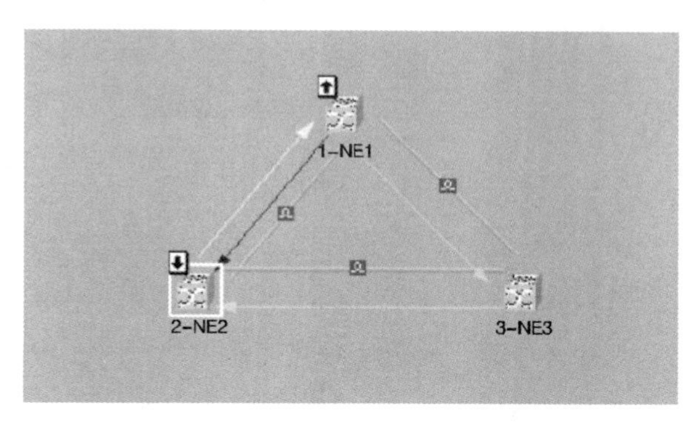

图 1–9–4　路由信息

（6） 选中左下方的“激活”复选框，并单击“应用”按钮，根据提示完成 E3 业务配置。

（7） 业务配置成功确认。确认方法同 2M 业务确认，不再赘述。

2. 单站功能配置法创建 E3 业务

使用单站配置功能进行 E3 业务配置和 2M 业务配置步骤类似，不同点在于业务级别为“VC3”、板件选择 PD3，具体的配置步骤在本模块中不再描述说明，可参考模块 1（SDH2M 业务配置）中的描述。

四、高次群业务的删除

高次群业务删除也分为从路径删除和从单站业务删除两种方式，具体操作可参考模块 1（SDH2M 业务配置）中的描述。

【思考与练习】

1. 高次群业务指的是什么业务？
2. 高次群业务配置与 2M 业务有哪些不同？
3. 使用单站配置法，进行高次群业务的实际配置。

模块 10 穿通业务配置（Z38E1013Ⅱ）

【模块描述】本模块包含 SDH 设备穿通业务的配置。通过对实际组网中单网元上 E1、E3/T3、E4 等业务穿通业务 SDH 层配置方法的介绍，掌握 SDH 网元穿通业务的开通、删除的方法和技能。

【模块内容】

一、基本概念

穿通业务是指时隙从站点一侧线路端口进入交叉单元，经过交叉单元的处理后，从另一侧线路端口送出一种业务形式，在此过程中不改变时隙的 VC 级别。穿通业务一般只是一条完整业务路径中的一部分，很少单独使用。

穿通业务的实现一般会用到两种交叉连接方式，如图 1–10–1 所示。空分交叉不改变 VC 的序号，能够满足大部分的业务连接需求，是最常用的一种交叉连接方式。时分交叉改变了 VC 的序号，一般只有在 SDH 网络中时隙资源已经匮乏时才会使用。时分交叉实现起来较为复杂，成本高，所以设备厂家的交叉单元中一般只有部分交叉资

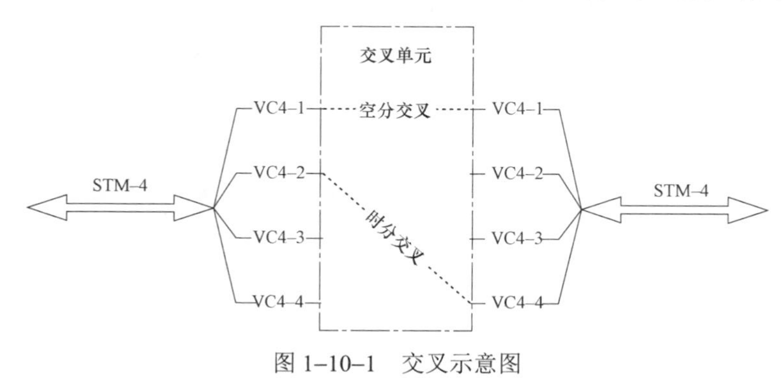

图 1–10–1 交叉示意图

源支持时分交叉，甚至低端设备的交叉单元不支持时分交叉。

在 SDH 的业务配置中，除了源宿网元，此业务经过的网上其他网元进行的都是穿通操作，但穿通业务配置较为简单。用路径法配置业务时，穿通业务是系统自动完成的，在 SDH 层配置方法配置业务时，需要对业务经过网元进行穿通业务配置。下面将描述用 SDH 层配置方法进行穿通业务的配置和删除的方法。

二、穿通业务配置基本步骤

（1）在穿通业务所在网元上，选择源网元通过线路送来的业务级别、时隙序号。

（2）在穿通业务所在网元上，选择宿网元通过线路接收的业务级别、时隙序号。

（3）在穿通业务所在网元上完成交叉连接。

（4）业务验证。

三、配置举例

下面以华为设备为例演示穿通业务的创建过程。

如图 1–10–2、图 1–10–3 所示，假设此网络的网元添加、单板配置、光纤连接、网络保护方式等这些基本条件已经设置完成，要求配置第一个 VC4 第 10 个 VC12 时隙在 2–NE2 的穿通业务。光纤连接关系见表 1–10–1。

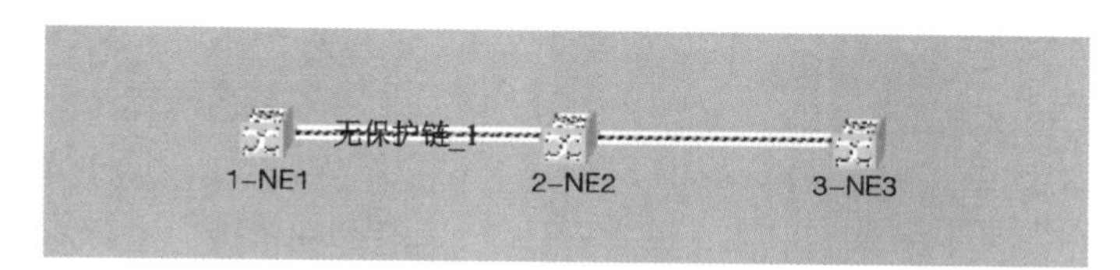

图 1–10–2　链状拓扑结构

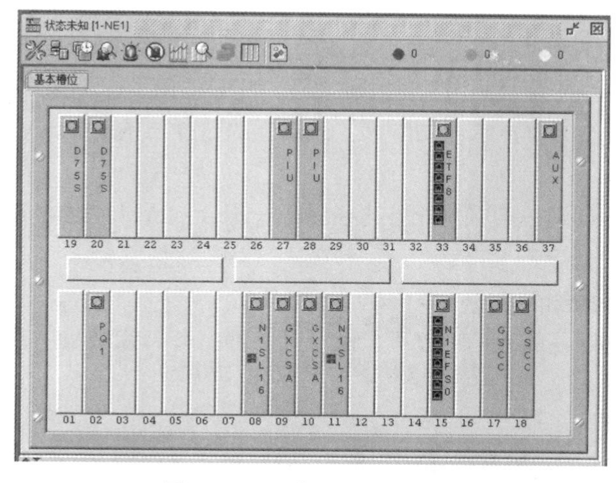

图 1–10–3　单站配置面板图

表 1-10-1　　光纤连接关系表

序号	源网元	源端口	宿网元	宿端口
1	1-NE1	11 槽	2-NE2	8 槽
2	2-NE2	11 槽	3-NE3	8 槽

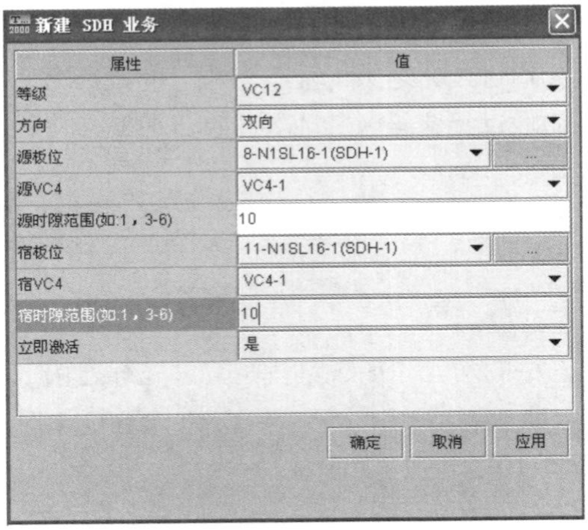

配置步骤如下：

（1）在主视图中选中 2-NE2，单击右键在弹出快捷菜单中选择“业务配置”命令，进入“2-NE2 的 SDH 业务配置”视图，单击下方“新建”按钮，弹出“新建 SDH 业务”对话框，如图 1-10-4 所示。

图 1-10-4　穿通业务配置

（2）参数配置。在对话框中“等级”下拉表中选择“VC12”，在“方向”下拉表中选择“双向”，在“源板位”下拉表中选择“8-N1SL16-1（SDH-1）”，在“源 VC4”下拉表中选择“VC4-1”，在“源时隙范围”文本输入框中输入“10”，在“宿板位”下拉表中选择“11-N1SL16-1（SDH-1）”，在“宿 VC4”下拉表中选择“VC4-1”，在“宿时隙范围”文本输入框中输入键入“10”，在“立即激活”下拉表中选“是”。

（3）数据下发。单击“确定”按钮，完成穿通业务配置。

（4）业务验证。在主视图中右键单击网元 NE2，选择“业务配置”选项，在“交叉连接”窗口若能看到“等级”为“VC12”“源板位”为“8-N1SL16-1（SDH-1）”“源时隙/通道”为“VC4：1：10”“宿板位”为“11-N1SL16-1（SDH-1）”“宿时隙/通道”为“VC4：1：10”“激活状态”为“激活”的这样一条业务，表明所穿通业务创建成功。

由于穿通业务只是一条完整业务路径中的一部分，所以穿通业务的也可在完整业务路径验证中得到验证。

四、穿通业务的删除

穿通业务的删除是配置的逆过程，操作可参考模块 1（2M 业务配置）中的“SDH 层删除法”的描述。

五、注意事项

（1）源网元通过线路送来的业务级别、时隙序号，在穿通业务所在网元上的进入线路侧不会变化，注意选择的正确性，因为光缆不做任何业务处理。宿网元的也一样。

（2）如无特殊需要，尽量少用时分交方式。

【思考与练习】

1. 什么叫穿通业务？

2. 为什么要尽量少用时分交叉？

3. 穿通业务的进入时隙由什么决定？与送出时隙是否需保持相同？

模块 11　添加网元（Z38E1014Ⅲ）

【模块描述】本模块包含在网管上创建 SDH 网元。通过对 SDH 设备 ID 设置、类型选择、名称描述、网关设置、登录账号等操作方法的介绍，掌握在 SDH 网管上创建网元的方法。

【模块内容】

SDH 网管系统一般由客户端和服务器端两部分组成，网管侧网络数据存放于服务器端，客户端是操作维护终端。网管对网元的操作，是通过客户端先配置修改服务器端网络数据，再由服务器下发到网元侧实现的，这就要求服务器侧必须有网元侧的相关信息数据。比如，网络拓扑、网元参数、光纤连接关系、业务配置数据等。

网管获取网元侧的数据途径有两种，一种是手工添加；另一种是通过网管通道上载。根据 ITU–T 相关规范，完整的网管通道包含两段：网管系统连接网关网元的以太网通道、非网关网元连接网关网元的 ECC 通道。与网管系统相连的网元称为网关网元，其他网元称为非网关网元，非网关网元与网管系统的通信是通过网关网元转发的。需要说明的是，网关网元和非网关网元仅仅是为了网管通信进行人为设置的网管通道路由信息，网元本身并没有区别。

在网管系统上添加网元时需先添加网关网元，再添加非网关网元。网元添加完成后，网管通道也相应的建立完毕，其他的数据就可以采用上载的方式进行了。目前也有部分厂家 SDH 网管支持只手工添加网关网元，其他网络信息均可以自动上载的方式。

下面以华为设备为例，介绍网关网元和非网关网元的添加方法及步骤。

一、运行网管软件

网管系统有两种安装模式，一种是服务器端和客户端安装于同一台电脑上；另一种是服务器端和客户端安装于两台联网电脑上，分别介绍如下。

1. 服务器端和客户端安装于同一台电脑上

运行“T2000Server”，运行结束后会弹出“用户登录”对话框。在“用户名”输入框中输入用户名“admin”，在“密码”输入框中输入默认密码“T2000”“服务器”默认为“local”，单击“登录”按钮。

在出现的系统监控客户端进程表中，有 10 个进程，等到这 10 个进程的“进程状态”都为“运行”时，服务器端启动完成，可最小化窗口并运行客户端。

运行“T2000Client”客户端软件，在弹出“用户登录”对话框中的“用户名”输入框中输入用户名“admin”，在“密码”输入框中输入“T2000”“服务器”默认为“local”，点击“登录”按钮，等到运行结束后网管软件即启动成功。

2. 服务器端和客户端安装于不同电脑上

服务器端和客户端安装于不同电脑上，但两台电脑可通过网络互相通信，此时需进行以下操作步骤：

（1）运行“T2000Client”，在弹出的“用户登录”对话框界面中输入用户名和密码。

（2）单击“服务器”输入框右侧的 ... 按钮，弹出“设置”对话框，如图 1–11–1 所示。

（3）单击“增加”按钮，弹出新的“设置”对话框。在“IP 地址”输入框输入服务器端所在电脑的 IP 地址，“端口号”和“模式”输入框采用默认选项，“服务器名”输入框可输入服务器的名字（如输入“上海”）。若服务器 IP 地址为 192.168.0.220，则输入后如图 1–11–2 所示。

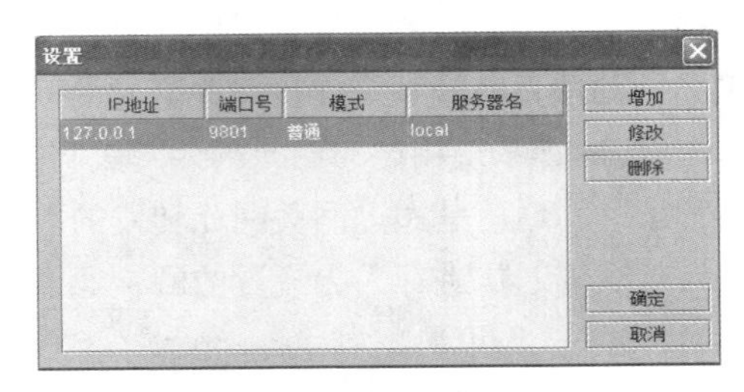

图 1–11–1　服务器地址设置

图 1–11–2　添加新的服务器端 IP 地址

（4）单击“确定”按钮，可以看到新的服务器端 IP 地址已添加好了，如图 1–11–3 所示。

（5）单击“确定”按钮，保存所作的设置修改并关闭“设置”对话框。

（6）此时可看到“用户登录”对话框中的“服务器”输入框中可选择到刚才添加的“上海”服务器，如图 1–11–4 所示。

（7）单击“登录”按钮，即可登录到服务器端并成功运行网管软件。

（8）客户端密码修改。在客户端登录完成后在主视图主菜单中单击“文件”菜单，在下拉菜单中单击“修改用户口令”命令，弹出“设置新口令”对话框。输入“旧口令”“新口令”和“确认新口令”。单击“确定”即完成客户端密码的修改。

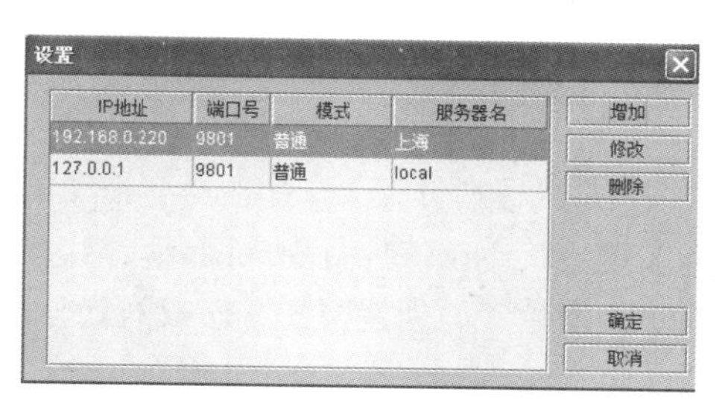

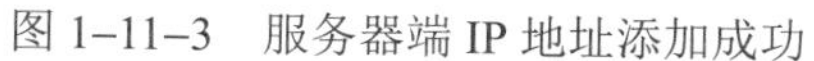
图 1–11–3 服务器端 IP 地址添加成功

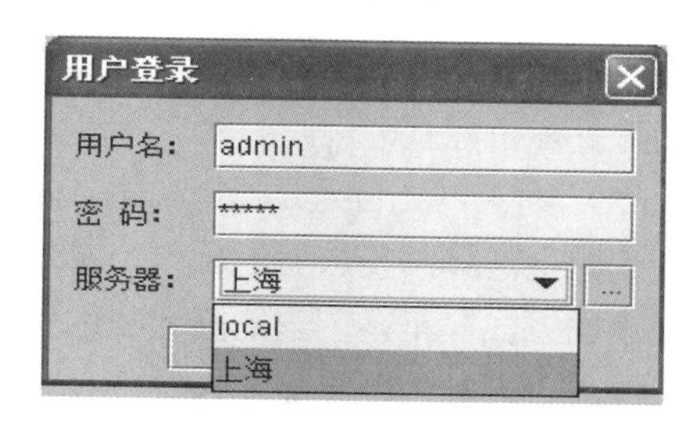

图 1–11–4 选择异地服务器进行登录

二、网关网元创建

在主视图任意位置单击右键弹出快捷菜单，把鼠标指针移到快捷菜单中“新建”上，在级联菜单中单击“拓扑对象”命令，弹出“创建拓扑对象”对话框。

（1）网关网元类型选择。根据实际网元类型，在对象类型树中选择相应的网元类型，以新建华为 OptixOSN3500 为例：在“对象类型”树中选择“OSN 系列”“OptixOSN3500”，右边弹出网元属性参数设置表，如图 1–11–5 所示。

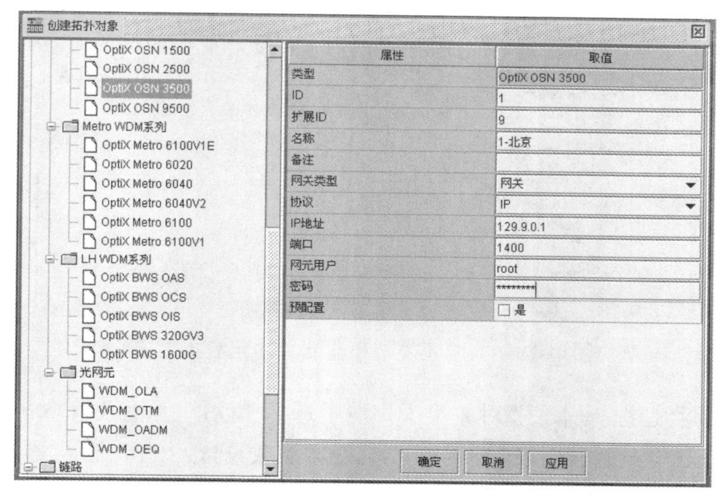

图 1–11–5 网关网元类型和参数设置表

（2）网关网元基本参数设置。“ID”输入文本框中输入网元 ID 号，“扩展 ID”输入文本框中默认为 9（如果人工设置了扩展 ID，就要填人工设置的扩展 ID 号），“名称”输入文本框中填写本网元名称（一般采用“ID–地名”的命名方式）。在“网关类型”下拉表中选择“网关”，此时下一行的设置栏中会展开 IP 地址栏，一般选默认值，不需要修改。在“网元用户”输入框中输入用户名“root”，在“密码”框中输入密码“password”“预配置”复选框默认为空（若该网元配置的数据不需下发到设备侧，可选中“预配置”复选框，弹出“主机版本”选默认值无需修改，然后在网管上可以对网元进行虚拟配置）。

（3） 网关网元位置选择。单击“确定”按钮，鼠标指针变为十字光标。拖动鼠标，在主视图上选择网元放置的位置，单击鼠标左键，就会在该位置生成网元，网关网元到此添加完成（正确创建的网元在网管上显示为绿色，如创建网元有误或网管与该网元通信不正常时，网元显示为灰色）。

三、非网关网元创建

在主视图任意位置单击右键弹出快捷菜单，把鼠标指针移到快捷菜单中“新建”上，在级联菜单中单击“拓扑对象”命令，弹出“创建拓扑对象”对话框，如图 1–11–6 所示。

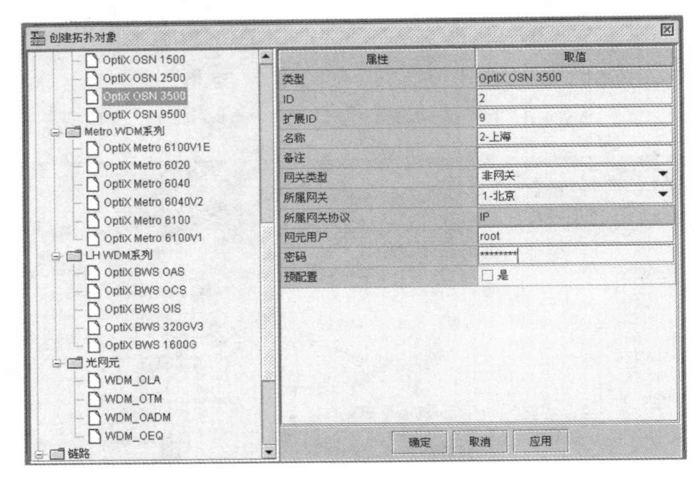

图 1–11–6 网元类型和非网关网元参数设置

（1） 网元类型选择。在“对象类型”树中选择“OSN 系列”“OptixOSN3500”，右边弹出网元属性参数设置表。非网关网元基本参数设置：“ID”输入文本框中输入网元 ID 号，“扩展 ID”输入文本框中默认为 9（如果人工设置了扩展 ID，就要填人工设置的扩展 ID 号），“名称”输入文本框中填写本网元名称（一般采用“ID–地名”的命名方式），在“网关类型”下拉表中选择“非网关”，在“所属网关”的下拉表中选择本网元所属的网关网元；在“网元用户”输入框中输入用户名“root”，在“密码”框中输入密码“password”“预配置”复选框默认为空，如图 1–11–6 所示。

（2） 非网关网元位置选择。单击“确定”按钮，鼠标指针变为十字光标。拖动鼠标，在主视图上选择网元放置的位置，单击鼠标左键，会在该位置生成网元，网元添加完成（正确创建的网元在网管上显示绿色，如创建网元有误或网管与该网元通信不正常时，网元显示灰色）。

也可以通过网管软件自带的设备搜索功能批量创建非网关网元。

在主视图主菜单中选择“文件”，在下拉菜单中选择“设备搜索”，弹出“设备搜索”窗口。

单击“增加”按钮，弹出“搜索域输入”对话框，如图 1–11–7 所示。

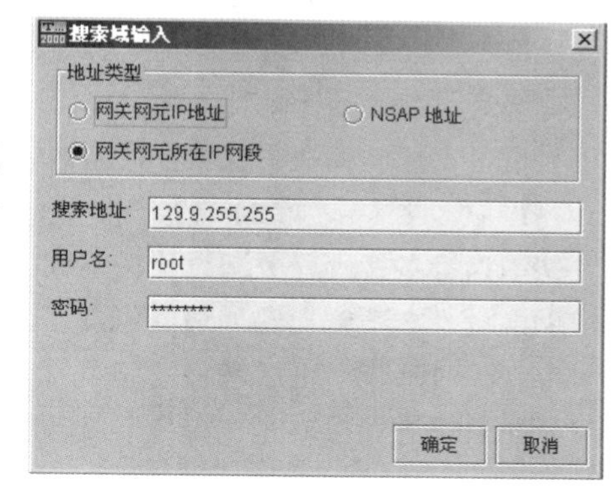

图 1–11–7　增加搜索条件

选择地址类型为“网关网元 IP 地址”或“NSAP 地址”或“网关网元所在 IP 网段”，输入“搜索地址”，单击“确定”按钮。

单击“开始搜索”按钮进行网元搜索。

搜索完毕后，在“搜索到的网元”列表中选择尚未创建的网元。单击“创建网元”按钮，弹出“创建网元”对话框。

输入“用户名”和“密码”，选中“所有网元使用相同的用户名和密码”同时创建多个网元。

单击“确定”按钮。被创建网元图标就会显示在主拓扑中。

【思考与练习】

1. 如何正确启动 T2000 网管？

2. SDH 网络中的低端设备能否设置为网关网元？

3. 实际操作在网管上添加网关网元以及非网关网元的过程。

模块 12　网元地址配置（Z38E1015Ⅲ）

【模块描述】本模块包含 SDH 网元的网元地址的设置。通过对典型设备网元地址设置方法和原则的介绍，掌握设置 SDH 网元地址的方法。

【模块内容】

一、网元地址的概念和配置原则

为了能够进行有效的网络管理，任何 SDH 网元在网络中都要有唯一的地址作为标识。有了网元地址，网管才能识别上报的信息是属于哪个网元的，同样网管下发的命令才能正确地到达相应的网元。

网元地址的配置一般要遵循以下的原则：

（1） 每个网元只能有唯一的一个网元地址。

（2） 同一台网管管理的网络中，不能把多个网元设置为同一个网元地址。

在 SDH 网络建设初期应同步考虑规划网元地址。比如，相同类型的设备分配为同一段可用网元地址，或者根据行政区域、设备级别进行划分。网元地址使用情况需及时记录并更新，防止扩容时错误分配已用的网元地址。

二、网元地址的设置方法

每个厂家的网元地址的定义和设置方法是不同的，下面以华为设备为例进行描述。

华为设备的网元地址是由 ID 号确定的，设置网元地址，也就是设置网元的 ID 号。华为设备支持硬件拨码或软件设置两种 ID 号的配置方法。

1. 硬件拨码设置 ID 号

华为设备拨码开关都设计在主控板上，由一排或两排二进制拨码组成。当右手拿拉手条时，右下侧拨码为最低位，左上侧拨码为最高位，拨码向上拨代表本位数值为“1”，向下拨代表本位数值为“0”。将规划好的 ID 号换算成二进制，再将拨码按照换算后的数值进行拨“0”或“1”，拨好后插回机框等主控板复位开工后新的 ID 号就生效了。

2. 软件设置 ID 号

软件设置 ID 号需要主控板支持，需要用华为 OptixNavigator 软件进行设置，键入命令“：cm–set–neid：0x9XXXX”，其中“XXXX”表示十六进制的 ID 号。设置后主控板将自动复位，复位开工后 ID 号即设置成功。

三、华为网元 IP 地址的概念和设置方法

网管和主控板是通过以太网协议进行通信的，以太网通信的双方必须设置IP地址、子网掩码和默认网关等信息。这样，网管计算机网卡和网关网元的主控板配置口均需要做相应的设置。为了描述方便，下面用网管 IP 地址表示网管计算机网卡 IP 地址，用网元 IP 地址表示网关网元主控板的配置口 IP 地址。

为了方便起见，华为设备在出厂时都会有一个默认的 ID，而网元 IP 地址是根据 ID 号进行换算得出的，并随着 ID 号设置不同随时更新。两者换算关系如下：将 ID 号换算为二进制，在高位补 0 凑足 16 位后得出数值为 X，网元 IP 地址默认为 129.9.Y.Z，其中 Y 为 X 的高 8 位换算成十进制的数值，Z 为 X 的低 8 位换算成十进制的数值。比如某个网元的 ID 号为 566，换算成二进制后凑足 16 位后为 0000001000110110，高 8 位（00000010）换算成十进制的数值为 2，低 8 位（00110110）换算成十进制的数值为 54，此网元 IP 地址默认 129.9.2.54。

在网管和网关网元用网线直连的时候，因为网元有了默认 IP，只需要将网管的 IP 地址和网元 IP 地址设置在同一网段即可，无需再设置默认网关。如果网管和网关网元通过 DCN 通道连接，则需要按照 DCN 网络分配的 IP 地址分别设置网管 IP 地址和网元 IP 地址，此时就需要更改网元的默认 IP 地址了。

更改网元的默认 IP 地址需要使用华为 OptixNavigator 软件进行设置，具体命令如下：

设置 IP 地址："：cm-set-ip：XX.XX.XX.XX"，其中"XX.XX.XX.XX"表示 IP 地址（十进制）。

设置子网掩码："：cm-set-submask：YY.YY.YY.YY"，其中"YY.YY.YY.YY"表示子网掩码（十进制）。

设置默认网关："：cm-set-gateway：ZZ.ZZ.ZZ.ZZ"，其中"ZZ.ZZ.ZZ.ZZ"表示默认网关（十进制）。

更改网元的默认 IP 地址后，网元 IP 地址将不再跟随 ID 号进行变化，建议在文档中进行记录，以免遗忘。如果人工设置的 IP 地址遗忘，则只能通过其他相连网元，以 ECC 通信的方式登录到该网元上，通过网管系统查询获得 IP 地址。或者将电脑 IP 地址设置 129.9.X.X 网段，并使用网线将电脑和该设备直接相连，运行"OptixNavigator"软件，在"NEIPAddress"文本框内可自动查询到网元的 IP 地址。

【思考与练习】

1. 网元地址的作用是什么？
2. 网元地址的配置有哪些原则？
3. 华为设备 ID 号为 780 的默认 IP 地址是多少？

模块 13 网络保护方式设定（Z38E1016Ⅲ）

【模块描述】本模块包含网络保护方式的设定。通过对网络中两纤单向通道保护环、两纤双向复用段保护环、1+1 保护环、无保护链等保护方式设定步骤的介绍，掌握在 SDH 网络中设定保护方式的方法。

【模块内容】

在 SDH 网络中，网元在网管上按实际光纤连接关系进行连接就形成了网络拓扑。网络拓扑设置保护类型后就形成了保护网，如两纤单向通道保护环、两纤双向复用段共享保护环、1+1 保护环、无保护链等。各种网络保护方式的设定是根据实际资源情况和业务需求来确定的。

（1）两纤单向通道保护环网。光缆资源满足网络成环的条件，业务级别为 STM-1 及以上。两纤单向通道保护环是 1+1 业务保护方式，采用"首端桥接，末端倒换"结构。相比复用段保护环，通道保护倒换无需协议参与，倒换时间快，但是网络带宽利用率较低。适用于网络对业务容量要求较低，大部分业务为集中性业务的网络。

（2）两纤双向复用段共享保护环网。光缆资源满足网络成环的条件，业务级别为

STM–4 及以上。利用网络后一半时隙保护前一半时隙，例如，STM–4 的网络中，采用东向光板的 3～4 号 VC4 保护西向光板的 1～2 号 VC4。复用段保护环需要运行复用段协议（ASP）才能实现保护，网络带宽利用率高，所以适用于业务容量需求大或分散业务较多的网络。

（3） 1+1 保护环网，又称其为复用段线性保护 1+1。适用于网元与网元两点间有两个不同路由的光缆资源的情况下使用，相当于两点组成环。网元在源端双发业务，宿端选收业务，从而实现对重要业务的保护。

（4） 无保护链。在不需要对链上业务进行保护时，可以配置成无保护链。

下面以华为为例，介绍这些常用保护方式的设置方法。

假设 1–NE1、2–NE2、3–NE3 三套设备类型以华为 OptixOSN3500，网元的基本配置如下：STM–16 线路板 2 块，PQ1 支路板 1 块，GXCS 交叉板 1 块，EFS 以太网板 1 块，GSCC 主控板 1 块，网元添加与单板配置在网管上已经完成。

一、创建两纤单向通道保护环

（1） 创建网络拓扑。在网管注视图中将三个网元光口按实际环网拓扑依次连接好光纤。

（2） 进入保护视图。在主视图主菜单中单击“配置”菜单，在下拉菜单中单击“保护视图”命令，进入保护视图界面。

（3） 保护子网类型选择。在保护视图空白处单击右键弹出快捷菜单，把鼠标指针移到快捷菜单中“SDH 保护子网创建”上，在弹出的级联菜单中单击选择“二纤单向通道保护环”，如图 1–13–1 所示。

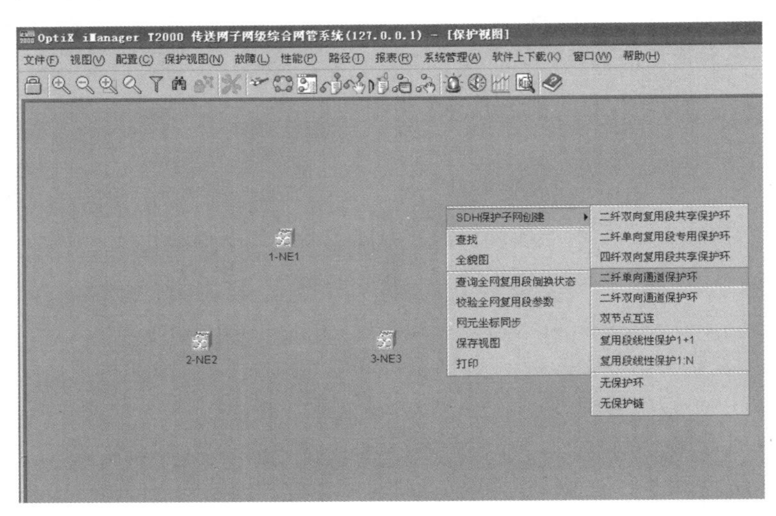

图 1–13–1 保护子网类型选择

（4）节点选择。左侧弹出“二纤单向通道保护环创建向导”对话框，“名称”一般采取默认值，在“容量级别”下拉表中选择与光口级别相同的选项，这里选择“STM–16”，然后按环的方向依次双击网元 1–NE1、2–NE2、3–NE3，“节点属性”默认为“PP 节点”，如图 1–13–2 所示。

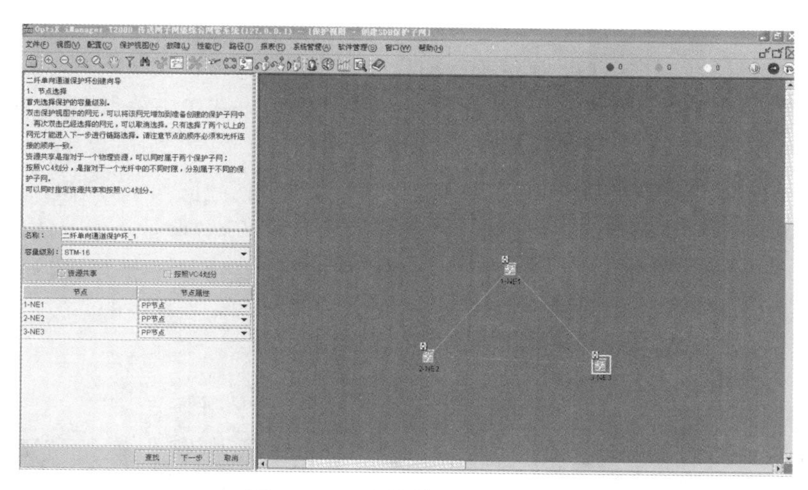

图 1–13–2　设置保护子网属性

（5）链路选择。单击创建向导左下方的“下一步”按钮，进入下一页面，单击“完成”按钮，弹出“操作结果”提示框提示“保护创建成功”。至此，“两纤单向通道保护环”保护子网创建完成。

两纤单向通道保护环创建成功后，保护子网在保护视图中显示为绿色线条。

二、创建两纤双向复用段共享保护环

（1）重复创建两纤单向通道保护环中的第 1、第 2 步。

（2）保护子网类型选择。在保护视图空白处单击右键弹出快捷菜单，把鼠标指针移到快捷菜单中“SDH 保护子网创建”上，在弹出的级联菜单中单击选择“两纤双向复用段共享保护环”。

（3）节点选择。左侧弹出“两纤双向复用段共享保护环创建向导”对话框，“名称”采取默认值，在“容量级别”下拉表中选择“STM–16”，然后按环的方向依次单击网元，“节点属性”为默认值“MSP 节点”。

（4）链路选择。单击创建向导下方的“下一步”按钮，进入下一页面，单击“完成”按钮，弹出“操作结果”提示框提示“保护创建成功”。至此，“两纤双向复用段共享保护环”保护子网创建完成。

两纤双向复用段共享保护环创建成功后，保护子网在保护视图中显示为蓝色线条。

三、创建 1+1 保护环

（1） 创建网络拓扑。在网管主视图中将 NE1 和 NE2 用两条光纤进行连接（此时需要在设备上将 NE1 连接 NE3 的光缆切换到连接 NE2）。

（2） 进入保护视图。在主视图主菜单中单击“配置”菜单，在下拉菜单中单击“保护视图”命令，进入保护视图界面。

（3） 保护子网类型选择。在保护视图空白处单击右键弹出快捷菜单，把鼠标指针移到快捷菜单中“SDH 保护子网创建”上，在弹出的级联菜单中单击选择“复用段线性保护 1+1”。

（4） 节点选择。左侧弹出“复用段线性 1+1 保护链创建向导”对话框，在“容量级别”下拉表中选择“STM–16”，选中“恢复模式”栏中“恢复式”的单选按钮（“恢复式”是指故障恢复正常后，业务自动倒换恢复到工作通道上。“非恢复式”与之相反）。选中“保护模式”栏中“单端倒换”的单选按钮（“单端倒换”是指倒换发生在故障产生端，另一端不进行倒换，从而使业务得到保护。“双端倒换”是指无论是那端产生故障，两端都同时发生倒换，从而使业务得到保护），如图 1–13–3 所示。

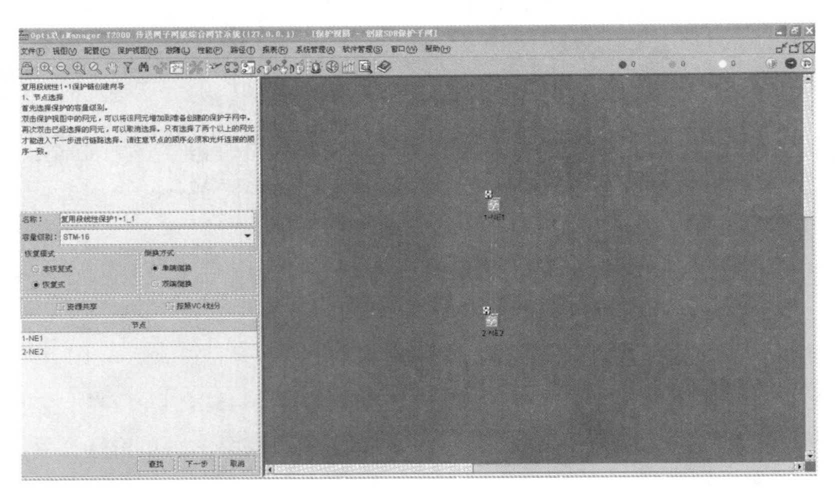

图 1–13–3 设置保护属性

（5） 链路选择。单击创建向导左下方的“下一步”按钮，进入下一页面，单击“完成”按钮，弹出“操作结果”提示框提示“保护创建成功”。至此，“复用段线性保护 1+1”保护子网创建完成。

复用段线性保护 1+1 创建成功后，保护子网在保护视图中显示为蓝色的点划线，单击“*”号线条展开后，蓝色点划线为工作通道，淡蓝色的点划线为保护通道，如图 1–13–4 所示。

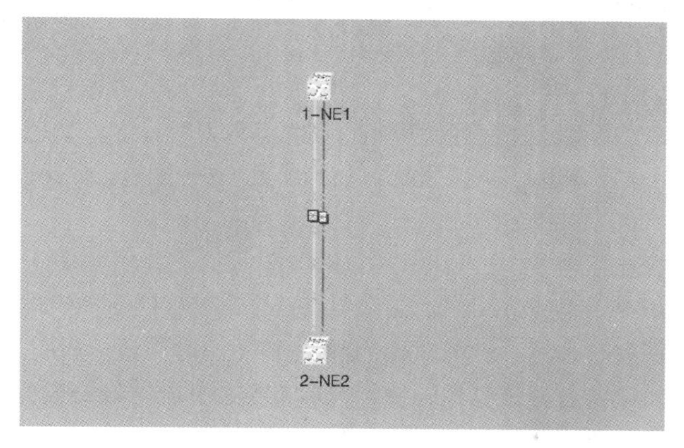

图 1-13-4　1+1 环的保护子网

四、创建无保护链

（1）创建网络拓扑。

（2）进入保护视图。在主视图主菜单中单击“配置”菜单，在下拉菜单中单击“保护视图”命令，进入保护视图界面。

（3）保护子网类型选择。在保护视图空白处单击右键弹出快捷菜单，把鼠标指针移到快捷菜单中“SDH 保护子网创建”上，在弹出的级联菜单中单击选择“无保护链”。

（4）节点选择。在“容量级别”下拉表中选择“STM-16”，按链的方向依次点击网元。

（5）链路选择。单击创建向导下方的“下一步”按钮，进入下一页面，单击“完成”按钮，弹出“操作结果”提示框提示“保护创建成功”。至此，“无保护链”保护子网创建完成。

无保护链创建成功后，保护子网在网管保护视图中显示为黑色的虚线。

【思考与练习】

1. 实际操作创建一个两纤单向通道保护环。
2. 实际操作创建两纤双向复用段共享保护环。
3. 实际操作创建 1+1 保护环。

模块 14　时钟配置（Z38E1017Ⅲ）

【模块描述】本模块包含 SDH 网络中的时钟配置。通过对网络中环形、树形、链型等拓扑时钟跟踪设置方法和原则的介绍，掌握 SDH 网络中时钟跟踪配置的方法。

【模块内容】

一、基本概念

同步是保证 SDH 网络通信质量的关键因素，其重要特征之一就是失步时业务质量会受损甚至中断。选择合适的同步方法并进行相应的时钟配置，是保证 SDH 网同步的重要手段。

二、配置方法及原则

为了达到 SDH 网络同步的目的，必须要有一个高精度的时钟源供全网使用，或者是多个同步的高精度时钟源。SDH 网络设备可使用的时钟源一般有外部时钟、线路时钟、支路时钟和设备自振荡晶体时钟。一般来说，外部时钟一般为 BITS、高级局设备时钟等，精度较高，设备自振荡晶体时钟精度较低，线路时钟和支路时钟精度和对端站点使用时钟的精度基本相同，但会有劣化。由于支路时钟在支路业务适配时的指针调整，会有较大损伤，如不经过特殊的技术处理，劣化较为严重，一般很少使用。所以 SDH 设备时钟源的优先级一般是外部时钟、线路时钟、设备自振荡晶体时钟。

有了高精度的时钟源，还要选择合适的同步方式才能保证 SDH 网的同步。一般小型 SDH 网络可采取主从同步法，大型 SDH 网可采用混合同步法（伪同步+主从同步），以避免某些站点跟踪路由过长而造成时钟精度下降。

时钟配置原则是根据不同的网络，设计合适的同步方式，并在每个站点设计不同时钟源的跟踪优先级，尽最大努力使得网络出现各种故障时，整个网络仍然保持同步，并且时钟级别是可以使用的最高时钟精度的时钟。

时钟的设置操作本身是比较简单的，只需要根据设计的结果在每个站设定不同时钟源的跟踪优先级即可。关键是如何设计同步方式和每个站的时钟源优先级列表，以达到最好的同步效果，这是比较复杂的，特别是大型网络更是如此。

现在也有设备支持智能时钟系统，无需手工设置，系统自动选择最合理的时钟同步方式，大大简化了人工设计的困难，减低了因为时钟同步原因导致的网络故障。

三、华为 SDH 设备时钟配置步骤

1. 设置时钟优先级表

网络拓扑如图 1–14–1 所示，两纤单向通道保护环为 2.5G，主环方向为逆时针方向。网元添加、单板配置、光纤连接、网络保护方式等已经设置完成，时钟未配置。各站设备面板图如图 1–14–2 所示。

假设 2–NE2 为 8 槽位光板和 1–NE1 相连，3–NE3 为 11 槽位光板和 1–NE1 相连，要求将 1–NE1 的内部时钟源设为主时钟，2–NE2 和 3–NE3 分别跟踪 1–NE1 方向的线路时钟。

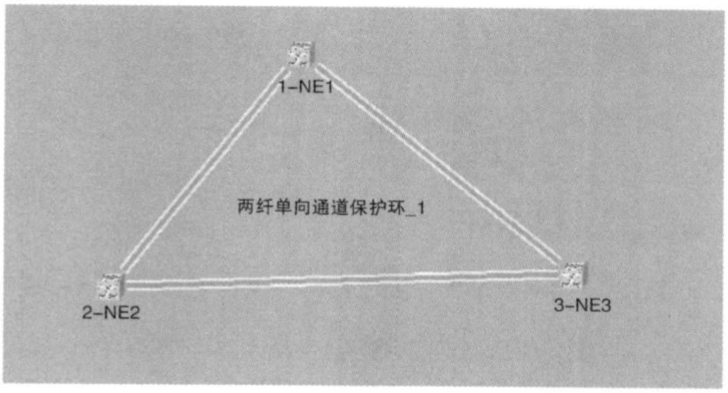

图 1-14-1　网络拓扑图

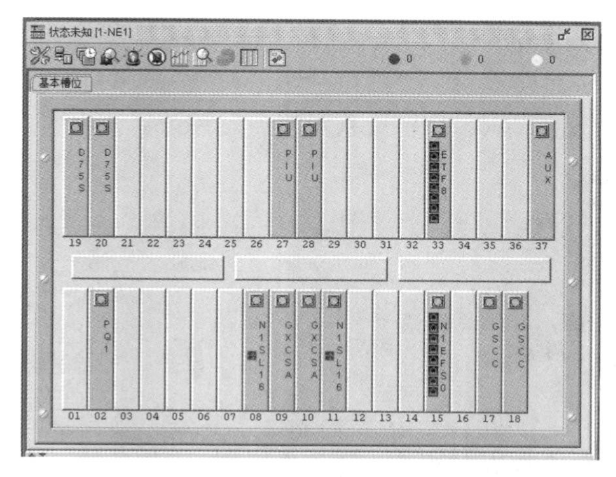

图 1-14-2　单站面板图

（1）1-NE1 时钟设置。在主视图中选中 1-NE1 单击右键，在弹出快捷菜单中选择“网元管理器”命令，进入“网元管理器-1-NE1”窗口。在窗口左侧功能树文件夹列表中逐级打开“配置”“时钟”“时钟优先级表”文件夹，在“系统时钟源优先级表”标签下系统默认网元的时钟为“内部时钟”，故 1-NE1 无需设置。

（2）2-NE2 增加时钟源设置。在主视图中选中 2-NE2 单击右键，在弹出快捷菜单中选择“网元管理器”命令，进入“网元管理器-2-NE2”页面。在页面左侧功能树文件夹列表中逐级打开“配置”“时钟”“时钟优先级表”文件夹，在“系统时钟源优先级表”标签下单击“新建”按钮，在弹出的“增加时钟源”对话框中选择“8-N1SL16-1（SDH-1）”，如图 1-14-3 所示。

单击“确定”按钮，则在“系统时钟优先级表”标签的窗口中会新增一个 8-N1SL16-1（SDH-1）”的时钟源，并位于最上方，表明优先级最高，内部时钟源位于下方，优先级次之。

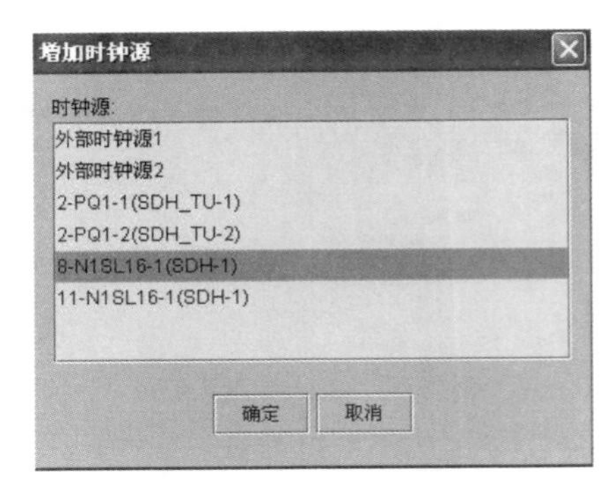

图 1–14–3 选择线路时钟

下发数据：单击窗口右下角的“应用”按钮，将配置数据下发到网元，2–NE2 时钟优先级别设置完成。

（3）3–NE3 增加时钟源设置。对 3–NE3 增加时钟源设置步骤同 2–NE2，不同的只是选择“增加时钟源”时选择“11–N1SL16–1（SDH–1）”。

2. 时钟跟踪关系

在主视图主菜单中选择“配置”菜单，在下拉菜单选择“时钟视图”命令，由于时钟关系已经发生变化，因此在进入“时钟视图”窗口会弹出提示框，单击“是”按钮，系统自动进行时钟跟踪关系刷新，并在“时钟视图”窗口中出现新的时钟跟踪关系图，箭头所指的方向为时钟传递的方向，如图 1–14–4 所示。

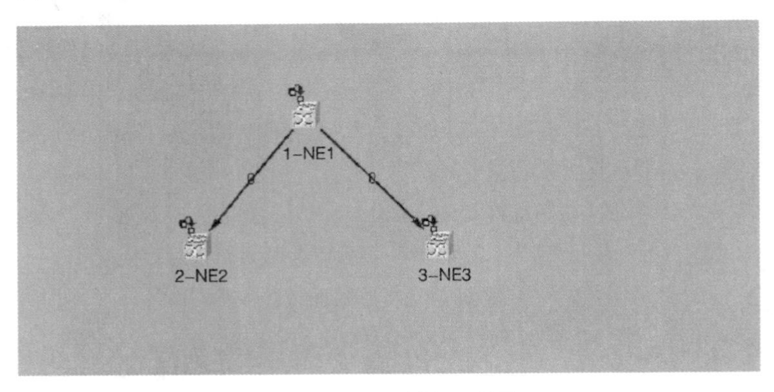

图 1–14–4 时钟跟踪图

3. 设置时钟保护

为避免网元跟踪低级别的时钟源，在环形网络中需要配置时钟保护。时钟保护设置的关键是全网所有参与动作的网元都要启动 SSM 协议（同步状态信息）。启动 SSM 协议，网元就可以提取时钟质量信息，判断当前时钟源质量是否发生变化，从而决定是否需要倒换到其他时钟源实现时钟保护。

下面以华为 T2000 网管为例，介绍启用 SSM 协议进行时钟保护的配置方法。

假设 1–NE1、2–NE2、3–NE3 三个网元，1–NE1 的 11 槽位光板和 2–NE2 的 8 槽位相连，2–NE2 的 11 槽位光板和 3–NE3 的 8 槽位相连，3–NE3 的 11 槽位光板和 1–NE1 的 8 槽位相连，组成两纤双向复用段保护环。规划 1–NE1 为内部时钟源，2–NE2 和

3–NE3 分别跟踪从 1–NE1 过来的线路时钟。

（1） NE1 时钟设置。参考本模块中设置时钟优先级表设置方法，设置 1–NE1 为内部时钟源。

启动 1–NE1 的 SSM 协议，在主视图中选中 1–NE1 网元单击右键，在弹出的快捷菜单选择“网元管理器”命令。进入“网元管理器–1–NE1”页面。在功能树文件夹列表中逐级打开“配置”“时钟”“时钟子网设置”文件夹，弹出“时钟子网设置”对话框。“时钟子网设置”栏中“所属子网”取默认值“0”，选中“启动标准 SSM 协议”单选按钮，如图 1–14–5 所示。单击窗口右下角的“应用”按钮，将配置数据下发到网元。

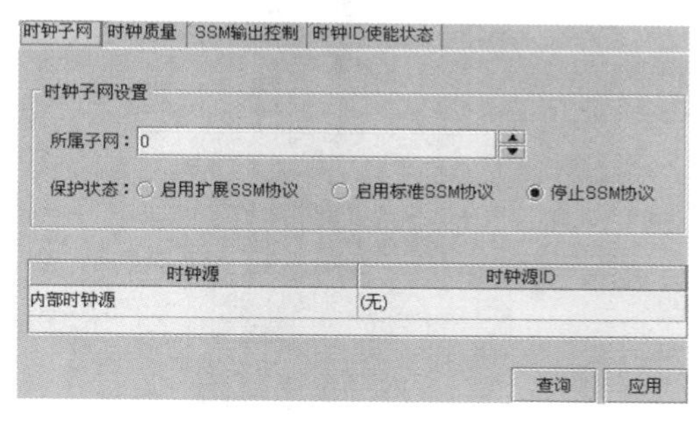

图 1–14–5　时钟子网设置

（2） 2–NE2 时钟源优先级别设置。在主视图中选中 2–NE2 单击右键，在弹出快捷菜单中选择“网元管理器”命令，进入“网元管理器–2–NE2”页面。在页面左侧功能树文件夹列表中逐级打开“配置”“时钟”“时钟优先级表”文件夹，在“系统时钟源优先级表”标签下单击“新建”按钮，设置 2–ME2 的时钟源优先级别为：8 槽位光板/11 槽位光板/内部时钟源；2–NE2 的 SSM 协议启动方法与 1–NE1 的相同。

（3） 3–NE3 时钟源优先级别设置。3–NE3 时钟优先级表操作方法与 2–NE2 的相同，只是优先级别不同，其优先级别为：11 槽位光板/8 槽位光板/内部时钟源；3–NE3 的 SSM 协议启动方法与 1–NE1 的相同。

（4） 以上时钟优先级别设置完成后，在“时钟视图”中可以查看到时钟跟踪关系以及优先级别，如图 1–14–6 所示。

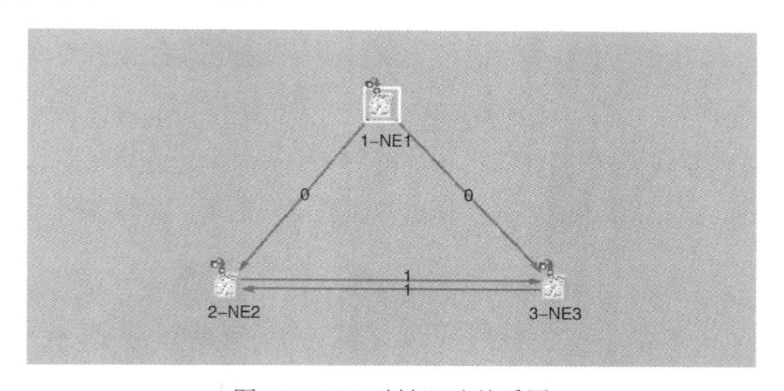

图 1–14–6　时钟跟踪关系图

4. 时钟同步状态查询

时钟配置完成后，在主视图主菜单中选择“配置”菜单，在下拉菜单选择“时钟视图”命令进入时钟视图界面，在时钟视图界面的空白处单击右键，在弹出的快捷菜单选择“全网时钟同步状态查询”命令来查询时钟跟踪状态，以确认各个网元时钟跟踪状态是否正确，如图 1–14–7 所示。

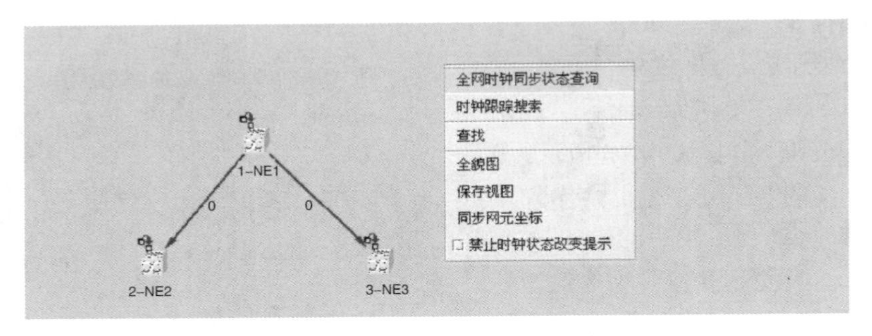

图 1–14–7 查询时钟同步状态

【思考与练习】

1. SDH 网络设备可使用的时钟源一般有哪些？
2. 时钟配置的关键点是设计还是操作？
3. 实际操作一次时钟的配置。

模块 15 网管通道配置（Z38E1018Ⅲ）

【模块描述】本模块包含 SDH 网络上网管通道的配置。通过对网管电脑和网关网元之间通信方法和 DCN 视图下网关网元的更改方法的介绍，掌握网管电脑和 SDH 网络连接配置的方法。

【模块内容】

网管通道有两种：一种是网管系统连接网关网元的 TCP/IP 通道（以下简称 TCP/IP 通道）；另一种是非网关网元连接网关网元的 ECC 通道，TCP/IP 通道的配置原则是保证网管和网关网元之间 IP 可达，ECC 通道的配置原则是每个非网关网元选择正确的网关网元。

SDH 网管对网络进行管理常见的方式有两种：一种是网管可以与 SDH 网络网关网元通过网线直接通信的，即本地网管；另一种是网管是通过 DCN 通道连接需要管理的 SDH 网络网关网元从而实现对 SDH 网络进行管理，即异地网管，如图 1–15–1 所示。下面以华为设备为例进行描述。

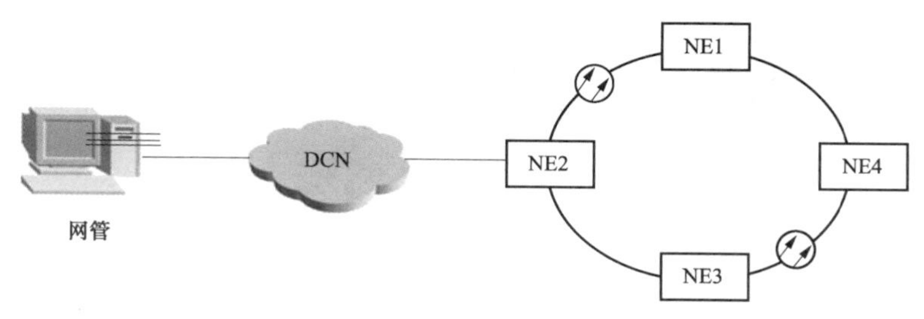

图 1–15–1 异地网管示意图

1. 本地网管的配置方法

本地网管是最常见的网管方式，通道的配置方法也比较简单。一般在本地网管的模式下，网管系统本身不接入其他数据网络，将网管的 IP 地址和网关网元的默认 IP 地址设置为同一网段，两者即能通信，TCP/IP 通道也就配置好了，此时再配置 ECC 通道，即将其他网元的所属网关网元选择为所设置的网关网元，整个网管通道配置就完成了。网元所属网关网元的配置方法如下：

在 T2000 网管主视图主菜单中选择“系统管理”菜单，在下拉菜单中单击“DCN 管理”命令，进入“DCN 管理”窗口。

在“网元”标签页面中，在网元“主用网关”栏的下拉表中选择网元所属的主用网关“2–NE2”，单击屏幕右下角的“应用”按钮完成网元所属网关设置，如图 1–15–2 所示。

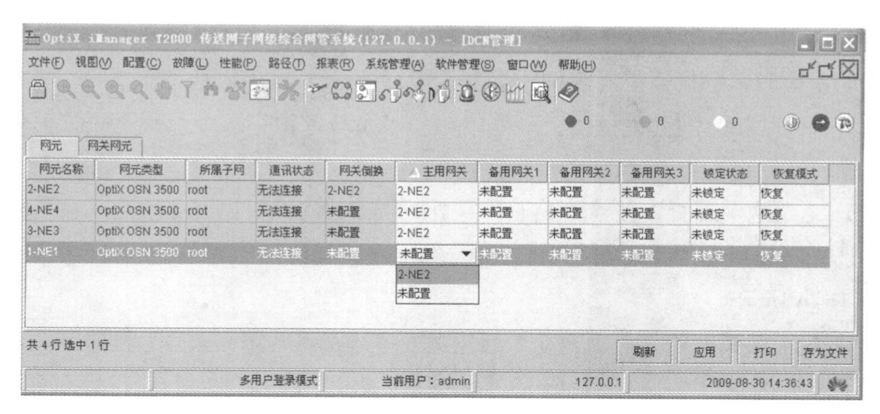

图 1–15–2 网元所属网关设置

2. 异地网管的配置方法

异地网管和本地网管的配置方法区别在于 TCP/IP 通道设置不同，ECC 通道设置完全一样。由于经过 DCN 通道，网管 IP 地址和网关网元 IP 必须使用 DCN 分配的 IP

地址、子网掩码和默认网关，由 DCN 保证两者之间的 IP 可达。网关网元 IP 地址配置方法请参见模块“网元地址配置（Z38E1015Ⅲ）”。

3. 本地网管主用，异地网管做备份的配置方法

为了提高大型网络的网管安全性，可以采用本地网管主用，异地网管做备份的配置方法，以避免光缆多处中断引起的远端网元脱管的故障，如图 1–15–3 所示。

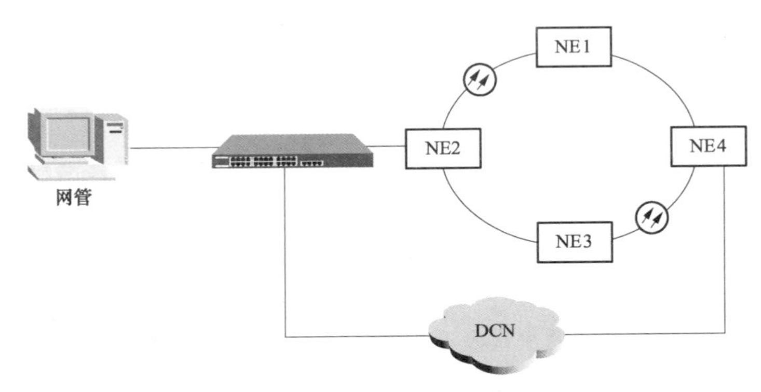

图 1–15–3 备份方式网管示意图

本地网管主用、异地网管备份的配置方法在网管上需要把 2–NE2 和 4–NE4 都设置成网关网元，2–NE2 的备用网关设置为“4–NE4”，4–NE4 的备用网关设置成“2–NE2”使这两个网关网元在网管上形成主备关系。再设置其他网元的“主用网关”和“备用网关”分别为“2–NE2”和“4–NE4”。这样当其中任意一个网关网元通信故障或两处光缆同时中断时，网管还能对全网所有网元进行统一管理。配置方法如下：

（1） 在 T2000 网管主视图主菜单中选择“系统管理”菜单，在下拉菜单中单击“DCN 管理”命令，进入“DCN 管理”窗口。

（2） 主用网关设置。在“网元”标签页面中，在非网关网元“主用网关”栏的下拉表中选择网元所属的主用网关为“2–NE2”（网关网元的主用网关为本身，不需设置），如图 1–15–4 所示。

（3） 备用网关设置。在“网元”标签页面中，在“备用网关 1”栏的下拉表中选择网元的相应的备用网关，网关网元 2–NE2 的“备用网关 1”为“4–NE4”，网关网元 4–NE4 的“备用网关 1”为“2–NE2”（两网关网元互做主备），非网关网元的“备用网关 1”选择“4–NE4”如图 1–15–5 所示。

（4） 单击屏幕右下角的“应用”按钮完成网元主备网关的设置。

通过以上的设置，就能实现本地网管和异地网管之间的备份。

OptiX iManager T2000 传送网子网级综合网管系统(127.0.0.1) - [DCN管理]

文件(F) 视图(V) 配置(C) 故障(L) 性能(P) 路径(T) 报表(R) 系统管理(A) 软件管理(S) 窗口(W) 帮助(H)

网元 | 网关网元

网元名称	网元类型	所属子网	通讯状态	网关倒换	主用网关	备用网关1	备用网关2	备用网关3	锁定状态	恢复模式
2-NE2	OptiX OSN 3500	root	无法连接	2-NE2	2-NE2	未配置	未配置	未配置	未锁定	恢复
4-NE4	OptiX OSN 3500	root	无法连接	未配置	4-NE4	未配置	未配置	未配置	未锁定	恢复
3-NE3	OptiX OSN 3500	root	无法连接	未配置	2-NE2	未配置	未配置	未配置	未锁定	恢复
1-NE1	OptiX OSN 3500	root	无法连接	未配置	2-NE2	未配置	未配置	未配置	未锁定	恢复

共 4 行 选中 1 行　刷新　应用　打印　存为文件

多用户登录模式　当前用户：admin　127.0.0.1　2009-08-30 15:09:36

图 1–15–4　主用网关设置

OptiX iManager T2000 传送网子网级综合网管系统(127.0.0.1) - [DCN管理]

文件(F) 视图(V) 配置(C) 故障(L) 性能(P) 路径(T) 报表(R) 系统管理(A) 软件管理(S) 窗口(W) 帮助(H)

网元 | 网关网元

网元名称	网元类型	所属子网	通讯状态	网关倒换	主用网关	备用网关1	备用网关2	备用网关3	锁定状态	恢复模式
2-NE2	OptiX OSN 3500	root	无法连接	2-NE2	2-NE2	4-NE4	未配置	未配置	未锁定	恢复
4-NE4	OptiX OSN 3500	root	无法连接	未配置	4-NE4	2-NE2	未配置	未配置	未锁定	恢复
3-NE3	OptiX OSN 3500	root	无法连接	未配置	2-NE2	4-NE4	未配置	未配置	未锁定	恢复
1-NE1	OptiX OSN 3500	root	无法连接	未配置	2-NE2	4-NE4	未配置	未配置	未锁定	恢复

共 4 行 选中 1 行　刷新　应用　打印　存为文件

多用户登录模式　当前用户：admin　127.0.0.1　2009-08-30 15:12:52

图 1–15–5　备用网关设置

4. 更换网关网元的配置方法

在实际工作中，往往会遇到更改网关网元的情况，比如网管中心搬迁，工程临时网管等。由于非网关网元是通过 ECC 通道和网关网元进行通信从而实现与网管通信的，当网关网元发生变化后，网管如要对网络继续进行管理，就需要对非网关网元进行 ECC 通道的重新配置。

如图 1–15–6 所示，网管系统搬迁后，网关网元由原来的 1–NE1 改变为 2–NE2，如不需要删除现有的拓扑，就能完成监控任务，那么就需要在网管上做相应的如下更改。

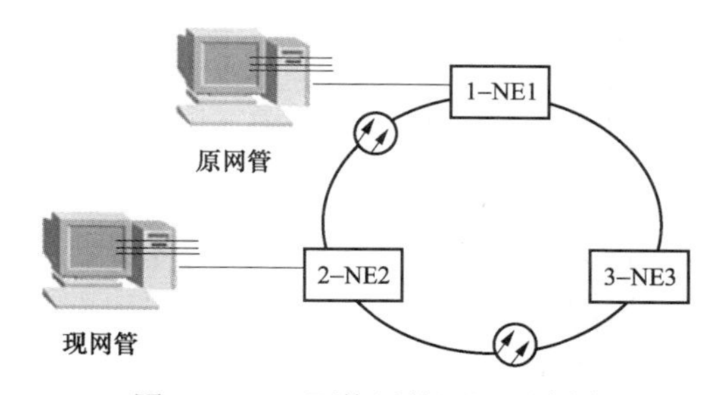

图 1–15–6　更换网关网元示意图

在 T2000 网管主视图主菜单中选择“系统管理”菜单，在下拉菜单中单击“DCN 管理”命令，进入“DCN 管理”窗口。

删除原有网关，单击“网关网元”标签，右键单击“网关名称”为“1–NE1”的所在行，在弹出快捷菜单中选择“删除网关”命令，经过提示确认后操作成功，此时可以看到 1–NE1 在网关网元列表中已经没有了，如图 1–15–7 所示。

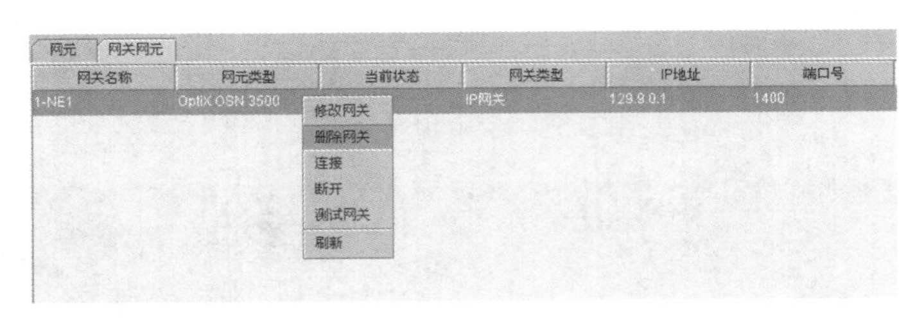

图 1–15–7 删除原网关网元

转换网关，单击“网元”标签。选中“2–NE2”，单击右键，在弹出的快捷菜单中选择“转换成网关”命令，弹出“转换成网关”对话框，参数取默认值，单击“确定”按钮，提示“转换成功”，此时 2–NE2 就出现在“网关网元”标签列表中，如图 1–15–8 所示。

网元名称	网元类型	通讯状态	网关倒换	主用网关
1-NE1	OptiX OSN 3500	正常	未配置	未配置
2-NE2	OptiX OSN 3500	正常	未配置	未配置
3-NE3	OptiX OSN 3500	正常	未配置	未配置

转换成网关
测试网元
倒换到主用网关
倒换到备用网关1
倒换到备用网关2
倒换到备用网关3
刷新

图 1–15–8 转换为网关网元

非网关网元所属网关设置。在“网元”标签下，可以看到网元 2–NE2 的“主用网关”变成了“2–NE2”，而 1–NE1 和 3–NE3 的主用网关为“未配置”，在主用网关的下拉表中选中“2–NE2”更改为“2–NE2”，单击屏幕右下角的“应用”按钮，如图 1–15–9 所示。

此时 2–NE2 更改为网关网元，网管可通过 2–NE2 管理到这个网络了。

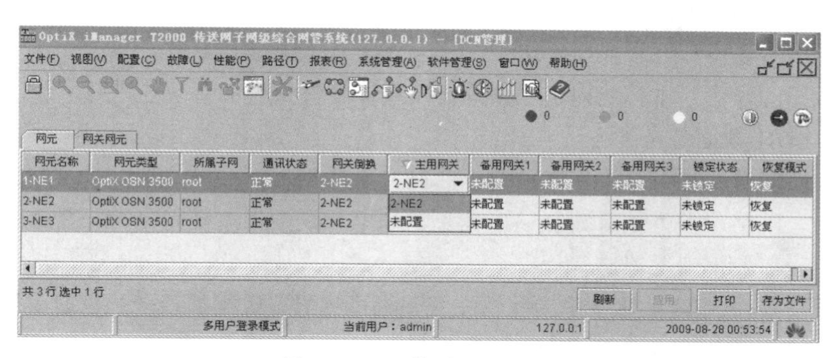

图 1-15-9　修改主用网关

【思考与练习】

1. 网管通道的设置原则是什么？
2. SDH 网管对网络进行管理常见的方式有哪些？
3. 更改网关网元后，非网关网元需要设置什么？

模块 16　SDH 配置备份（Z38E1019Ⅲ）

【模块描述】本模块包含 SDH 设备配置数据的备份保存。通过对典型设备网管系统中网元脚本及数据库备份方法的介绍，掌握 SDH 网元数据备份的操作步骤及注意事项。

【模块内容】

一、基本概念

SDH 网络在实际运行过程中，设备和网管都有可能损坏从而导致配置数据的丢失，为了保障网络安全，需要对配置数据进行备份。另外，网络运行时经常需要新增站点、新建业务、网络优化及故障处理等，需要对配置数据及时进行备份。有了备份的配置数据，就可以快速将网络配置数据恢复到最近的备份状态，尽可能减少业务中断时间和损失。

一般来说，配置数据是网管通过主控板加载到具体的业务板件（包括交叉板）上的，业务板件按照设定的配置数据进行工作，所以配置数据可以存在于业务板、主控板和网管上。其中，业务板上的配置数据是在运行配置数据，主控板和网管侧的都是备份数据。SDH 设备可在一定周期内把对业务板件配置的数据自动保存于主控板上的掉电不丢失库中，用于设备重启后数据的重新加载。这种备份方式所形成的数据仅包含单站网元侧数据，不可查看也无法转移。为了增加主控板上配置数据的安全性，一些厂家也支持主控板热备份。为了增加网管侧配置数据的安全性，网管一般支持配置数据的导出冷备份和在线/异地双机热备份。目前配置数据的备份和恢复一般主要针对网管侧数据的操作，本模块内容主要描述网管侧配置数据的备份与恢复。

二、SDH 数据备份的方法

网管侧配置数据可分为网络层数据和网元层数据，其中网络层数据主要包括光口连接关系、网络保护方式、路径路由信息等，网元层数据主要包括单板配置信息、业务配置、光口使用情况等。

对于在线/异地双机热备份的网管系统，网管侧配置数据的备份和恢复是同步软件自动完成的。冷备份方法是将网管侧数据以文件形式输出并妥善保存。当然，对于在线/异地双机热备份的网管系统，也可以增加冷备份的操作，进一步加强配置数据的安全性。

三、SDH 数据备份的步骤

以华为设备为例，进行 SDH 配置数据的备份操作。华为设备对网管侧数据的备份有三种方法：MO 文件备份法、数据库备份法和脚本导出法。

（1） MO 文件备份法。备份时只需运行网管系统数据库程序即可，不需运行网管软件。MO 文件备份后生成的是一系列的文件，备份的数据包含全网所有的配置数据。MO 文件备份法用时较长但生成文件所占空间较小，备份的文件只能在相同版本的网管系统中进行恢复操作。

（2） 数据库备份法。数据库备份法和 MO 文件备份法基本相同，不同的仅仅是数据库备份用时较短但生成文件所占空间较大。

（3） 脚本导出法。备份时需要完整运行网管软件，每个站点配置数据生成一个 txt 文件。备份的数据不包含告警信息、以太网侧业务信息（所以用导出脚本进行数据恢复后需立即进行全网站点上载操作，从设备上读取告警信息和以太网侧业务信息，保证网管侧数据与网元侧数据同步）。脚本导出法用时较短，生成文件所占空间最小，且备份的配置数据文件对于网管版本可以向下兼容，比如低版本的网管系统中备份的数据，可以在高版本的网管系统中进行恢复操作。

根据不同的应用场合，可以对以上三种备份方法进行组合使用，以达到对配置数据最全面的备份目的。下面对这三种方法逐一进行叙述。

1. MO 文件备份法和数据库备份法

MO 文件备份法和数据库备份法实际上是用数据库管理工具进行操作的，具体步骤如下：

运行 T2000DM 软件，在 X:\T2000\server\database（X 指 T2000 软件安装的目录盘，下同）目录下，找到文件“T2000DM.exe”。双击运行“T2000DM.exe”，弹出“数据库管理工具”对话框。在“数据库管理工具”左边框内单击“T2000DBServer”，弹出的“请输入密码”对话框。在“用户名”文本框中输入“sa”，“密码”文本框中为空，单击“确定”按钮，进入“数据库管理工具”界面。在界面中可看到“备份恢复”“数据库维护”“配置数据库服务器”三个页面标签。在“备份恢复”页面标签内有“备份MO”“恢复 MO”“备份数据库”“恢复数据库”四个按钮，如图 1–16–1 所示。

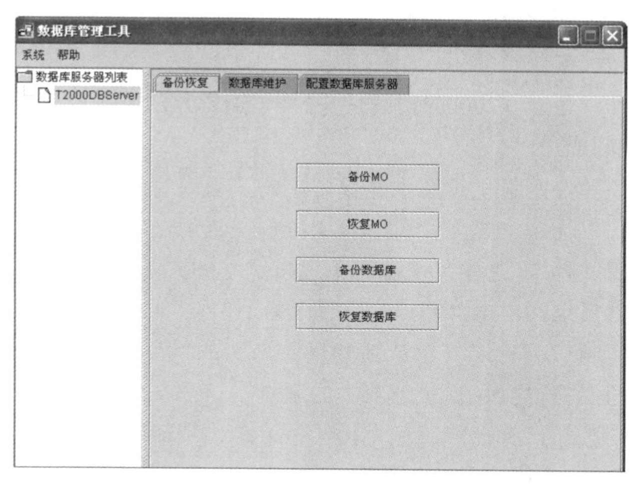

图 1–16–1 数据库管理工具

如进行 MO 文件备份法备份数据，就单击“备份 MO”按钮，弹出“MO 备份说明”对话框，MO 文件默认保存路径为 X:\T2000\server\database\dbbackup，单击 … 按钮，可改变 MO 备份的路径，如图 1–16–2 所示。

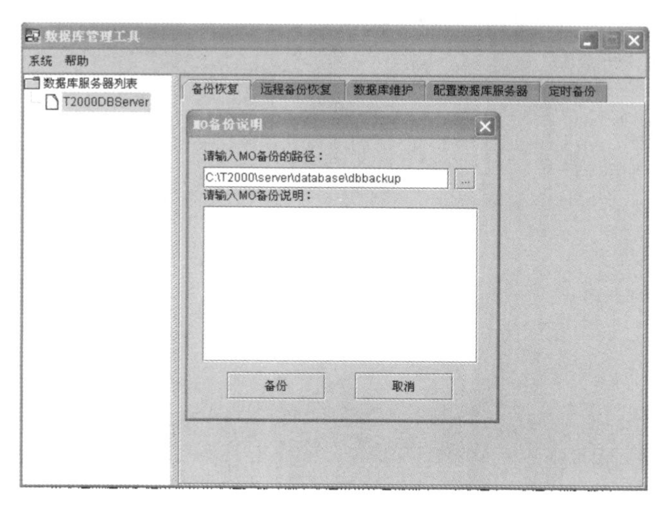

图 1–16–2 MO 备份说明

单击“备份”按钮，弹出“备份 MO”对话框，备份完成后在提示框最底部会显示备份文件的存放路径以及备份文件名称（MO 文件备份法生成的是一个文件夹，文件夹的名称自动按照“年月日时分秒”来命名，备份的文件后缀为“.DAT”）。

如使用数据库备份法备份数据，就要单击“备份数据库”按钮，后续操作步骤与 MO 文件备份法相同，但数据库备份法生成的文件后缀为“.BAK”。

2. 脚本导出法

运行网管软件：运行 T2000 网管软件，具体操作方法参考模块 1（添加网元）中“运行网管软件”的描述。

选择操作类型：在网管主视图主菜单中单击“系统管理”菜单，在下拉菜单中选择“脚本导入导出”命令，进入“脚本导入导出”界面，在“脚本文件类型”下拉表中选择“全网配置文件”，选中“导出”单选按钮，如图 1–16–3 所示。

创建备份文件目录：单击“创建文件目录”，弹出“输入”对话框，在“请输入新建目录名”文本框输入文件名（默认新建目录名为：“年–月–日_时–分–秒”形式），单击“确认”按钮后在“操作目录列表”内新增了一个文件夹。选中该文件夹，单击右下角的“应用”按钮，弹出“确认”提示框，单击“确认”按钮后即开始对配置数据进行导出脚本备份，如图 1–16–4 所示。从视图可以看出，脚本导出法可以单独支持部分站点的配置数据备份。

导出成功后，弹出“操作结果”提示框，提示框提示“操作成功”并显示导出数据保存的路径，默认为：X:\T2000\server\script，文件后缀为“.txt”。

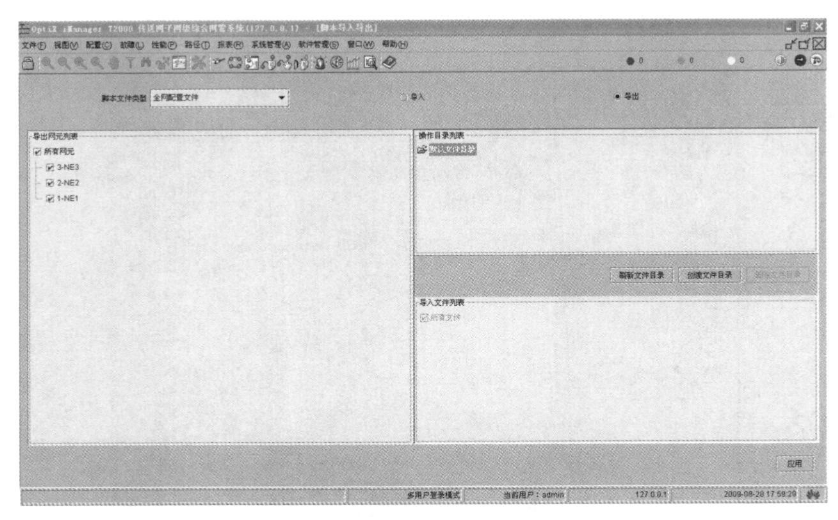

图 1–16–3 全网配置文件导出

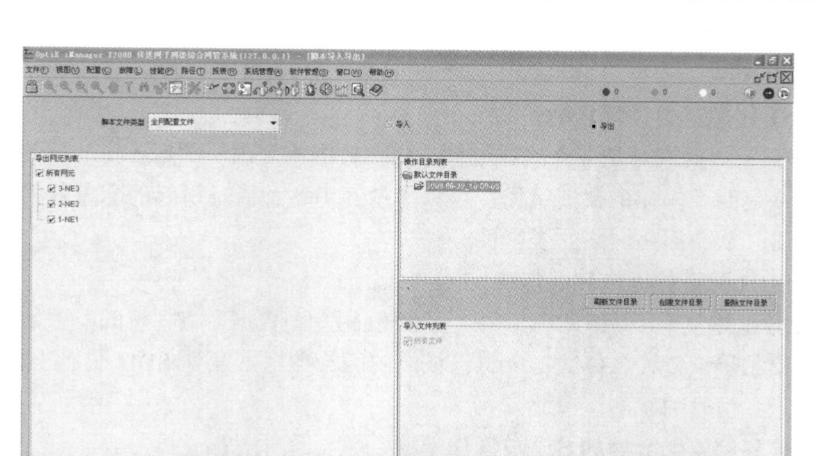

图 1–16–4　创建文件目录

四、数据备份的注意事项

在数据备份前应进行网元侧和网管侧数据的同步操作，以保证所备份数据为最新的网络数据。

备份数据前需要检查是否有网元脱管，对于脱管网元无法保证网管侧数据和网元侧数据一致，排除网元脱管故障后才能进行网管侧数据备份。

对 SDH 网络进行业务配置、扩容优化前后均需要进行备份操作，前面的备份是防止业务配置操作失败后能及时恢复，后面的备份是为了及时备份最新网络配置数据。

设备本身在经过一定周期后也能自动备份数据（这个时间各个厂家不尽相同，比如华为设备为 30min），但自动备份不能替代手工的定期备份网管侧数据。

【思考与练习】

1. SDH 配置数据一般存在于哪几个地方？
2. 进行数据备份有哪些注意事项？
3. 用脚本导出法进行一次备份的操作。

模块 17　SDH 配置恢复（Z38E1020Ⅲ）

【模块描述】本模块包含 SDH 设备配置数据的恢复。通过对典型设备网管系统中网元脚本及数据库备份恢复方法的介绍，掌握 SDH 网元数据恢复的操作步骤及注意事项。

【模块内容】

一、SDH 配置数据恢复的目的

SDH 配置数据恢复是备份的逆过程，同时数据恢复也是数据备份的目的所在。通过备份和恢复两个操作的灵活运用，可以尽量避免各种情况引起的配置数据丢失，尽快恢复网络，从而提高网络的安全性。

二、SDH 配置数据恢复的步骤

SDH 数据恢复需要两个步骤：第一步恢复网管侧数据，将备份的配置数据恢复到网管上；第二步恢复设备侧数据，将已恢复的网管数据下发到 SDH 设备上，使 SDH 设备工作于备份时的状态。

三、恢复网管侧数据的方法与操作步骤

以华为设备为例，恢复网管侧数据也有 MO 文件恢复法、数据库恢复法和脚本导入法。

1. MO 文件恢复法和数据库恢复法

将准备恢复的 MO 文件夹拷贝到 X:\T2000\server\database\dbbackup 目录下。

运行数据库管理工具 T2000DM.exe，键入用户名和密码，进入主界面。

选择“恢复 MO”按钮，弹出“选择备份的 MO”对话框，选择要恢复的 MO 数据文件夹，单击“恢复”按钮。

在弹出的“确认恢复 MO”对话框中单击“确定”按钮，开始恢复 MO 文件。

出现恢复成功的提示，表示已将备份数据恢复到网管中。

数据库恢复法操作可参照 MO 文件恢复法进行，只是在第 3 步操作中选择“恢复数据库”按钮。

2. 脚本导入法

将准备导入的脚本文件夹拷贝到本机 X:\T2000\server\script 目录下。

运行网管软件，运行 T2000 网管软件，具体操作方法参考模块 1（添加网元）中“运行网管软件”的描述。

选择操作类型，在网管主视图主菜单中单击“系统管理”菜单，在下拉菜单中选择“脚本导入导出”命令，进入“脚本导入导出”界面，在“脚本文件类型”下拉表中选择“全网配置文件”，选中“导入”单选按钮，如图 1–17–1 所示。

在操作目录列表中选中要恢复数据的文件夹，单击右下角的“应用”按钮，弹出“确认”提示框，如图 1–17–2 所示。

单击“确认”按钮，此时会弹出“再次确认”对话框，单击“确认”按钮后弹出“导入全网配置文件”对话框，并出现操作进度条。等待进度为 100%后会提示操作成功，表示已将备份数据恢复到网管中。

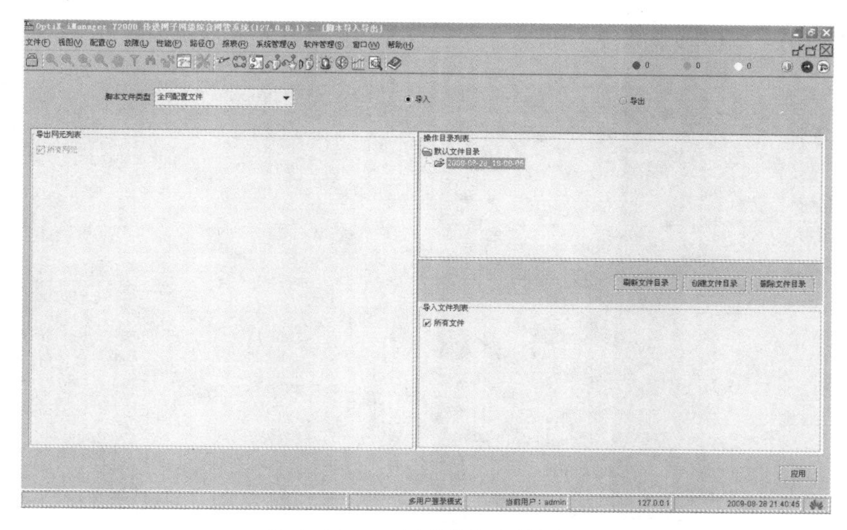

图 1–17–1　全网配置文件导入

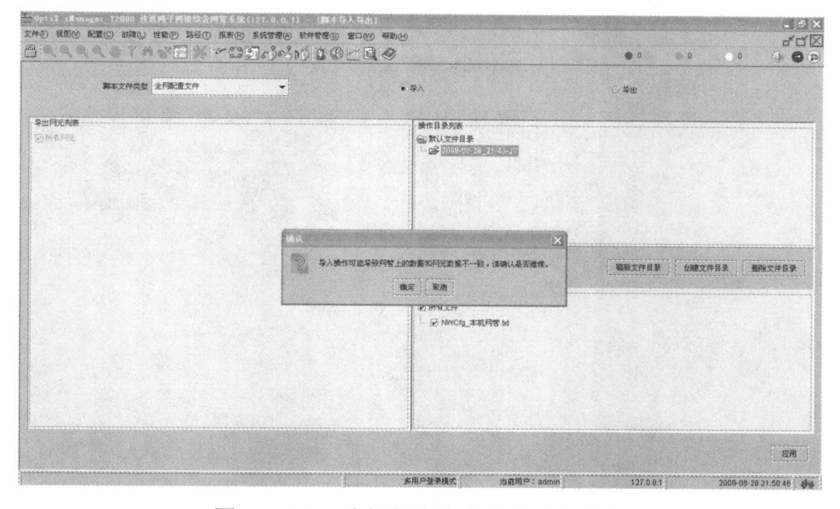

图 1–17–2　选择相应脚本文件进行恢复

四、恢复设备侧数据的操作步骤

（1）进入网元管理器。在 T2000 网管主视图主菜单中单击“配置”，在弹出的下拉菜单中选择“配置数据管理”命令，进入“配置数据管理”窗口，如图 1–17–3 所示。

（2）网元下载。在窗口左侧网元列表中选中需要下载网元的复选框，单击“>>”按钮将网元选到右侧“配置数据管理列表”中。在列表中选中相应网元，单击“下载”按钮，弹出“确认”提示框，单击“确定”按钮，弹出“再次确认”提示框后再单击

“确定”，如图 1–17–4 所示。

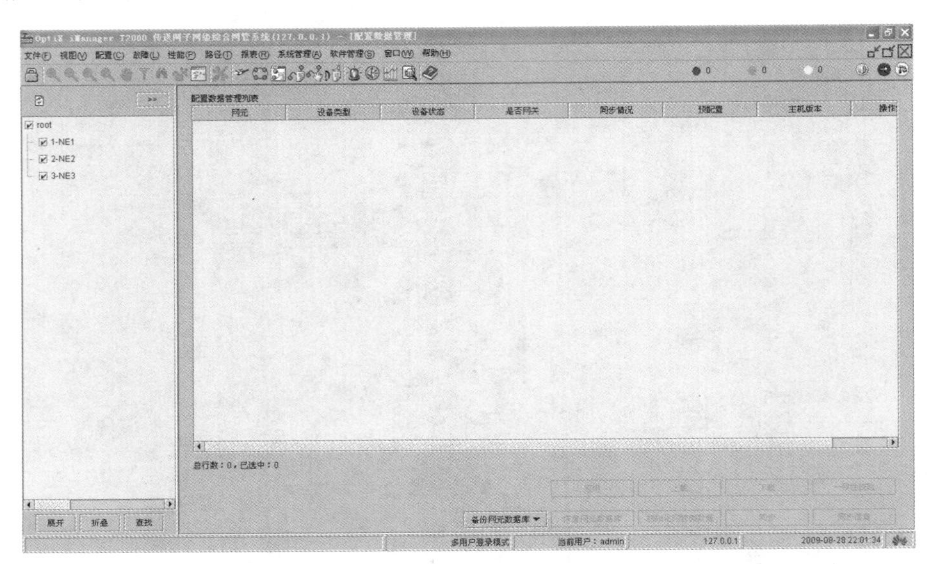

图 1–17–3　配置数据管理

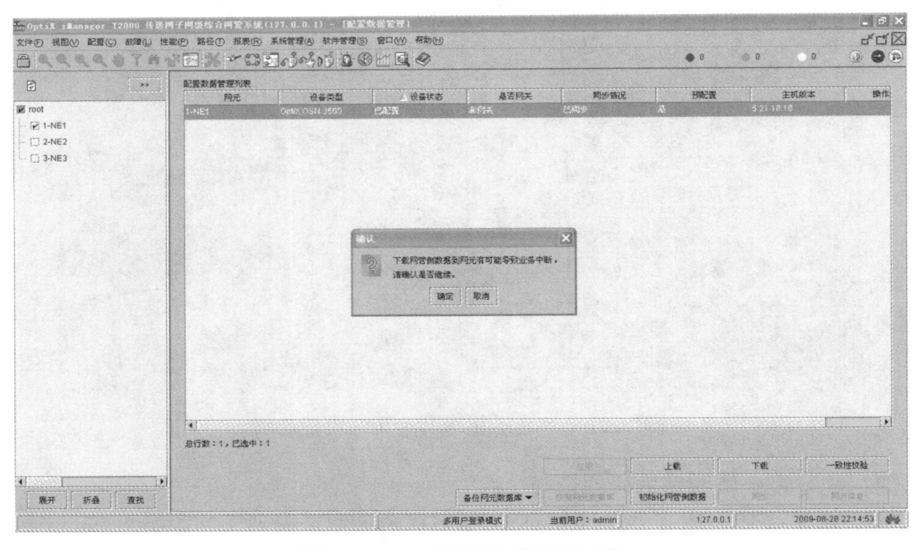

图 1–17–4　选择网元进行下载

此时弹出“下载”对话框，并出现“进度提示”条。当进度完成至 100%时，弹出“操作结果”对话框。如提示“操作成功”，表示网元数据恢复成功。如提示“操作部分成功”，则单击“详细信息”按钮，根据提示信息解决出现的问题，再从第二步开始重新操作直至下载成功。

五、注意事项

SDH 数据恢复是一个非常危险的操作，数据下发后设备上运行的业务将会被替换掉。即使备份数据和当前网元数据一致，也会由于设备重启而使业务发生片刻中断。而且 SDH 数据恢复往往是针对全网进行的，业务中断的影响面很大。所以做数据恢复操作一定要慎重，严格按照相关管理规范来实施。以下是一些恢复的注意事项：

（1）保证所选备份数据中的设备硬件配置、光纤连接关系和当前网络相同，否则将导致下载失败或下载后业务不通。

（2）用 MO 文件恢复法和数据库恢复法进行网管侧数据恢复时，要求备份时所用的网管版本和进行恢复操作的网管版本保持一致，否则无法恢复。

（3）用不同的数据备份法备份的数据也只能通过相应的数据恢复法进行恢复，比如 MO 文件备份法备份的数据无法用数据库恢复法进行恢复。

（4）恢复设备侧数据进行数据下载时，要保证相关网元未脱管，否则下载失败。

（5）下载过程结束后设备会有一个重新启动的过程，在这段时间内业务将中断。

【思考与练习】

1. SDH 配置数据恢复的目的是什么？
2. SDH 数据恢复分为哪两步？
3. 可以用 MO 文件恢复法恢复脚本导出法备份的数据吗？

模块 18 SDH 设备光接口光功率测试（Z38E1007Ⅱ）

【模块描述】本模块包含光接口光功率指标的测试。通过对光接口收、发光功率的测试步骤及测试仪表使用方法的介绍，掌握 SDH 设备光功率的测试方法。

【模块内容】

光功率是指光的强度，是光传输设备中光板的重要指标之一。SDH 设备光板上的光口由发送机和接收机组成，发光功率是发送机的指标，接收灵敏度、过载光功率是接收机的指标。收光功率是工程的一个重要的实测值，不属于指标范畴。光功率和所发送的数据信号中“1”占的比例有关，“1”越多，光功率也就越大。当发送伪随机信号时，“1”和“0”大致各占一半，这时测试得到的功率就是平均发送光功率。

光功率测试一般使用光功率计等专用仪器进行测试。现在也有些 SDH 设备的光板支持在线检测光功率功能，这样可以使用网管查看光功率数值而无需中断业务。下面主要描述用光功率计测试的方法、注意事项等。

一、测试目的

通过光接口的收、发光功率测试，可以检测光板、光缆的故障情况。结合光接收灵敏度的数值，可以计算光板传送距离。

二、危险点分析及控制措施

1. 尽量避免中断网上的业务

用光功率计测试收、发光功率时，需中断光路，若网络没有配置环网保护会引起业务中断。建议选择在业务量较少时进行测试，或办理停役手续后进行测试。

2. 防止灼伤人眼及皮肤

有些光模块发光功率很强，在测量光功率时，应避免眼睛直视发光器件或长时间照射皮肤，否则很容易将眼睛和皮肤灼伤。对于测量发光不强的短距光模块也应避免此类问题。

3. 避免光功率计损坏

所测量光接口的收、发光功率如果超过光功率计的最大量程，就有可能损坏光功率计。因此测量前需先根据光板型号及经过的光缆距离估计光功率大小，若可能超出光功率计的最大量程，则需加入一定光衰耗器再进行测量。

4. 测试结束后恢复光路连接应可靠

测试完成后要对相应的光接口、尾纤头擦拭除尘后再插入设备光板，并可靠连接，否则容易造成衰减过大，严重时会造成光路不通，导致业务中断。

三、测试前准备工作

（1） 被测试设备需要完成硬件安装并加电运行、单站调试。

（2） 准备好光功率计和测试用尾纤。

（3） 准备好记录表，准备进行测试并随时记录测试结果。

四、测试的步骤及要求

要测试光接口收、发光功率，首先要了解光传输的系统连接模型，如图 1–18–1 所示，光接口的发光功率指的是 S 点的光强度，收光功率指的是 R 点的光强度。

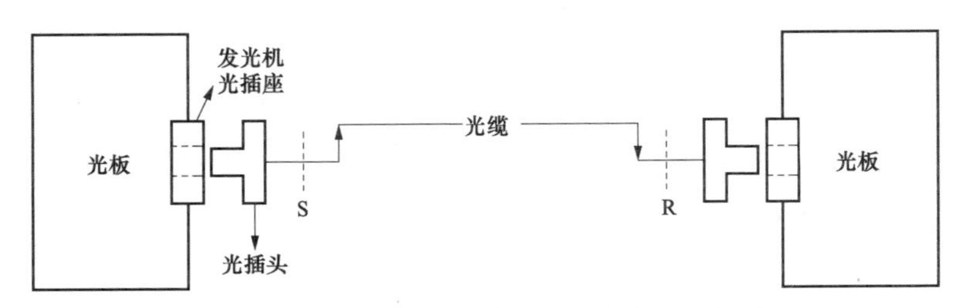

图 1–18–1　光传输系统光板单向连接示意图

以光功率计测试发光功率为例，通过光功率计测试S点的光强度，测试的系统连接如图1–18–2所示。

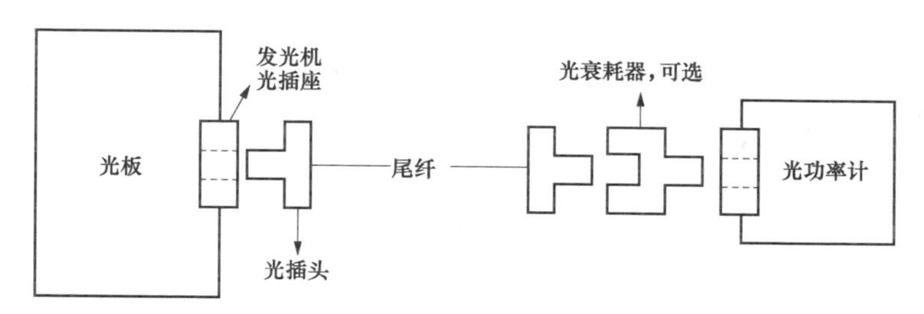

图1–18–2　用光功率计测试发光功率示意图

测试步骤如下：

（1）查询被测光板厂家标称发光功率及工作波长。

（2）查看光功率计最大量程，比较光板标称发光功率是否在量程内，若超出了光功率计的量程，则在接入光功率计前需加入相应的光衰耗器。

（3）将光板发光机光插座接口经测试用尾纤引出后接入光功率计，设置光功率计的波长参数与光模块工作波长一致，待输出功率数值稳定后，读出发送光功率。

（4）如增加了光衰耗器，则光功率计的读出数值加上光衰耗器的衰耗值即为光口的发光功率。

（5）恢复原来光纤连接关系。

（6）填写测试报告，完成测试工作。

（7）用光功率计测试收光功率和测试发光功率的不同之处是测试的位置位于R点。选择合适的光功率计时，需要估算光缆通道产生的衰耗，其他的步骤和测试发光功率相同。

五、测试结果分析及测试报告的编写

（1）测试出发光功率后，需要和设备厂家标称发光功率值进行对比，如果相差较大，可能是板件已经损坏或即将损坏，需要考虑维修或更换光板。定期测试发光功率数值，根据其数值的变化可以预见光板的老化程度。

（2）测试出收光功率后，需要和设备厂家标称的接收灵敏度值进行对比，如果富裕度不够，需要考虑减少光缆通道的衰耗或更换长距光板、光放。测试出收光功率还需要和设备厂家标称的过载点进行对比，如果已经接近甚至超过厂家标称的过载点，必须要在收端增加相应的光衰耗器，否则会导致收光侧光板损坏。

（3）测试出发光功率、收光功率后，两者的差值即为整个光缆通道的衰耗值，此数值如果和光缆厂家提供的衰耗值差别较大，说明光缆通道有故障，需要对光缆进行进一步的检测以排除故障。定期测试发光功率、收光功率数值，其差值的变化还可以预见光缆的老化程度。

（4）编写测试报告的形式可以灵活设定，但内容应包含测试设备板件信息、测试时间、测试人员、测试模型示意图、光板工作波长、测试结果、测试结论等内容。

六、测试注意事项

（1）在连接光功率计之前应该检查光板光接口、光功率计光接口，以及测试用尾纤接头是否清洁，必要时用专用擦纤纸或酒精棉擦拭，擦完等酒精干后再连接，否则会引入较大衰耗导致测试得出的光功率偏低。

（2）光功率计到光板的尾纤连接要牢靠，如松动会引入较大衰耗导致测试得出的光功率偏低。

（3）光功率计的波长参数设置一定要与光模块工作波长一致，否则会影响测试结果的准确性。

（4）测试用尾纤在使用之前要测量其准确衰耗值，如果衰耗过大将导致测试得出的光功率偏低，需要增加尾纤带来的衰耗值对测试结果进行修正。

（5）ITU–T 规范的 S 点是位于尾纤的光插头之后，R 点是位于尾纤的光插头之前，这种方法测量得出的发送光功率数值还受到从 S 点到光功率计之间的插头带来的衰耗值影响。一般一个插头会带来 0.5dB 左右的衰耗，如果增加多个光衰耗器的情况下，就需要增加插头带来的衰耗值对测试结果进行修正。

【思考与练习】

1. SDH 光模块发光功率测试为什么能够预见光板的老化程度？
2. SDH 光接口光功率测试危险点有哪些？
3. SDH 光接口光功率测试报告应包含哪些项目？

模块 19 SDH 设备接收灵敏度测试（Z38E1008 Ⅱ）

【模块描述】本模块包含光接收灵敏度指标的测试。通过对光接口收光灵敏度的测试步骤及测试仪表使用方法的介绍，掌握 SDH 设备收光灵敏度的测试方法。

【模块内容】

接收灵敏度是接收机在达到规定的比特差错率所能接收到的最低平均光功率，是光传输设备中光板的重要指标之一。接收灵敏度测试只能使用专用仪器进行测试。

一、测试目的

通过光板的接收灵敏度测试，可以检测光板的故障情况，同时在进行光路连接时可避免因光功率过小而导致光板无法工作。结合发光功率数值，可以计算光板传送距离。

二、危险点分析及控制措施

1. 尽量避免中断网上的业务

测试接收灵敏度时，需中断光路并配置测试业务，若网络没有配置环网保护会引起业务中断。建议选择在业务量较少时进行测试，或办理停役手续后进行测试。

2. 防止灼伤人眼及皮肤

有些光模块发光功率很强，在测量接收灵敏度时，应避免眼睛直视发光器件或长时间照射皮肤，否则很容易将眼睛和皮肤灼伤。对于测量发光不强的短距光模块也应避免此类问题。

3. 避免测试仪器、光板的损坏

测量接收灵敏度时，SDH 光板的发光需要经过可变衰耗器接入光功率计和光板的接收口，需要注意经过衰耗的光功率不能超过光功率计的最大量程和光板的光功率过载点，否则可能损坏光功率计和光板。特别是长距光板，如果在连接时可变衰耗器没有进行足够衰耗，环回接入光板接收端时极易造成光板损坏，要特别注意。因此测量前需先根据光板型号的标称发光功率，选择合适的可变衰耗器并调整到合适的衰耗度，才能插入光板接收端。

4. 测试结束后恢复光路连接应可靠

测试完成后要对相应的光接口、尾纤头擦拭除尘后再插入设备光板，并可靠连接，否则容易造成衰减过大，严重时会造成光路不通，导致业务中断。

三、测试前准备工作

（1） 被测试设备需要完成硬件安装并加电运行、单站调试。

（2） 准备好光功率计、SDH 测试仪或 2M 误码仪、可变衰耗器、活结头（法兰盘）和测试用尾纤。

（3） 准备好记录表，准备进行测试并随时记录测试结果。

四、测试的步骤及要求

接收灵敏度的测试方法较多，比如用 SDH 测试仪直接测试，或用 2M 误码仪直接测量，或者用外推法测量。外推法测量是进行一系列的测试（测试不同的比特差错率和相应的最低平均光功率）并用坐标图进行推算。这里介绍用 SDH 测试仪直接测试的方法，系统连接图如图 1–19–1 所示。

测试的步骤如下：

（1） 查询被测厂家标称的光口发光功率、接收灵敏度及工作波长。

（2） 按照图 1–19–1，调整好可变衰耗器的衰耗度，按照活结头连接光板的方式接好仪表和线缆。

（3） 将 SDH 业务配置成 SDH 测试仪发出并通过光板环回后再进入 SDH 测试仪。

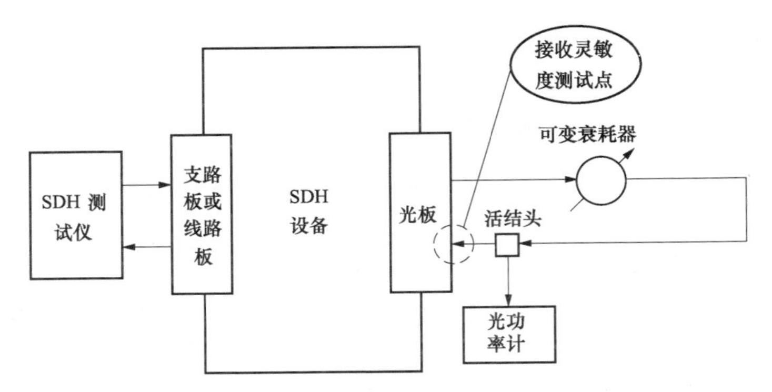

图 1–19–1 接收灵敏度测试系统示意图

（4） 调节可变衰耗器的衰耗，使 SDH 测试仪处于无误码状态。

（5） 缓慢增加可变衰耗器的衰耗，同时观察 SDH 测试仪误码情况，直至误码率为 1E–10 为止。由于配置的测试业务速率不同，为了达到误码为 1E–10，观察时间的长短也不同。比如 140Mbit/s 业务，观察的时间约为 719s，如果是 2.5Gbit/s 约为 1min 就行了。

（6） 将活结头接入光功率计，读出光功率数值，此数值即为接收灵敏度。

（7） 恢复原来网络连接关系，并删除测试的业务。

（8） 填写测试报告，完成测试工作。

五、测试结果分析及测试报告的编写

测试出接收灵敏度后，需要和设备厂家标称接收灵敏度值进行对比，如果相差较大，可能是板件已经损坏或即将损坏，需要考虑维修或更换光板。另外，测试出接收灵敏度后还需要和对端光板发过来的收光功率值进行对比，如果富裕度不够，需要考虑减少光缆通道的衰耗或更换长距光板、光放。

编写测试报告的形式可以灵活设定，但内容应包含测试设备板件信息、测试时间、测试人员、测试模型示意图、光板工作波长、测试结果、测试结论等内容。

六、测试注意事项

（1） 在连接光功率计之前应该检查光板光接口、光功率计光接口，以及测试用尾纤接头是否清洁，必要时用专用擦纤纸或酒精棉擦拭，擦完等酒精干后再连接，否则会引入较大衰耗影响测试结果。

（2） 拆掉光板接收端的连接并接入光功率计时，注意不要触动可变衰耗器的连接，同时保证接入光功率计时要连接可靠，否则会影响测试结果。

（3） 观察 SDH 测试仪测试的误码达到 1E–10 时，需要观察相应的时间，否则会影响测试结果。

（4）注意不同速率的接收灵敏度规定的比特差错率是不同的，STM–1、STM–4和STM–16比特差错率一般取1E–10，STM–64比特差错率一般取1E–12。

（5）由于这种测试方法要调整到比特差错率正好是1E–10或1E–12，这样用低速业务作为测试业务时，观察的时间较长。所以工程中通常调整到开始有误码的时候，就将读出的数值作为大约的接收灵敏度。这时也可以用2M误码仪代替昂贵的SDH测试仪进行测试。

【思考与练习】

1. 接收灵敏度的含义是什么？
2. 进行接收灵敏度测试时有哪些注意事项？
3. 画出用2M误码测试进行接收灵敏度测试的系统连线图。

模块20　2M误码测试（Z38E1009Ⅱ）

【模块描述】本模块介绍了2M误码测试步骤。通过图形示意和操作过程的详细介绍，掌握系统2M误码测试方法。

【模块内容】

一、测试目的

通过对系统的误码性能测试，可以检测支路板、光板、光缆的故障情况，结合测试数据，可以反映系统的传输性能。

二、测试准备

为保证整个测试的顺利进行，需要准备以下相关仪器仪表及材料：

（1）测试仪器仪表：误码仪。

（2）测试材料：误码仪配套的测试线、转换头等。

三、安全注意事项

（1）测试前对测试人员进行测试方案和安全技术交底。

（2）仪器仪表应经专业机构检测合格。测试中应正确设置参数，防止仪表设备损坏。

（3）测试应核对图纸，找准测试端口，避免中断运行业务。

四、测试要求

（1）系统误码性能测试采用短期系统误码指标，测试时间分为24h和15min两种。

（2）系统误码指标测试位置，155M或2M支路口；凡两端均不连接155M复用设备和一端连接155M，另一端不连接155M的复用设备，均只在155M支路口测试。

（3）测试通道数量。每个2.5G系统中宜对2个155M支路口进行24h误码指标测试，其余 155M 支路口全部进行 15min 误码测试；每个 155M 系统中宜对 1 个 2M 支路口进行 24h 误码指标测试，其余 2M 支路口按照 10%的比例进行 15min 误码测试。凡进行 2M 误码测试的 155M 支路可不再进行 155M 误码测试。

（4）系统误码指标可用远端环回方式进行测试，如果测试结果不满足要求，则应按两个方向分别进行单向测试。系统误码性能测试示意如图 1–20–1 和图 1–20–2 所示。

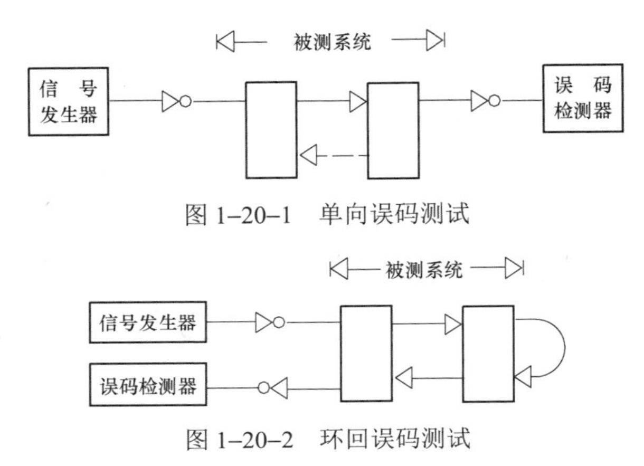

图 1–20–1 单向误码测试

图 1–20–2 环回误码测试

五、测试步骤

本模块以 JDSUSmartClassE1 测试仪为例，按照远端环回方式进行 2M 误码测试。

1. 2M 误码测试接线（见图 1–20–3）

在本端数配侧将 JDSUSmartClassE1 测试仪与待测 2M 端口牢固连接，对端数配侧将相应 2M 进行自环。

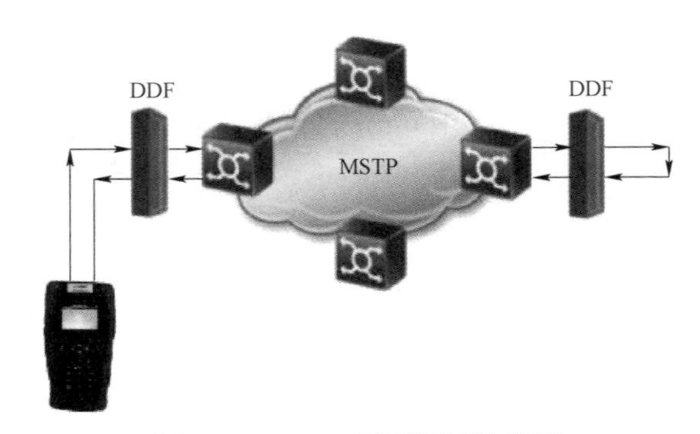

图 1–20–3 2M 误码测试接线图

2. 操作步骤

（1）JDSUSmartClassE1 测试仪开机后显示如图 1–20–4 所示，45s 后显示如图 1–20–5 所示。

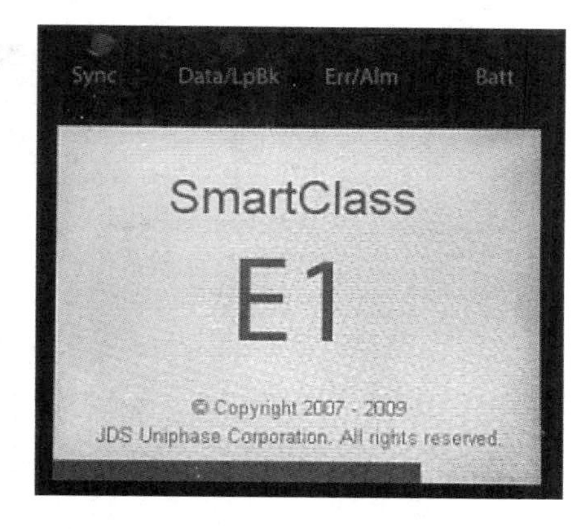

图 1–20–4　测试仪开机面板显示 1

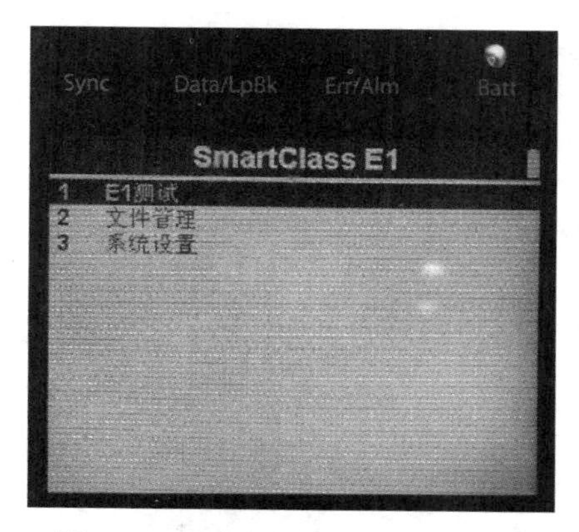

图 1–20–5　测试仪开机面板显示 2

（2）选择“E1 测试”，显示如图 1–20–6 所示；进行 2M 误码测试时，选择 E1BERT，显示如图 1–20–7 所示。

图 1–20–6　2M 时延选择界面 1

图 1–20–7　2M 时延选择界面 2

（3）选择“配置”，进行码型设置及定时测试设置如图 1–20–8 和图 1–20–9 所示。2M 误码测试时码型设置为“2∧23–1ITU”，定时测试设置为 900s（15min）或 86 400s（24h）。

图 1–20–8 码型设置界面

图 1–20–9 定时设置界面

（4）码型设置和定时设置完成后，返回上一菜单，选择“操作”，如图 1–20–10 所示；然后选择“开始测试”，如图 1–20–11 所示。

图 1–20–10 测试操作界面 1

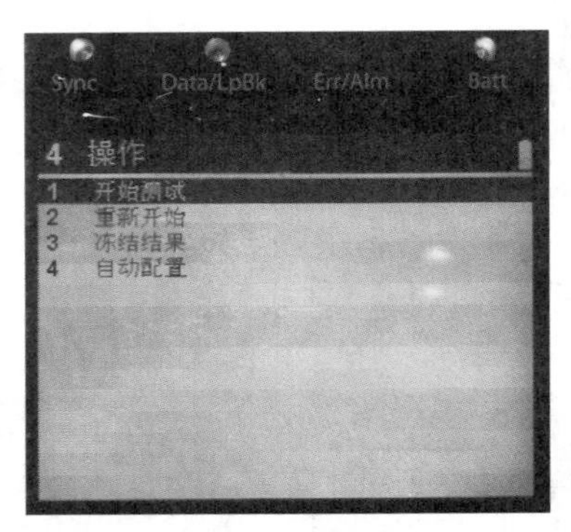

图 1–20–11 测试操作界面 2

（5）测试结果查询，选择“结果”，如图 1–20–12 所示；查询“BERT 结果”，如图 1–20–13 所示。

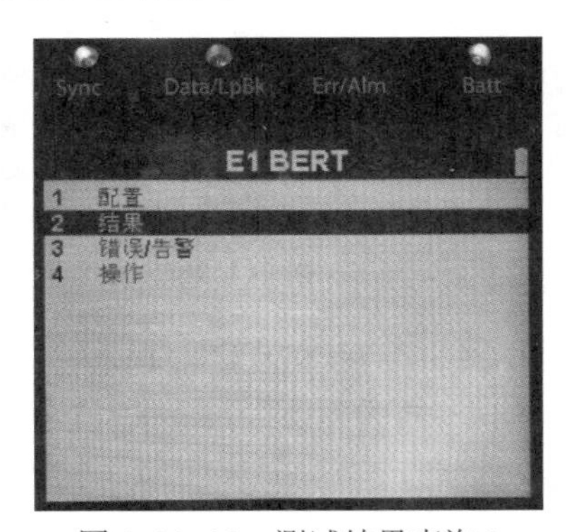

图 1–20–12 测试结果查询 1

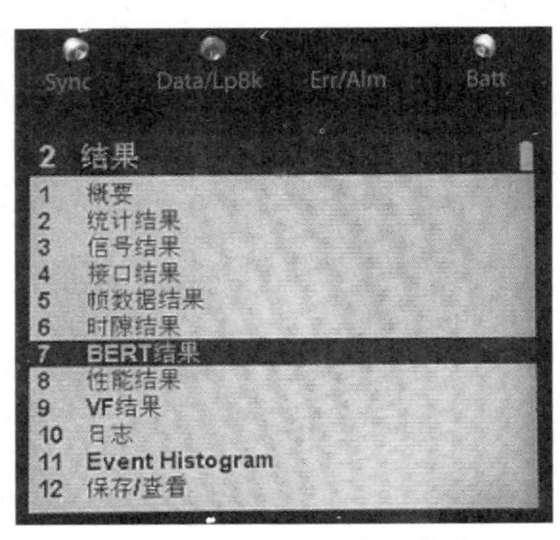

图 1–20–13 测试结果查询 2

（6）最后显示如图 1–20–14 和图 1–20–15 所示。测试结果。

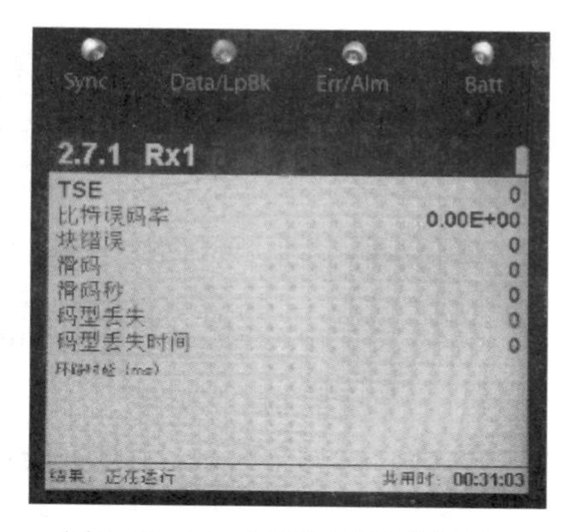

图 1–20–14　误码测试结果显示 1

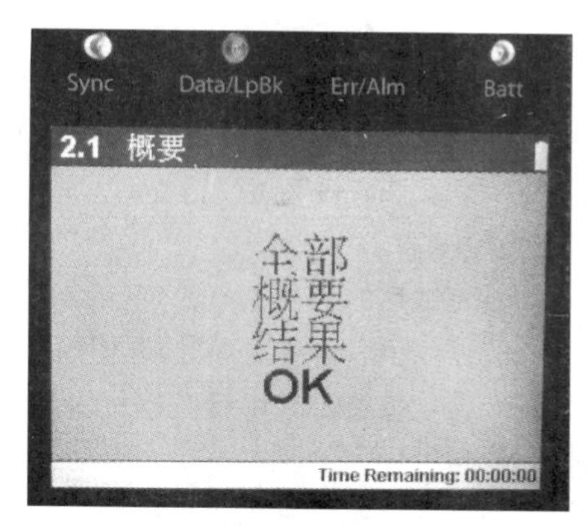

图 1–20–15　误码测试结果显示 2

六、测试结果分析

（1）测试结果显示为没有误码表示系统工作正常。在工作中常用 15min 作为一个测试周期对系统进行误码检查，以判断系统工作正常与否。

（2）如果第一个测试周期未观测到误码块和不可用事件，则判定为系统工作正常。

（3）若在此周期内观测到误码块和不可用事件，则应重复测试一个周期，最多重复两次。

（4）如果第三个周期仍然观测到误码块和不可用事件，则判定为系统工作不正常，需查明原因后再进行测试。

（5）系统工作判定为正常后，方可进入 24h 误码测试。24h 误码测试方法与 15min 误码测试方法相同。

七、测试注意事项

（1）测试前要检查各种电缆连接线和连接头的完好性，以免影响测试结果。

（2）进行 24h 误码测试时，应采用可靠外接电源，并做明显标识，以免误碰影响测试结果。

（3）测试记录要及时保存，并及时导出存档。

（4）测试结束后恢复测试链路的可靠连接。

【思考与练习】

1. 试画出 2M 误码测试的测试接线示意图。
2. 2M 误码测试有几种方式？
3. 2M 误码测试时间有哪两种选择？
4. 采用 15min 误码检查时，如何判断系统工作正常与否？

模块21 2M抖动性能测试（Z38E1021Ⅲ）

【模块描述】本模块介绍了2M抖动性能测试步骤。通过图形示意和操作过程的详细介绍，掌握2M抖动测试方法。

【模块内容】

一、测试目的

随着计算机和通信系统总线速度的显著提高，特别是采用内嵌时钟技术的高速串行总线的日益普及，在串行数据传输过程中，任何微小的高速时钟和数据抖动都会对整个系统产生巨大的影响，定时抖动已经成为影响系统性能的基本因素。因此在传输系统中须进行2M抖动的测试，并针对引起系统抖动的原因来控制抖动，从而提高系统性能和稳定性。

二、测试准备

为保证整个测试过程的顺利进行，需要准备以下相关仪器仪表及材料：

（1）测试仪器仪表，2M误码仪。仪表必须经过严格校验，证明合格后方能使用。

（2）测试材料，2M误码仪配套的测试线、2M转换头。

三、安全注意事项

（1）测试前对测试人员进行测试方案和安全技术交底。

（2）仪器仪表应经专业机构检测合格。

（3）测试时尽量避免中断运行业务。

四、测试要求

（1）抖动测试中应注意选择仪表抖动测量范围（一般有20UI/2UI和10UI/1UI），尽量选择用小范围测试。

（2）系统抖动测试时间一般为60s，实际测试时根据不同厂家的仪表来决定测试时间。

（3）对每种不同速率的接口只需抽测一个。

五、测试步骤

SDH系统2M抖动性能测试分为2M输出抖动测试、2M输入抖动测试，本模块仅对2M输入抖动进行测试描述。2M输入口抖动性能测试示意图如图1–21–1所示。

本模块采用JDSUSmartClassE1测试仪为例。

1. 2M抖动性能测试接线（见图1–21–2）

本端数配侧将JDSUSmartClassE1测试仪与待测2M端口牢固连接，对端数配侧将相应2M进行自环。

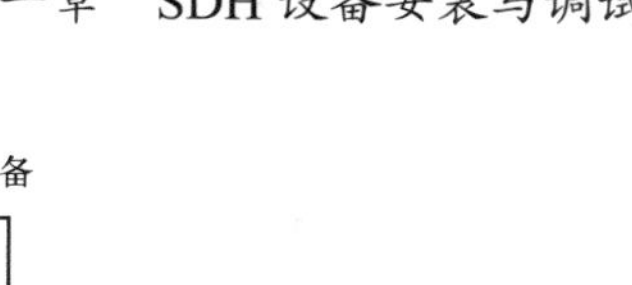

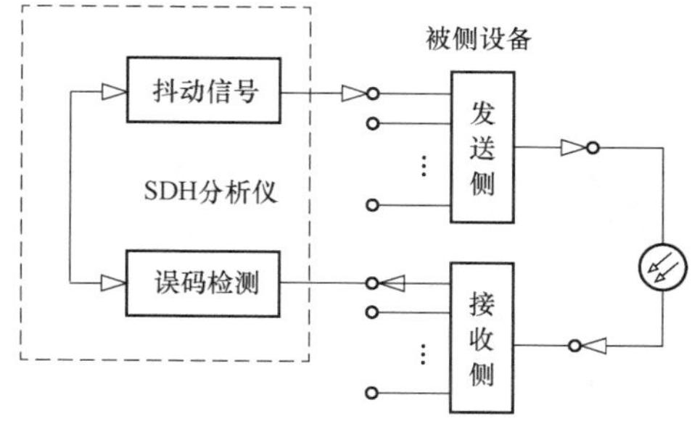

图 1–21–1　2M 接口输入抖动性能测试示意图

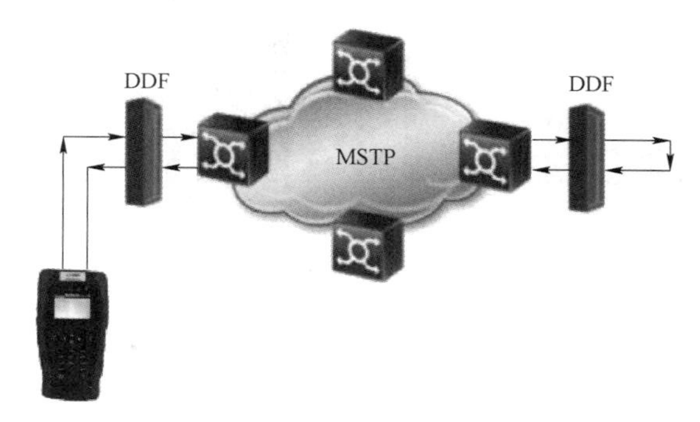

图 1–21–2　2M 抖动性能测试接线图

2. 操作步骤

（1） JDSUSmartClassE1 测试仪开机后显示如图 1–21–3 所示；45s 后显示如图 1–21–4 所示。

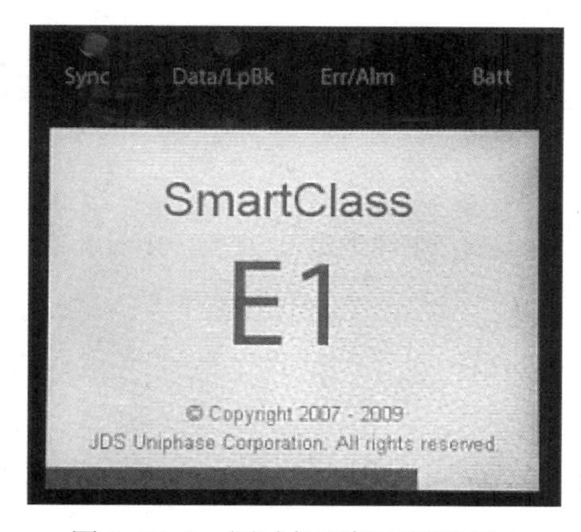

图 1–21–3　测试仪开机面板显示 1

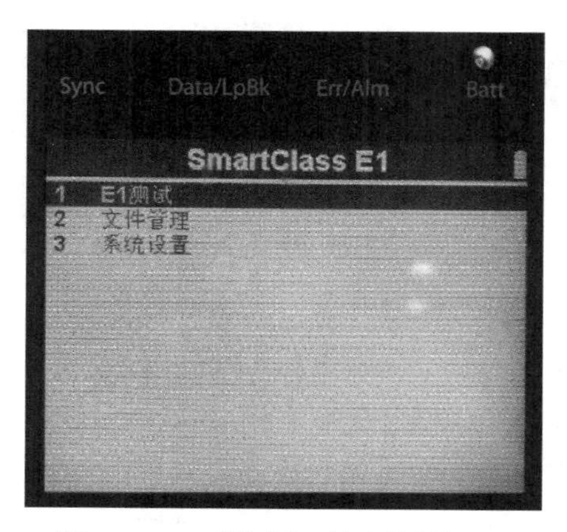

图 1–21–4　测试仪开机面板显示 2

（2） 选择“E1 测试”，显示如图 1–21–5 所示；进行 2M 抖动测试时，选择 E1Jitter，显示如图 1–21–6 所示。

图 1–21–5 2M 抖动测试界面 1

图 1–21–6 2M 抖动测试界面 2

（3） 选择“配置”，进行定时测试设置。JDSUSmartClassE1 测试仪的 2M 抖动测试定时测试设置为 600s（10min）如图 1–21–7 所示；定时测试设置完成后，返回上一菜单，选择“操作*”，如图 1–21–8 所示。

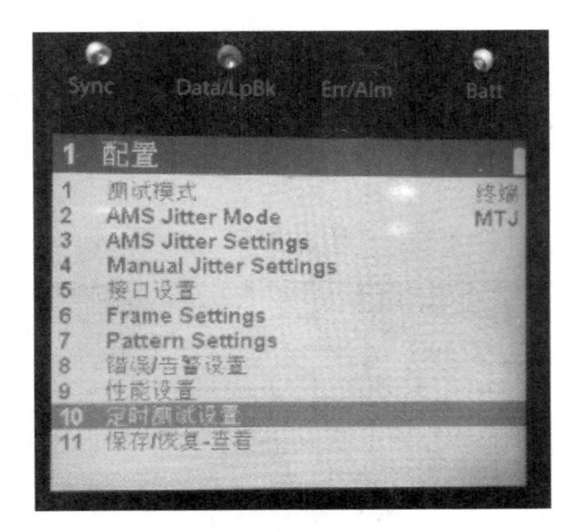

图 1–21–7 定时测试设置

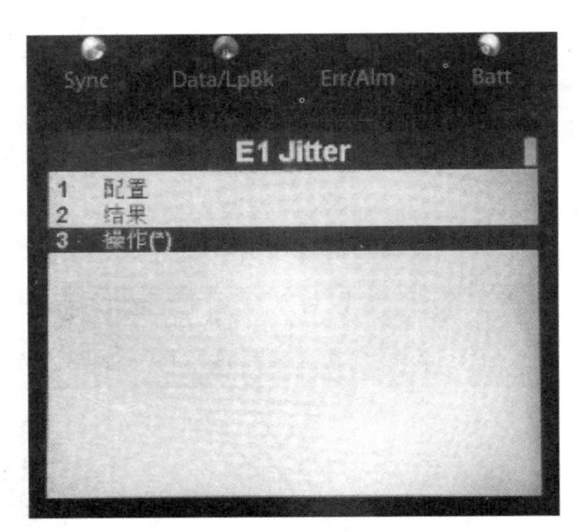

图 1–21–8 测试操作界面 1

（4） 选择“操作”，如图 1–21–9 所示；选择“MTJStart”开始测试，如图 1–21–10 所示。

（5） 返回上级菜单，查看测试结果选择“结果”，如图 1–21–11 所示，再选择“MTJGraph”，如图 1–21–12 所示。查看抖动图形。

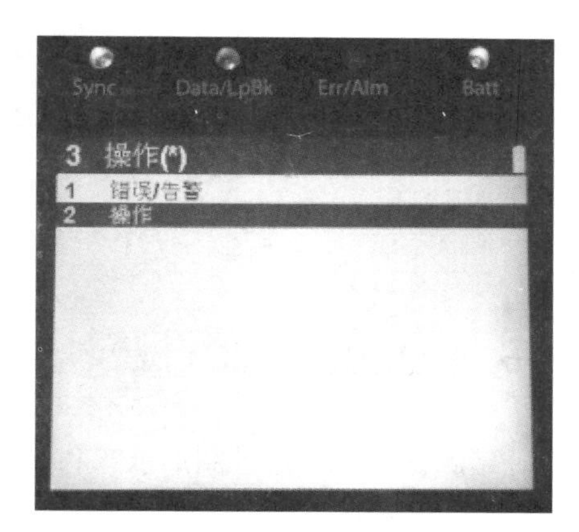

图 1–21–9　测试操作界面 2

图 1–21–10　测试操作界面 3

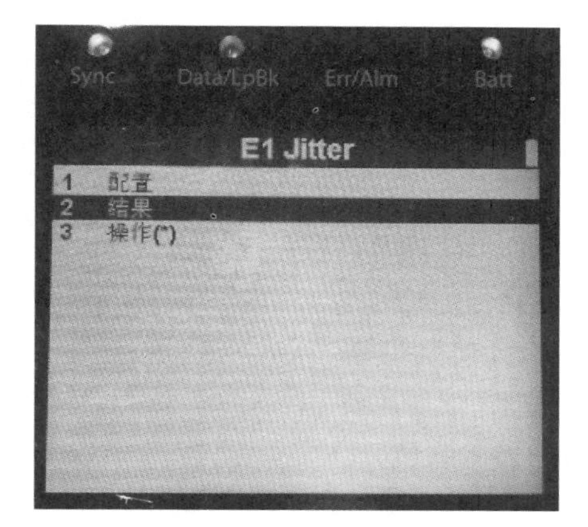

图 1–21–11　测试结果查询界面 1

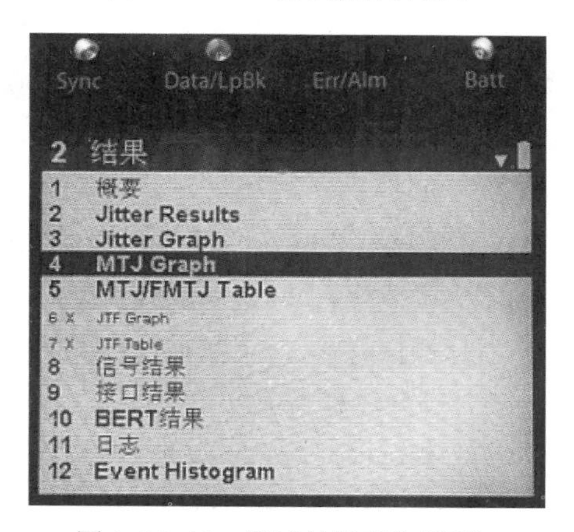

图 1–21–12　测试结果查询界面 2

（6） 最后测试结果显示如图 1–21–13 所示。

将测试结果与参考标准进行比对，若测试点均在实线所示曲线的上方，则说明 2M 抖动性能指标满足标准要求，否则就须排查影响抖动增大的原因。

六、注意事项

（1） 2M 头与 DDF 连接处需拧紧。

（2） 测试记录要及时保存，并及时导出存档。

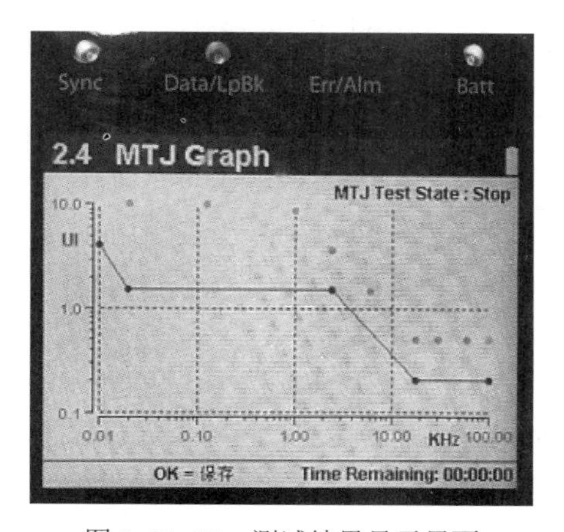

图 1–21–13　测试结果显示界面

（3） 测试结束后恢复 2M 链路时连接应可靠。

【思考与练习】

1. 试画出 2M 抖动测试的接线示意图。

2. 如何判定 2M 抖动测试结果是否符合标准要求？

3. 2M 抖动测试时的注意事项有哪些？

模块 22 2M 通道时延测试（Z38E1022Ⅲ）

【模块描述】本模块介绍了保护信号的通道时延测试步骤。通过图形示意和操作过程的详细介绍，掌握保护信号的通道时延测试方法。

【模块内容】

一、测试目的

为保障用于传输继电保护和安控装置业务的 2M 通道的可靠性，在保护通道业务投入运行前，应对 2M 通道进行通道时延测试。

二、测试准备

为保证测试的顺利进行，需要准备以下相关仪器仪表及材料：

（1） 仪器仪表，2M 误码仪。

（2） 测试材料，2M 误码仪配套的测试线、2M 转换头等。

三、安全注意事项

（1） 测试前对测试人员进行测试方案和安全技术交底。

（2） 仪器仪表应经专业机构检测合格，测试中应正确设置参数，防止仪表设备损坏。

（3） 测试前应核对图纸，找准测试端口，避免中断运行业务。

四、测试步骤

本模块以 JDSUSmartClassE1 测试仪为例，进行 2M 通道进行通道时延测试。

1. 测试接线

如图 1–22–1 所示，端数配侧将 JDSUSmartClassE1 测试仪与待测 2M 端口牢固连接，对端数配侧将相应 2M 进行自环。

2. 操作步骤

（1） JDSUSmartClassE1 测试仪开机后显示如图 1–22–2 所示；45s 后显示如图 1–22–3 所示。

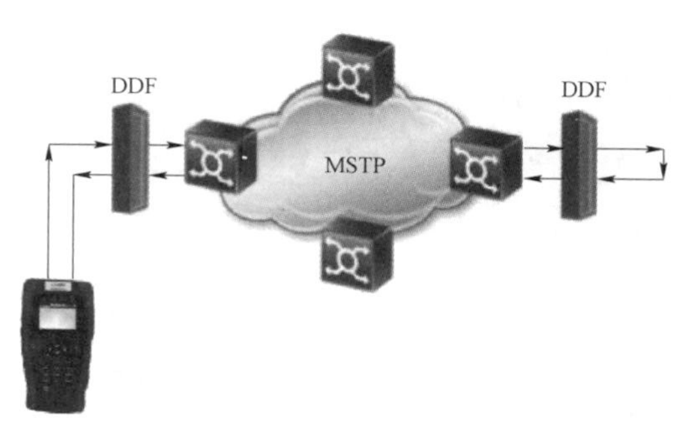

图 1–22–1　2M 通道时延测试接线图

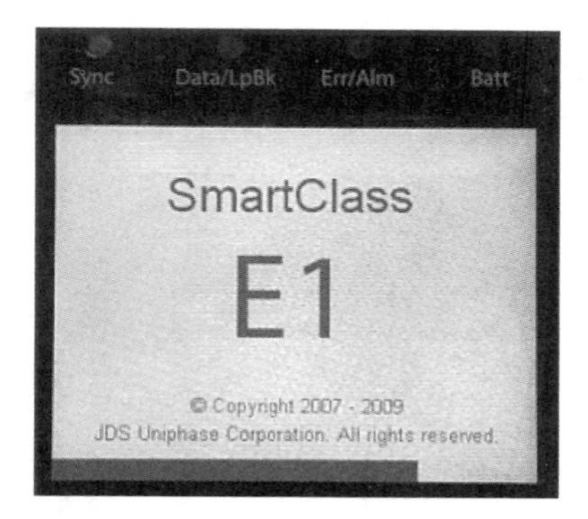

图 1–22–2　开机显示界面 1

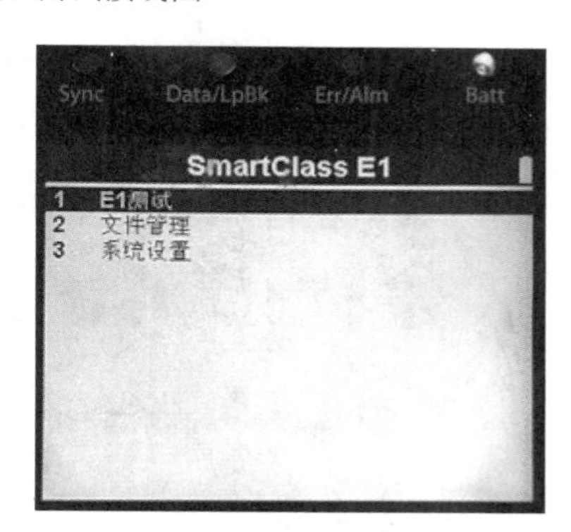

图 1–22–3　开机显示界面 2

（2）选择“E1 测试”，显示如图 1–22–4 所示。进行通道时延测试时，选择 E1BERT，显示如图 1–22–5 所示。

图 1–22–4　2M 时延选择界面 1

图 1–22–5　2M 时延选择界面 2

（3）选择“配置”，显示如图 1–22–6 所示。选择“BERT 码型设置”，将通常使用的“2∧23–1ITU”码型修改为“时延”，显示如图 1–22–7 所示。

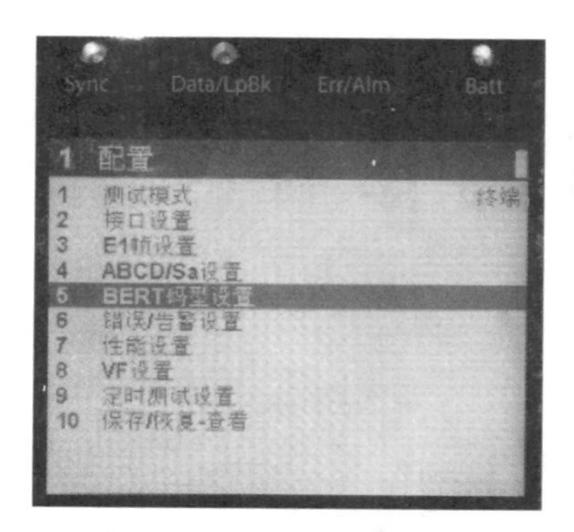

图 1–22–6　码型设置界面 1

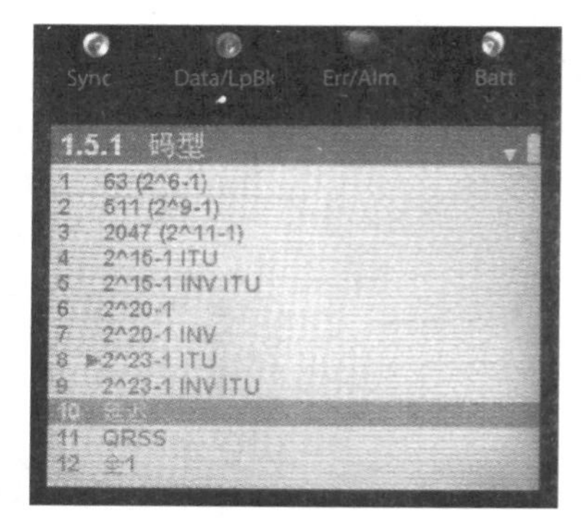

图 1–22–7　码型设置界面 2

（4）返回上一菜单，如图 1–22–8 所示，选择“操作”，显示如图 1–22–9 所示。

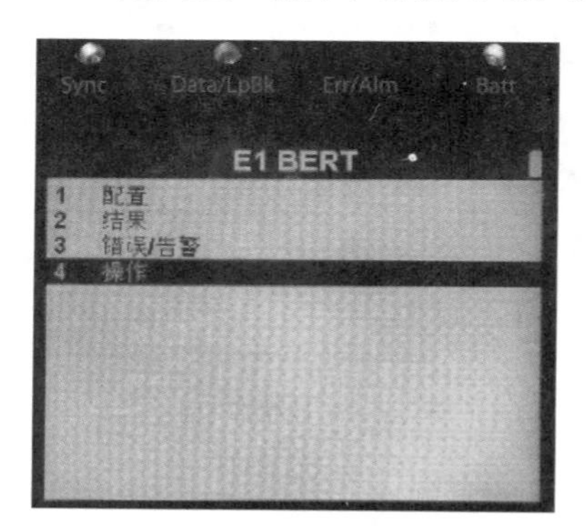

图 1–22–8　测试操作界面 1

图 1–22–9　测试操作界面 2

（5）选择“开始测试”，测试完成后返回上一层菜单，如图 1–22–10 所示。选择“结果”，显示如图 1–22–11 所示。

图 1–22–10　测试结果查询界面 1

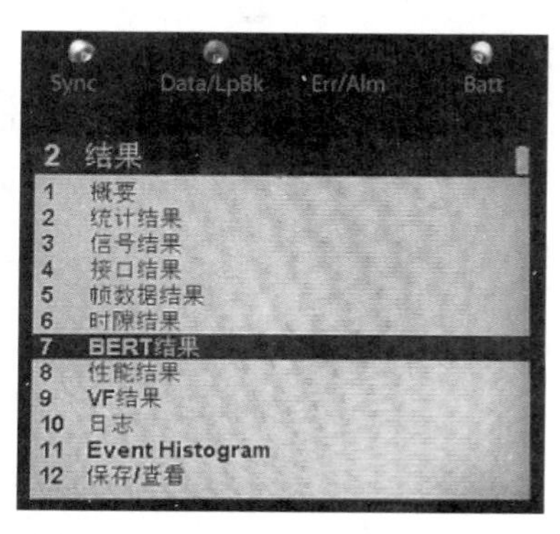

图 1–22–11　测试结果查询界面 2

（6）选择“BERT 结果”，测试结果显示如图 1–22–12 所示。

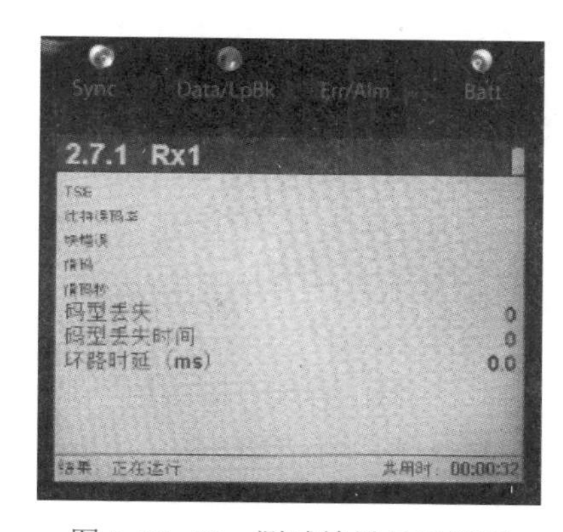

图 1–22–12 测试结果显示界面

五、测试结果分析

由于测试保护通道时延时采用了远端环回的方式，因此测试结果“环路时延（ms）”的显示值为通道来回时延总和，在填写测试数据时应将测得的时间值除以二，得出单向通道时延。

六、测试注意事项

（1）2M 头与 DDF 连接处需拧紧。

（2）测试结束后恢复 2M 链路时连接应可靠。

（3）测试记录要及时保存，并及时导出存档。

【思考与练习】

1. 保护通道延时测试的目的是什么？
2. 试画出保护通道测试的接线示意图。
3. 保护通道延时测试时应注意的事项有哪些？
4. 保护通道实际时延和测试数据之间的关系是什么？

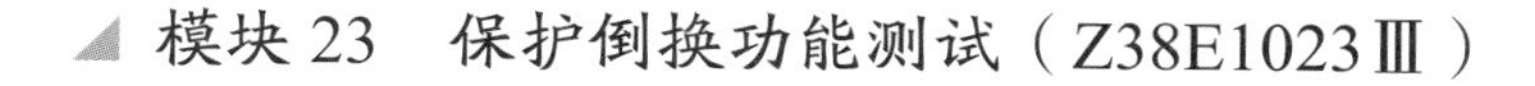

模块 23 保护倒换功能测试（Z38E1023Ⅲ）

【模块描述】本模块介绍了 SDH 网络自动保护倒换功能测试步骤。通过图形示意和操作过程详细介绍，掌握保护倒换功能测试方法。

【模块内容】

一、测试目的

通过保护倒换功能测试，可以检测光纤线路故障情况下业务是否从工作方向倒换到保护方向上，并测出保护倒换所需的时间。

二、测试准备

为保证测试的顺利进行，需要准备以下相关仪器仪表及材料：

（1）仪器仪表，SDH 分析仪。

（2）测试材料，SDH 分析仪配套的测试线、2M 转换头。

三、安全注意事项

（1）测试前对测试人员进行测试方案和安全技术交底。

（2）仪器仪表应经专业机构检测合格。测试中应正确设置参数，防止仪表设备损坏。

（3） 应避免眼睛直视发光器件或长时间照射皮肤，否则很容易将眼睛和皮肤灼伤。

（4） 测试前应进行系统状态检查，避免因测试中断全网业务。

四、测试要求

自动倒换功能检查项目包括保护倒换准则检查和保护倒换时间测试。

1. 保护倒换准则检查

指当系统发生下列任一故障时系统应进行自动保护倒换。

（1） 信号丢失（LOS）。

（2） 帧丢失（LOF）。

（3） 告警指示信号（AIS）。

（4） 误码超过门限。

（5） 指针丢失（LOP）。

2. 保护倒换时间规定

（1） 系统自动保护倒换应在检测到信号失效（SF）或信号劣化（SD）条件后 50ms 内完成。

（2） 环状网上如无额外业务，无预先桥接请求，且光纤长度小于 1200km，则倒换时间应小于 50ms。

3. 线性网络保护倒换时间测试

线性网络保护倒换时间测试如图 1–23–1 所示。

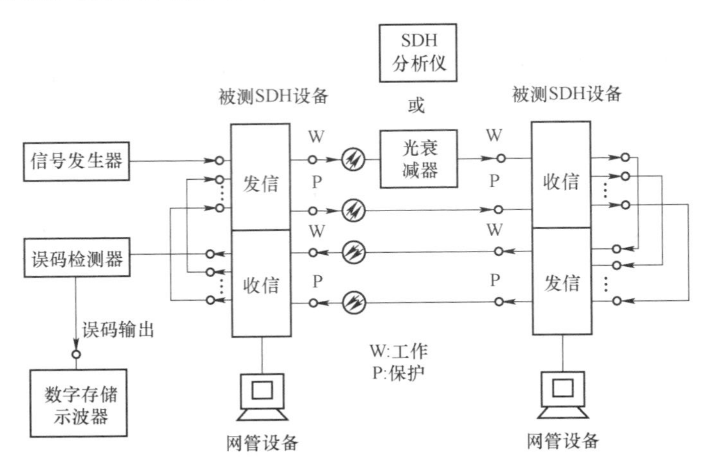

图 1–23–1 线性网络保护倒换时间测试示意图

4. 二纤单向通道保护环保护倒换时间测试

二纤单向通道保护环保护倒换时间测试接线如图 1–23–2 所示。

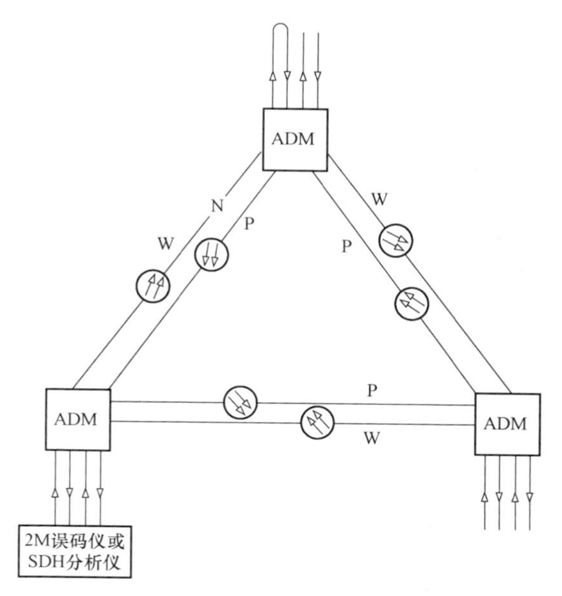

图 1–23–2　二纤单向通道保护环保护倒换时间测试示意图

五、测试步骤

模块以 JDSU MTS8000 测试仪为例，对二纤单向通道保护环倒换时间进行测试本。

1. 测试接线（见图 1–23–3）

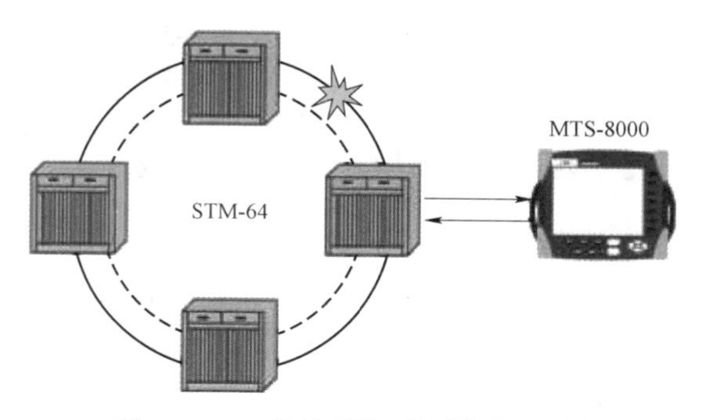

图 1–23–3　保护倒换时间测试示意图

2. 操作步骤

（1） JDSU MTS8000 测试仪的侧面和背面视图如图 1–23–4 和图 1–23–5 所示。本端数配侧将待测 2M 端口的 TX 和 RX 与 JDSU MTS8000 测试仪 E3 端口的 TX 和 RX1 分别相连，对端数配侧将相应 2M 端口进行自环。

图 1–23–4 MTS8000 侧面图

图 1–23–5 MTS8000 背面图

（2）MTS8000SDH 分析仪如图所示，开机后显示如图 1–23–6 和图 1–23–7 所示界面。

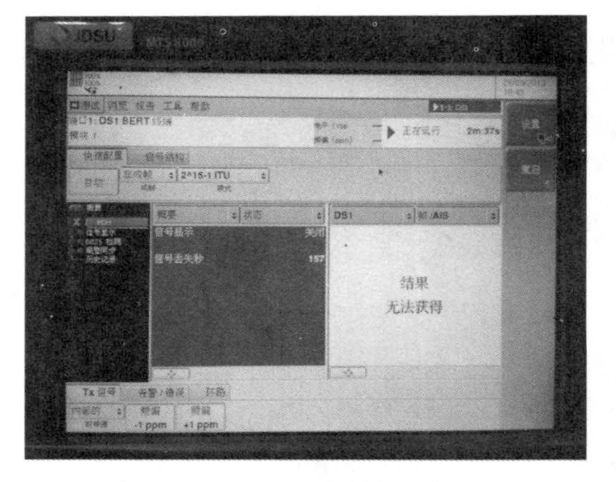

图 1–23–6 SDH 分析仪开机状态

图 1–23–7 SDH 分析仪测试设置

（3）单击菜单栏的“测试”，在下拉菜单里依次选择“SDH”→“STM–1e”→“AU–4”→“VC12”→“E1–BERT”→“终端”，如图 1–23–7 所示。

（4）在通道正常情况下，显示所有“结果 OK”，如图 1–23–8 和图 1–23–9 所示。

（5）在进行保护倒换测试时常用以下两种方法使系统产生自动倒换：一是采用拔尾纤的方式，断开环网上的光路来触发保护倒换；二是在网管上采用人工倒换的方式将业务强制切换到保护方向上。在保护倒换后，单击“SD–细节”，并全屏显示后出现如图 1–23–9 所示界面。“SD–细节”列表上显示了保护倒换中系统出现的各项告警的持续时间，并统计了从倒换开始至业务恢复所用的“停止”时间，即“保护倒换时间”。

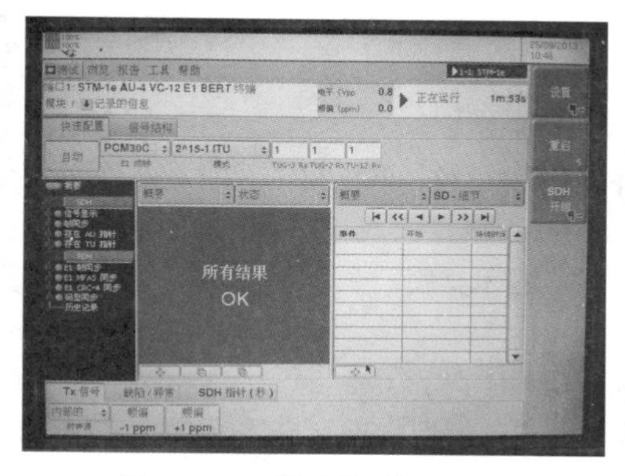

图 1–23–8　测试结果概要显示

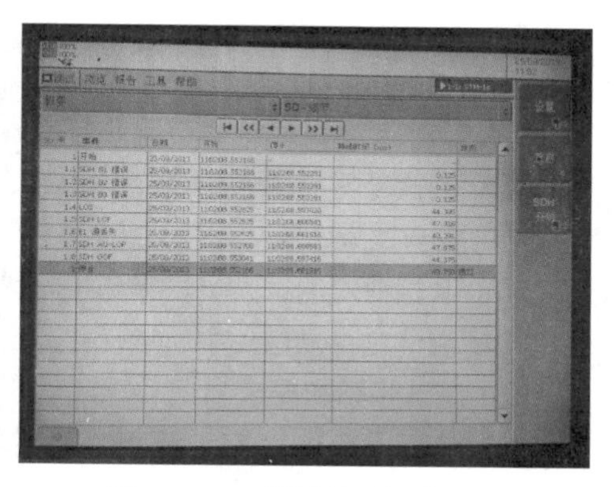
图 1–23–9　测试结果细节显示

六、测试结果分析

根据 DL/T 5344—2006《电力光纤通信工程验收规范》中的 6.5.6 条要求，“系统自动保护倒换应在检测到信号失效或信号劣化条件 50ms 内完成，环网保护倒换时间应小于 50ms”。以此来判断通道是否满足传输保护的要求。

七、测试注意事项

（1）2M 头与 DDF 连接处需拧紧。

（2）测试结束后恢复 2M 链路及光路连接应可靠。

（3）测试记录要及时保存，并及时导出存档。

【思考与练习】

1. 自动保护倒换的准则有哪些？
2. 试画出二纤单向通道保护环保护倒换功能测试的接线示意图。
3. 对保护倒换功能倒换时间是如何要求的？

模块 24　以太网接口测试（Z38E1024Ⅲ）

【模块描述】本模块介绍了以太网接口透传功能测试步骤。通过要点介绍、图形示意，掌握 SDH 设备以太网接口测试的方法。

【模块内容】

一、测试目的

为保证采用 SDH 以太网口进行传输的信息网络通道的可用性，在 SDH 系统测试时，需要对以太网接口进行连通性测试，避免因板卡、线缆及接头故障造成信息网络通道故障。

二、测试准备

测试前需要准备以下设备和材料：

（1）测试设备，笔记本电脑两台。

（2）测试工器具/材料，测试网络线、网络线测试仪、网络钳。

三、安全注意事项

（1）测试前对测试人员进行测试方案和安全技术交底。

（2）测试时尽量避免中断运行业务。

四、测试步骤和要求

本模块以 10/100M 自适应电接口透传功能测试为例来进行描述。测试接线图如图 1–24–1 所示，直通网络线的一端连 PC 机，另一端连接 SDH 设备被测以太网板的电接口。

图 1–24–1 以太网电接口透传功能测试接线图

（1）检查工厂验收记录，查看 SDH 设备以太网接口物理指标检验结果是否满足规定的指标要求。

（2）设置 PC 机的 IP 地址：在保留专用 IP 地址范围中（192.168.n.x），给两台 PCM 机任选两个 IP 地址。设两台 PC 机的地址分别是 192.168.18.2、192.168.18.22，子网掩码均为 255.255.255.0，两台 PC 机不需要设置网关。

（3）在 IP 地址为 192.168.18.2 的 PC 机上打开 DOS 命令界面。单击“开始”菜单中的“运行”选项，显示如图 1–24–2 所示。输入“cmd”回车，进入 MS–DOS 窗口。

图 1–24–2 打开 DOS 界面

（4） 键入 ipconfig/all 命令，显示 IP 地址（IPAddress）、子网掩码（SubnetMask）和默认网关（DefaultGateway）等本机 IP 配置信息，如图 1–24–3 所示。检查本地网络设置是否正确。

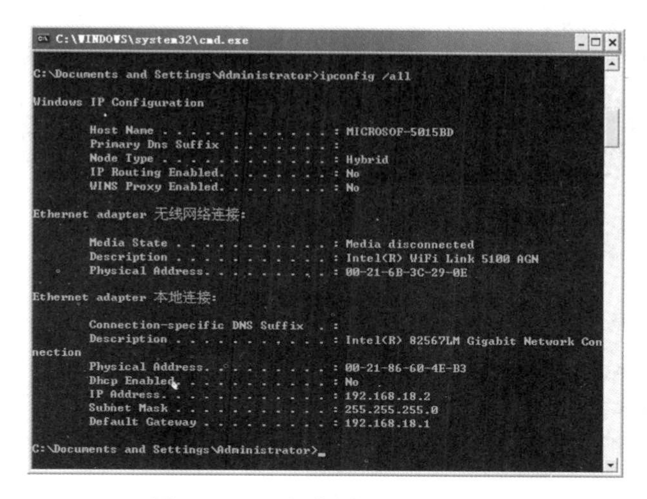

图 1–24–3　查看本机 IP 配置信息

（5） Ping 本机 IP 地址，检查本机的 IP 地址设置和网卡安装配置是否有误，如图 1–24–4 所示。

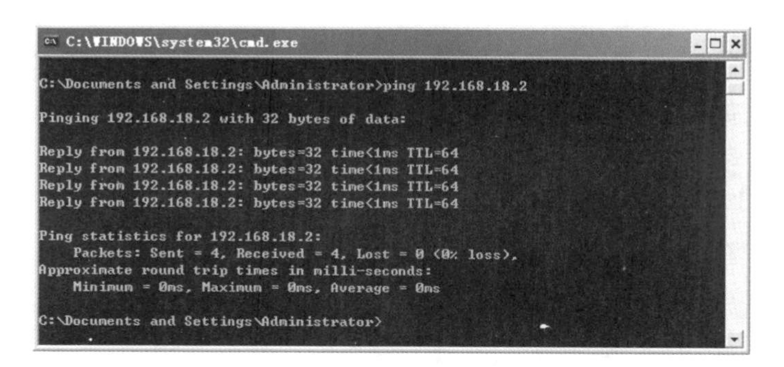

图 1–24–4　查看本机网卡安装配置

（6） 若网卡安装配置正确，则显示图 1–24–4 所示内容。

（7） 若显示“Requesttimedout”的信息，则表明网卡安装或配置有问题，检查相关网络配置，重新设置后再次测试。

（8） Ping 对端 PC 机 IP 地址，检查本机与对端 PC 机间的网络连接是否正常，如图 1–24–5 所示。

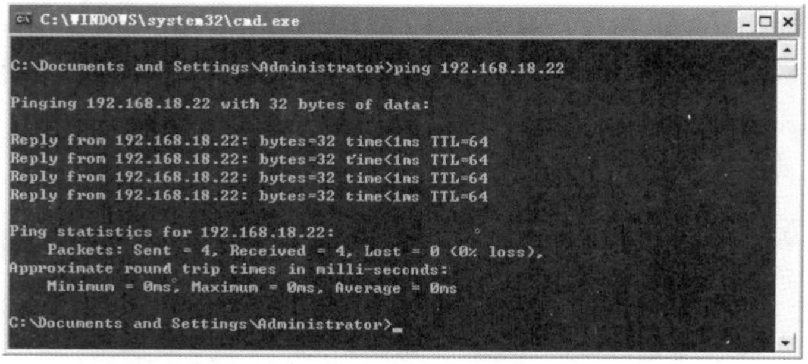

```
C:\WINDOWS\system32\cmd.exe

C:\Documents and Settings\Administrator>ping 192.168.18.22

Pinging 192.168.18.22 with 32 bytes of data:

Reply from 192.168.18.22: bytes=32 time<1ms TTL=64
Reply from 192.168.18.22: bytes=32 time<1ms TTL=64
Reply from 192.168.18.22: bytes=32 time<1ms TTL=64
Reply from 192.168.18.22: bytes=32 time<1ms TTL=64

Ping statistics for 192.168.18.22:
    Packets: Sent = 4, Received = 4, Lost = 0 (0% loss),
Approximate round trip times in milli-seconds:
    Minimum = 0ms, Maximum = 0ms, Average = 0ms

C:\Documents and Settings\Administrator>_
```

图 1–24–5 查看本机与对端 PC 机间的网络连接

（9） 若显示如图 1–24–5 所示内容，则说明 SDH 设备以太网接口连通测试正常。

若显示类似于“Requesttimedout”的信息，则说明对方的设置或网络的其他连接有问题，检查并重新设置后再次测试。

五、测试结果分析

根据 IP 网络测试指标体系 QS 等级评定标准，丢包率应不大于 0.1%，时延应小于 400ms。

六、测试注意事项

（1） 网络头与设备的连接要可靠。

（2） 测试时应根据业务的类型定义 ping 包的字节大小。

（3） 测试记录要及时保存，以便验收存档。

【思考与练习】

1. SDH 设备以太网测试的目的是什么？
2. 如何查看本机 PC 机的配置信息？
3. PC 机的 IP 地址如何设置？

模块 25 板卡故障处理（Z38E1025Ⅲ）

【模块描述】本模块包含 SDH 设备板卡故障的定位和处理。通过对 SDH 设备主控、交叉、电源、时钟、线路和支路等板卡常见故障的现象描述和故障定位原则的介绍，掌握 SDH 设备板卡故障的处理方法。

【模块内容】

一、SDH 故障的概况

SDH 故障往往会导致部分或全部业务中断、业务质量下降、网络安全级别降低等后果，严重时会造成较大的经济损失和社会影响。

（一）SDH 故障类型

1. 硬件故障

硬件故障主要指 SDH 设备的板卡、子架发生了硬件损坏。

2. 软件故障

软件故障主要指板卡的系统软件损坏或设置的数据不当。

3. 外围设备故障

外围设备故障主要指和 SDH 设备对接的设备发生了故障，如线路板连接的光缆中断、给 SDH 供电的电源故障、支路板连接的线缆断裂等。严格地说，外围设备故障不属于 SDH 故障，但在实际应用中，这类外围设备的故障往往可能导致 SDH 业务中断，而且此类故障的排除也往往需要 SDH 系统进行配合，所以在这里将外围设备故障也纳入 SDH 故障范畴。

SDH 故障排除的关键是准确地定位故障点。

（二）SDH 故障排除的原则

1. 先恢复，后排除

出现业务故障后，先用其他资源（如设备上的其他通道、其他设备的通道）进行业务恢复，再进行故障排除。

2. 先易后难

遇到较为复杂的故障时，先从简单的操作或配置着手排除，再转向复杂部分的分析排除。

3. 先外部，后传输

先排除外围设备故障，再排除传输设备故障。

4. 先软件，后硬件

先排除设置错误、系统软件损坏的故障，如果排除了软件故障，基本就可以认定为硬件故障。

5. 先网络，后网元

先全网查询有哪些故障现象，通过全网的故障现象综合判断，逐步缩小故障范围到单个网元，再排除相关网元的故障。

6. 先高速，后低速

高速信号故障会引起所承载的低速信号的故障，因此，在故障排除时应先排除高速信号的故障，高速信号故障排除后低速信号故障现象往往就会自动消失。

7. 先高级，后低级

高级别告警常常会关联引发低级别告警，所以在分析告警时先分析高级别的告警，然后再分析低级别的告警。往往引起高级别告警的故障排除后，低级别告警自动消除。

SDH 故障排除是一项复杂的工作，应综合考虑各方面因素，灵活运用上述原则进行快速处理。平时也应注意多积累此方面的案例并加以分析总结，提高故障处理的能力。

二、板卡故障的概况

板卡故障是一种常见的 SDH 故障。SDH 设备由不同的板卡相互配合而工作，任意一种板卡故障都有可能引起 SDH 系统的故障。不同板件的故障可能导致故障范围的不同，比如关键单板（电源板、交叉板、时钟板等）故障将影响本网元的所有业务，线路板件或支路板件出现故障将影响本板所承载的所有业务。

为了防止板卡故障而导致的业务中断或业务质量下降，SDH 设备做了完善的设计，比如采取关键单板的热备份、环网保护、支路板件 1:*N* 保护等措施，可极大地提高 SDH 设备的安全性。虽然 SDH 的这些设计能降低因板卡故障引起的 SDH 网络故障，但板卡故障后 SDH 设备的安全级别会降低，如再出现备用板卡故障将不可避免地导致业务中断或业务质量下降。

三、板卡故障定位思路及方法

不同板卡的故障会导致不同的故障现象，而板卡的不同故障也会产生不同的故障现象。定位板卡故障可以针对故障现象结合告警信息进行分析，查出故障原因进而予以排除。定位板卡故障，需要维护人员掌握板卡的功能特性以及在网络中的作用，才能作出正确的分析判断。

四、常见板卡故障类型及处理方法

板卡的故障类型一般分为硬件故障、软件故障和外围设备故障三类，根据不同板件，这三类故障类型引发的故障现象也不同。

（一）主控板故障现象及处理方法

1. 故障现象一

业务未中断，但网元无法远程登录，无法在网管远程对网元进行操作。

处理方法：用网管直接连接故障网元主控板进行登录。

（1）若能登录，查看主控板软件是否完好，若有部分软件丢失可重新下载相应软件。

（2）如软件文件完好但仍不能远程登录，将主控板掉电重启。如仍无法解决，判断为硬件故障，更换主控板。

（3）如在本站不能登录网元，直接判断为硬件故障，更换主控板。

2. 故障现象二

网管连接不到任何网元。

处理方法：检查网管配置，查看网管计算机的 IP 地址和其他参数设置是否和网关网元相匹配。

（1）如无问题则把网管与其他网元或计算机相连，如能通信表明网管系统正常。

（2）如网管配置检查无问题而故障依旧，软复位网关网元主控板。

（3）软复位主控板后如故障依旧，则将主控板拔出后再插回设备机框。

（4）重启后如故障仍然存在则可以判断是主控板硬件故障，更换主控板。

（二）交叉板故障处理

1. 故障现象一

单板不在位。

处理方法：首先排除硬件安装故障。检查交叉板是否插紧，是否与子架母板接触良好。

（1）若硬件安装正常但故障现象依然存在，可将板件更换到备用槽位，更换槽位后如交叉板仍不在位可判断为交叉板硬件故障，更换交叉板。

（2）若更换槽位后单板正常可判断为子架母板问题（如母板倒针、断针等），转入处理子架母板问题。

2. 故障现象二

单板在位，但经过此交叉板的业务中断。

处理方法：首先排除业务配置错误。

（1）重新配置业务后，如故障消失说明交叉板正常。

（2）如业务配置正确而故障仍然存在，重新加载单板软件。

（3）如重新加载单板软件后故障仍存在，可判断为硬件故障，更换交叉板。

（三）电源板故障处理

故障现象：设备掉电，业务中断。

处理方法：首先排除或处理外部故障（电源系统故障、电源系统和电源板的连接故障）。可测量电源柜输出端子到 SDH 设备所在机柜电源分配盘电压是否正常，如不正常就进行处理。

（1）如排除外部故障后故障仍然存在，用完好的电源板替换疑似故障板件，设备若能启动则判断为硬件故障，更换电源板。

（2）如替换完好的电源板后故障仍存在，判断为母板或其他板件故障，转入处理母板和其他板件故障处理。

（3）将所有单板拔出查看母板是否有倒针，若有倒针需进行处理或更换母板。若无倒针需将单板逐一插回机框，定位是否有某一块单板出现短路。

（4）若全部板件均完好而故障依旧则更换设备子架。

（四）时钟板故障处理

故障现象：单板跟踪不到时钟。

处理方法：排除时钟配置错误。重新配置时钟，如故障排除说明时钟配置正确。

（1）如时钟配置正确而故障仍然存在，复位时钟板。

（2）复位时钟板后如故障仍在，拔插时钟板。

（3）拔插时钟板后故障依旧，可以判断为单板硬件故障，更换时钟板。

（五）线路板故障处理

故障现象：出现 R–LOS 告警，业务中断。

处理方法：排除光缆及对端设备原因。

（1）使用光功率计测试对端发送过来的光，如光功率正常说明对端设备与光缆都正常。如测试不到光，则排查是否是光缆中断或者是对端设备发送故障，然后进行相关的处理。

（2）如果光缆与对端设备正常，则对疑似故障光板进行复位。光板复位后如果故障现象消失，说明故障是由光板软件吊死引起的。

（3）光板复位后告警还存在则更换槽位，如果告警消失说明槽位存在故障。

（4）如果更换槽位后故障仍存在，则说明光板故障，更换单板。

（六）支路板故障处理

1. 故障现象一

支路端口出现 T–ALOS 告警，2M 业务中断。

处理方法：首先排除外部硬件故障。

（1）可在 DDF 侧将相应支路端口进行硬件自环，若 LOS 告警不消失，查看 2M 端子是否插牢或有虚焊。

（2）若插接和焊接没问题，拔插支路板。

（3）支路板复位后，若故障仍存在，复位交叉板。

（4）复位交叉板后故障仍存在，更换支路板槽位并重新配置业务。

（5）更换支路槽位后故障仍存在说明支路板故障，更换支路板。

2. 故障现象二

支路端口出现 TU–AIS 告警，2M 业务中断。

处理方法：检查有无高级别告警，如有，先排除。

（1）检查业务路径是否完整，若业务路径不完整对缺失业务进行添加。若业务路径完好则查看网络是否发生了保护倒换动作。

（2）若发生了保护倒换，查看 2M 业务保护路径是否完好，若保护路径不完整则对缺失部分进行添加。若保护路径完整，检查本站交叉板是否有故障。

（3）若交叉板无故障，更换支路板槽位或替换支路板，直到排除故障。

五、故障案例分析举例

1. 案例一

（1）故障现象。A 站和 B 站为通过 STM-16 光口以链状拓扑相连，某日 A 站光口上报 RDI 告警，而且业务全部中断。

（2）故障分析。RDI 是个对告告警，提示对端收光失败。在网管查看 B 站相应光口，发现有 LOS 告警，可断定故障出现在 A 站发送模块到 B 站接收模块之间。

（3）故障处理。在 A 站将光口收发自环，发现光口无告警。同样在 B 站将光口收发自环，光口也无告警，说明两站点光板无故障。故障应出现在光缆。用 OTDR 对光缆纤芯进行测试，发现原 A 站发往 B 站的光缆纤芯出现中断，找到故障原因。将中断纤芯重新熔接后故障解决，业务恢复。

（4）故障总结。如光板上报 RDI 对告类告警时，可以结合对端站的告警信息快速地对故障进行分析及初步定位。

2. 案例二

（1）故障现象。NE1、NE2 和 NE3 三个站点以 STM-1 速率相连组成环状拓扑结构，配置为两纤单向通道保护环，主环方向为逆时针。三个站点之间均有业务。NE1 为网关网元，某天 NE2 站点在网管无法登录，且 NE2 和 NE3 有业务倒换指示，三个站点再无其他任何告警，如图 1-25-1 所示。

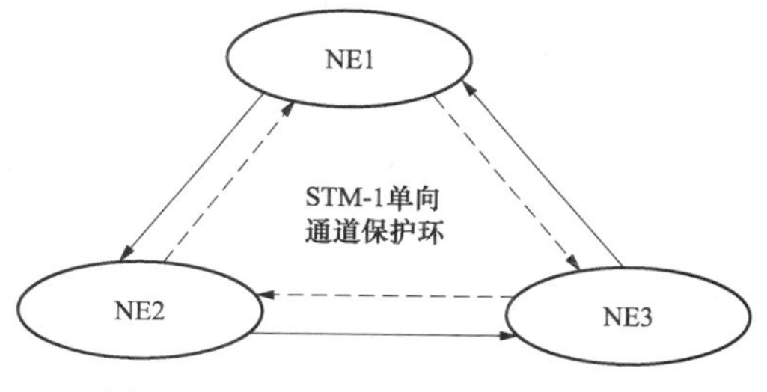

图 1-25-1　STM-1 单向通道保护环

（2）故障分析。业务发生倒换指示但没有 LOS 告警，说明可能是板件故障。NE2 无法登录，可能是 NE2 到 NE1 方向光板的 ECC 通道禁止。需到 NE2 现场处理。

（3）故障处理。到 NE2 现场登录到 NE2，查询告警信息，查询得知 NE1 方向光板的 ECC 状态正常。查询主控软件状态，发现主控软件状态异常。重新加载主控软件，重启后故障恢复。

（4）故障总结。单板软件异常会引起异常告警现象，处理此类故障时应先处理其他告警现象。如本例中的 NE2 无法远程登录，处理时先解决登录故障就可能会找到其他故障原因。

【思考与练习】

1. SDH 网络故障定位原则是什么？

2. 怎样处理光口板出现 LOS 告警？

3. 怎样处理支路板出现 AIS 告警？

模块 26 网元失联故障处理（Z38E1026Ⅲ）

【模块描述】本模块包含 SDH 设备网元失联故障处理。通过对 SDH 设备网元脱离网管管理故障现象的描述以及根据相应告警信息的分析来定位故障点的介绍，掌握 SDH 设备网元失联的故障处理方法。

【模块内容】

一、网元失联故障概述

网管要对网络设备进行管理，必须要和被管理的网元进行通信。根据 ITU–T 的相关规范，非网关网元通过光路连接网关网元，网管系统通过连接网关网元实现对整个 SDH 网络的统一管理。其中非网关网元和网关网元通过 ECC 通道通信，网管和网关网元通过 TCP/IP 协议通信。

网元失联是指此网元已经和网管失去了联系。网元失联时，该网元的网络数据将得不到上报和转发，网管将无法对该网元进行管理。若是网关网元出现失联故障则网管将失去对整个网络的管理。虽然网络脱管后业务不受影响，但此时维护人员无法得知网络的运行状态，出现紧急事件时也无法进行及时处理，带来的故障隐患不容小觑。

二、网元失联故障定位思路及方法

处理网元失联故障，可以按照通信链路、主控板、网管系统三个方面着手，逐段排查故障。

1. 网关网元失联故障处理方法

（1） 排除网管计算机与网关网元的硬件连接故障。网管计算机与网关网元之间通过以太网连接。如果硬件连接成功，网管计算机的网卡状态应为“已连接”，如果不是应排除网线、网卡的故障。如仍未解决，则判断为网关网元主控板网口故障，更换主控板。

（2） 排除网管计算机与网元的软件连接故障。查看网元的 IP 地址和网管 IP 地址是否在同一网段内，若不在需设置成同一网段。

（3） 排除主控板故障。请参考模块 25（板卡故障处理）中的“主控板故障处理”部分。

（4） 排除网管系统故障。依次重装网管软件、重装操作系统、更换网管硬件，直至故障排除。

2. 非网关网元失联故障

（1） 排除非网关网元与网关网元光路连接故障，查看光路是否异常，相应光口是否有LOS、RDI告警。若有则可能为光板或光缆问题，转入排除光板或光缆故障。

（2）排除非网关网元与网关网元ECC通道故障：查询相应ECC端口是否为禁止状态，若是禁止，需进行使能操作。

（3）排除主控板故障：请参考模块25（板卡故障处理）中的“主控板故障处理”部分。

三、故障案例分析举例

1. 案例一

（1）故障现象。某日网络上所有的网元忽然脱管，所有网元均不能登录。

（2）故障分析。网络中所有网元全部脱管很可能是网关网元和网管电脑之间的通信出现了故障。

（3）故障处理。查看网管电脑和网关网元的IP设置，均为129.9.X.X网段。在网管电脑上用“Ping”命令对网关网元进行Ping测试，发现网络不通。查看连接网线，发现网线有断裂处，重新制作一条网线替换掉原有网线，故障排除。

（4）故障总结。网管电脑与网关网元使用TCP/IP协议通信，可将网关网元主控板上ETH口看作为计算机的网口。网管电脑和网关网元之间的连接设置需满足局域网的连接关系。

2. 案例二

（1）故障现象。某环网中一非网关网元忽然变为不可登录，查询网管后发现网络有倒换保护告警且下游站点相应光口有LOS告警，上游站点无告警。

（2）故障分析。其余网元能够正常登录，说明网管、网关网元均无故障。下游站点有LOS告警，说明到下游站点的光路中断，通往下游的ECC通道也随之中断。上游站点无告警，说明上游光路未中断，但网管不能登录，说明通往上游的ECC通道也有问题，上下游的ECC链路全部中断造成了本站点无法在网管登录。

（3）故障处理。使用OTDR仪表测试到下游的光缆，确认光缆中断并排除故障。光缆正常后，到下游的ECC链路已经恢复，网元已能顺利登录。查询连接上游站光口的ECC状态，发现为禁止，使能后故障排除。

（4）故障总结。非网关网元与网管电脑之间的通信是靠网关网元转发的，而网关网元和非网关网元之间是靠ECC链路进行通信的，ECC链路信息是靠SDH帧结构中的DCC字节进行传送的。所以如果SDH设备不能正常接收SDH帧就会发生ECC不通故障。ECC链路也支持手工禁止和使能功能，正常情况下都需要设置为“使能”。

3. 案例三

（1）故障现象。某网络在调测中发现网关网元配置有错误，所以把网关网元进行删除，重建网关网元后，发现其他网元都登录不上。

（2） 故障分析。因为 SDH 传输网络与网管的通信是通过网关网元进行的，所以要与某一传输网络通信，首先要创建好网关网元，其他非网关网元一定要从属于某一网关网元才能和网管进行通信。当把网关网元删除后再新建，原来的从属关系就发生了改变（即非网关网元的所属网关已变成未配置）。

（3） 故障处理。在网管主菜单中选择“系统管理”菜单，在下拉菜单中选“DCN 管理”命令，进入“DCN 管理”窗口。在“网元”标签下，把其他网元所属的网关进行相应的设置，故障解决。

（4） 故障总结。非网关网元和网管的通信是经过网关网元转发的，所以非网关网元必须要配置其所从属的网关网元才能被正常管理。

【思考与练习】

1. 网管电脑和网关网元之间如何相连？

2. 网关网元和非网关网元之间如何相连？

3. 非网关网元失联故障如何处理？

模块 27 Mbps 失联故障处理（Z38E1027Ⅲ）

【模块描述】本模块包含 2M 业务故障的定位和处理。通过对 SDH 设备 2M 业务常见故障现象的描述以及根据相应告警信息的分析来定位故障点的介绍，掌握对 SDH 设备 2M 业务故障的处理方法。

【模块内容】

一、2M 失联故障概述

由于 2M 业务是 SDH 最重要的业务之一，应用数量相当多，所以 2M 失联故障发生的概率较高。SDH 设备的 2M 接口由同轴电缆引至 DDF 单元，为其他设备提供 2M 通道端口。若 2M 业务失联，则该端口下挂设备的业务将中断。一般 2M 承载的用户业务都是重要业务，如继电保护、远动信息、调度交换机互联、调度电话的 PCM 延伸等，如果承载这些用户业务的 2M 发生故障，很可能影响电网的安全运行，产生巨大的经济损失和社会影响。

二、2M 失联故障定位的基本思路及方法

当一条 2M 业务出现故障时，大致可以从 SDH 侧、用户侧和接地三个主要方面对故障进行分析定位，逐段排查故障。SDH 侧和用户侧一般以 DDF 为界。故障排除方法主要使用告警分析法、逐段环回法和替代法。

1. 排除 SDH 侧业务故障

2M 业务在 SDH 侧开通正常时，在未接入用户设备的情况下该端口应有 LOS（信

号丢失）告警，而无AIS（业务配置错）告警。如有AIS告警，则需排除业务配置错误故障。检查该端口在DDF单元上与用户设备连接是否正确。若连接没有问题，但2M信号还是失联，则在DDF侧将传输侧信号自环，在网管上查看相应端口LOS告警是否消失，若消失表明传输侧没问题，转入排除用户侧业务故障。LOS告警若不消失，排除中继线的线序接错、焊接问题、线缆断裂等线缆故障。

上述问题排除后若LOS告警仍然存在，需查看2M接口板和业务板，如果有问题则更换完好的板件进行处理。若故障仍未排除，可以依次更换交叉板、母板，直至故障排除。

2. 排除用户侧业务故障

用户侧2M端口接口类型（平衡或非平衡）要和传输侧接口一致；用户侧2M端口发信号接传输侧的收信号，传输侧的发信号接用户侧的收信号，收发不能接反。

3. 排除接地故障

接地不当也有可能是产生故障的原因，所以在排查故障时需注意检查DDF单元、ODF单元、SDH设备各自接地是否良好且共地。

三、故障案例分析举例

1. 案例一

（1）故障现象。某机房内一台PCM设备从同机房内一台SDH设备引入1个2M业务，某日这个2M时隙忽然中断，网管上相应支路端口上报LOS告警，无AIS告警。

（2）故障分析。有LOS告警而无AIS告警，说明2M端口配置数据没有问题，应为SDH和PCM连接通道故障。

（3）故障处理。在DDF上将这条电路的端口分别向SDH侧和PCM侧自环。在SDH网管查看本2M端口告警，发现自环后告警消失，说明传输侧正常。在PCM网管或PCM的2M板上查看2M端口告警，发现自环后告警未消失。判断故障位于PCM到DDF侧。进一步查看交换侧相应2M端口中继线接头，发现2M接头的发芯有虚焊现象。将发芯重新焊接后恢复2M对接，设备恢复正常。

（4）故障总结。SDH设备2M时隙是使用中继线缆由支路板上引出的，并将中继线缆布放到数字配线架上与其他设备对接。在配线架处需要制作相应的2M端子，在制作过程中就会由于人为原因引发故障点。

2. 案例二

（1）故障现象。某日对其中一站进行扩容，要在其第3板位插入一块支路板，增加2M接口。从网管下发配置成功，但是有WRG_BDTYPEE告警上报，即有单板类型错误，配置的2M业务不通。

（2）故障分析。由于上报单板类型错误，所以可能是由于单板软件和主机软件之间的配套问题，或者由于单板故障引起。

（3）故障处理。首先查看主机版本、单板软件版本是否配套，核对版本配套表发现各版本配套正常。更换相同型号支路板后问题依旧，将单板更换槽位。更换槽位后单板能正常开工，说明原槽位应该存在问题，可能是母板故障或者是单板和母板失配的原因。检查原槽位处母板和单板接口是否有倒针或者歪针现象，经检查并无倒针。检查单板插入情况，发现单板拉手条稍微高于相邻单板，应该是单板并未完全插入。用力将单板完全推入槽位，再查实际插板情况，WRG_BDTYPE 告警消失，业务开通正常。

（4）故障总结。在插入单板的时候，不要强行用力插入，避免出现倒针。另外，也要注意观察单板有没有插到位，可以通过观察插入单板的拉手条和其他单板的拉手条是否在同一平面上进行判断。

【思考与练习】

1. 2M 业务失联原因有哪三个方面？
2. 2M 失联故障定位的方法有哪些？
3. 若 2M 端口有 LOS 告警，应如何处理？

模块 28 以太网业务故障处理（Z38E1028Ⅲ）

【模块描述】本模块包含以太网业务故障的定位和处理。通过对 SDH 设备以太网业务常见故障现象的描述以及根据相应告警信息的分析来定位故障点的介绍，掌握 SDH 设备以太网业务故障的处理方法。

【模块内容】

一、以太网业务故障概述

以太网业务已经成为 SDH 的重要常见业务，发生故障的概率也随之增加。以太网业务故障将影响到本业务传递的用户业务中断。一般来说，SDH 上的以太网业务是提供给数据网络主用通道使用的，数据网上承载着大量不同类型的用户业务。当一条以太网业务故障时，往往影响这条链路上数据网承载的所有用户业务，影响面很大。另外，以太网业务承载的业务越来越重要，比如调度数据网、电能采集、故障录播等。承载这些业务的以太网如果发生故障，会造成严重的后果，比如影响电网的安全运行、造成经济损失等。

二、以太网业务故障定位的基本思路及方法

要排除以太网故障，首先要了解 SDH 网络上以太网实现的工作原理，这部分详细内容可以参考模块 8（SDH 以太网业务的配置）。SDH 是通过以太网板实现以太网业

务的，以太网板的功能是将以太网帧进行相应处理后，转换成标准的 SDH 帧结构在 SDH 网络上进行传输，也就是 SDH 网络中的以太网业务可分为 SDH 侧处理和以太网侧处理两部分。以太网故障处理首先需要定位到 SDH 侧故障、以太网侧故障和外围设备故障，再进行相应的处理。处理以太网故障，需要灵活的使用告警分析法、逐段环回法、替换法等方法，以下是常见的处理步骤。

1. 排除 SDH 侧故障

如果 SDH 侧发生故障，在网管中可以观察到以太网业务所占用的时隙一般有 AIS 告警。若有 AIS 告警，说明 SDH 提供给以太网使用的时隙工作不正常，需进行排除。AIS 告警可能是光板故障、光缆故障、交叉板故障等引起的，这些故障一般会引起这条路径上的所有业务 AIS 告警，而且会有高级别告警产生。

如果仅仅是以太网所占用的时隙产生 AIS 告警，这些告警一般是由业务配置错误引起的，需要排除。以太网板的时隙配置和 2M 的配置基本相同，但以太网板有时隙概念，配置时需要遵循以太网板的时隙配置原则，具体可以参考相应厂家的说明书。

华为设备支持以太网业务测试，可以快速排除 SDH 侧故障。它从本站的 VCTRUNK 发送测试帧到对端 VCTRUNK，并在对端的 VCTUNK 环回后检测收发字节是否一致。如果字节一致，则只需要确认时隙绑定正确，就可以确认 SDH 侧没有问题。

2. 排除外围设备故障

外围设备包括外围设备到以太网板的连接线路和外围设备本身两部分。连接线路一般由配线架、尾纤、网线等构成，一般可用替换法排除（配线架可以替换端口）。外围设备种类很多，不同类型外围设备的故障排除其通用方法是：让外围设备使用相同的端口用非故障以太网通道或其他以太网通道和对端设备连接，如果通信正常，则可以排除外围设备本身问题。

另外还要排除外部设备和以太网板的匹配问题。比如单模和多模不能匹配，10M 和 100M 不能匹配，半双工和全双工不能匹配等，出现匹配问题需要更换匹配的板件或者更改双方的参数设置。

3. 排除以太网侧故障

由于以太网侧业务配置较为复杂，容易出现配置错误的情况出现。不同的以太网类型业务（EPL、EPLAN、EVPL、EVPLAN）需要设定的参数不同，需要逐段、逐个参数进行检查，排除由设置错误引起的故障。

检查内部端口和外部端口的连接设置是否正确，如有错误，重新设置排除故障。

检查内部端口的属性设置，如有错误，重新设置排除故障。

检查外部端口的属性设置，如有错误，重新设置排除故障。注意，外部端口连接的是外围用户设备，参数的设置需要根据用户设备的设定进行，比如半双工/全双工、速率、最大帧长等。

检查数据的过滤模式是否正确，如有错误，重新设置排除故障。

4. 排除以太网板硬件故障

如果以上操作完成，故障仍然存在，基本可以定位为板件硬件故障，更换板件排除故障。

总的来说，以太网故障的排除比较困难，处理时间较长，需要维护人员有良好的SDH基础和以太网基础，很多以太网故障往往是由于兼容性或者以太网协议设置错误引起的，并不是SDH以太网业务通道的问题。这样就需要维护人员在平时工作中养成日志记录的习惯，多分析、多统计、多归纳总结，找到故障产生的共同点，提高故障排除的能力。

三、故障案例分析举例

（1） 故障现象。某一网络环形结构组网如图1–28–1所示，需要配置NE2和NE3分别到NE1的EPLAN以太网业务，并将原有承载在公网上的业务割接为承载在这张自建SDH网上，配置完成业务割接后发现业务中断。

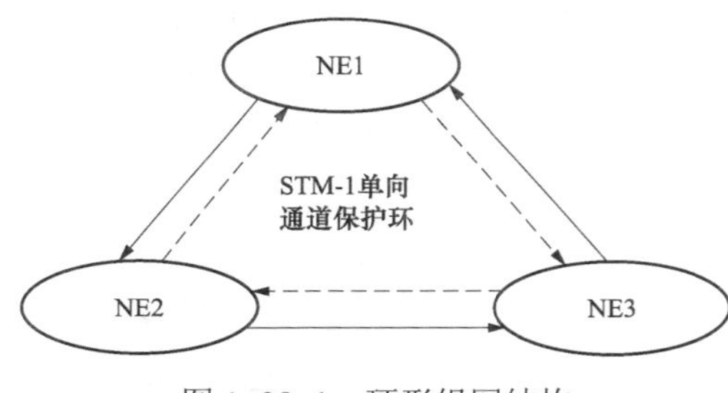

图1–28–1 环形组网结构

（2） 故障分析。原来业务承载在公网上正常，基本可判断外围设备无故障，先从SDH侧和以太网侧进行故障排除。

（3） 故障处理。查询SDH侧AIS告警情况，发现业务无告警，排除SDH侧故障。根据EPLAN业务特点，检查内部端口和外部端口的连接设置，VB挂接没有问题。根据EPLAN业务特点，检查内部端口属性，均为TagAware，没有问题。咨询用户业务模式，确认外部设备没有启用VLAN，检查外部端口属性，均为Access，没有问题。进一步检查默认的VLANID，发现NE1中外部端口默认VLAN_ID为100，NE2、NE3中外部端口默认VLAN_ID为1，将NE1默认VLAN_ID修改为1，故障排除，用户业务恢复。

（4） 故障总结。以上案例中，可以看出，排除以太网业务故障一定要对SDH处理以太网业务的工作原理很熟悉：外部端口模式为ACCESS时，系统会加上VLAN标签，VLAN_ID使用默认值（可人工修改），对端网元的外部端口在出端口时检测VLAN_ID是否和本默认VLANID一致，若一致就去除VLAN标签进行发送，若不一致就会将信号丢弃。另外，还可以看出，业务割接等操作，一定要严格按照规范进行实施，比如在本案例中，工程人员没有确认业务通道已经完好的情况下，就中断客户业务进行割接操作，导致业务中断时间增长，造成一定的损失。

【思考与练习】

1. 为什么说以太网业务故障会造成严重的后果？
2. 排除以太网故障时，常见的步骤是什么？
3. 排除以太网故障需要具备哪些技术基础？

第二章

OTN 设备安装与调试

模块 1　OTN 设备硬件组成（Z38E2001Ⅰ）

【模块描述】本模块介绍了 OTN 设备的硬件结构和交叉、主控、线路等单元的功能。通过功能介绍和图形举例，掌握 OTN 设备的硬件组成和单元功能。

【模块内容】

OTN 设备硬件组成主要包括机柜、子架和单板。机柜是 OTN 设备的载体，具有对设备固定支撑和防护的功能。其中，防护又分为机械防护和电磁干扰防护。

一、机柜的组成结构

一个 OTN 常规机柜包括内骨架、两个侧门、一个前门和一个后门。内骨架为整个机柜的支撑体，具有机柜定型和承重作用。机柜门用螺栓、旋轴安装在内骨架相应的孔位上，OTN 设备安装在内骨架的安装立柱上。

安装立柱上安装孔的水平间距为 19 英寸/21 英寸（1 英寸=2.54cm）。安装孔到机柜侧门之间还有一定的距离，通常作为预留的走线空间。设备安装的高度一般用 U 表示，1U=44.45mm。

机柜前门和后门一般是镂空的，用以增强空气流通性，利于设备散热。侧门一般为密闭结构。内骨架、机柜门用接地线进行连接，便于机柜整体接地。整个机柜接地后，在闭合状态可有效达到电磁屏蔽效果，保护柜体内设备不受外界电磁干扰，同时保证柜内设备不对其以外的设备进行电磁干扰。

二、OTN 设备硬件结构

OTN 设备种类较多，但硬件结构大致相同，主要由子架和各种功能单板构成。本模块以华为 OptiX OSN 8800 T32 为例进行描述。

（一）OTN 设备子架介绍

OptiX OSN 8800 T32 子架不含挂耳的尺寸为：498mm（宽）×295mm（深）×900mm（高），单个空子架的质量为 35kg。OptiX OSN 8800 T32 子架结构如图 2-1-1 所示。

单板区：所有单板均放在此区，共有 50 个槽位。

走纤槽：从单板拉手条上的光口引出的光纤跳线经过走纤区后进入机柜侧壁。

风机盒：OptiX OSN 8800 T32 有上下两个风机盒分别装配 3 个大风扇，为子架提供通风散热功能。风机盒上有四个子架指示灯，指示子架运行状态。

防尘网：防止灰尘随空气流动进入子架，防尘网需要定期抽出清洗。

盘纤架：用于缠绕光纤跳线的富余长度，子架两侧有活动盘纤架，机柜内一个子架的光纤跳线在机柜侧面可通过盘纤架绕完多余部分后连接到另一个子架。

子架挂耳：用于将子架固定在机柜中。

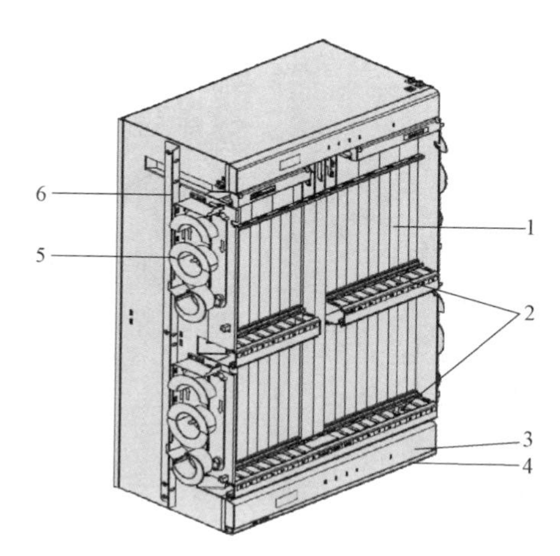

图 2–1–1　OptiX OSN 8800 T32 子架结构图

1—单板区；2—走线槽；3—分机盒；4—防尘网；5—盘纤架；6—子架挂耳

（二）OTN 设备组成单元介绍

OTN 设备由功能单元组成，主要包括线路单元、支路接口单元、交叉连接单元、合分波单元、系统主控、光放单元、系统控制与通信单元、光监控信道单元等。各功能单元具体作用见表 2–1–1。各功能单元的相互关系如图 2–1–2 所示。

表 2–1–1　　OTN 设备功能单元的组成及作用

功能单元	功能单元作用
线路单元	将交叉板送来的 ODUk 映射到 OTU，并转换成符合 ITU–T G.694.1 建议的 DWDM 标准波长。同时可以实现上述转换过程的逆过程
支路接口单元	将不同类型的业务光信号通过交叉调度转换为 ODUk 电信号；同时可实现上述转换过程的逆过程
交叉连接单元	实现 ODU1 信号、ODU2 信号的电层业务集中调度
合分波单元	将不同波长的光信号进行合波或分波处理

续表

功能单元	功能单元作用
系统控制与通信单元	协同网络管理系统对设备的各单板进行管理，并实现设备之间的相互通信。系统控制与通信单元是设备的控制中心
光监控信道单元	光监控信道单元的主要功能是传送并提取系统的开销信息，经简单处理后送至系统控制与通信单元

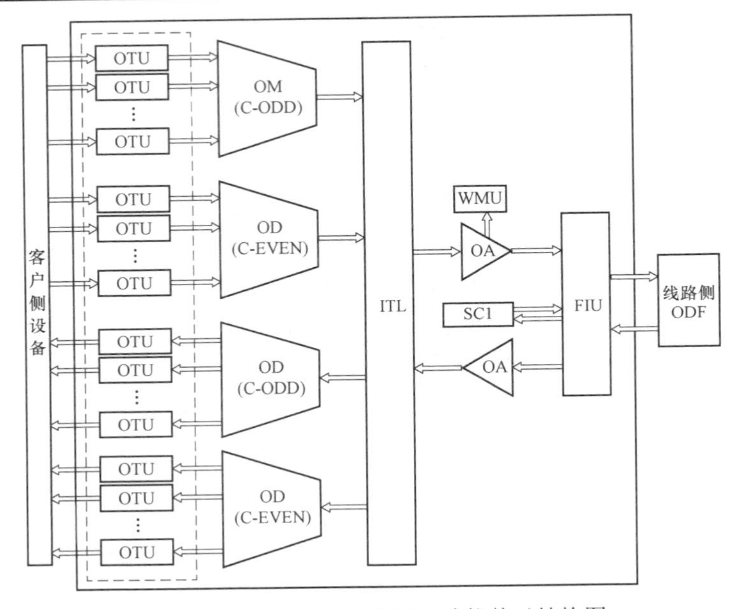

图 2-1-2 OptiX OSN 8800 功能单元结构图

OTU—光波长转换单元；OA—光放大单元；OM—光合波单元；OD—光分波单元；SCI—单路光监控信道单元；FIU—线路接口单元；ODF—光纤配线架；ITL—梳状滤波器；WMU—波长检测单元；C-ODD—C 波段奇数通道；C-EVEN—C 波段偶数通道

【思考与练习】

1. OTN 设备主要有哪些硬件组成部分？
2. OTN 设备主要有哪些功能单元？
3. 简述 OTN 设备主要组成单元的功能。

模块 2 OTN 设备安装（Z38E2002 Ⅰ）

【模块描述】本模块包含了 OTN 设备安装工艺要求和安装流程。通过工艺介绍和操作过程详细介绍，掌握 OTN 设备的安装规范要求。

【模块内容】

一、安装内容

机架安装、OTN 设备子架安装、板卡安装，设备线缆敷设。

二、安装准备

为保证整个设备安装的顺利进行，需要准备以下相关技术资料及工具：

（1）施工技术资料包括：① 合同协议书、设备配置表；② 会审后的施工详图；③ 安装手册。

（2）工器具及材料：卷尺、记号笔、水平仪、冲击钻、力矩扳手、套筒扳手、活动扳手、十字螺钉旋具、一字螺钉旋具、热吹风机、剥线钳、尖嘴钳、斜口钳、网线钳、冷压钳、剪线钳、美工刀、橡胶锤、铅垂仪、压接钳；万用表、网线测试仪、檫纤器、防静电手套、胶带、直流电源线、接地线、线鼻子、扎带。万用表等仪表必须经过严格校验，证明合格后方能使用。

三、机房环境条件的检查

（1）机房内高度、承重、墙面、沟槽布置等是否满足规范及设计要求。

（2）机房的门窗是否完整、日常照明是否满足要求。

（3）机房是否具备施工用电的条件。

（4）机房环境及温、湿度应满足设备要求。

（5）有效的防静电、防干扰、防雷措施和良好的接地系统。

（6）设备位置是否与设计图纸一致，设备基础是否齐全、牢固。

（7）交直流供电电压应符合设备电源电压范围指标。

（8）其他相关联的设备（如数字配线架 DDF、光配线架 ODF）是否满足要求。

（9）机房应配备足够的消防设备。

四、安全注意事项

（1）施工用电的电缆盘上必须具备触电保护装置，电缆盘上的熔丝应严格按照用电容量进行配置，严禁采用金属丝代替熔丝，严禁不使用插头而直接用电缆取电。

（2）电动工具使用前应检查工具完好情况。对存在外壳、手柄破损、防护罩不齐全、电源线绝缘老化、破损的电动工具禁止在现场使用。

（3）现场施工人员应经过安全教育培训并能按规定正确使用安全防护用品。

（4）设备搬运、组立时应配备足够的人力，并统一协调指挥。

（5）特种作业人员应持证上岗。

（6）仪器仪表应经专业机构检测合格。

五、操作步骤及要求

（一）开箱检查

（1）检查物品的外包装的完好性；检查机柜、机箱有无变形和严重回潮。

（2）按系统装箱数、装箱清单，检验箱体标识的数量、序号和设备装箱的正确性。

（3）根据合同和设计文件，检验设备配置的完备性和全部物品的发货正确性。

（二）机架安装

（1）机架的安装应端正牢固，垂直偏差不应大于机架高度的1‰。

（2）列内机架应相互靠拢，机架间隙不得大于3mm，列内机面平齐，无明显参差不齐现象。

（3）机架应用螺栓与基础之间牢固连接，机架顶应采用夹板与列槽道（列走道）上梁加固。

（4）所有紧固件必须拧紧，同一类螺钉露出螺帽的长度宜一致。

（5）设备的抗震加固应符合通信设备安装抗震加固要求，加固方式应符合施工图的设计要求。

（三）子架安装

（1）子架位置应符合设计要求。

（2）子架安装应牢固、排列整齐、插接件接触良好。

（3）子架接地要可靠牢固，符合规范要求。

（四）单板安装

板卡安装前应仔细核对单板的型号、安装位置是否与设计图纸相符合。安装时应严格根据设计图纸安装，安装前必须戴好防静电手环。

1. 插入单板

插入单板时，按以下步骤进行：

（1）如果子架相应槽位上装有假拉手条，先用螺钉旋具松开该拉手条的松不脱螺钉，将假拉手条从插框中拆除。

（2）双手向外翻动单板拉手条上的扳手，沿着插槽导轨平稳滑动插入单板，当该单板的拉手条上的扳手与子架接触时停止向前滑动。

（3）双手向内翻动单板拉手条上的扳手，靠扳手与子架定位孔的作用力，将单板插入子架，直到拉手条的扳手内侧贴住拉手条面板。

（4）用螺钉旋具拧紧松不脱螺钉，固定单板。

2. 拔出单板

拔出单板时，按以下步骤进行：

（1）首先要松开拉手条上的松不脱螺钉。

（2）双手抓住拉手条上的扳手，然后朝外拉扳手，使单板和背板上的接插件分离，缓慢拉出单板。

（3）拔出单板后，把拉扳手向内翻，固定单板上的拉扳手。

（4）如果需要，要把假拉手条装上。

3. 注意事项

（1）拔插单板时不可过快，要缓缓推入或拔出。

（2）插入单板时注意对准上下的导轨，沿着导轨推入才能与背板准确对接。

（3）单板插入槽位后，要拧紧单板拉手条上的两颗松不脱螺钉，保证单板拉手条与插框的可靠接触。

（4）插拔单板时要佩戴防静电手腕，或者戴上防静电手套。

（5）在未插单板的槽位处，需安装假拉手条，以保证良好的电磁兼容性及防尘要求。

（五）电源线缆布放

（1）直流电源线的敷设路由、路数及布放位置应符合施工图的规定。电源线的规格、熔丝的容量均应符合设计要求。

（2）电源线必须采用整段线料，中间无接头。

（3）电缆转弯应均匀圆滑，转弯的曲率半径应大于电缆直径的 5 倍。

（4）电缆绑扎应紧密靠拢，外观平直整齐，线扣间距均匀，松紧适度。

（5）直流电源线的成端接续连接牢靠，接触良好，电压降指标及对地电位符合设计要求。

（六）尾纤布放

（1）光纤应顺直布放，不扭绞，拐弯处曲率半径不小于光纤直径的 20 倍。

（2）走线槽架内布放尾纤应加套管进行保护，无套管保护处用扎带绑扎，但不宜过紧。

（七）安装完检查

（1）检查电源接线极性、防雷保护接地情况。

（2）检查机柜内有无杂物及遗留的工器具，发现应及时清理。

（3）检查机柜、子架、单板、线缆标示标签是否正确、完备。

【思考与练习】

1. OTN 设备安装应做好哪些准备？

2. 简述 OTN 设备安装步骤。

3. 简述设备安装时机架安装和线缆布放的要求。

模块 3 OTN 设备电源测试（Z38E2003Ⅱ）

【模块描述】本模块介绍了 OTN 设备电源测试的操作步骤。通过操作过程详细介绍，掌握 OTN 设备的电源测试方法。

【模块内容】

一、测试目的

测试 OTN 设备输入电源电压，防止因输入电源电压不合格造成 OTN 设备损坏或不能正常工作；进行 OTN 设备电源倒换功能检查，防止因单板故障造成设备失电。

二、测试准备

为保证整个设备加电测试的顺利进行，需要准备以下相关技术资料及工具：

（1）施工技术资料包括：① 合同协议书、设备配置表；② 会审后的施工详图；③ 设备安装手册。

（2）工器具及材料：经过检验合格的万用表。

三、安全注意事项

（1）应使用检测合格的万用表，使用前应仔细检查测试挡位、测试线连接是否正确，测试线有无破损。

（2）测试时应两人操作，一人拿万用表表笔负责测试，另一人拿万用表负责读数。

四、测试步骤及要求

（一）设备通电前检查

（1）仔细检查架内电源线连接是否与施工图纸一致、接线是否牢固无松动。

（2）电源正极、机柜、子架、机柜门等接地点处是否已全部接线并牢固可靠。

（3）机架和机框内部应清洁，查看有无焊锡、芯线头、脱落的紧固件或其他异物。

（4）架内无断线混线，开关、旋钮齐全，插接牢固。

（5）电源侧断路器端子号符合设计要求。

（6）设备、线缆标识标签是否齐全、正确。

（二）测试步骤

（1）确认电源屏侧对应断路器及设备所有电源开关均处于关闭状态后，合上主用电源屏侧断路器。

（2）用万用表测量设备侧主用电源输入电压，查看电压是否在设备允许的电压输入范围，确认无误后，开启设备主用电源。

（3）通过眼看、耳听、鼻闻仔细观察设备运行情况，注意有无异味、冒烟、打火和不正常的声音等现象。如有异常问题，应立即关机检查，关机时应先关设备侧电源开关，再关电源侧断路器。

（4）观察一段时间无异常后，重复上述步骤开启备用电源。

（5）断开主用电源开关，进行主备用电源切换测试，观察设备运行状况。

（6）观察一段时间，如主备用电源切换正常，设备无异常现象，参考表 2–3–1 记录好相应数据。

表 2–3–1　　OTN 设备电源测试表格

局点	供电电源 1（V）	供电电源 2（V）	PGND（V）	BGND（V）	设备声光告警	电源倒换	结论
A（举例）	–53.4	–53.4	0	0	正常	正常	合格

参考标准：

供电电源 1 和供电电源 2 要求为–48V 电源，工作电压范围：–38.4～–57.6V（华为）；–40～–57V（中兴）。

机柜声光告警正常

主备用电源切换正常

备注：

监理签字：　　　　施工单位签字：　　　　督导签字：

测试时间：　　年　　月　　日

五、测试注意事项

（1）测试过程中一旦发现有声、光、电告警或异常气味、声响等，应立即停止测试，查明原因后才能进行测试。

（2）测试过程中如发现两路输入电源电压差较大，应对输入电源电压进行调整。

【思考与练习】

1. 简述设备加电测试前的检查内容。
2. 简述 OTN 设备电源测试的操作步骤。
3. 对 OTN 设备供电电源有什么要求？

模块4 OTN设备单机配置（Z38E2004Ⅱ）

【模块描述】本模块介绍了OTN设备的单机配置操作步骤。通过操作过程详细介绍，掌握OTN设备的单机配置方法。

【模块内容】

OTN设备硬件安装后，还需要通过网管系统进行初始软件配置。OTN设备的软件配置大致可以分为网元单机配置、业务配置和性能管理配置。网元单机配置主要包括创建网元、网元参数设置、单板配置、网元时钟设置、网元性能管理等，主要作用是让设备、板卡等软件正确地运行，为业务配置做好准备；业务配置是根据业务需求在网络中进行相应的业务传送的软件设置；性能管理是为了保证网络的正常运行，网络管理、维护人员应定期通过性能管理措施对网络进行检查、监控。

下面以华为OptiX OSN 8800为例对OTN设备单机设置进行描述。

一、网管与网元连接

每台OTN设备在网管系统上都体现为网元。进行设备单机配置时将本地维护终端直接连接到OSN 8800 EFI2单板的“NM_ETH1”接口或EFI1单板的“NM_ETH2”接口，进行如下操作：

(1)将装有T2000Client网管的本地维护终端的IP地址设置为129.9.0.0/255.255.0.0网段（设备出厂默认地址），通过网络口与设备的网口相连接。

（2）在T2000客户端所在计算机的桌面上双击“T2000Client”图标。

（3）在“登录”对话框中输入网管“用户名”及“密码”。

（4）进行服务器设置。单击[...]，弹出“服务器设置”对话框。单击“增加”，在弹出的“增加服务器”对话框中输入“IP地址”“服务器名”，选择“模式”。单击“确定”，完成服务器设置操作。

（5）选择“服务器”，单击“登录”进入T2000主拓扑。

二、创建网元

只有创建网元后，才能通过网管对该网元进行管理。创建单个网元的步骤如下：

（1）在主拓扑图中单击右键，选择“新建→设备”。弹出“增加对象”对话框。

（2）在对象类型树中选择待创建网元的设备类型，出现图2–4–1所示的界面。

（3）输入网元的“ID”“扩展ID”“名称”和“备注”信息。

（4）若创建网关网元，请选择操作步骤5；若创建非网关网元，则选择操作步骤6。

（5）在“网关类型”的下拉菜单中选择“网关”并设置“IP地址”。

（6）选择网关类型为“非网关”，并选择该网元所属网关。

（7）对于波分网元，选择波分网元所属的光网元。

（8）输入“网元用户”和“密码”。默认网元用户为：root；默认密码为：password。

（9）单击“确定”，在弹出的对话框中，单击“打开”。

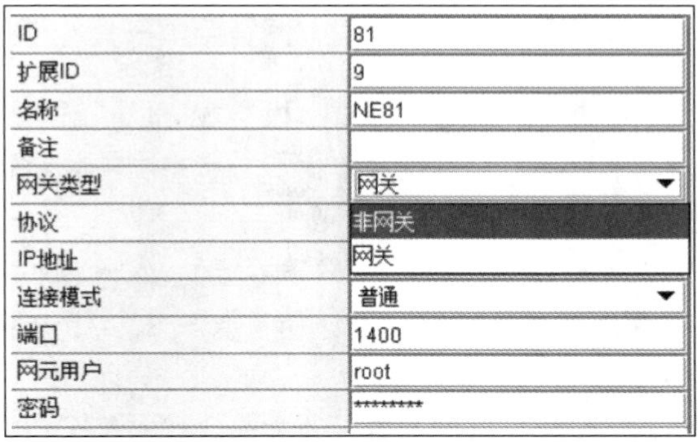

ID	81
扩展ID	9
名称	NE81
备注	
网关类型	网关
协议	非网关
IP地址	网关
连接模式	普通
端口	1400
网元用户	root
密码	********

图 2–4–1　网管创建 OTN 网元示例图

三、设置网元通信参数

网元创建后，需要为网元设置 IP、扩展 ID、网关 IP、子网掩码等参数。具体步骤如下：

（1）进入 T2000 主拓扑视图，双击光网元图标，在打开的窗口中选中该网元，单击右键，选择“网元管理器”。

（2）选中网元后，在左边功能树中选择“通信→通信参数设置”。

（3）按照表 2–4–1 中规划的情况设置网元通信参数。每设置完一项单击“应用”下发配置。

表 2–4–1　　网元通信参数说明

域	说　明
IP	网元的 IP 地址，人工设置 IP 地址后，ID 地址变化不再影响 IP
扩展 ID	24 位网元 ID 的高 8 位，又称为网号，用来标识不同子网
网关 IP	网关 IP 是指具有路由功能的网元 IP 地址
子网掩码	网元所在子网的网络屏蔽码，用来标志网元所在网段

四、配置单板

网元单板配置主要包括单板添加和单板参数检查。

（一）单板添加

网元参数设置完成后，可以在网元板位图上添加单板，并可以设置单板的端口属性。手工配置网元数据时需要在网元板位图上添加单板。操作步骤如下：

（1）双击光网元图标，打开“板位图”。在“板位图”左侧窗格单击需要添加单板的网元。

（2）在所选空闲槽位上单击右键，弹出下拉菜单，选择需要添加的单板。

（二）单板参数检查

单板添加完成后需检查单板参数，检查单板参数可以了解单板参数状态。在实际组网配置之前需要检查单板参数，以确认单板参数状态与实际组网要求相符。选择相应单板入口，主要检查内容如下：

（1）检查光波长转换类、支路类、线路类单板的激光器状态、端口属性、端口使能、工作模式等参数是否与实际组网设计相符，具体参数详见设计规划和设备配置说明。

（2）检查光放大器、光监控信道类单板的激光器状态是否与实际组网设计相符，具体参数详见设计规划和设备配置说明。

（3）检查光谱分析类单板的波长监视状态是否与实际组网设计相符，具体参数详见设计规划和设备配置说明。

（4）当检查发现单板参数与实际组网设计不符合或需要对已有的单板配置数据进行调整时，可以根据业务规划和实际单板配置对单板参数进行修改。

五、配置网元时钟源

OTN 设备的网元时钟源由主控板时钟决定。为了使全网时钟同步，需要根据网络的具体配置修改主控板所使用的时钟，通过选择不同的时钟源来确定全网时钟同步的方向和终结点。主控时钟配置包括：增加时钟源和设置网元时钟源的优先级表。

（一）增加时钟源

在配置主控时钟时，增加时钟源以提供不同的时钟基准。通过选择不同的时钟源来确定全网时钟同步的方向。

（1）在网元管理器中选择 SCC 单板，在功能树中选择“配置→时钟优先级”。

（2）单击“查询”从网管数据库查询时钟源优先级。时钟源列表中的时钟源优先级按排列顺序从上到下依次降低。

（3）在时钟源列表中单击右键，选择“添加时钟源”，进入“添加时钟源”对话框。

（4）在“添加时钟源”对话框中，选择一个时钟源，单击“确定”，选中的时钟源出现在时钟源列表中。

（5）在时钟源列表界面下方单击或调整时钟源的优先级。

（6）单击“应用”，将配置下发到主机。

（二）设置网元时钟源的优先级表

在主控时钟配置中，主控时钟的时钟源优先级按排列顺序从上到下依次降低。主控时钟选取优先级最高的时钟源作为同步时钟源，可通过设置时钟源优先级来调整全网时钟同步的方向。

（1）在网元管理器中选择 SCC 单板，在功能树中选择“配置→时钟优先级”，从网管数据库查询时钟源优先级。

（2）单击“查询”，查询时钟源优先级设置。

（3）单击或调整时钟源的优先级。内部时钟源优先级最低且不可调。

（4）单击“应用”，将配置下发到主机。

六、性能管理配置

为了保证网络的正常运行，网络管理、维护人员应定期通过性能管理措施对网络进行检查、监控。主要包括设置指定单板的性能门限、设置性能监视参数。

（一）设置指定单板的性能门限

网元监测到某性能值超过了指定的门限值时，上报相应的性能事件。根据需要对单板、端口或通道设置不同的性能门限，可以实现对网元的性能监测。如果已经创建了性能门限模板，则可以同时设置一个或多个单板、端口或通道的性能门限。操作步骤如下：

（1）在网元管理器中选择网元，在功能树中选择相应的单板，单击“性能→性能门限”。

（2）在“监视对象”窗格中选择需要设置性能门限的单板、端口或通道。

（3）根据组网设计和设备配置说明设置性能门限的值，单击“缺省值”可以恢复默认设置。

（4）单击“应用”完成设置。

（二）设置性能监视参数

对指定网元或单板合理设置性能监视参数，并启动对单板、网元的性能监视，可获得单板或网元在运行过程中的详细性能记录，有助于监视业务及设备的性能状态。

1. 设置单板的性能监视参数

（1）在网元管理器中选择相应的单板，在功能树中选择“性能→性能监视状态”。

（2）在“监视对象过滤条件”下拉列表中选择一种条件。

（3）按照需要设置“监视状态”“15min 自动上报”“24h 自动上报”。单击“应用”完成设置。

（4）在弹出的操作结果对话框中单击“关闭”。

2. 设置网元的性能监视参数

（1）在主菜单中选择“性能→网元性能监视时间”。

（2）在网元列表中选择一个或多个网元，单击“>>”。

（3）按照需要，选中需要设置的网元，设置15min和24h性能监视参数，如图2–4–2所示。

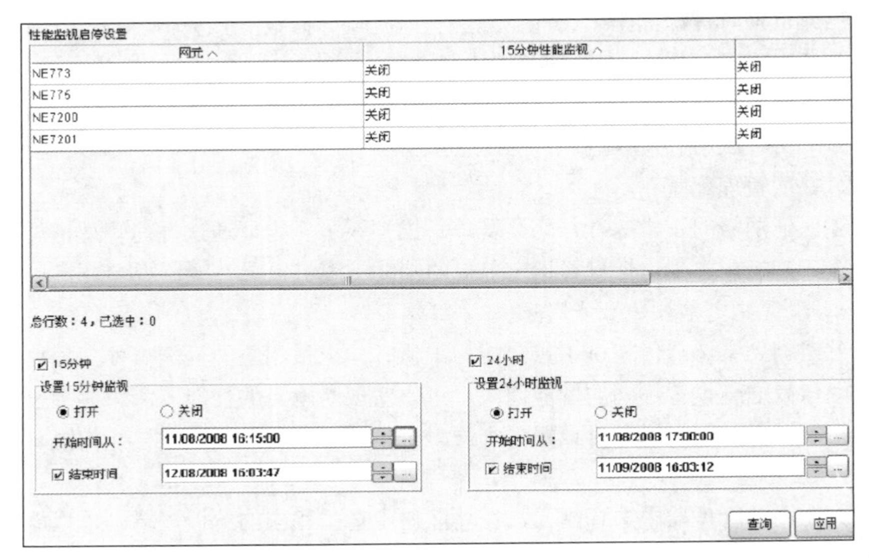

图2–4–2 网元性能监视设置

【思考与练习】

1. OTN设备的软件配置分为几类？各类软件配置的主要功能是什么？
2. OTN设备单机配置主要有哪些步骤？
3. 简述OTN设备单板配置的操作步骤。
4. 简述OTN设备网元时钟设置的操作步骤。

模块5 单板光功率测试（Z38E2005Ⅱ）

【模块描述】本模块包含了OTN设备的线路板、支路板及光信道监控板等单板光功率测试项目。通过操作过程详细介绍，掌握OTN设备的线路、支路及光信道监控等单板的测试方法。

【模块内容】

OTN设备单板光功率测试主要包括线路、支路、光监控信道板等单板的平均发光功率测试。下面以华为 OptiX OSN 8800 设备单板为例进行单板光功率测试方法描述。

一、测试目的

通过光接口的收、发光功率测试，可以检测光板、光缆的故障情况。结合光接收灵敏度的数值，可以计算光板传送距离。

二、安全注意事项

1. 防止灼伤人眼及皮肤

有些光模块发光功率很强，在测量光功率时，应避免眼睛直视发光器件或长时间照射皮肤，否则很容易将眼睛和皮肤灼伤。对于测量发光不强的短距光模块也应避免此类问题。

2. 避免光功率计损坏

所测量光接口的收、发光功率如果超过光功率计的最大量程，就有可能损坏光功率计。因此，测量前需先根据光板型号及经过的光缆距离估计光功率大小，若可能超出光功率计的最大量程，则需加入一定光衰耗器再进行测量。

3. 测试结束后恢复光路连接应可靠

测试完成后要对相应的光接口、尾纤头擦拭除尘后再插入设备光板，并可靠连接，否则容易造成衰减过大，严重时会造成光路不通，导致业务中断。

三、测试准备

（1）被测试设备需要完成硬件安装并经加电运行、单机调试。

（2）准备好光功率计、SDH 测试仪、可变衰耗器、活接头（法兰盘）和测试用尾纤。

（3）准备好记录表，准备进行测试并随时记录测试结果。

四、测试步骤及要求

（一）OTN 设备单板的平均发光功率进行测试

（1）按照图 2–5–1 连接仪表和板卡，查询被测光板标称发光功率及工作波长。

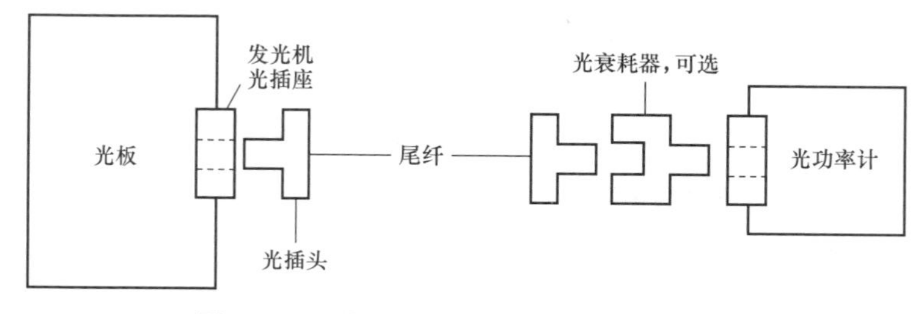

图 2–5–1　单板平均发送光功率测试接线图

（2）查看光功率计最大量程，比较光板标称发光功率是否在量程内，若超出了光功率计的量程，则在接入光功率计前需加入相应的光衰耗器。

（3）将光板发光机光插座接口经测试用尾纤引出后接入光功率计，设置光功率计的波长参数与光模块工作波长一致，待输出功率数值稳定后，读出发送光功率。

（4）如增加了光衰耗器，则光功率计的读出数值加上光衰耗器的衰耗值即为光口的发光功率。

（5）测试结果应该满足设备技术指标和工程设计指标要求，参照模块号表 2–5–1 记录好相应数据。

表 2–5–1 ____单板发光功率测试

测试分项目				发送光功率			接收光功率		
站点	方向	单板类型	板位光口号	速率（长短距）	测试值（dBm）	结论	速率（长短距）	测试值（dBm）	结论

参考标准：

备注：

监理签字： 施工单位签字： 督导签字：

测试时间： 年 月 日

（二）线路和支路单板接收灵敏度测试

（1）查询被测厂家标称的光口发光功率、接收灵敏度及工作波长。

（2）按照图 2–5–2，选择合适的光衰减器 B，并调整好可调衰减器 A 的衰耗度，按照活结头连接光板的方式接好仪表和线缆。

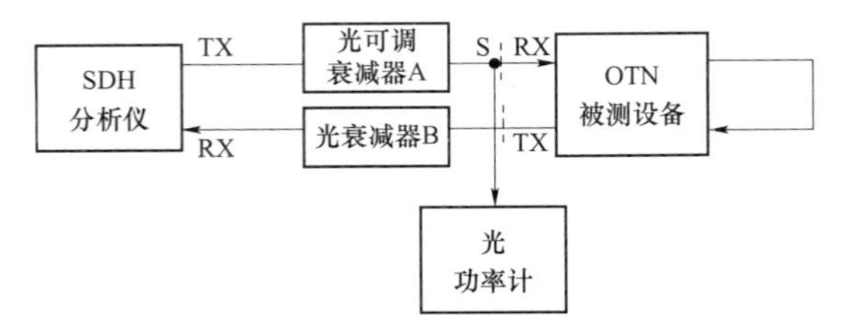

图 2–5–2 单板接收灵敏度测试

（3）将 OTN 业务配置成 SDH 分析仪发出并通过光板环回后再进入 SDH 分析仪。

（4）调节可变衰耗器的衰耗，使 SDH 分析仪处于无误码状态。

（5）缓慢增加可变衰耗器的衰耗，同时观察 SDH 分析仪误码情况，直至误码率为 1E–10 为止。为了达到误码为 1E–10，观察的时间约为 1min。

（6）断开单板输入口光纤并接入到光功率计中，得到的光功率就是接收机的接收灵敏度。

（7）恢复原来网络连接关系，并删除测试的业务。

（8）测试结果应该满足设备技术指标和工程设计指标要求，参照模块号表 2–5–2 记录好相应数据。

表 2–5–2 单板灵敏度测试

测试分项目				单板接收灵敏度					
站点	方向	单板类型	板位光口号	速率（长短距）	标称光口发光功率	标称接收灵敏度	工作波长	测试值（dBm）	结论

参考标准：

备注：

监理签字： 施工单位签字： 督导签字：

测试时间： 年 月 日

五、测试注意事项

（1）测试用连接尾纤应事先做好清洁，并与设备及仪表可靠连接。

（2）测试时应根据设备的技术指标选择合适的仪表量程。

【思考与练习】

1. OTN 设备单板光功率测试时的安全注意事项有哪些？
2. 简述 OTN 设备单板平均发光功率测试方法。
3. 简述 OTN 设备线路单板接收灵敏度测试方法。

模块 6 单板插入损耗测试（Z38E2006Ⅱ）

【模块描述】本模块包含了 OTN 设备的合波、分波等单板的插入损耗测试。通过操作过程详细介绍，掌握 OTN 设备合、分波板单板插入损耗的测试方法。

【模块内容】

OTN 设备单板插入损耗测试主要包括合波板、分波单板的插入损耗进行测试。本文着重介绍合分波单板插入损耗的测试方法。

一、测试目的

测试合波板、分波板的插入损耗是否满足要求。

二、安全注意事项

1. 防止灼伤人眼及皮肤

有些光模块发光功率很强，在测量光功率时，应避免眼睛直视发光器件或长时间照射皮肤，否则很容易将眼睛和皮肤灼伤。对于测量发光不强的短距光模块也应避免此类问题。

2. 避免光功率计损坏

所测量光接口的收、发光功率如果超过光功率计的最大量程，就有可能损坏光功率计。因此，测量前需先根据光板型号及经过的光缆距离估计光功率大小，若可能超出光功率计的最大量程，则需加入一定光衰耗器再进行测量。

3. 测试结束后恢复光路连接应可靠

测试完成后要对相应的光接口、尾纤头擦拭除尘后再插入设备光板，并可靠连接，否则容易造成衰减过大，严重时会造成光路不通，导致业务中断。

三、测试准备

（1）被测试设备需要完成硬件安装并加电运行、单站调试。

（2）准备可调激光器光源、光功率计和测试用尾纤。

（3）准备好记录表，准备进行测试并随时记录测试结果。

四、测试步骤及要求

（一）合波板插入损耗测试

（1）调整好可调激光光源和光功率计的参数，按照图 2–6–1 配置连接。

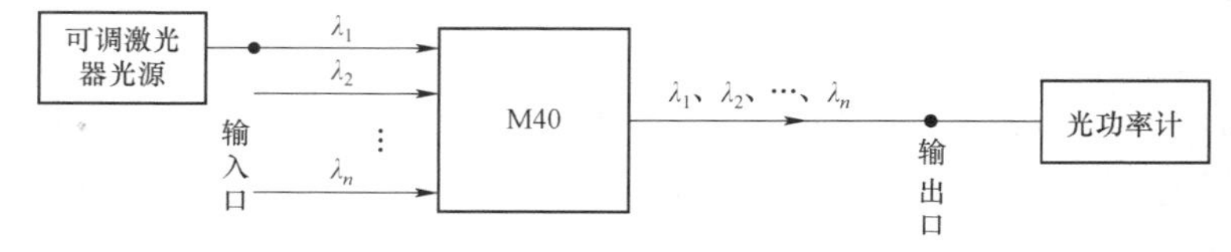

图 2–6–1 合波板插入损耗测试示意图

（2）调整好可调光源，用光功率计测试合波板 M40 输出口的绝对光功率值 W_0（dBm），做好记录。

（3）用光功率计测试合波板第 n 波道输入口的绝对光功率值 W_i（dBm），做好记录。

（4）计算合波板第 n 波道的插入损耗 W_n（dB）$=W_i$（dBm）$-W_0$（dBm）。

（5）参照第 2、3、4 步骤，分别测试每个波道的插入损耗，将测量值记录在测试报告中。

（6）各波道插入损耗及所有波长通道中插入损耗的最大值和最小值之差应满足设计指标要求，参照表 2–6–1 记录好相应数据。

表 2–6–1　　**合波板插入损耗测试**

站点：__________　方向：__________　板位：__________

<table>
<tr><th colspan="2">测试内容</th><th>测试标准</th><th>测试结果</th><th>结论</th><th>备注</th></tr>
<tr><td rowspan="4">插入损耗</td><td>Ch1</td><td rowspan="4">符合设计</td><td></td><td rowspan="4">□合格
□不合格</td><td rowspan="4"></td></tr>
<tr><td>Ch2</td><td></td></tr>
<tr><td>……</td><td></td></tr>
<tr><td>Chn</td><td></td></tr>
<tr><td colspan="2">各通路插损的最大差异</td><td>符合设计</td><td></td><td>□合格
□不合格</td><td></td></tr>
</table>

监理签字：　施工单位签字：　督导签字：

测试时间：　年　月　日

（二）分波板插入损耗测试

（1）调整好可调激光光源和光功率计的参数，按照图 2–6–2 配置连接。

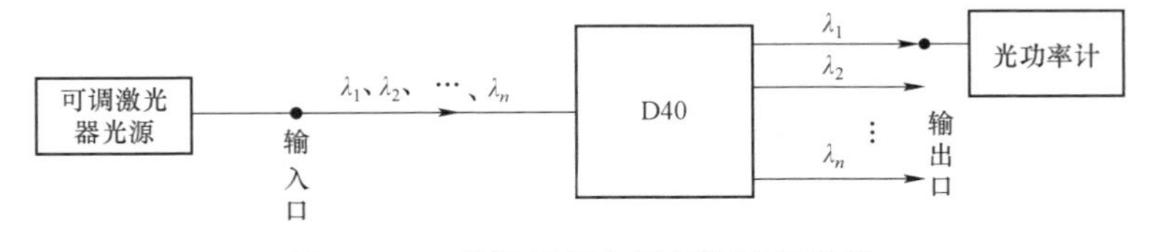

图 2–6–2　分波板插入损耗测试示意图

（2）调整好可调光源，用光功率计测试分波板 D40 第 n 波道输出口的绝对光功率值 W_0（dBm），做好记录。

（3）用光功率计测试分波板输入口的绝对光功率值 W_i（dBm），做好记录。

（4）计算分波板第 n 波道的插入损耗 W_n（dB）$=W_i$（dBm）$-W_0$（dBm）。

（5）参照第 2、3、4 步骤，分别测试每个波道的插入损耗，将测量值记录在测试报告中。

（6）各波道插入损耗及所有波长通道中插入损耗的最大值和最小值之差应满足设计指标要求，参照表 2–6–2 记录好相应数据。

表 2–6–2　　分波板插入损耗测试

站点：＿＿＿＿＿　方向：＿＿＿＿＿　板位：＿＿＿＿＿

测试内容		测试标准	测试结果	结论	备注
插入损耗	Ch1	符合设计		□合格 □不合格	
	Ch2				
	……				
	Ch*n*				
各通路插损的最大差异		符合设计		□合格 □不合格	

监理签字：　　施工单位签字：　　督导签字：

测试时间：　年　月　日

五、测试注意事项

（1）测试用连接尾纤应事先做好清洁，并与设备及仪表可靠连接。

（2）测试时可调激光源的输出功率应在板卡的输入功率范围内。

（3）测试时应根据设备的技术指标选择合适的仪表量程。

【思考与练习】

1. 进行合分波板插入损耗测试需使用哪些仪表？
2. 简述 OTN 设备合波单板插入损耗的测试方法。
3. 简述 OTN 设备分波单板插入损耗的测试方法。

模块 7　保护倒换功能配置（Z38E2007Ⅲ）

【模块描述】本模块包含了 OTN 网络 ODUk SNCP 保护、光线路保护配置的操作步骤。通过操作过程详细介绍，掌握 OTN 网络保护的配置方法。

【模块内容】

在 OTN 网络中，网元在网管上按实际光纤连接关系进行连接就形成了网络拓扑。

网络拓扑设置保护类型后就形成了保护网。OTN 网络有光线路保护、ODUk SNCP 保护、板内 1+1 保护、客户侧 1+1 保护、SNCP 保护等多种保护方式。各种网络保护方式的设定是根据实际资源情况和业务需求来确定的。本文以华为 OptiX OSN 8800 为例，主要介绍光线路保护和 ODUk SNCP 保护的配置。

一、光线路保护配置

（一）创建光线路保护

OTN 网元通过 OLP 单板提供光线路保护。网元上配置 OLP 单板才可以创建光线路保护对，并可设置它的恢复方式和恢复时间。创建光线路保护时需要对源端、宿端网元分别进行保护的创建，以实现双向保护。使用 OLP 单板配置光线路保护，“工作通道”必须选择 OLP 单板的 1（RI1/TO1）光口，“保护通道”必须选择 OLP 单板的 2（RI2/TO2）光口，否则保护组不能正常工作。

（1）在网元管理中单击网元，在功能树中选择“配置→端口保护”。

（2）在“端口保护”界面中单击“新建”，在弹出的“确认”对话框中单击“确定”，弹出“创建保护组”对话框。在“保护类型”中选择“光线路保护”，依次输入该保护组的其他各项参数，详细参数说明见产品文档，如图 2–7–1 所示。

属性	属性值
保护类型	光线路保护
工作通道所在网元	NE981
工作通道所在单板	子架0(subrack)-1-12OLP
工作通道	1(RI1/TO1)
保护通道所在网元	NE981
保护通道所在单板	子架0(subrack)-1-12OLP
保护通道	2(RI2/TO2)
控制通道/检测通道所在网元	空
控制通道/检测通道所在单板	空
控制通道/检测通道	空
工作通道拖延时间(单位：100ms)	0
保护通道拖延时间(单位：100ms)	0
控制通道/检测通道拖延时间(单位：100ms)	0
恢复模式	非恢复
等待恢复时间(mm:ss)	-

图 2–7–1　创建光线路保护网管操作示例图

（3）单击“确定”，在弹出的“提示”窗口中单击“关闭”，已创建的保护组显示在界面上。

（4）进入对端网元的网元管理，参见（1）～（3），创建对端网元的光线路保护，完成反向保护的创建。

（5）可选：选中一个保护组，单击“修改”，弹出“修改保护组”对话框，在此可修改选中保护组的“恢复模式”等参数。单击“确定”下发配置。弹出“操作结果”对话框提示操作成功，单击“关闭”。

（6）可选：选中一条保护组，单击“删除”。在弹出的“确认”对话框中单击“确定”，弹出“操作结果”对话框提示操作成功，单击“关闭”，可删除该保护组。

（二）修改光线路保护参数

根据实际组网和业务需求，可以在网管上查询其当前工作通道状态、保护通道状态并修改相应的参数。

（1）在网元管理中单击网元，在功能树中选择“配置→端口保护”。

（2）单击“查询”，可以查询当前保护组的“恢复模式”“工作通道拖延时间（100ms）”“保护通道拖延时间（100ms）”等参数。详细参数说明见设备产品文档。

（3）可选：选中一条保护组，单击“功能”，在弹出的菜单中选择要进行的操作，可以实现对保护的倒换。

（4）可选：选中一条保护组，单击“修改”，弹出“修改保护组”对话框，在此可修改选中保护组的“恢复模式”“工作通道拖延时间（100ms）”“保护通道拖延时间（100ms）”等参数。

（三）光线路保护应用示例

光线路保护适用于点到点组网或链形组网，这里采用点到点组网形式介绍光线路保护。P 项目由 A、B 两个网元点对点组网，A、B 均为 OTM 站，网络设计如图 2–7–2 所示。

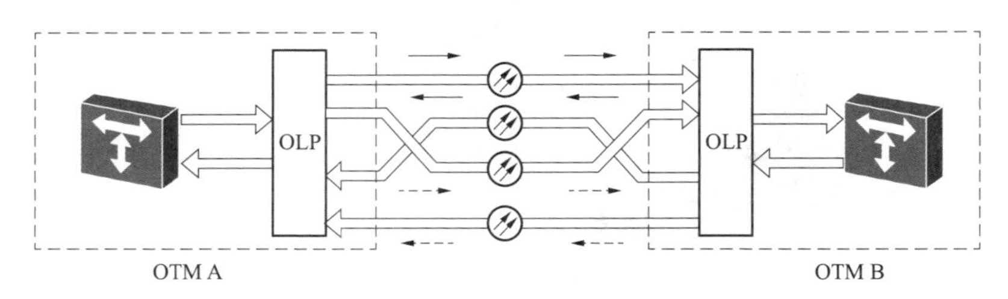

图 2–7–2　P 项目组网设计图

该项目中，需要在 A、B 两个站点之间配置双向光线路保护。在两个站点各配置一块 OLP 单板，并配置 OLP 单板的相关参数。操作步骤如下：

1. 配置网元 A

（1）在网元管理器中选中网元 A，在功能树中选择“配置→端口保护”。

（2）在“端口保护”界面中单击“新建”，在弹出的“确认”对话框中单击“确定”，弹出“创建保护组”对话框。在“保护类型”中选择“光线路保护”。

（3）设置网元 A 的保护参数。网管操作如图 2–7–3 所示。

属性	属性值
保护类型	光线路保护
工作通道所在网元	NE01
工作通道所在单板	子架0(subrack)-1-12OLP
工作通道	1(RI1/TO1)
保护通道所在网元	NE01
保护通道所在单板	子架0(subrack)-1-12OLP
保护通道	2(RI2/TO2)
控制通道/检测通道所在网元	空
控制通道/检测通道所在单板	空
控制通道/检测通道	空
工作通道拖延时间(单位：100ms)	0
保护通道拖延时间(单位：100ms)	0
控制通道/检测通道拖延时间(单位：100ms)	0
恢复模式	非恢复
等待恢复时间(mm:ss)	-

图 2–7–3　网元 A 参数设置

（4）单击“确定”。在弹出的“提示”窗口中单击“关闭”，已创建的保护组显示在界面上。

2. 配置网元 B

（1）在网元管理器中选中网元 B，在功能树中选择“配置→端口保护”。

（2）在“端口保护”界面中单击“新建”，在弹出的“确认”对话框中单击“确定”，弹出“创建保护组”对话框。在“保护类型”中选择“光线路保护”。

（3）设置网元 B 的保护参数。网管操作如图 2–7–4 所示。

属性	属性值
保护类型	光线路保护
工作通道所在网元	NE02
工作通道所在单板	子架0(subrack)-1-12OLP
工作通道	1(RI1/TO1)
保护通道所在网元	NE02
保护通道所在单板	子架0(subrack)-1-12OLP
保护通道	2(RI2/TO2)
控制通道/检测通道所在网元	空
控制通道/检测通道所在单板	空
控制通道/检测通道	空
工作通道拖延时间(单位：100ms)	0
保护通道拖延时间(单位：100ms)	0
控制通道/检测通道拖延时间(单位：100ms)	0
恢复模式	非恢复
等待恢复时间(mm:ss)	-

图 2–7–4　网元 B 参数设置

（4）单击“确定”。在弹出的“提示”窗口中单击“关闭”，已创建的保护组显示在界面上。

二、ODUk SNCP 保护配置

（一）创建 ODUk SNCP 保护

ODUk SNCP 利用电层交叉的双发选收功能对线路板，PID 单板（合波+OTU）和 OCh 光纤上传输的业务进行保护。ODUk SNCP 保护主要用于对跨子网业务进行保护，不需要协议。在一条路径上完整的配置 ODUk SNCP 业务，需要在业务发送端配置两个方向的业务发送，在业务收端配置 ODUk SNCP，由线路板和支路板/线路板配合实现选收，从而达到保护的目的。这里介绍在业务收端如何配置 ODUk SNCP 选收。操作步骤如下：

（1）在网元管理中单击网元，在功能树中选择“配置→WDM 业务管理”。

（2）在“WDM 交叉配置”界面底部单击“新建 SNCP 业务”，弹出“新建 SNCP 业务”对话框。在“保护类型”中选择“ODUK SNCP”，并选择相应“业务类型”，依次输入该保护组的其他各项参数，详细参数说明参见设备产品文档，如图 2–7–5 所示。

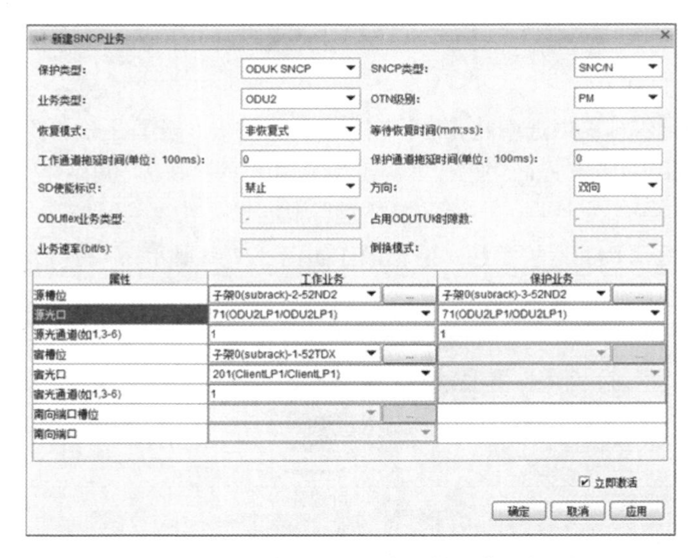

图 2–7–5 新建 SNCP 业务网管操作示例图

（3）单击“确定”。弹出“操作结果”对话框提示操作成功。

（4）单击“关闭”完成创建。

（二）检查 ODUk SNCP 保护状态

对已经创建的保护，可以在网管上查询其当前工作通道并修改相应的参数。

（1）在网元管理中单击网元，在功能树中选择“配置→WDM 业务管理”。

（2）选择“SNCP 业务控制”选项卡，单击“查询”，可以查看已创建的保护组，如图 2–7–6 所示。

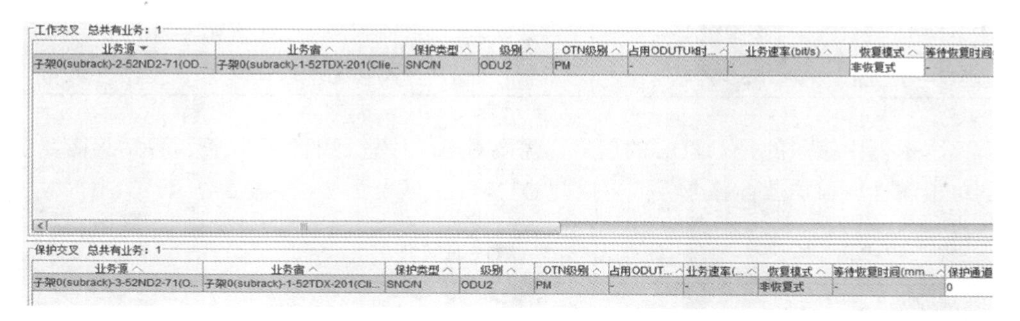

图 2–7–6 ODUk SNCP 状态查看示例图

（3）检查保护组状态，核对“当前工作通道”是否与工程规划一致。如果不一致，需检查工作通道业务配置是否正确，工作路径是否正常等。各值域的参数详见设备产品文档。

（三）ODUk SNCP 保护的应用示例

如图 2–7–7 所示，工程项目 K 为由 A、B、C、D 四站构成的环形组网。A、C 为 OADM 站，B、D 为光放站点。A、C 两站之间客户业务采用了双发选收方式的 SNCP 保护。业务在 B、D 站点通过光层波长穿通到 A、C 站点。本示例以双向业务为例进行说明，业务需求为：

（1）A、C 站点间有一路 OTU–2 业务，因需对线路板和 OCh 光纤提供保护，采用 ODUk SNCP 保护。

（2）指定 A<–>B<–>C 为工作路径,A<–>D<–>C 为保护路径，B、D 站点为光放站点。

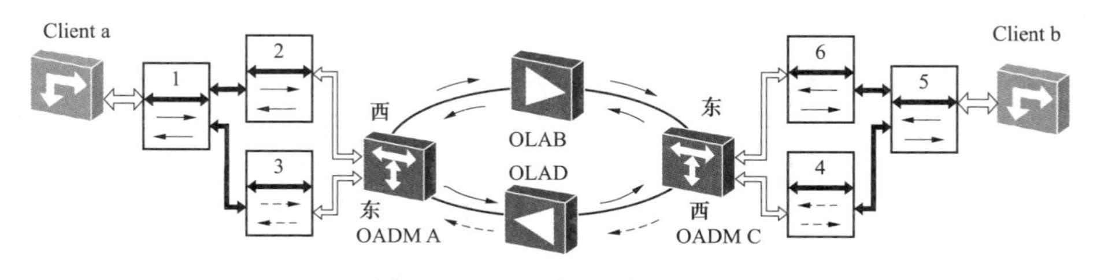

图 2–7–7 K 项目网络设计图

各站点单板插放槽位见表 2–7–1。

表 2–7–1 各站点单板清单

序号	槽位–单板	备注
1，5	1–52TDX	A，C 支路板，接入客户侧设备的 OTU–2 业务
2，4	2–52ND2	A，C 站点西向线路板
3，6	3–52ND2	A，C 站点东向线路板

本示例中接入的是 OTUk 的信号，需要对 AC 段进行端到端保护。各站点需要规划单板属性、保护属性、业务信息以及 OTN 开销见表 2–7–2～表 2–7–4。

表 2–7–2 各站单板属性的规划

站点	单板	物理接口/逻辑端口	参数	取值
A，C	52TDX	201（ClientLP1/ClientLP1）	业务类型	OTU–2
A，C	52ND2	71（ODU2LP1/ODU2LP1）	业务模式	自动/ODU2
		71（ODU2LP1/ODU2LP1）	线路速率	标准模式
		—	单板模式	普通线路模式

表 2–7–3 各站规划保护属性

保护信息	A 站<->C 站 OTU–2 业务	说明
保护类型	ODUk SNCP	—
SNCP 类型	SNC/I	根据应用分析的建议，本例选择 SNC/I
业务类型	ODU2	根据速率级别选取，对 OTU–2 可以选取 ODU2 级别的 SNCP 保护
OTN 级别	—	使用 SM 开销进行监控，不需要在网管上做配置

表 2–7–4 A、C 站点待配置业务

业务信息	ODU2 SNCP	
业务	工作业务	保护业务
方向	双向	双向
源槽位	2–52ND2	3–52ND2
源光口	71（ODU2LP1/ODU2LP1）	71（ODU2LP1/ODU2LP1）
源光通道（如 1，3–6）	1	1
宿槽位	1–52TDX	
宿光通道（如 1，3–6）	201（ClientLP1/ClientLP1）	
宿光通道号	1	

1. 配置站点A

（1）配置单板参数。在网元管理器中选择相应的单板，在功能树中选择“配置→WDM接口”。参考表2–7–2设置单板参数。

（2）配置站点A的ODUk SNCP保护。

1）在网元管理器中单击网元A，在功能树中选择“配置→WDM业务管理”。

2）在“WDM交叉配置”界面底部单击“新建SNCP业务”，弹出“新建SNCP业务”对话框。根据表2–7–3和表2–7–4业务规划设置保护各项参数。

3）单击“确定”，弹出“操作结果”对话框提示操作成功，单击“关闭”，完成A站点的ODU2 SNCP保护的选收和A站点到C站点的两条电交叉业务。

2. 配置C站

参照站点A的配置过程，依据表2–7–4，完成站点C的业务配置。

3. 检查A站点的保护组和业务配置

（1）在网元管理器中单击网元A，在功能树中选择“配置→WDM业务管理”。

（2）单击“查询”，检查查询到的电交叉业务信息是否与示例描述的表2–7–4一致。

（3）选择“SNCP业务控制”选项卡。单击“查询”，检查查询到的ODUk SNCP保护是否与示例描述的表2–7–3一致。

4. 检查C站点的保护组和业务配置

参照检查A站点的保护组和业务配置步骤，检查查询到的保护组状态和电交叉业务信息是否与示例描述的表2–7–3和表2–7–4一致。

【思考与练习】

1. OTN网络保护方式主要有哪些？
2. 简述OTN网络创建光纤线路保护的操作步骤。
3. 简述OTN网络ODUk SNCP保护配置的操作步骤。
4. 简述ODUk SNCP和光纤线路保护的区别。

模块8 业务配置（Z38E2008Ⅲ）

【模块描述】本模块介绍了利用OTN网管进行SDH业务、数据业务配置的操作步骤。通过操作过程详细介绍和图形举例，掌握OTN业务的配置方法。

【模块内容】

OTN设备的电交叉业务调度功能，将波分网络从一种静态网络发展成一种可以动态配置的网络。每个子业务均可以在任意站点独立执行穿通、上下、环回等操作，而不影响其他通道的业务。和传统的WDM设备中MUX/DMUX只能点到点复用通道的方案不同，电交叉在 MUX/DMUX 的基础上添加了 GE、ODUk 等级别的交叉连接和端到端管理的能力。另外，和基于波长的 ADM 方案也不同，电交叉方案允许业务在波长间的交叉连接，从而提供不同波长之间业务的汇聚和疏导。本文以华为 OptiX OSN 8800 为例，介绍 OTN 在直通和交叉两种方式下电交叉业务的配置方法。

一、电交叉业务的分类

（一）直通方式

从客户侧“RXn”接收的光信号经过交叉单元直接发送至波分侧对应的通道，再经过复用、信号处理和光波长转换后，从“OUT”输出；从波分侧“IN”输入的信号经过波长转换和信号处理后，解复用为一路或多路电信号，并将一路或多路电信号通过交叉单元直接发送至客户侧对应的“TXn”。

（二）交叉方式

交叉方式又分为板内交叉和板间交叉。

1. 板内交叉

从客户侧“RXn”接收光信号经过交叉单元交叉至同一单板波分侧其他光接口所对应的通道，再经过复用、信号处理和光波长转换后，从“OUT”输出；从波分侧“IN”口输入的信号经过波长转换和信号处理后，解复用为多路电信号，并将其中一路电信号通过交叉单元交叉至同一单板其他通道所对应的客户侧端口“TXn”。

2. 板间交叉

从客户侧“RXn”接收光信号经过交叉单元交叉至另一单板波分侧光接口所对应的通道，再经过复用、信号处理和光波长转换后，从“OUT”输出；从波分侧“IN”口输入的信号经过波长转换和信号处理后，解复用为多路电信号，并将其中一路电信号通过交叉单元交叉至另一单板其他通道所对应的客户侧端口“TXn”。

直通和交叉业务都需要在网管上进行配置，即“新建交叉业务”。直通业务如图 2–8–1 所示：3（RX1/TX1）（客户侧光口）<–>3（通道号），4（RX2/TX2）<–>4，5（RX3/TX3）<–>5，6（RX4/TX4）<–>6。

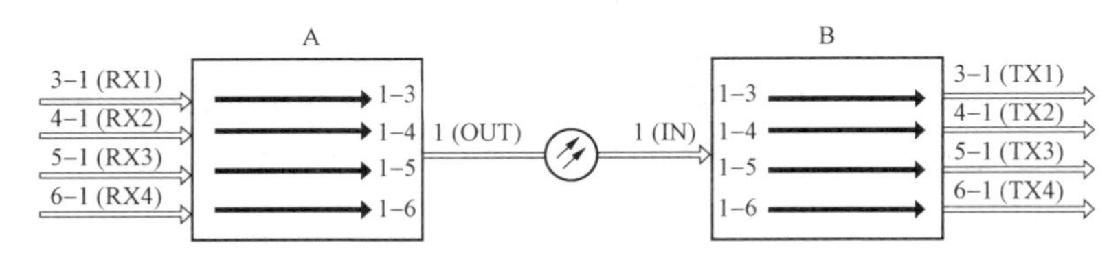

图 2–8–1　直通业务示意图

交叉业务如图 2–8–2 所示：3（RX1/TX1）（客户侧光口）<–>6（通道号）。

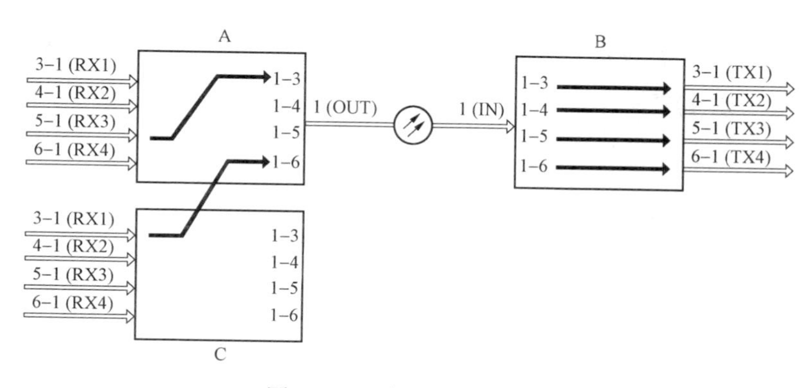

图 2–8–2　交叉业务示意图

二、电交叉业务信号流

在 OTN 设备中，主要由 OTU 单板、支路板和线路板完成对业务的交叉调度。客户业务从 OTN 设备客户侧进入，经过调度和聚合，然后被调制到线路上进行传播。图 2–8–3 以一个典型的具有 GE/Any 和 ODUk 交叉能力的 OTU 单板为模型介绍 OTN 设备电交叉业务信号流。

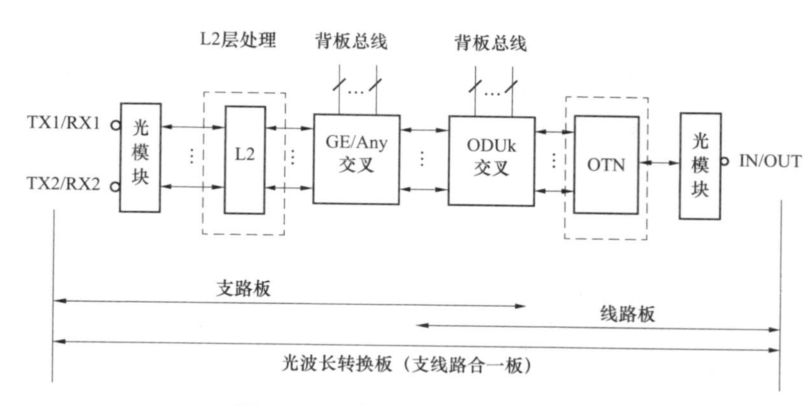

图 2–8–3　交叉业务信号流示意图

信号的交叉过程为：光信号经 TX/RX 口进入 OTU 或支路单板，成为电信号，经过可能的 L2 层处理，进入 GE/Any 交叉模块，和可能的来自背板的交叉信号完成 GE/Any 级别的交叉。再经过 ODUk 交叉模块，和可能的来自背板的 ODUk 信号完成 ODUk 级别的交叉，再进入 OTU 或线路单板的 OTN 处理模块后，进入波分侧光模块，成为符合 ITU–T G.694.1 建议的 DWDM 标准波长的光信号，上线路传输。

三、SDH 业务配置示例

本文采用环形组网形式介绍 SDH 业务的配置方法。图 2–8–4 所示的网络中，A、

B、C 和 D 共四个光网元构成环型组网，各站点均是 OADM 站，业务需求为：User1 和 User2 之间进行通信，A 站点和 B 站点之间有一条单向的 SDH 业务。

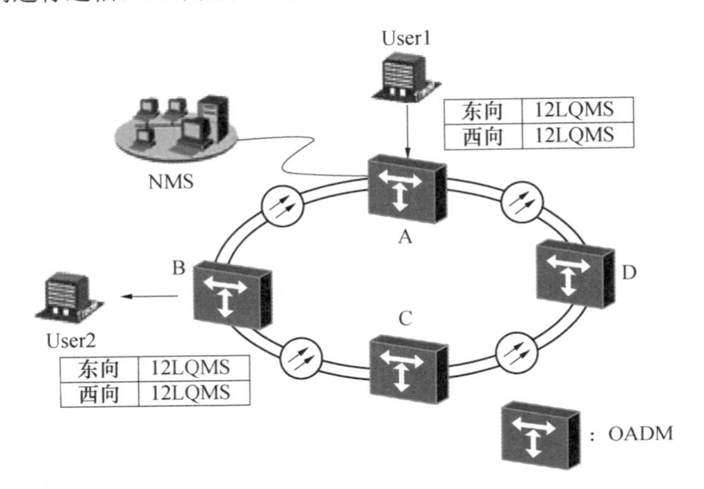

图 2–8–4 SDH 业务的配置组网示例图

本文以站点 A、B 为例，说明 SDH 业务的配置过程介绍单向业务的配置过程，相反方向的配置过程是完全相同的。网管操作如下：

（1）配置上波和下波业务之前，需要先配置所使用 OTU 单板的 WDM 接口业务类型，在网元管理器中选择需要设置的单板，在功能树中选择“配置→WDM 接口”。

（2）选择“按单板/端口（通道）”，在下拉列表框中选择“通道”。

（3）在“基本属性”选项卡中选择需要设置业务类型的光口，双击“业务类型”参数域，选择所需要的业务类型。

（4）配置站点 A 的上波业务。

1）在网元管理器中单击网元，在功能树中选择“配置→WDM 业务管理”。

2）在“WDM 交叉配置”选项卡中，单击“新建”，弹出“新建交叉业务”对话框，如图 2–8–5 所示。详细参数说明见设备产品文档说明。

3）在“新建交叉业务”对话框中，根据规划选择“级别”及“业务类型”等属性值。

4）单击“确定”。弹出“操作结果”对话框提示操作成功。

5）单击“关闭”完成创建。

（5）配置站点 B 的下波业务。

1）在网元管理器中单击网元，在功能树中选择“配置→WDM 业务管理”。

2）在“WDM 交叉配置”选项卡中，单击“新建”，弹出“新建交叉业务”对话框，如图 2–8–6 所示。详细参数说明见设备产品文档说明。

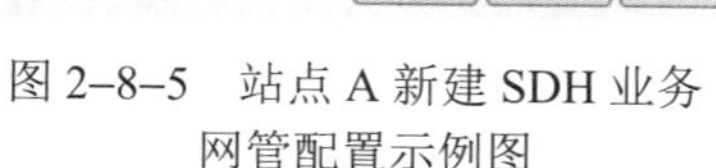

图 2–8–5　站点 A 新建 SDH 业务网管配置示例图

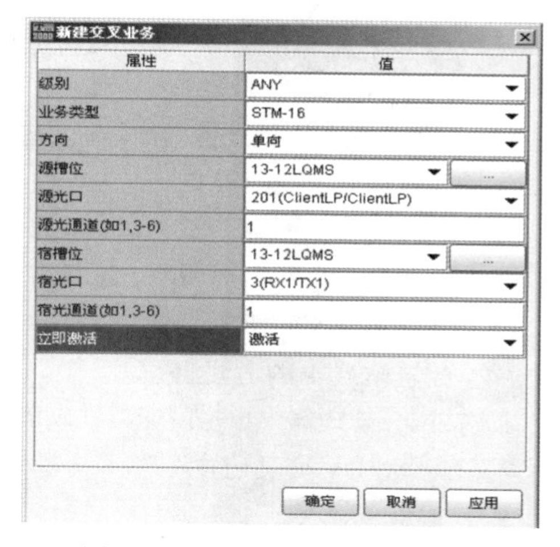

图 2–8–6　站点 B 新建 SDH 业务网管配置示例图

3）在“新建交叉业务”对话框中，根据规划选择“级别”及“业务类型”等属性值。

4）单击“确定”。弹出“操作结果”对话框提示操作成功。

5）单击“关闭”完成创建。

四、GE 业务配置示例

本文采用环形组网形式介绍 GE 业务的配置方法。在图 2–8–7 所示的网络中，A、B、C 和 D 共四个光网元构成环型组网，各站点均是 OADM 站，业务需求为：User1 和 User2 之间进行通信，A 站点和 B 站点之间有一条单向的 GE 业务。

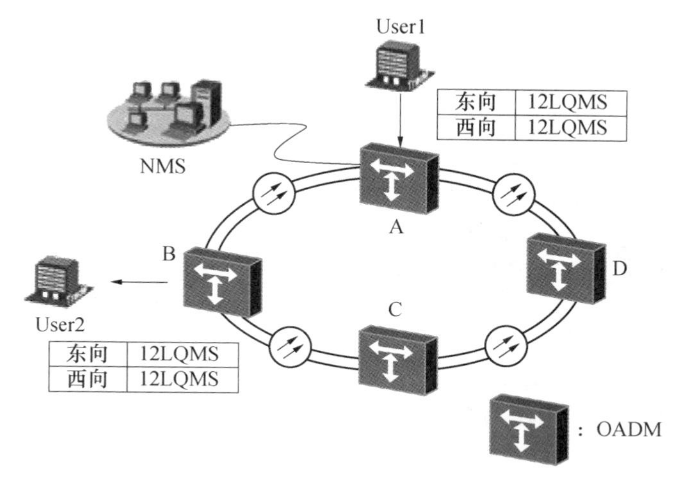

图 2–8–7　GE 业务的配置组网示例图

本节以站点 A、B 为例，说明 GE 业务的配置过程。本节仅介绍单向业务的配置过程，相反方向的配置过程是完全相同的。网管操作如下：

（1）配置上波和下波业务之前，需要先配置所使用 OTU 单板的 WDM 接口业务类型，在网元管理器中选择需要设置的单板，在功能树中选择“配置→WDM 接口”。

（2）选择“按单板/端口（通道）”，在下拉列表框中选择“通道”。

（3）在“基本属性”选项卡中选择需要设置业务类型的光口，双击“业务类型”参数域，选择所需要的业务类型。

（4）配置站点 A 的上波业务。

1）在网元管理器中单击网元，在功能树中选择“配置→WDM 业务管理”。

2）在“WDM 交叉配置”选项卡中，单击“新建”，弹出“新建交叉业务”对话框，如图 2–8–8 所示。

详细参数见设备产品文档说明。

3）在“新建交叉业务”对话框中，根据规划选择“级别”及“业务类型”等属性值。

4）单击“确定”。弹出“操作结果”对话框提示操作成功。

5）单击“关闭”完成创建。

（5）配置站点 B 的下波业务。

1）在网元管理器中单击网元，在功能树中选择“配置→WDM 业务管理”。

2）在“WDM 交叉配置”选项卡中，单击“新建”，弹出“新建交叉业务”对话框，如图 2–8–9 所示。

详细参数说明见设备产品文档说明。

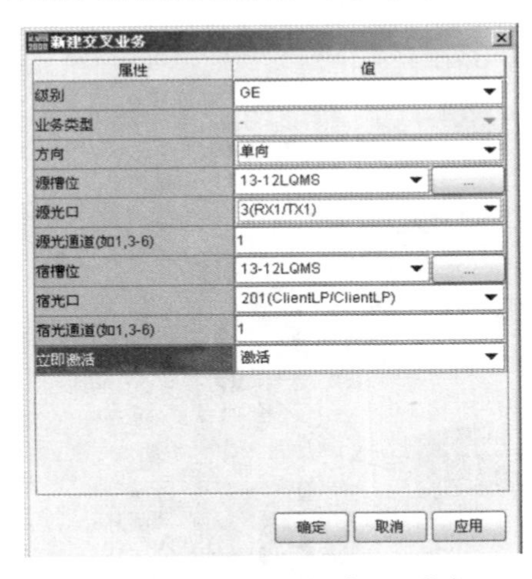

图 2–8–8 站点 A 新建 GE 业务网管配置示例图

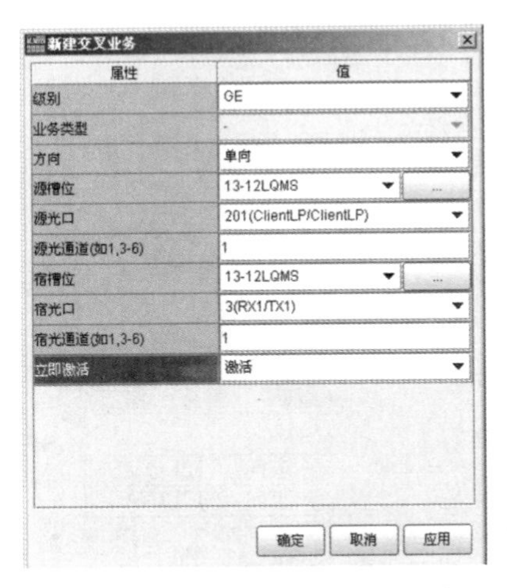

图 2–8–9 站点 B 新建 GE 业务网管配置示例图

3）在“新建交叉业务”对话框中，根据规划选择“级别”及“业务类型”等属性值。

4）单击“确定”。弹出“操作结果”对话框提示操作成功。

5）单击“关闭”完成创建。

【思考与练习】

1. OTN 业务主要有哪些类型？
2. 简述 OTN 网络 SDH 业务配置的操作步骤。
3. 简述 OTN 网络 GE 业务配置的操作步骤。

模块 9　OTN 设备功能测试（Z38E2009Ⅲ）

【模块描述】本模块包含了 OTN 设备主控、交叉、时钟、系统纠错前后误码率、公务电话等设备功能性测试。通过操作过程详细介绍和图形举例，掌握 OTN 设备功能测试方法。

【模块内容】

OTN 设备的主控、时钟、交叉部分是 1+1 冗余配置，在设备组网完成后需进行主控、时钟、交叉等部件的保护倒换功能以及系统纠错前后误码率、公务电话的功能测试。本文以华为 OptiX OSN 8800 为例，介绍 OTN 设备主控、交叉、时钟等保护倒换功能以及系统纠错前后误码率、公务电话功能的测试。

一、测试目的

通过测试，检查设备保护倒换等功能是否正常，避免因设备单板故障导致保护倒换功能失效，影响业务正常运行。

二、安全注意事项

1. 防止网管误操作

应严格按照批准的测试方案进行测试操作，网管上操作时还需有专人监护，防止误操作。

2. 防止静电损坏板卡

进行拔插板卡等操作时，需带静电手腕，静电手腕要与机柜接地铜条接触良好。

3. 避免测试仪器、光板的损坏

测量时，OTN 光板的发光需要经过可变衰耗器接入 SDH 误码分析仪，需要注意经过衰耗的光功率不能超过仪表的最大量程和光板的光功率过载点，否则可能损坏仪表和光板。特别是长距光板，如果在连接时可变衰耗器没有进行足够衰耗，环回接入光板接收端时极易造成光板损坏，要特别注意。因此，测量前需先根据光板型号的标称发光功率，选择合适的可变衰耗器并调整到合适的衰耗度，才能插入光板接收端。

三、测试准备

（1）被测试设备主控、交叉、时钟部分需 1+1 冗余配置，且已完成组网和网元网管数据上载。

（2）准备好 SDH 分析仪、衰耗器、测试用尾纤、防静电手腕等仪表工具。

（3）准备好记录表，准备进行测试并随时记录测试结果。

四、测试的步骤及要求

（一）OTN 设备的主控、交叉、时钟 1+1 保护倒换功能测试

测试 OTN 设备的主控、交叉、时钟 1+1 保护倒换功能，可通过手动和网管操作两种方式实现。步骤如下：

（1）按照图 2–9–1 配置连接，通过网管配置业务确保此时误码仪无任何误码。

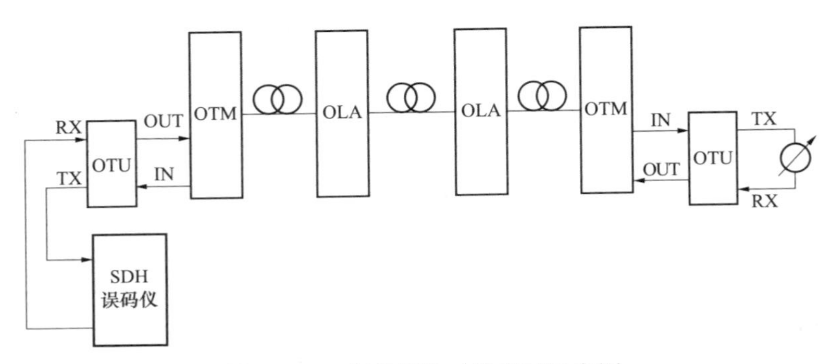

图 2–9–1 保护倒换功能测试示意图

（2）分别通过手动和网管实现主备倒换，手动方式采用拔掉主控、交叉、时钟主用板卡，观察误码情况。网管方式操作步骤如下：

1）进入 U2000，选择网元，在右键菜单中选择“网元管理器”。

2）在功能树中选择“配置→单板 1+1 保护”，单击“查询”，弹出“操作结果”对话框提示操作成功，单击“关闭”。查询到的“工作板”和“当前板”应该相同。

3）选择“主控 1+1 保护”，单击“工作保护倒换”，弹出“确认”对话框，单击“确定”。随后弹出“操作结果”对话框提示操作成功，单击“关闭”。

4）重复步骤 2 中的查询方法，查询到的“保护板”和“当前板”应该相同。

5）选择“主控 1+1 保护”，单击“恢复工作保护”，弹出“确认”对话框，单击“确定”。随后弹出“操作结果”对话框提示操作成功，单击“关闭”。主控 1+1 保护倒换是“非恢复式”的，“当前板”为“保护板”时，只有通过拔出“保护板”或者使用网管下发“恢复工作保护”的命令，才能将“当前板”倒换回“工作板”。

6）重复步骤 2 中的查询方法，查询到的“工作板”和“当前板”应该相同。

（3）观察误码仪情况，填写测试报告，完成测试工作。

（二）系统纠错前后误码率测试

对于 40Gbit/s 及以上速率的波道，需对 Rn 点纠错前误码性能测试。

（1）通过网管选择一线路板的某一通道，查看记录该通道纠错前误码率。

（2）通过网管关闭 FEC 功能，通过仪表测试误码率，测试时间不少于 4min。

（3）测试结果应符合设备性能指标及设计指标要求。

（三）公务电话测试

（1）按照图 2–9–2 配置连接，各站公务电话安装正确。

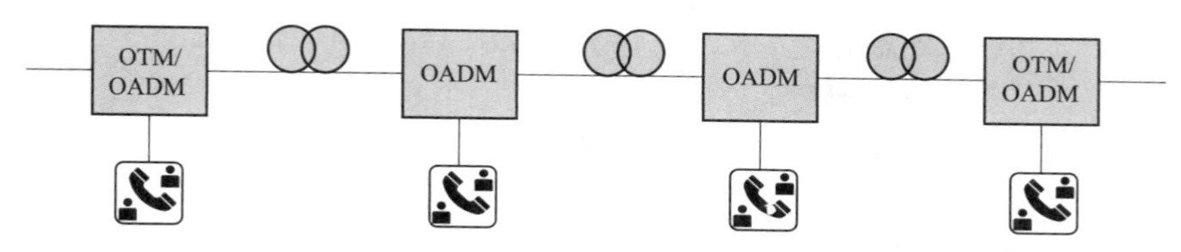

图 2–9–2 保护倒换功能测试示意图

（2）通过网管配置好公务电话，公务电话的编号要符合设计要求。

（3）进行中心站与各站点之间进行群呼、选呼通话测试。

五、测试结果分析及测试报告的编写

正常情况下，不管是手动操作还是网管操作触发主控、交叉、时钟的主备倒换，倒换时间应在 50ms 以内，误码率满足规范要求，如果不满足技术标准要求，可能是板件、背板硬件有问题或网管配置有误，需要逐一排查。

系统纠错前后的误码率应符合设计和有关验收规范的要求。系统纠错前 10G 最大误码率应小于 1×10^{-5}，系统纠错后的误码率应为零。

公务联络功能设置应满足各站间的公务联络要求。各站公务电话选呼和群呼方式呼叫应正常，通话应清晰、无啸叫现象。

六、测试注意事项

（1）在连接误码分析仪之前应该检查仪表、光板光接口以及测试用尾纤接头是否清洁，必要时用专用擦纤纸或酒精棉擦拭，擦完等酒精干后再连接，否则会引入较大衰耗导致测试结果不准确。

（2）误码分析仪到设备的尾纤连接要牢靠，连接前要根据仪表和板卡的收发光功率情况增加光衰耗器，防止损坏仪表和板卡。

【思考与练习】

1. OTN 设备功能测试项目主要有哪些？

2. 进行 OTN 设备功能测试时的安全注意事项有哪些？

3. 简述采用网管进行 OTN 设备保护倒换功能功能测试。

模块 10 光放大器测试（Z38E2010Ⅲ）

【模块描述】本模块包含了光放大器增益和增益平坦度测试。通过操作过程详细介绍，掌握光放大器的测试方法。

【模块内容】

由于衰耗和色散的影响，在长距离骨干光传输网络中可能需要配置光放大器。光放大器的增益以及增益坦平度等参数性能关系到整个网络的性能，因此，工程调试中需要对光放大器的增益及增益平坦度进行测试，以保证整个网络的性能。

一、测试目的

OTN 设备在系统调试阶段，对光放大器增益及增益平坦度进行测试，测试其放大器增益及增益坦平度能否满足实际组网需要，以保证网络性能。

二、安全注意事项

1. 防止灼伤人眼及皮肤

光放大器的发光功率很强，在拔纤后应避免眼睛对准光纤接头，否则很容易将眼睛灼伤。

2. 避免测试仪器的损坏

测量时，光放大器的发光需要经过可变衰耗器接入光谱分析仪，需要注意经过衰耗的光功率不能超过仪表的最大量程和光板的光功率过载点，否则可能损坏仪表。测量前需先根据光放大器的标称发光功率，选择合适的可变衰耗器并调整到合适的衰耗度，才能插入仪表接收端。

三、测试准备

（1）网络调试完成，运行正常。

（2）准备好光谱分析仪、可调衰耗器、测试用尾纤等仪表工具。

（3）准备好记录表，准备进行测试并随时记录测试结果。

四、测试的步骤及要求

（一）光放大器通道增益及增益平坦度测试

（1）光放大板的输入信号来自于合波器单元。按图 2–10–1 连接测试配置。

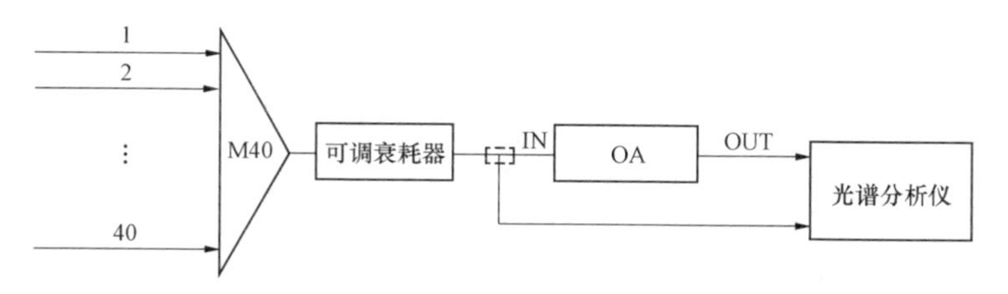

图 2–10–1　光放大器通道增益及增益平坦度测试示意图

（2）调整可调衰减器，使被测的光放大单元的输入功率在其允许的输入范围之内。利用光谱分析仪测量放大器输入端的光信号波形和功率，并存入光谱分析仪的 B 通道。

（3）再利用光谱分析仪测试放大器输出端的光信号波形和功率，并存入 A 通道。

（4）设置光谱分析仪显示方式为 A–B 方式，显示两次测试结果，读出 A–B 的结果，即为每通道的增益和光放大器的增益。

（5）通道增益测试数据的最大值减最小值即为增益平坦度。

（二）拉曼放大器开关增益及增益平坦度测试

（1）如图 2–10–2 所示，系统调节正常后，拉曼放大器上游站点的 OA 发送信号光功率通过长光纤传输到拉曼放大器 LINE 口接收，此时拉曼放大器泵浦激光器未打开。

（2）将拉曼放大器 SYS 光口输出光接入到光谱分析仪。

（3）利用光谱分析仪测试拉曼放大器 SYS 口输出的光信号功率，并存入 A 通道。

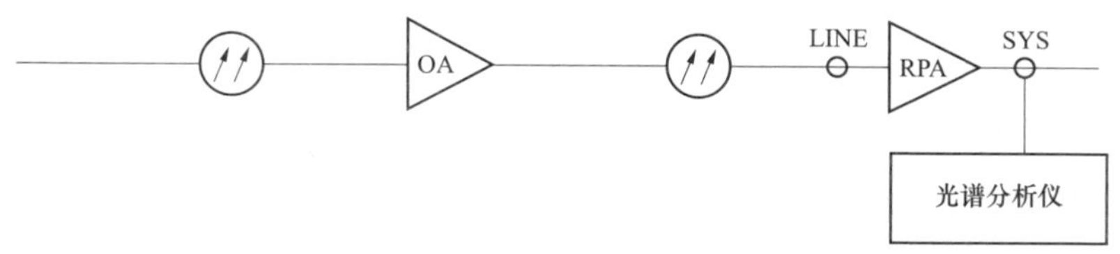

图 2–10–2　拉曼放大器通道增益测试示意图

OA—Optical Amplifier，光放大器；RPA—Raman Amplifier，拉曼放大器

（4）将拉曼放大器泵浦激光器打开，利用光谱分析仪测试拉曼放大器 SYS 口输出的光信号功率，并存入 B 通道。

（5）设置光谱分析仪显示方式为 A–B 方式，显示两次测试结果，读出 A–B 的结果，即拉曼放大器的开关增益。

（6）通道增益测试数据的最大值减最小值即为增益平坦度。

五、测试结果分析及测试报告的编写

光放大器、拉曼放大器的增益及增益平坦度应满足实际组网设计要求，若不能满足设计要求，可能是放大器的硬件故障或软件设置有误，应根据设计和设备产品文档排查，确保测试值符合设计要求。测试结果可参考表2–10–1进行记录。

表2–10–1 光放大器测试记录

工程名：				通信站名：			设备厂家：	
设备型号：				测试人：			记录人：	
序号	方向	板位	型号	输入功率	输出功率	光放增益/拉曼开关增益	增益平坦度	备注
1								
2								
3								
4								
监理单位代表：				施工单位代表：			供货方代表：	

六、测试注意事项

（1）测试前要仔细检查光谱分析仪，确保仪表正常。

（2）在连接误码分析仪之前应该检查仪表、光板光接口以及测试用尾纤接头是否清洁，必要时用专用擦纤纸或酒精棉擦拭，擦完等酒精干后再连接，否则会引入较大衰耗导致测试结果不准确。

（3）光谱分析仪到设备的尾纤连接要牢靠，连接前要根据仪表和光放大器的标称发光功率情况增加光衰耗器，防止损坏仪表。

【思考与练习】

1. 简述光放大器通道增益的测试方法。
2. 简述光放大器增益平坦度的测试方法。
3. 简述光放大器测试时的注意事项。

模块11 光线路通道测试（Z38E2011Ⅲ）

【模块描述】本模块包含了OTN设备MPI–S/MPI–R点光功率测试、MPI–R点信噪比测试等光线路通道测试。通过操作过程详细介绍，掌握OTN设备光线路通道的测试方法。

【模块内容】

OTN设备在系统调试阶段，需对光线路通道MPI–S/MPI–R点光功率测试、MPI–R点信噪比进行测试，验证主光通道各点指标能否满足设计要求，以保证网络性能。

一、测试目的

验证主光通道各点指标能否满足设计实际组网设计要求。

二、安全注意事项

1. 防止灼伤人眼及皮肤

光放大器的发光功率很强，在拔纤后应避免眼睛对准光纤接头，否则很容易将眼睛灼伤。

2. 避免测试仪器的损坏

测量时，光放大器的发光需要经过可变衰耗器接入光谱分析仪，需要注意经过衰耗的光功率不能超过仪表的最大量程和光板的光功率过载点，否则可能损坏仪表。测量前需先根据光放大器的标称发光功率，选择合适的可变衰耗器并调整到合适的衰耗度，才能插入仪表接收端。

三、测试准备

（1）网络调试完成，运行正常。

（2）准备好光功率计、光谱分析仪、测试用尾纤等仪表工具。

（3）准备好记录表，准备进行测试并随时记录测试结果。

四、测试的步骤及要求

测试步骤如下：

（1）按图 2–11–1 所示，在 MPI–S/MPI–R 点分别接入光功率计，在 MPI–R 点接入光谱分析仪。

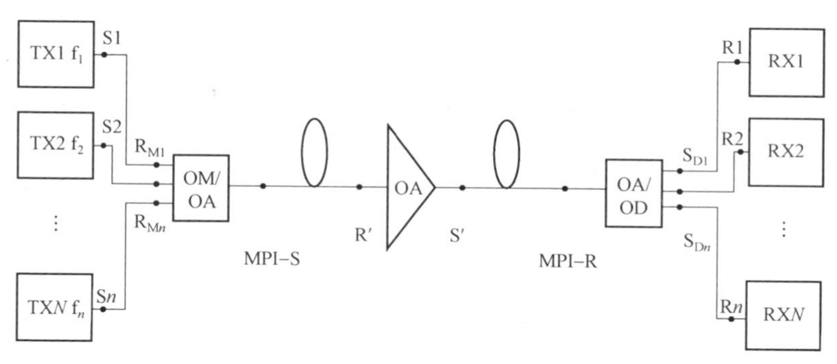

图 2–11–1　光线路通道测试示意图

（2）待光功率计显示稳定后读出总的光功率值，光谱分析仪显示稳定后，读出每通道的信噪比。为测试准确，测试某一通道 OSNR 时，建议把其他通道关闭。

五、测试结果分析及测试报告的编写

MPI–S/MPI–R 点光功率测试、MPI–R 点信噪比测试结果应满足实际组网设计要求，若不能满足设计要求，可能是放大器的硬件故障或软件设置有误，应根据设计和设备产品文档排查，确保测试值符合设计要求。测试结果可参考表 2–11–1 和表 2–11–2 进行记录。

表 2–11–1　　MPI–S/MPI–R 点总的输出光功率

工程名称：					通信站名称：		设备名称：	
设备型号：					设备厂家：		测试人：	
序号	槽位	单板	端口	波数	方向	测试项目	设计值	实测值
1						总发送光功率（dBm）		
						总收信光功率（dBm）		
2						总发送光功率（dBm）		
						总收信光功率（dBm）		
监理单位代表：				施工单位代表：			供货方代表：	

表 2–11–2　　MPI–R 点每通道光信噪比

工程名称：				通信站名称：			设备名称：		
设备型号：				设备厂家：			测试人：		
序号	方向	板位	单板类型	光口	频率	波长	信噪比	设计值	备注
监理签字：				施工单位签字：				督导签字：	

六、测试注意事项

（1）测试前要仔细检查光谱分析仪、光功率计，确保仪表正常。

（2）在测试前应该检查仪表、光板光接口以及测试用尾纤接头是否清洁，必要时用专用擦纤纸或酒精棉擦拭，擦完等酒精干后再连接，否则会引入较大衰耗导致测试结果不准确。

（3）光谱分析仪到设备的尾纤连接要牢靠，连接前要根据仪表和光放大器的标称发光功率情况增加光衰耗器，防止损坏仪表。

【思考与练习】

1. 光线路通道测试主要测试哪些指标？
2. 简述 MPI–S/MPI–R 点光功率的测试方法。
3. 简述 MPI–R 点每通道光信噪比的测试方法。
4. 简述光线路通道测试时的注意事项。

模块 12　误码性能测试（Z38E2012Ⅲ）

【模块描述】本模块介绍了 OTN 设备误码性能的测试。通过操作过程详细介绍，掌握 OTN 设备误码性能的测试方法。

【模块内容】

OTN 网络完成组网及业务开通后，需要进行全网误码性能。全网误码测试要求涵盖所有业务通道，可以进行业务通道级联测试，也可以分业务上下段进行测试。要求连续测试 24h 情况下误码为零。

一、测试目的

测试线路或业务通道的误码性能，确保系统性能指标符合要求。

二、安全注意事项

1. 防止网管误操作

应严格按照批准的测试方案进行测试操作，网管上操作时还需有专人监护，防止误操作。

2. 防止静电损坏板卡

进行拔插板卡尾纤等操作时，需带静电手腕，静电手腕要与机柜接地铜条接触良好。

3. 防止灼伤人眼及皮肤

有些光模块发光功率很强，在拔纤后应避免眼睛对准光纤接头，发光器件或长时间照射，否则很容易将眼睛灼伤。

4. 避免测试仪器、光板的损坏

测量时，OTN 光板的发光需要经过可变衰耗器接入 SDH 误码分析仪，需要注意经过衰耗的光功率不能超过仪表的最大量程和光板的光功率过载点，否则可能损坏仪表和光板。特别是长距光板，如果在连接时可变衰耗器没有进行足够衰耗，环回接入光板接收端时极易造成光板损坏，要特别注意。因此，测量前需先根据光板型号的标称发光功率，选择合适的可变衰耗器并调整到合适的衰耗度，才能插入光板接收端。

5. 测试结束后恢复光路连接应可靠

测试完成后要对相应的光接口、尾纤头擦拭除尘后再插入设备光板，并可靠连接，否则容易造成衰减过大，严重时会造成光路不通，导致业务中断。

三、测试准备

（1）误码测试前要保证网络中各单板的输入、输出光功率都在最佳的功率值，且系统无异常告警和性能事件。

（2）准备好 SDH 分析仪、可调衰耗器、测试用尾纤、防静电手腕等仪表工具。

（3）准备好记录表，准备进行测试并随时记录测试结果。

四、测试的步骤及要求

全网误码性能测试方法有单通道误码测试和所有业务误码通道测试。本文以 G 项目为例，分别介绍这两种全网误码测试的方法。G 项目组网图如图 2-12-1 所示，其中其中站点 A、C、E 各有 4 块 OTU 单板。

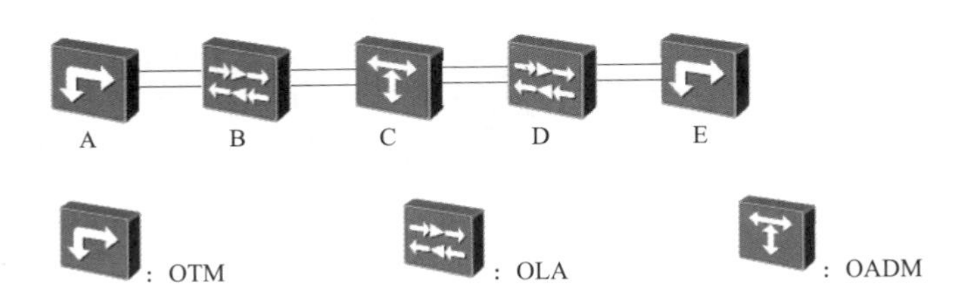

图 2-12-1 G 项目组网图

（一）单通道误码测试

A 到 E 业务单通道误码性能测试示意图如 2-12-2 所示，A 到 C、C 到 E 单通道测试方法与 A 到 E 测试方法一样，本节以 A 到 E 单通道误码测试为例描述单通道误码性能测试方法，操作步骤如下：

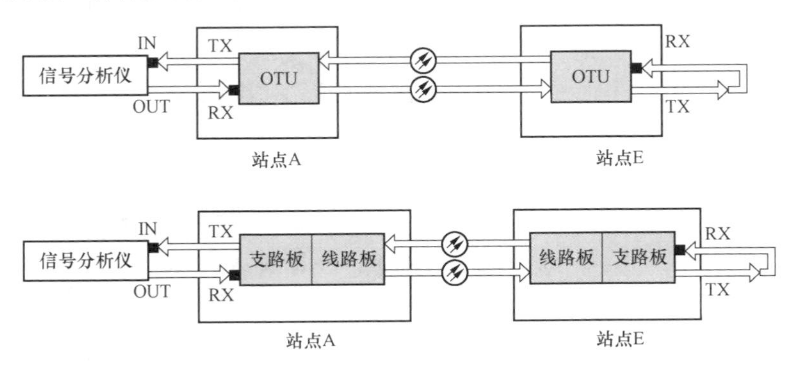

图 2-12-2 A 到 E 业务单通道误码性能测试示意图

（1）在站点A，将信号分析仪的收发光口经固定光衰减器后，分别与OTU单板或者支路板的客户侧输出“TX”口、输入“RX”口连接。

（2）在站点E，将OTU单板或者支路板的客户侧输出“TX”口、输入“RX”口经固定光衰减器后连接，实现客户侧环回。

（3）利用信号分析仪对该业务通道进行15min的误码测试（具体测试时间依据验收规范）。

（4）如果产生误码要检查原因并解决，再重新进行15min误码测试，直到不再出现误码。

（5）参照步骤1～4，对A到C、C到E所有通道进行15min误码测试。

（二）所有业务通道误码串测

所有业务通道误码串测示意图如图2–12–3所示。因为在光放大站和中继站上没有信号插入或抽取操作，所以图中没有显示这些站点。

操作步骤如下：

（1）按照图2–12–3所示，根据以下方法连接光纤。在本端，信号分析仪发送光口连接第一个OTU单板或者支路板的“RX”口，信号经远端环回后，在此OTU单板或者支路板的“TX”口输出，完成一个单通道连接。将第一个OTU单板或者支路板的“TX”口与第二个OTU单板或者支路板的“RX”口经固定衰减器后连接，按照上面方法进行第二个、第三个，直至第N个单通道的串联。最后本端的第N个OTU单板或者支路板的“TX”口与信号分析仪的接收光口连接。

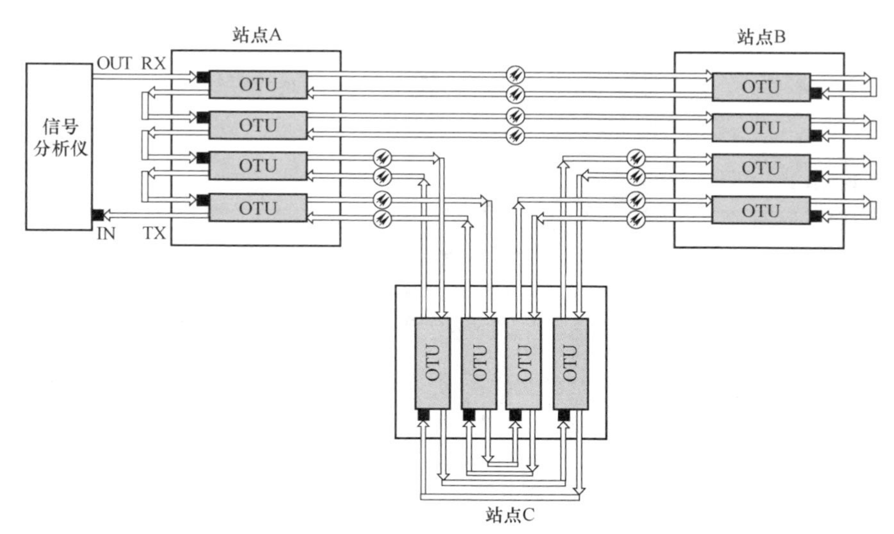

图2–12–3 所有业务通道误码串测示意图1

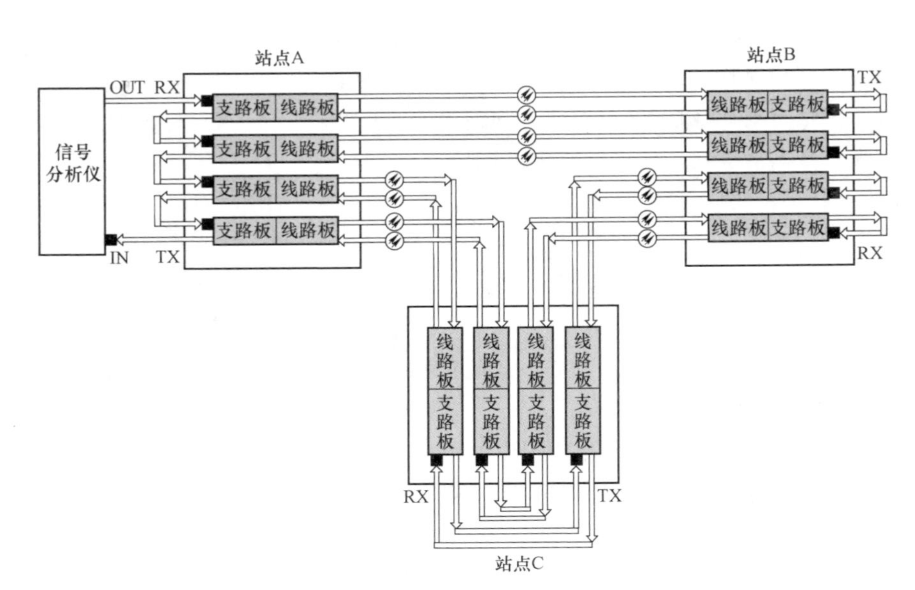

图 2–12–3 所有业务通道误码串测示意图 2

（2）利用信号分析仪进行 24h 的误码测试。

（3）如果产生误码要检查原因并解决，再重新进行 24h 误码测试，直到不再出现误码。

五、测试结果分析及测试报告的编写

业务通道的误码率应满足验收规范要求，若误码率不能满足验收规范，应根据误码类型进行分析与处理，排查故障后再进行误码性能测试。测试结果可参考表 2–12–1 进行记录。

表 2–12–1　　　　OTN 业务误码性能测试记录

<table>
<tr><td colspan="5">工程名称：</td><td colspan="5">通信站名称：</td></tr>
<tr><td colspan="5">厂家名称：</td><td colspan="5">设备名称：</td></tr>
<tr><td colspan="5">设备型号：</td><td colspan="5"></td></tr>
<tr><td colspan="5">测试人：</td><td colspan="5">记录人：</td></tr>
<tr><td rowspan="2">序号</td><td rowspan="2">测试端口速率</td><td rowspan="2">频率</td><td rowspan="2">测试位置</td><td rowspan="2">环回站名</td><td rowspan="2">测试项目</td><td colspan="2">15min</td><td colspan="2">24h</td></tr>
<tr><td>指标值</td><td>测试值</td><td>指标值</td><td>测试值</td></tr>
<tr><td rowspan="3">1</td><td rowspan="3"></td><td rowspan="3"></td><td rowspan="3">第___个 ODU1</td><td rowspan="3"></td><td>ESR</td><td>0</td><td></td><td>0</td><td></td></tr>
<tr><td>SESR</td><td>0</td><td></td><td>0</td><td></td></tr>
<tr><td>BBER</td><td>0</td><td></td><td>0</td><td></td></tr>
</table>

续表

序号	测试端口速率	频率	测试位置	环回站名	测试项目	15min		24h	
						指标值	测试值	指标值	测试值
2			第___个ODU1		ESR	0		0	
					SESR	0		0	
					BBER	0		0	
3			第___个ODU1		ESR	0		0	
					SESR	0		0	
					BBER	0		0	
4			第___个ODU1		ESR	0		0	
					SESR	0		0	
					BBER	0		0	
监理单位代表：			施工单位代表：			供货方代表：			

六、测试注意事项

（1）测试前要仔细检查误码分析仪，确保仪表正常。

（2）在连接误码分析仪之前应该检查仪表、光板光接口以及测试用尾纤接头是否清洁，必要时用专用擦纤纸或酒精棉擦拭，擦完等酒精干后再连接，否则会引入较大衰耗导致测试结果不准确。

（3）误码分析仪到设备的尾纤连接要牢靠，连接前要根据仪表和板卡的收发光功率情况增加光衰耗器，防止损坏仪表和板卡。

【思考与练习】

1. 简述OTN业务单通道误码性能测试的操作步骤。
2. 简述OTN业务全通道误码性能测试的操作步骤。
3. 简述OTN业务通道误码性能测试时的注意事项。

模块13 保护倒换功能测试（Z38E2013Ⅲ）

【模块描述】本模块介绍了OTN网络保护倒换功能的测试。通过操作过程详细介绍，掌握OTN网络保护倒换功能的测试方法。

【模块内容】

OTN网络完成组网后，需要测试网络保护倒换功能，以确保网络保护功能的实现。本文以华为OptiX OSN 8800为例，主要介绍线路保护、ODUk SNCP保护的倒换功能测试方法。

一、测试目的

通过手动或网管操作的方式测试线路保护、ODUk SNCP 等保护能否正常倒换。

二、安全注意事项

1. 防止网管误操作

应严格按照批准的测试方案进行测试操作，网管上操作时还需有专人监护，防止误操作。

2. 防止静电损坏板卡

进行拔插板卡等操作时，需带静电手腕，静电手腕要与机柜接地铜条接触良好。

3. 防止灼伤人眼及皮肤

有些光模块发光功率很强，在拔纤后应避免眼睛对准光纤接头，发光器件或长时间照射，否则很容易将眼睛灼伤。

4. 避免测试仪器、光板的损坏

测量时，OTN 光板的发光需要经过可变衰耗器接入 SDH 误码分析仪，需要注意经过衰耗的光功率不能超过仪表的最大量程和光板的光功率过载点，否则可能损坏仪表和光板。特别是长距光板，如果在连接时可变衰耗器没有进行足够衰耗，环回接入光板接收端时极易造成光板损坏，要特别注意。因此，测量前需先根据光板型号的标称发光功率，选择合适的可变衰耗器并调整到合适的衰耗度，才能插入光板接收端。

5. 测试结束后恢复光路连接应可靠

测试完成后要对相应的光接口、尾纤头擦拭除尘后再插入设备光板，并可靠连接，否则容易造成衰减过大，严重时会造成光路不通，导致业务中断。

三、测试准备

（1）OTN 组网已完成，且已经完成 ODUk SNCP 保护或光线路保护配置。

（2）准备好 SDH 分析仪、可调衰耗器、测试用尾纤、防静电手腕等仪表工具。

（3）准备好记录表，准备进行测试并随时记录测试结果。

四、测试的步骤及要求

（一）ODUk SNCP 保护倒换测试

1. 按图 2–13–1 进行测试连接

（1）在站点 A，将信号分析仪的输出输入光口经固定光衰减器分别与支路板用户侧输入“RX”口、输出“TX”口连接。

（2）在站点 B，将支路板的用户侧输出“TX”口、输入“RX”口经固定光衰减器用光纤连接，实现用户侧环回。

（3）利用信号分析仪测试光通道，确保无误码产生。

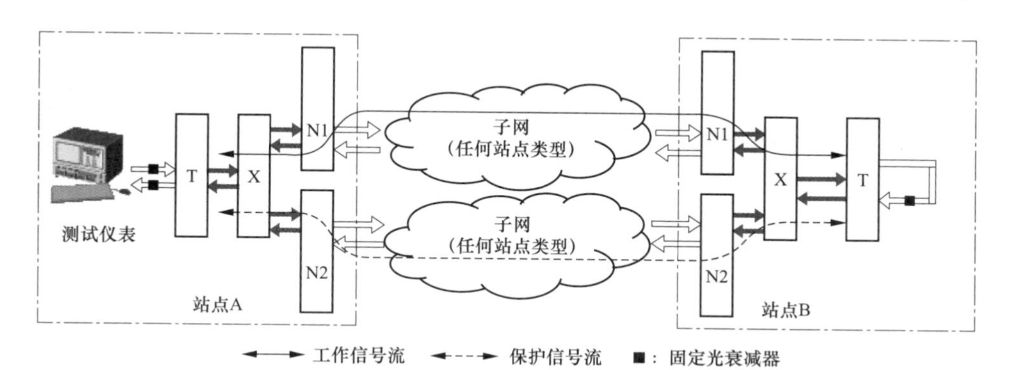

图 2-13-1　ODUk SNCP 保护倒换测试示意图

2. 查询站点 A 正常情况下的通道状态

（1）登录 U2000，在主视图上，双击站点 A 的网元图标，打开网元的状态图。

（2）右键单击网元，选择“网元管理器”，进入“网元管理器”对话框。

（3）在左边导航树中选择网元，在功能树中选择“配置→WDM 业务管理”，单击“SNCP 业务控制”。

（4）单击“查询”。可以查询到当前所有保护组。ODUk SNCP 保护的“状态”应该为“正常状态”。

（5）查看 ODUk SNCP 保护的通道状态。“工作交叉”的“路径状态”为“空闲”，“保护交叉”的“路径状态”为“空闲”。

3. 采用拔纤方式测试保护倒换功能

（1）拔掉站点 A 中的工作线路板 N1 的“IN”光口的光纤实现倒换，采用拔纤方式时，必须拔仪表接收方向的光纤。这样做可以避免发生两次倒换或者不倒换的情况。

（2）查看站点 A 的 ODUk SNCP 保护的通道状态。在功能树中选择“配置→WDM 业务管理”，单击“SNCP 业务控制”。单击“查询”。右侧保护组列表列出所有保护组。“工作交叉”的“路径状态”为“SF”，“保护交叉”的“路径状态”为“空闲”，保护组“状态”为“SF 倒换”。

（3）查询网管告警，单板应该上报 ODU_SNCP_PS 告警。

（4）利用信号分析仪检查业务，业务应可通且无误码。

（5）对步骤 1 使用的倒换方式，使用恢复光纤连接方法恢复测试环境。

（6）经过等待恢复时间后，单击“查询”。保护组的“状态”应为“正常状态”。

4. 采用强制倒换方式测试保护倒换功能

（1）可采用强制倒换方式执行 ODUk SNCP 保护倒换测试：进入站点 A“SNCP 业务控制”页面，选中“工作交叉”，单击“功能”，在弹出的菜单中选择“强制倒换到保护”实现倒换。在弹出的提示框中单击“确定”。

（2）查看站点A的ODUk SNCP保护的通道状态。在功能树中选择“配置→WDM业务管理”，单击“SNCP业务控制”。单击“查询”。右侧保护组列表列出所有保护组。“工作交叉”的“路径状态”为“强制倒换”，“保护交叉”的“路径状态”为“强制倒换”，保护组“状态”为“强制（工作到保护）倒换状态”。

（3）查询网管告警，单板应该上报ODU_SNCP_PS告警。

（4）利用信号分析仪检查业务，业务应可通且无误码。

（5）对步骤1使用的倒换方式，使用如下方法恢复测试环境。选中相应的工作交叉，单击“功能”，在弹出的菜单中选择“清除”。在弹出的提示框中单击“确定”。

（6）经过等待恢复时间后，单击“查询”。保护组的“状态”应为“正常状态”。

（二）光路线保护倒换测试

1. 按照图2–13–2进行测试连接

（1）在站点A，将信号分析仪的输出输入光口经过固定衰减器分别与一个OTU客户侧输入“RX”口、输出“TX”口连接。

（2）在站点B，将OTU单板的客户侧输出“TX”口、输入“RX”口经固定光衰减器用光纤连接，实现客户侧环回。

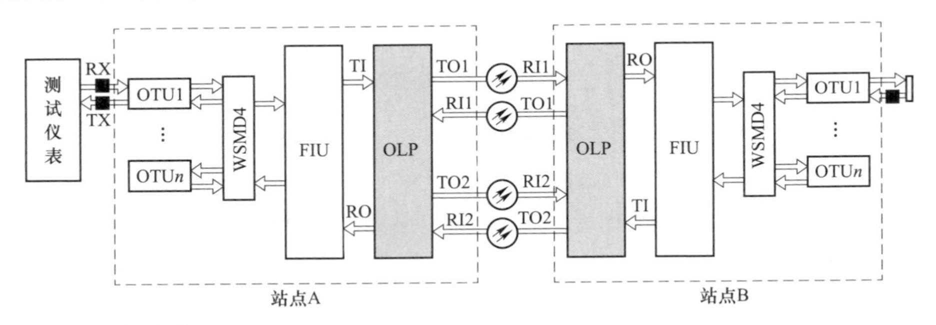

图2–13–2 光线路保护倒换测试示意图

2. 查询站点A正常情况下的通道状态

（1）登录U2000，在主视图上，双击站点A的光网元图标，打开光网元的状态图。

（2）右键单击OLP单板所在的网元，选择“网元管理器”，进入“网元管理器”对话框。

（3）在左边导航树中选择网元，在功能树中选择“配置→端口保护”。

（4）单击“查询”，弹出“操作结果”对话框提示操作成功，单击“关闭”完成操作。右侧保护组列表列出所有保护组。

（5）查看光线路保护的通道状态。“工作通道”为“A–子架 1（subrack）–5–OLP–1（RI1/TO1）”，“工作通道状态”为“正常”，“保护通道”为“A–子架 1（subrack）–5–OLP–2（RI2/TO2）”，“保护通道状态”为“正常”。

3. 测试保护倒换功能

（1）采用拔纤方式执行光线路保护倒换测试。

1）拔掉站点 A 的 OLP 单板接收端口“RI1”的光纤实现倒换。

2）查看站点 A 倒换后的光线路保护的通道状态。

在功能树中选择“配置→端口保护”。单击“查询”，弹出“操作结果”对话框提示操作成功，单击“关闭”完成操作。右侧保护组列表列出所有保护组。

“工作通道”为“A–子架 1（subrack）–5–OLP–1（RI1/TO1）”，“工作通道状态”为“SF”，“保护通道”为“A–子架 1（subrack）–5–OLP–2（RI2/TO2）”，“保护通道状态”为“正常”，“倒换状态”为“SF 倒换”。

3）在站点 A 的网元板位图中，右键单击 OLP 单板，选择“告警浏览”，应有 OLP_PS 告警上报。

4）利用信号分析仪检查业务，业务应可通。

5）恢复光纤连接。

6）经过等待恢复时间后，单击“查询”，弹出“操作结果”对话框提示操作成功，单击“关闭”完成操作。保护组的“倒换状态”应为“空闲”。

（2）采用强制倒换方式执行光线路保护倒换测试。

1）进入站点 A 的保护组页面，右键单击选定的保护组，选择“强制倒换到保护通道”实现倒换。在弹出的对话框中单击“确定”。

2）查看站点 A 倒换后的光线路保护的通道状态。

在功能树中选择“配置→端口保护”。单击“查询”，弹出“操作结果”对话框提示操作成功，单击“关闭”完成操作。右侧保护组列表列出所有保护组。

“工作通道”为“A–子架 1（subrack）–5–OLP–1（RI1/TO1）”，“工作通道状态”为“正常”，“保护通道”为“A–子架 1（subrack）–5–OLP–2（RI2/TO2）”，“保护通道状态”为“正常”，“倒换状态”为“强制倒换到保护通道”。

3）在站点 A 的网元板位图中，右键单击 OLP 单板，选择“告警浏览”，应有 OLP_PS 告警上报。

4）利用信号分析仪检查业务，业务应可通。

5）选中相应的保护组，右键单击并选择“清除”。在弹出的提示框中单击“确定”。

6）经过等待恢复时间后，单击“查询”，弹出“操作结果”对话框提示操作成功，单击“关闭”完成操作。保护组的“倒换状态”应为“空闲”。

五、测试结果分析

正常情况下，网络应能够正常完成保护倒换，切倒换无误码，倒换时间应在 50ms 以内。如果倒换时间大于 50ms，可能是某个站点设备软、硬件故障或保护方式配置有误，需要逐一排查。

六、测试注意事项

（1）在连接误码分析仪之前应该检查仪表、光板光接口以及测试用尾纤接头是否清洁，必要时用专用擦纤纸或酒精棉擦拭，擦完等酒精干后再连接，否则会引入较大衰耗导致测试结果不准确。

（2）误码分析仪到设备的尾纤连接要牢靠，连接前要根据仪表和板卡的收发光功率情况增加光衰耗器，防止损坏仪表和板卡。

测试出接收灵敏度后，需要和设备厂家标称接收灵敏度值进行对比，如果相差较大，可能是板件已经损坏或即将损坏，需要考虑维修或更换光板。另外，测试出接收灵敏度后还需要和对端光板发过来的收光功率值进行对比，如果富裕度不够，需要考虑减少光缆通道的衰耗或更换长距光板、光放。

编写测试报告的形式可以灵活设定，但内容应包含测试设备板件信息、测试时间、测试人员、测试模型示意图、光板工作波长、测试结果、测试结论等内容。

【思考与练习】

1. 保护倒换时间应在什么范围内？
2. 简述采用拔纤和强制倒换方式进行 OTN 线路保护倒换测试的方法和步骤。
3. 简述采用拔纤和强制倒换方式进行 OTN 设备 ODUk SNCP 保护倒换测试的方法和步骤。
4. 保护倒换测试时需注意的事项有哪些？

模块 14 光板功率异常（Z38E2014Ⅲ）

【模块描述】本模块包含了 OTN 设备光板功率异常现象的描述、分析和处理。通过案例分析，掌握 OTN 设备常见光功率异常故障的分析和处理方法。

【模块内容】

光功率值是波分系统的一项重要性能，输入光功率异常（过低和过高）会导致系统产生误码，甚至导致业务中断。在 OTN 设备维护和故障处理中，对光放大板、光合波分波板、光分插复用板以及 OTU 板等的输入、输出光功率典型值和光放大板的增益、光合波分波板、光分插复用板的插损等指标应熟练掌握，保证维护和故障处理过程中对各个光功率点、插损是否异常进行快速、准确判断，以便迅速定位系统的光功率异常点。本模块对 OTN 设备产生的光功率明显下降故障现象进行分析和处理。

一、故障现象

由于光缆线路性能劣化等外部原因以及设备本身的软硬件故障，可能导致光板功率异常，产生误码，甚至导致业务中断。

二、故障原因分析

导致光板功率异常的原因主要包括设备原因和外部原因。

1. 外部原因

（1）光缆线路性能劣化，线路光缆的衰耗、色散等性能不满足设计值。

（2）尾纤由于弯曲、挤压、绑扎、连接器不清洁等原因引起尾纤衰耗过大。

（3）尾纤未按照设计连接导致连接错误。

2. 设备原因

（1）软件设置不正确。

（2）OTU 板失效或性能劣化。

（3）光放大板失效或性能劣化。

三、故障处理的方法及步骤

（一）故障处理的流程

（1）记录故障现象，备份网管数据。进行故障处理时，应首先记录故障现象同时备份网管数据，便于故障处理时误改数据或故障处理不成功后进行数据恢复。

（2）排除外部故障因素。判断是否是外部引起的故障如供电问题、光缆问题、机房环境、用户设备等。

（3）分析、定位、故障处理。通过设备的告警分析故障的影响范围和原因，定位故障区域，重大故障应以尽快恢复为原则，保证正在使用的业务。

（4）处理完毕后进行稳定性观察，并做好故障处理记录。

（二）故障处理的原则和步骤

根据故障现象，通过网管观测、板件替换和仪表测试等方法，采取先外部、后内部，先主通道、后单通道，先高级、后低级，先系统、后单站的原则排查故障。处理的步骤如下：

1. 排除 OTU 板输入、输出功率是否故障

（1）检查 OTU 板“IN”口输入功率是否异常，若正常，转至下一步骤；若异常，则排除客户侧设备输出功率故障、排除客户侧设备与 OTU 板“IN”口之间的光纤、光纤连接故障。

（2）检查 OTU 板“TX”口输出功率是否异常，若正常，则转至下一步骤；若异常，则更换 OTU 板。

2. 排除光放大板输入、输出功率故障

（1）核对光放大板“IN”口输入功率与网管查询的光合波板“OUT 口”输出功率是否一致，若一致转至下一步骤；若不一致，则排除光放大板与光合波板板之间的光纤、光纤连接故障。

（2）检查光放大板的输出功率是否异常，通过网管读取光放大板的输出功率值，将该值与网管配置的“期望输出值”对比，若一致，则转至下一步骤；若不一致，则更换光放大板。

3. 排除线路故障

检查本端线路板输出功率是否等于对端线路板输入功率+线路衰耗；若是，则转至下一步骤；若异常，则检查线路光纤是否劣化严重或者出现熔接不好等问题。

4. 排除对端预放板输入、输出功率故障

（1）核对预放板输入功率与线路接口板（监控）输出功率是否一致，若一致转至下一步骤；若不一致，则排除预放板与线路接口板之间的光纤、光纤连接故障。

（2）检查预放板的输出功率是否异常，通过网管读取预放板的输出功率值，将该值与网管配置的“期望输出值”对比，若一致，则转至下一步骤；若不一致，则更换预放板。

（3）通过监控板检测各波光信噪比是否过低，正常则转至下一步骤；若所有波信噪比过低，则增大发端光放板的输出功率；若某波或某几个波信噪比过低，则减小上游站点合波板对应的输入功率衰减值。

5. 排除 OTU 板“RX”口输入、“OUT”口输出功率是否故障

（1）检查 OTU 板“RX”口输入功率是否异常，若正常，转至下一步骤；若异常，则排除 OTU 板“RX”口与 ODU 板之间的光纤及连接故障，或者增加或减少“RX”口前固定衰减器的衰减值。

（2）检查 OTU 板“OUT”口输出功率是否异常，若正常，则转至下一步骤；若异常，则更换 OTU 板。

（3）检查客户侧设备的接收功率是否异常，若正常，则联系厂商维护人员做进一步判断；若异常，则排除 OTU 板与客户侧设备之间的光纤及连接故障，或者增加或减少客户侧设备前固定衰减器的衰减值。

四、故障案例分析举例

本节以华为 OptiX OSN 8800 产品为例，描述 AF 网络的入纤光功率过高导致 OTU 单板性能差故障的案例分析。AF 网络组网如图 2–14–1 所示。

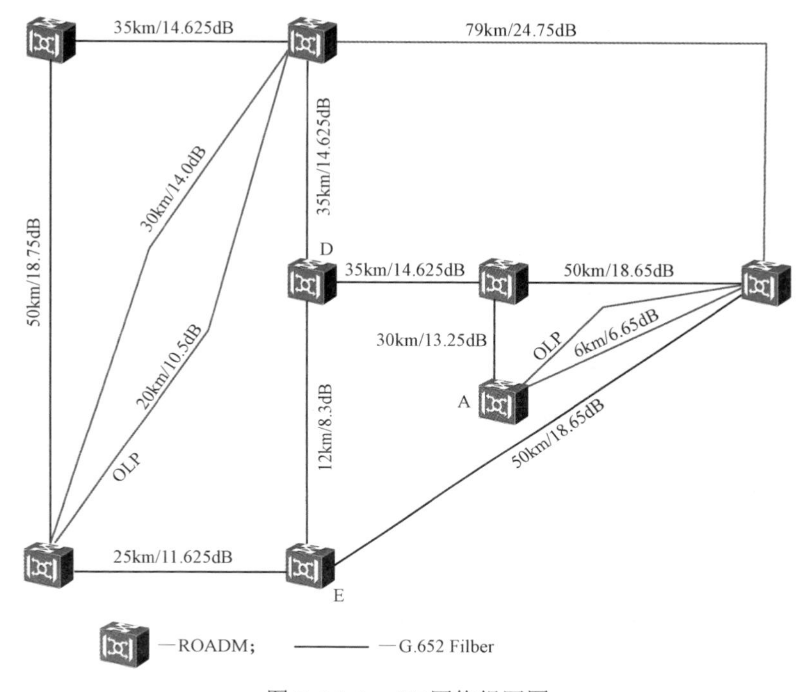

图 2–14–1　AF 网络组网图

（1）故障现象。AF 网络改造并对 OPA 预置插损调整之后，一条链路所有通道的业务单向性能变差，纠前 FEC 由原来的 1E–7、1E–8 变为 1E–4、1E–5，而且纠前 FEC 的值经常变化。原来没有纠后误码，调整之后经常出现大量纠后误码。从 A 站点上波到 F 站点（A–B–C–D–E–F）的第 54 波性能最差，纠前为 1E–4，纠后误码量很大。同源同宿从 B 站点上波到 E 站点下波的第 56 波和第 26 波性能差别很大，第 56 波有纠前误码，有时会有纠后误码和不可纠块数，而第 26 波没有纠前误码率。

C 和 D 只是两个光跳站点，连接 G.653 和 G.652 的光纤，没有其他设备。C 到 D 站点之间是 G.653 光纤。A 到 B 和 E 到 F 采用了线路 1+1 保护。

（2）原因分析。出现该问题的可能原因如下：

1）OTU 单板输入光功率过高或者过低。

2）对接的两个 OTU 单板的 FEC 纠错模式不一致。

3）单板故障（包括 OTU 单板和光层单板）。

4）光缆或尾纤故障。

5）系统 OSNR 过低（包括光功率调测值未达到标称值，色散补偿不正确，非线性校验等），达不到开通要求。

（3）故障处理。故障处理步骤如下：

1）查询 OTU 单板的接收光功率，FEC 配置，确认都是正常。通过尾纤自环，确认 OTU 单板工作正常。启动 OPA 功能之前，网络性能是满足要求的，而在启动 OPA 功能之后，网络性能才变差，可判断系统性能劣化和 OPA 功能相关。而启动 OPA 是会导致线路光功率的变化。

2）采集各个站点的光功率后，发现 B 站点的输出光功率为 21.8dBm（单波入纤光功率为 9.5dBm），减去线路衰减 9.125dBm，实际进入 C 站点 G653 光纤的光功率约为 0.4dBm。该单波入纤光功率已经远远超出了系统设计原则的推荐值。

G.653 链路 80 波系统的单波入纤光功率推荐值为–7dBm，如果入纤光功率太高会引入非线性效应 FWM，导致系统性能急剧劣化。

3）修改 OPA 的输入、输出光功率参考值，让 G.652 的单波入纤光功率为+1dBm，G.653 链路的单波入纤光功率为–7dBm，降低 G.653 链路的非线性效应 FWM，系统性能得到了大幅度的改善，所有性能的纠错前误码率均优化到 $1e^{-10}$ 以下。

第 56 波的输出光功率在 B 站点的当前输出光功率为 11.4dBm，第 26 波的输出光功率在 B 站点的当前输出光功率为 12.4dBm。两波在输出光功率差不多的情况下，性能差异却非常大。这是因为 80 波系统的第 56 波为 1550nm，正好是 G.653 光纤的零色散点。入纤光功率越高，越接近零色散点的波长，其非线性效应 FWM 越明显。

【思考与练习】

1. 造成 OTN 设备光板功率异常现象的原因有哪些？
2. OTN 设备光板功率异常时故障处理的原则是什么？
3. OTN 设备光板功率异常时处理的流程是什么？
4. OTN 设备光板功率异常时处理的步骤主要有哪些？

模块 15 误码故障分析及处理（Z38E2015Ⅲ）

【模块描述】本模块包含了 OTN 设备多波通道误码、单波通道误码故障现象的描述、分析和处理。通过案例分析，掌握 OTN 设备常见误码故障的分析和处理方法。

【模块内容】

通道误码是 OTN 网络常见的故障之一，通道的误码会导致系统性能下降，甚至导致业务中断。引起误码的因素有很多，出现误码后要及时排除故障，防止引起系统大范围的故障。本模块描述 OTN 网络产生的多波通道、单波通道误码故障的分析和处理。

一、故障现象

OTN 设备多波道或单波通道出现误码或瞬断现象。

二、故障原因分析

（一）多波通道误码故障的原因

（1）电源、散热、接地故障。

（2）光缆或合波部分的尾纤衰耗过大。

（3）DCM 模块配置不合理。

（4）光放大板、合波板、分波板、光分插复用板故障。

（5）设备温度过高。

（二）单波通道误码故障的原因

（1）OTU 板输入光功率异常。

（2）分波板和 OTU 板、OTU 板和 ODF 架之间尾纤老化、弯折，导致损耗较大。

（3）设备温度过高。

（4）本端和对端 OTU 板的 FEC 模式设置不一致。

（5）OTU 板故障。

（6）对接的数据业务接口板的端口自协商模式设置不匹配。

三、故障处理方法

（一）故障处理的流程

（1）记录故障现象，备份网管数据。进行故障处理时，应首先记录故障现象同时备份网管数据，便于故障处理时误改数据或故障处理不成功后进行数据恢复。

（2）排除外部故障因素。判断是否是外部引起的故障如供电问题、光缆问题、机房环境、用户设备等。

（3）分析、定位、故障处理。通过设备的告警分析故障的影响范围和原因，定位故障区域，重大故障应以尽快恢复为原则，保证正在使用的业务。

（4）处理完毕后进行稳定性观察，并做好故障处理记录。

（二）故障处理的原则和步骤

1. 故障处理的原则

根据故障现象，通过网管观测、板件替换和仪表测试等方法，采取先外部、后内部，先主通道、后单通道，先高级、后低级，先系统、后单站的原则排查故障。

2. 多波道误码处理的步骤

（1）检查通道沿线各站点设备是否有外界干扰问题，例如线路光缆、电源电压。

（2）查看通道沿线各站点设备是否有激光器、板卡等告警，查看是否设备运行环境温度过高，影响系统发送光功率。

（3）检查通道端点设备是否有接地不规范或没接地情况。

（4）利用光功率计检查合波部分的各尾纤两端的功率是否一致，若不一致，则更换尾纤。

（5）利用光功率计测试线路光纤两端的功率是否一致，判断光缆是否劣化。

（6）核实光缆类型和实际长度等光缆参数，检查 DCM 配置，增加或减少 DCM 补偿距离，保证没有欠补偿或过补偿。

（7）检查发送端合波盘到接收端分波盘之间所有经过的单盘的输入和输出光功率，若输入光功率正常、输出光功率异常，则更换相应机盘。

3. 单波通道误码处理的步骤

（1）查看 OTU 盘是否有激光器、板卡等告警，确认是否温度过高造成光模块工作异常。

（2）检查 OTU 盘的输入光功率：若输入光功率过低，清洁尾纤；若输入光功率过高则增加衰减器保证入光功率合适。

（3）检查分波盘和 OTU 盘、OTU 盘和 ODF 架之间尾纤是否老化、弯折，如果有，请更换。

（4）检查 OTU 盘单盘配置\OTU2 配置中的 FEC 编码类型，保证本、对端编码类型一致。

（5）检查数据业务类接口盘与用户设备数据端口的自协商模式，保证匹配。

（6）上述步骤完成后仍不能解决问题，则更换 OTU 盘。

四、故障案例分析举例

以华为 OptiX OSN 8800 产品为例，描述某网络单波通道误码故障的分析与处理。某网络配置实例如图 2–15–1 所示。

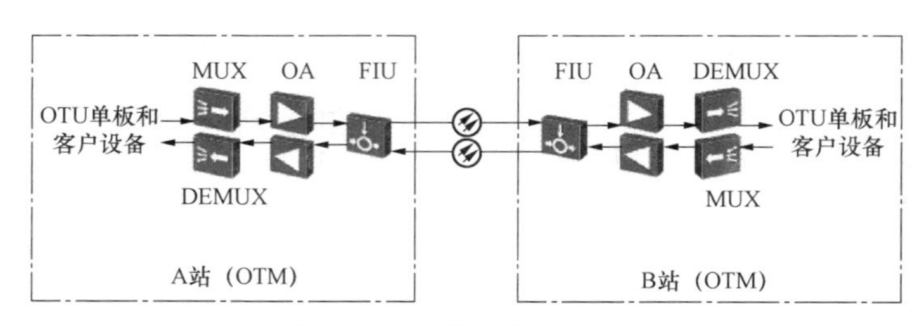

图 2–15–1　某网络配置实例

（1）故障现象。OTU 单板或支线路单板上报 OTUk_EXC、OTUk_DEG、BEFFEC_EXC、B1_EXC、B1_SD 等告警。

（2）原因分析。出现该问题的可能原因如下：

1）OTU 单板或支线路单板输入光功率异常。

2）MUX 单板和 ODF 架之间尾纤老化、弯折，导致损耗较大。

3）设备温度过高。

4）相互对接的两个 OTU 单板或支线路单板的 FEC 纠错模式不一致。

5）OTU 单板或支线路单板光口不清洁。

6）OTU 单板或支线路单板故障。

（3）处理步骤。故障处理方法与步骤如下：

1）排除 OTU 单板或支线路单板输入光功率异常因素故障。处理方法：检查 OTU 单板或支线路单板的输入光功率。若输入光功率过低，清洁尾纤。

2）排除分/合波单板和 OTU 单板或支线路单板、MUX 单板和 ODF 架之间尾纤老化、弯折，导致损耗较大。处理方法：更换尾纤。

3）排除设备温度过高因素故障。处理方法：查看网元上的告警，是否有 TEMP_OVER 等告警。如有，单板工作温度不正常、检查机房环境、清洁防尘网。

4）排除相互对接的两个 OTU 单板或支线路单板的 FEC 纠错模式不一致导致的故障。处理方法：使用网管查询相互对接的两个 OTU 单板或支线路单板的 FEC 纠错模式，将二者的纠错模式统一设置为 FEC 或者 AFEC 模式，保证模式匹配。

5）排除 OTU 单板或支线路单板光口不清洁因素导致的故障。处理方法：若 OTU 单板或支线路单板光口不清洁，请用专用压缩空气对准单板光口喷涂，清洁光口。

6）排除 OTU 单板或支线路单板故障。处理方法：若尾纤、输入功率、运行温度均正常，且单板的 FEC 模式匹配，更换接收端 OTU 单板或支线路单板，如果误码消失，则说明接收端 OTU 单板或支线路单板故障；若接收端 OTU 单板或支线路单板正常，更换发送端 OTU 单板或支线路单板，如果误码消失，则说明发送端 OTU 单板或支线路单板故障。

【思考与练习】

1. 造成 OTN 多波道误码故障的原因有哪些？
2. 造成 OTN 单波道误码故障的原因有哪些？
3. 简述 OTN 多波道误码故障的处理步骤。
4. 简述 OTN 单波道误码故障的处理步骤。

模块 16　设备对接故障分析及处理（Z38E2016Ⅲ）

【模块描述】本模块包含了 OTN 设备与数据设备、SDH 设备对接故障现象的描述、分析和处理。通过案例分析，掌握常见 OTN 设备对接故障的分析和处理方法。

【模块内容】

OTN 设备可提供数据业务通道和 SDH 业务通道，由于线路、配置以及设备硬件等原因，OTN 设备与数据设备、SDH 设备对接时可能会产生故障，导致对接不成功、业务不通等现象。

一、故障现象

与数据设备、SDH 设备对接时业务不通，网管上报告警。

二、故障原因分析

（1）OTN 设备与数据设备、SDH 设备之间的线路故障。

（2）OTN 设备对接单板接口客户侧参数配置错误。

（3）对接单板故障。

三、故障处理方法

1. 检查波分设备与数据设备、SDH 设备之间的线路是否正常

（1）检查对接单板光模块类型是否一致（单模和多模光模块不能混用）。

（2）检查两端单板光纤是否匹配（单模和多模光纤不能混用）。

（3）按照光纤标签检查光纤是否插错。

（4）使用光功率计检查设备对接尾纤，若异常，更换尾纤；如尾纤正常，检查光缆是否存在故障。

2. 检查 OTN 设备对接单板接口参数配置是否正确

（1）查询和设置单板客户侧接入的业务类型，确保跟数据设备、SDH 设备业务类型设备一致。

（2）查询和设置以太网单板工作模式，确保自协商模式保持一致。

（3）检查对接单板光口最大报文长度设置是否一致。

（4）检查对接端口或对接单板是否存在环回。

3. 检查对接单板是否有故障

（1）用光功率计测试 OTN 设备对接单板用户侧光口光功率，如异常，更换单板。

（2）用光功率计测试数据设备、SDH 设备对接单板光口光功率，如异常，更换单板。

四、故障案例分析举例

以华为 OptiX OSN 6800 产品为例，描述 OTN 设备与 SDH 设备对接故障的分析与处理。

（1）故障现象。某站点的 OptiX OSN 7500 的 N2SLQ16 单板与 OptiX OSN 6800 设备的 TQS 单板对接，TQS 单板未配置业务。N2SLQ16 单板在光功率正常的情况下上报 R_LOS 告警。对 TQS 单板做软件外环回，N2SLQ16 的告警变成 R_LOF。

（2）原因分析。由于 TQS 单板尚未配置业务，当 TQS 单板与 N2SLQ16 单板对接时，光功率正常情况下应该上报 R_LOF 告警而非 R_LOS 告警。经分析，排除 N2SLQ16

单板故障后，R_LOS 告警产生的原因可能是信号丢失而非光功率异常，即 N2SL16 单板接收的可能是白光。

TQS 单板在信号加扰没有定帧的情况下，其波分侧输出信号初始化值为全零，此时 TQS 单板的光模块输出为白光。当对 TQS 单板做环回时，即对光模块进行定帧和加扰初始化，TQS 单板输出光就不再为白光，而是随机的信号光，下游的 SLQ16 单板也不再上报 R_LOS 告警。

（3）处理步骤。

1）通过 T2000 网管查询该 OptiX OSN 6800 网元告警模式设置为自动反转，且没有使能该端口反转功能。

2）更换 N2SLQ16 单板光模块或单板后，故障现象依旧。此时，对 N2SLQ16 单板的端口进行光纤硬环回，R_LOS 告警消失，排除 N2SLQ16 单板或光模块故障的可能。

3）分析故障可能来自与 N2SLQ16 单板对接的 TQS 单板，其发出的光可能是白光，从而导致 SLQ16 单板上的信号丢失。此时，通过 T2000 将 TQS 单板客户侧光口设置为“外环回”，发现 N2SLQ16 单板的 R_LOS 告警变成 R_LOF 告警，故障解除。

【思考与练习】

1. OTN 设备与数据设备、SDH 设备对接故障的原因主要有哪些？

2. 简述 OTN 设备与数据设备对接线路故障时的处理方法。

3. 简述 OTN 设备与 SDH 设备对接参数设置故障时的处理方法。

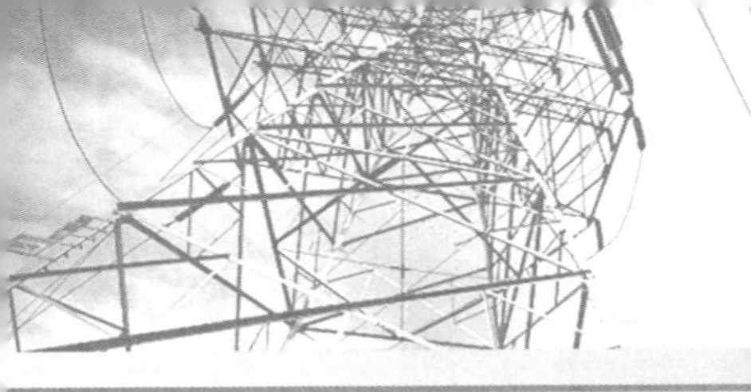

第三章

PCM 设备安装与调试

模块 1 PCM 设备的硬件结构（Z38E3001 Ⅰ）

【模块描述】本模块包含 PCM 设备的机框介绍和机框上各出线端子的介绍，通过对 PCM 设备硬件框架组成的介绍，掌握 PCM 的硬件结构。

【模块内容】

一、PCM 设备的概念

PCM 设备是运用脉冲编码调制（pulse coding modulation，PCM）技术，将模拟信号（如话音信号）经过抽样、量化和编码三个过程变换为数字信号再传给对方；对收到的数字信号经过再生、解码和低通滤波，把数字信号还原为原来的模拟信号的通信设备。

PCM 设备按时隙交叉功能分类，可分为带时隙交叉功能和不带时隙交叉功能的两类。早期的一些 PCM 设备，或者是当前考虑到不同市场需求而设计的一些 PCM 设备，它们都不带时隙交叉功能，属于不带时隙交叉功能的 PCM 设备。目前，很多专网都使用带时隙交叉功能的 PCM 设备，如法国 SAGEM 公司生产的 FMX12 数字交叉连接设备等。

二、PCM 设备的基本功能（带时隙交叉功能）

（1）连接设备内部结构接口的转换。

（2）数据和信令的交叉连接。

（3）同步。

（4）设备与网络的监控和管理。

PCM 系统功能方框图如图 3-1-1 所示。

三、FMX12 设备简介

本培训课程所有章节的实例都是以 FMX12（P4.3B）数字交叉连接设备为例来编写的。FMX12 设备是法国 SAGEM 集团公司生产的智能 PCM 终端和 DXC 设备，该设备具有集成化程度高、功耗低、接口丰富、配置灵活、可靠性高，网管功能强及系统组网灵活先进等优点。FMX12 设备是一种集终端复用，上下电路，交叉连接为一体的智能化多业务接入设备，具有强大的时隙交叉功能。交叉功能由先进的高集成芯片完成，能完成 26×2Mbit/s 或 780×64kbit/s 业务的无阻全交叉连接，能够很好的满足组网的要求。

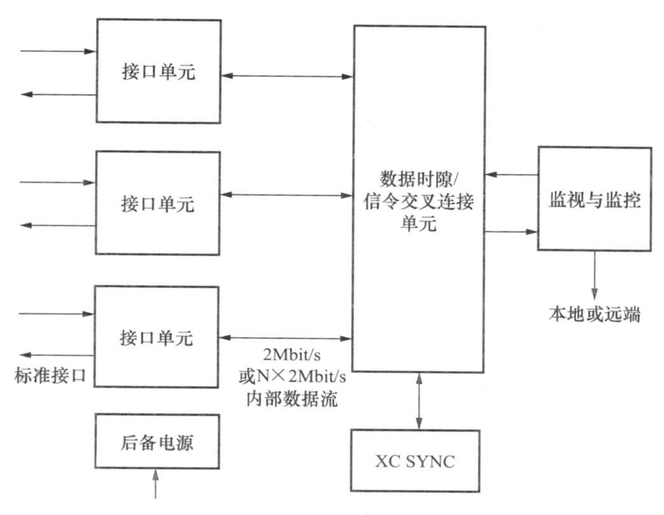

图 3–1–1　PCM 系统功能方框图

四、FMX12 设备的硬件结构

FMX12 设备机框如图 3–1–2 所示，可在 19 英寸或 M3 机架上安装，整个机框为 6+3U 前连接接入框，具体尺寸为：440（宽）mm×420（高）mm×270（深）mm。

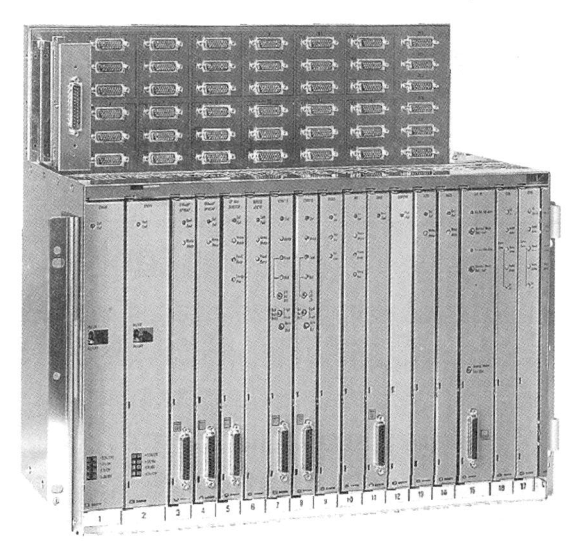

图 3–1–2　FMX12 设备机框插槽示意图

FMX12 设备机框插槽示意图如图 3–1–3 所示，公用板只能各自插在固定的插槽位，槽位具体分配如下：

（1）CNVR 板：电源变换板，可插两块配成 1+1 备份（1、2 插槽互为备份）。

（2）GIE 板：管理接口板，只插一块（15 插槽）。

（3）COB 板：交叉连接同步板，可插两块配成 1+1 备份（16 插槽为主用、17 插槽为备用）。

（4）接口板：插槽 3～14 共 12 个插槽位未被分配，可以用来安装任何用户接口板或者空闲不用。其中常用的接口板有：4×2048kbit/s 接口板（A2S 板）、V.24/V.28 板、6 路可编程音频接口板（6PAFC 板）、6 路用户板（Subscr 板）和 12 路交换板（Exch12 板）等。

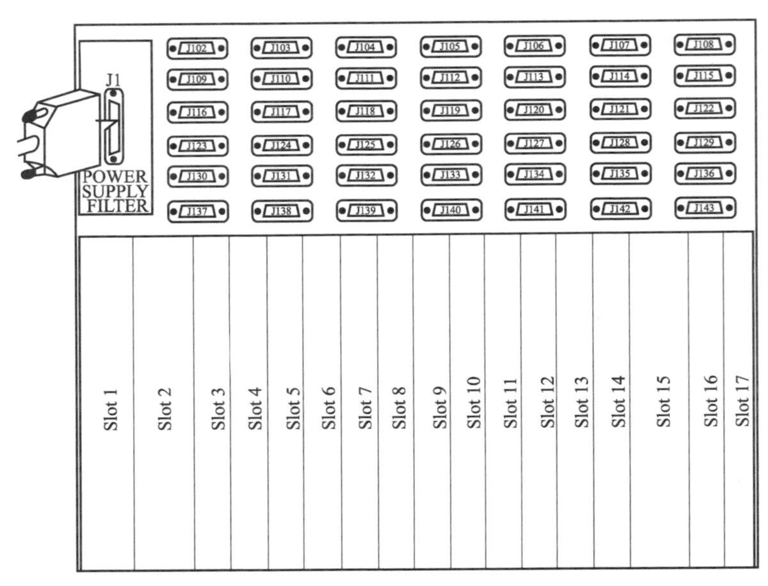

图 3–1–3 FMX12 设备机框插槽示意图

FMX12 设备接口连线区域示意图如图 3–1–4 所示，电源滤波板用来接电源输入和主、次告警的输出。从第 3～14 槽，每个插槽对应 3 个 26 芯插头，对应情况如下具体分配为：

J102，J109 和 J116 对应插槽 3；J123，J130 和 J137 对应插槽 4；

J103，J110 和 J117 对应插槽 5；J124，J131 和 J138 对应插槽 6；

J104，J111 和 J118 对应插槽 7；J125，J132 和 J139 对应插槽 8；

J105，J112 和 J119 对应插槽 9；J126，J133 和 J140 对应插槽 10；

J106，J113 和 J120 对应插槽 11；J127，J134 和 J141 对应插槽 12；
J107，J114 和 J121 对应插槽 13；J128，J135 和 J142 对应插槽 14。

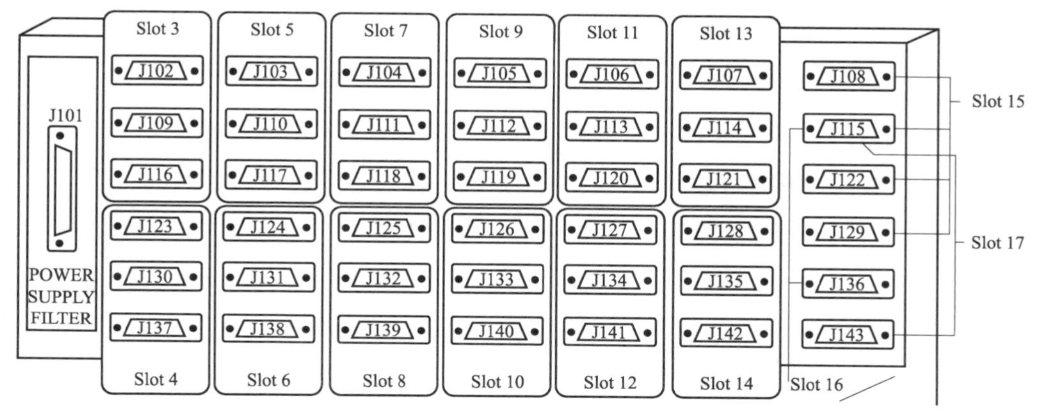

图 3–1–4　FMX12 设备接口连线区域示意图

另外，插头 J108、J115、J122 和 J129 对应 15 槽的 GIE 板，J115 和 J136 对应 16 槽的主用 COB 板，J115 和 J143 对应 17 槽的备用 COB 板。所有的外部连接都在机框前面进行，多层印制电路板在机框内提供所有信号之间的连接和板之间的连接。

【思考与练习】

1. PCM 设备的概念是什么？
2. 带时隙交叉功能的 PCM 设备一般都可以提供哪些基本功能？
3. FMX12 设备的管理接口板、交叉连接同步板和电源板应分别插在哪些槽位？

模块 2　PCM 设备板卡及其功能（Z38E3002 Ⅰ）

【模块描述】本模块包含 PCM 设备各板卡及其功能的介绍，通过对公用板卡功能的介绍和各接口板卡接口参数和接口功能的介绍，掌握 PCM 设备各种板卡的功能。

【模块内容】

一、PCM 设备常用板卡及功能

随着科技进步，电子设备集成化程度也越来越高。不同厂家生产的 PCM 设备的集成化程度不一样，模块结构也不相同，但接口板卡功能大同小异。常用的接口板卡有 2Mbit/s 板（有些厂家把它和定时单元、线路接口单元、控制单元和告警监控等单元集成在一块板卡上，叫做 2Mbit/s 群路板）、FXS 板、FXO 板、E/M 板和数据接口板等。各种板卡的功能分别是：

1. 2Mbit/s 接口板

2Mbit/s 接口板的功能是控制和协调各种接口板的通信，将各种话路或数据接口送来的信息汇集成帧送到对端设备，或者将对端送来的信息分接到每个话路或数据接口，对系统进行监测并提供告警信息。

2. FXS 接口板

用户线模拟接口，在用户端使用，出口主要用于接普通模拟电话机。

3. FXO 接口板

用户交换机模拟中继接口，主要用于接程控交换机，一般在局端使用，出口接交换机用户线。

4. E/M 接口板

E/M 接口板又分 2WE/M 板和 4WE/M 板。

（1）2WE/M 接口板，可用于 2 线音频或 2 线话带数据的传输，也可用于连接两台交换机的 2 线 EM 接口。

（2）4WE/M 接口板，可用于 4 线音频或 4 线话带数据的传输，也可用于连接两台交换机的 4 线 EM 接口。

（3）E/M 接口方式是一种话音和信号分开的信号系统，其话音通道是独立的透明通道，不论 E、M 线的状态如何，音频信号都能在 E/M 接口的话音通道中传输。在电力系统中，PCM 设备的音频 E/M 接口可以用来传输远动、继电保护等自动化信息，4WE/M 接口可以分别传一路远动信号的上行数据和一路远动信号的下行数据。

5. 数据接口板

随着电力通信系统的发展，越来越多的用户采用数据通道传输远动信号。根据数据信息传输速率和距离的不同，可使用不同种类的数据接口板来完成这些信息数据的传送。

二、FMX12 设备常用板卡及功能

FMX12 数字交叉连接设备包括公用部分的交叉连接同步板（COB 板），管理接口板（GIE 板）和电源变换板（CNVR 板）。另外还包括用户接口板，常用的接口板有 A2S 板（4×2Mbit/s 板）、V24/V28 数据接口板、6PAFC 板（E/M 板）、Subscr 板（FXS 板）和 Exch12 板（FXO 板）。各种板卡的功能分别是：

1. 交叉连接同步板（COB 板）

（1）数据和信令的交叉连接，由时分接线器完成数据流的交叉连接，其能力为 26×2Mbit/s 或 780×64bit/s 业务的无阻全交叉连接。

（2）为设备提供同步。可以提供外部同步输入、内部振荡器和从 2048kbit/sG.703/G.704 支路或复接信号中提取时钟等备用同步定时源，锁定在活动同步源上的 2048kHz

外部信号由 FMX12 设备连续生成。一旦检测出有源时钟源的故障状况，设备将自动转换至下一个可用的时钟源。

2. 管理接口板（GIE 板）

管理接口板的功能有：配置管理、性能管理、故障和误码管理、安全管理、维护管理和接口管理。

（1）配置管理包括设备基本参数配置，如时钟源和系统参数的选择和复位功能；物理配置包含硬件插板及功能的输入、添加和删除；逻辑配置包括处理接口激活与交叉连接选择。

（2）性能管理包括误码性能的检测。

（3）故障与误码管理包括故障和误码检测、告警解除和管理接口相应动作，包括告警的指示、LED 显示及向远端管理系统的报告。

（4）安全管理包括配置数据的保护和备份，故障后的恢复、公用设备单元的插入与拆除。

（5）维护管理提供远端状态监控，环回控制和远端控制单元的处理。

（6）接口管理提供本端终端操作、公用设备单元 LED 显示和中央管理接口的所有功能。

管理接口板的功能方框示意图如图 3–2–1 所示。

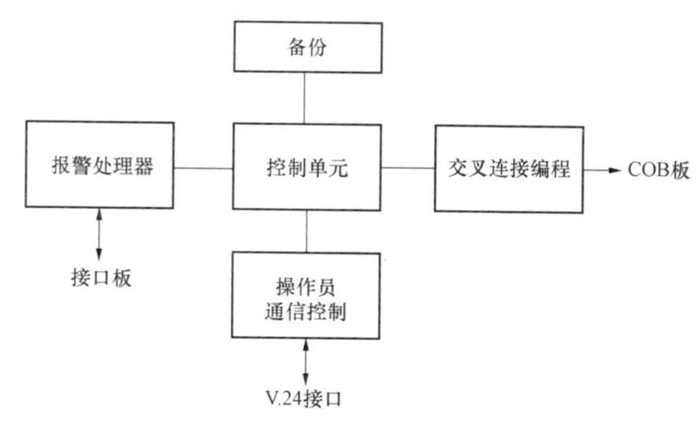

图 3–2–1 管理接口板功能方框示意图

3. 电源变换板（CNVR 板）

电源变换板可配成一块或者配成两块互为备份。它们从一个 48VDC 电源上为各个单元和分机线路 FXS 接口（48V）或 ISDN 网（96V）提供+5V 和–5V 的直流电压。

4. A2S 板（4×2Mbit/s 板）

A2S 板支持 4 个符合 ITU–TG.703 和 G.704 标准的 2Mbit/sHDB3 接口。它提供传

输性能监控，向通用设备单元提供误码块（2Mbit/s 速率的 2048–bit 组）信息。输入阻抗为 120Ω 平衡或 75Ω 非平衡（跳针可选）。

A2S 板卡提供下列操作模式：

（1）I.431 用于连接 30 个（包括 29 个有用的信道）B+DISDN 设备。

（2）G.732 用于连接国内或国际链路上的数字 PABX。

（3）G.736–G.704 用于不使用时隙 16 的传输设备。

（4）TR2G 用于公用 PCM 线路网络（法国电信传输）。

5. V24/V28 数据接口板

V24/V28 板提供 4 个独立的标准的 DCE 或 DTE 接口，用来连接 1200bit/s～64kbit/s 同步终端，也可以连接 50～38 400bit/s 异步终端。

4 个独立的 V24/V28 接口可用于点对点用户，每块板可占用 4 个时隙，即每个接口占用一个时隙，也可根据传输速率把 1 个、2 个或者 3 个以上的链路并入一个时隙。

6. 6PAFC 板（E/M 板）

6PAFC 板可提供 6 个 2 线/4 线音频和 E/M 通道。

（1）4 线模拟接口方式时，4 线端口电平为：

额定发送（输入）–14dB；额定接收（输出）+4dB。

电平调节范围为：

发送（输入）端口–0.5～–16dBr；接收（输出）端口+7～–8.5dBr，以 0.5dB 为步长可调。

（2）2 线模拟接口方式时，2 线端口电平为：

额定发送（输入）13dB；额定接收（输出）4dB。

电平调节范围为：

发送输入+2.5～–13dBr；接收（输出）端口–2.0～–17.5dBr，以 0.5dB 为步长可调。

7. Subscr 板（FXS 板）

Subscr 板支持 6 个独立的接口、可连接具有 FXS 接口数据终端、3 级传真机以及音频调制解调器。每个接口均为 2 线型接口，带有标准 48V 电源和回路断开信令。此板有两种操作模式，一种是交换机分机延伸方式，它提供一个通过 2Mbit/s 连接的交换机接入用户终端，要求在远端使用交换板（如 Exch12）。另一种为热线方式，提供两个分机之间的直接连接，它要求远端使用用户板（Subscr）。

电平范围：发送为 0～–5dBr，接收为–2～–7.5dBr，以 0.5dB 为步长可调。

8. Exch12 板（FXO 板）

Exch12 板支持 12 个独立的可提供与带有标准 FXO 接口的专用自动小交换机连接的接口。每个接口均为 2 线型接口，带有标准 48V 直流电源和回路断开信令。当与用户板结合使用时，此交换板可提供交换机与延伸电话之间的连接。

电平范围：发送为–2～–7.5dBr，接收为 0～–5dBr，以 0.5dB 为步长可调。

【思考与练习】

1. 2Mbit/s 接口板的基本功能是什么？
2. FMX12 设备的交叉连接同步板（COB 板），管理接口板（GIE 板）的功能有哪些？
3. 6PAFC 板、Subscr 板和 Exch12 板的电平可调节范围分别是多少？
4. Subscr 板有哪几种操作模式？

模块 3　PCM 设备安装（Z38E3003 Ⅰ）

【模块描述】本模块包含 PCM 设备安装。通过对 PCM 设备安装过程中机架设备的安装、配线架和槽道的安装以及电缆和电源线的布放等工作规范的介绍，掌握 PCM 设备安装的规范要求。

本模块侧重介绍了 PCM 设备安装流程中各项工作的基本要求。

【模块内容】

一、工程准备

（1）为保证整个设备安装的顺利进行，需准备施工技术资料及工具。

（2）熟悉待安装设备的硬件总体结构及技术参数，熟悉设备安装的必备条件，准备安装工具。

二、施工条件的检查

参见模块“SDH 设备安装（Z38E1003　Ⅰ）”中“施工条件的检查”。

三、机柜安装

安装支架系统，根据工程设计文件依次安装各个机柜并完成机柜的连接。参见模块“SDH 设备安装（Z38E1003　Ⅰ）”中的“机柜安装。

四、单板安装

参见模块“SDH 设备安装（Z38E1003　Ⅰ）”中的“单板安装”

五、安装走线架

如果有必要，根据工程设计文件，结合机房具体情况，安装为设备配套的走线架和防震系统。

六、电源线、地线安装

在设备机柜安装完毕后，首先安装地线和电源线，保证设备良好接地，以防止后续工作中静电对设备的影响。电源线安装完毕后不能直接供电。

七、线缆布放

PCM 设备的内部线缆是用来连接机柜内部的设备，这类电缆配置、数量都比较固定。外部线缆包括：外部光纤、中继电缆、用户电缆。参见模块“SDH 设备安装（Z38E1003Ⅰ）”中的“线缆布放”。

八、硬件安装检查

在硬件安装完成、准备开始软件安装的时候，需要对设备硬件安装情况进行检查，不合格之处必须进行整改，直至完全符合标准。

【思考与练习】

1. 简述 PCM 设备的安装流程。
2. PCM 设备安装前需要哪些准备工作？
3. PCM 设备电源线、地线安装需要注意哪些问题？

模块 4 机框地址的设置（Z38E3004Ⅱ）

【模块描述】本模块包含 PCM 机框地址的设置。通过对 PCM 设备机框地址设置步骤的介绍，掌握 PCM 设备机框地址的正确设置方法。

【模块内容】

一、PCM 设备机框地址的参数设置

为了有效地进行 PCM 设备的远程管理，在同一个网路中，PCM 设备机框的地址必须是唯一的。不同厂家生产的 PCM 设备，其机框地址的设置方法有所不同。一类是通过硬件开关设置机框的地址（有些设备是通过机框母板上的拨码开关进行设置，有些设备是通过控制板上的拨码开关进行设置）；另一类设备是通过软件对机框的地址进行设置，比如 FMX12 设备。

二、FMX12 设备机框地址的参数设置

FMX12 设备机框地址的设置规定，同一个网络里不同设备前两段地址码 networkID 和 Depth 必须分别相同，后面 4 段地址码（Level1，Level2，Level3 和 Level4）中至少有一位不同，保证同一个网络中每端设备的地址不同，否则会因地址冲突而无法实施远程监控。地址的设置还规定 networkID 的取值为 1～255 之间，Depth，Level1，Level2，Level3 和 Level4 的取值在 0～255 之间。设备中添加的被管理设备地址不能相同（地址相同时设备会出现 IP 地址告警提示，如图 3–4–1 所示）。

三、机框地址的设置方法

选择下拉菜单 Management network（管理网络），如图 3–4–2 所示。

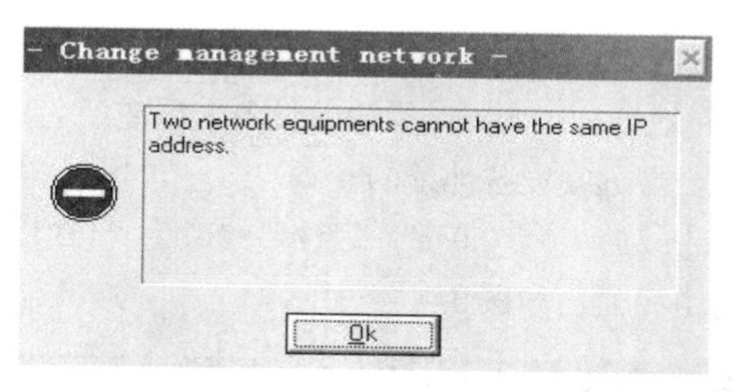

图 3–4–1　设备网络地址冲突提示

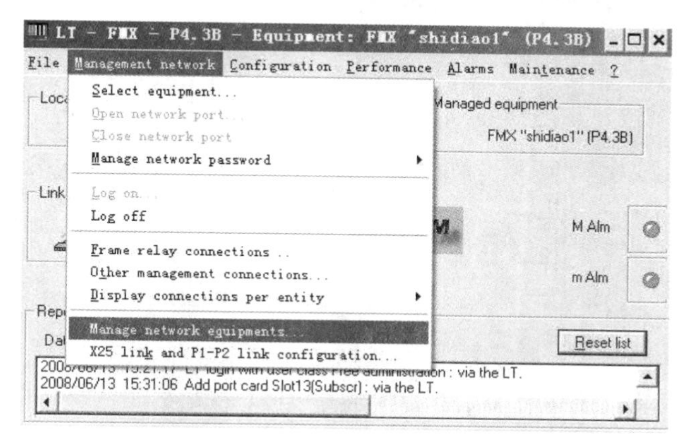

图 3–4–2　主菜单管理网络的下拉菜单

选择 Management network 下拉菜单中的 Managenetworkequipments（网络设备管理），进入下一个界面，如图 3–4–3 所示。

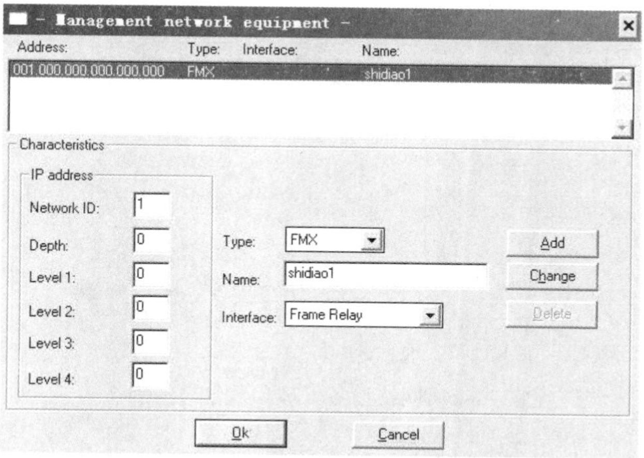

图 3–4–3　网络设备管理设置选项

在图 3–4–3 中可以把想要监控的远端设备添加在地址表上，方法是：在 IPaddress 地址栏中输入设备的 IP 地址，在 Name 栏输入设备名称或站名，单击 Add，在后续图中单击 Yes，即完成了一端远端设备地址的设置。

本端设备的地址默认为“1.0.0.0.0.0”，假设要修改为“1.0.1.0.0.0”，只需把 Level1 由 0 改为 1，进入下一个界面，如图 3–4–4 所示。

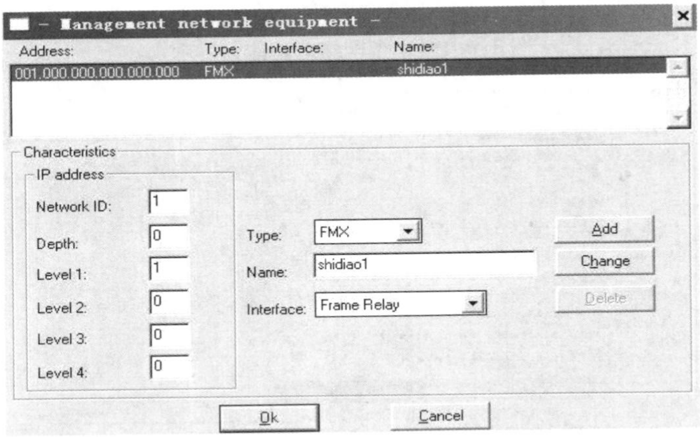

图 3–4–4　网络设备管理参数修改

然后单击 Change，进入下一个界面，如图 3–4–5 所示。

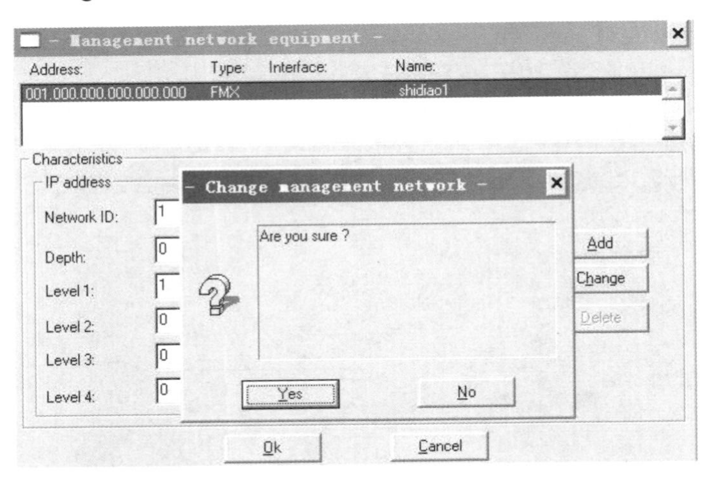

图 3–4–5　网络设备管理参数修改的确认

单击 Yes，完成了地址由“1.0.0.0.0.0”到“1.0.1.0.0.0”的修改，进入下一个界面，如图 3–4–6 所示。

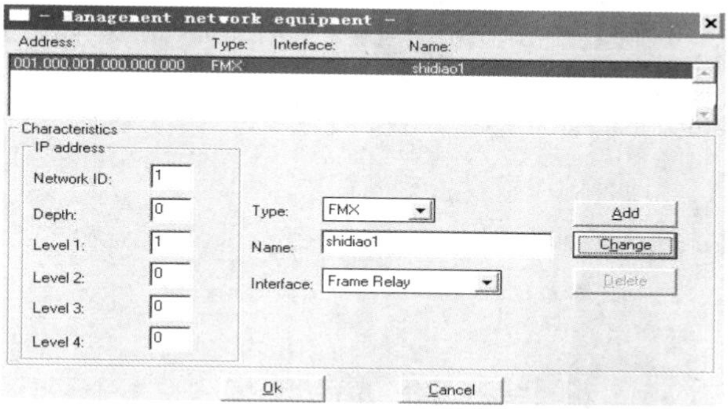

图 3–4–6　返回网络设备管理设置选项

如果要增加一端被监控的远端设备到地址栏中，在 IPaddress 输入设备的 IP 地址（如 1.0.1.1.0.0），在 Name 栏输入设备名称（如 zongdiao2），如图 3–4–7 所示。

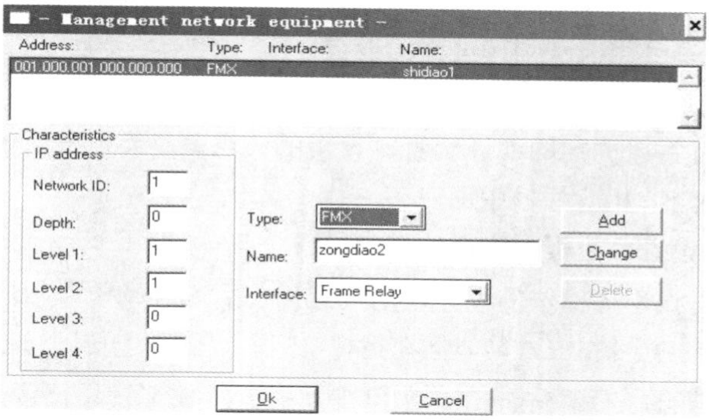

图 3–4–7　添加受控网络设备

点击 Add，再单击 Yes，进入下一个界面，完成一端被管理设备的设置，如图 3–4–8 所示。如果还要添加其他被管理的网络设备，重复以上步骤即可。

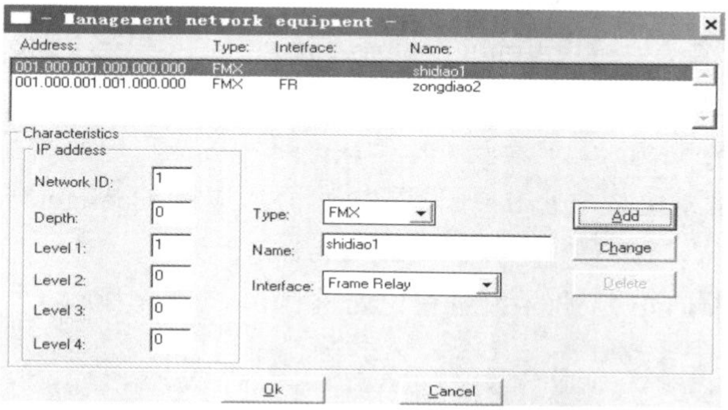

图 3–4–8　返回网络设备管理设置选项

最后单击 OK，确认数据修改成功。如果单击 Cancel，则以上的数据没有被确认保存下来。

【思考与练习】

1. PCM 设备机框地址的参数设置有哪些？
2. FMX12 设备机框地址的设置方法是怎样的？
3. 简述机框地址的设置方法。

模块 5 板卡物理位置的设置（Z38E3005Ⅱ）

【模块描述】本模块包含 PCM 设备公用板卡物理位置的设定。通过对 PCM 设备公用板卡物理位置设置的介绍，掌握 PCM 各公用板卡物理位置设置的方法。

【模块内容】

一、PCM 设备公用板卡物理位置的设置

PCM 设备公用板卡在机框中的物理位置一般是固定的。不同厂家生产的 PCM 设备，公用板卡都有各自固定的物理位置，设置的方法就是将不同种类的公用板卡配置到该 PCM 设备规定的相应插槽中即可。

二、FMX12 设备公用板卡物理位置的设置

根据 FMX12 设备插槽位的设计使用规定，公用部分的电源板应插在插槽 01 或/和 02 中，管理接口板（GIE）只能插在插槽 15 中，交叉连接同步板（COB）插在插槽 16 中，用作保护的 COB 板插在插槽 17 中。在公用板卡物理位置的设置中，除了交叉连接同步板的插槽位是可选择的以外，其他相应插槽位中的公用板卡都是默认配置好的。

假设 FMX12 设备的 17 插槽没有配置用作保护的 COB 板，需要在设备参数设置时对其进行修改，修改方法如下：

登录 PCM 设备后，单击 Configuration 下拉菜单，再单击 Protectedoperations（保护操作），进入如图 3–5–1 所示的界面。

单击 Disableoperations，再单击 OK 确认，即可完成第 17 插槽位置的关闭配置。

查看第 17 插槽位是否处于关闭状态，可再次选择 Configuration 下拉菜单中的 Protectedoperations，进入下一个界面，如图 3–5–2 所示。

界面显示用作 COB 保护的 17 插槽位处于 Off（关闭）状态。

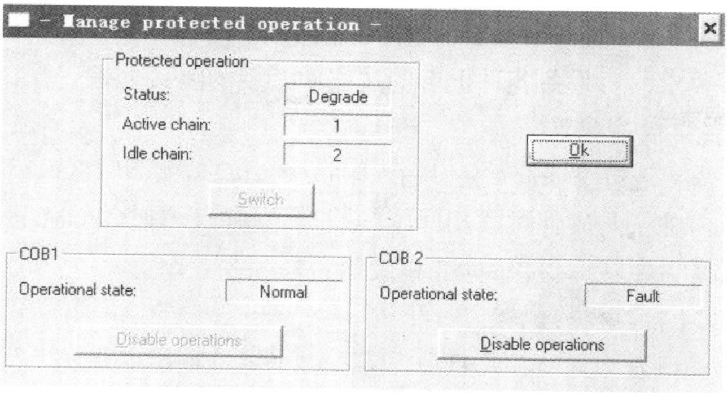

图 3–5–1 COB 板卡保护配置开启状态

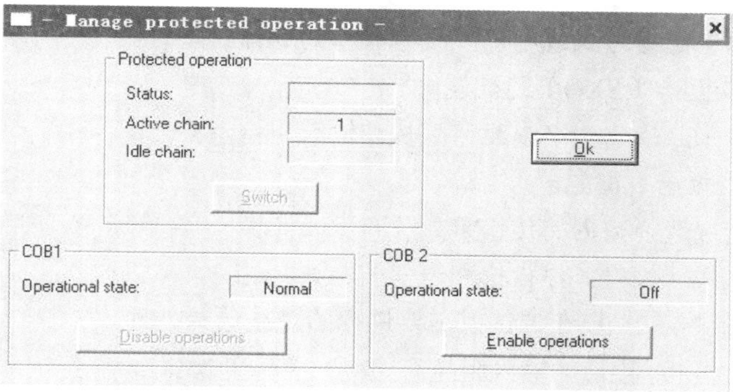

图 3–5–2 COB 板卡保护配置关闭状态

【思考与练习】

1. PCM 设备公用板卡物理位置的设置方法是什么？

2. 当 FMX12 设备的 17 插槽没插 COB 板时，如果使用设备的默认配置，对设备会有何影响？

3. 关闭 FMX12 设备的 17 插槽位的方法是怎样的？

模块 6 PCM 设备板卡的配置（Z38E3006Ⅱ）

【模块描述】本模块包含 PCM 设备板卡硬件配置和软件配置，通过对板卡硬件跳线的介绍和板卡端口参数软件配置的介绍，掌握常用的硬件跳线和板卡参数的设置方法。

【模块内容】

一、PCM 设备板卡配置

为了适应用户的需求，很多 PCM 设备的板卡上都设计有可供 2Mbit/s 接口阻抗、时钟类型（主时钟和从时钟）和软件版本等选择的小跳线。在设备调试之前，可先可根据电路的具体要求，对设备各种板卡的跳线做必要的跳接处理。

1. 2Mbit/s 接口板的配置

硬件方面，需要选择 2Mbit/s 接口输入阻抗（120Ω 平衡和 75Ω 非平衡）的物理跳线。软件配置上，除了与硬件跳线相匹配的阻抗选择外，有些 PCM 设备还有 2Mbit/s 接口运行状态（是否激活）、接口标准和接口名称等参数设置。

2. 2W/4WE/M 接口板的配置

选择适当的接口方式（2W 或 4W），输入电平以及输出电平。

3. 用户接口板（FXS）的配置

选择输入电平和输出电平，有些 PCM 设备的用户接口板还有线路阻抗、输入阻抗和工作方式（用户延伸方式或用户热线方式）的选择。

4. 交换接口板卡（FXO）的配置

选择输入电平、输出电平、线路阻抗和输入阻抗。

5. 数据接口板卡的配置

根据实际情况选择数据的传输方式（同步或异步）、传输速率、内部交换电路、流量控制和字符格式（长度、停止位和奇偶校验）等。

FMX12 设备的 A2S 板在调试前需要进行的跳线选择处理。

A2S 板的 2Mbit/s 接口的输入阻抗有 120Ω 平衡和 75Ω 非平衡方式可供选择。A2S 板上的 4 个输入阻抗选择开关是 S1～S4，开关出厂默认的是“off”状态，表示 4 个 2Mbit/s 接口的输入阻抗都为 120Ω。当开关 S1～S4 中的某位开关置“on”状态时，表示相应的 2Mbit/s 接口的输入阻抗为 75Ω。另外，A2S 板上还有版本选择跳线 J301，跳线出厂默认位 1～2 相连（4.1c 版本），如果是 2～3 相连，表示工作在 4.3 版本状态下。在设备调试之前，注意先选择好 A2S 板的输入阻抗和版本。否则，以后如果想修改其中任意一项，都需要拔出板卡调整，造成板卡拔出期间所有经过此 A2S 板卡的业务都会中断。

二、登录和退出 FMX12 设备操作系统的方法

在电脑上安装 FMX12 设备的调试软件，然后用调试线缆正确地连接本地终端（RS 232 口）和 PCM 设备（GIE 板前面板 25 芯插头）。双击调试软件 FMX–LT 图标，单击主菜单 Management network（网络管理）下拉菜单中的 Opennetworkport（打开网络端口），如图 3–6–1 所示。在画面显示“processinginprogress”几秒钟后与设备连接成功，如图 3–6–2 所示，再次单击 Management network 下拉菜单中 Logon（登录），如图 3–6–3 所示，之后可以对设备进行数据配置操作。

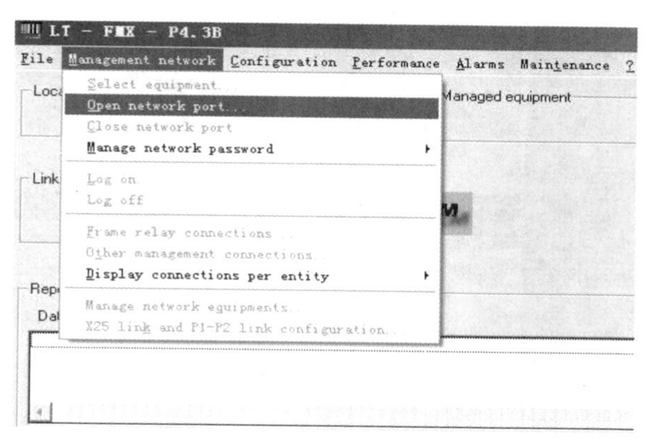

图 3-6-1 打开网络端口

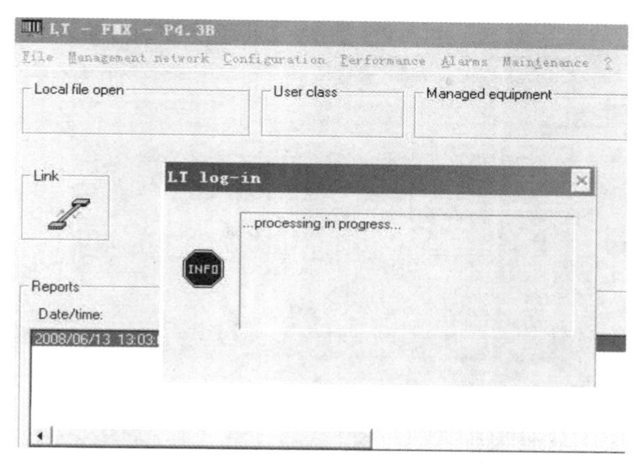

图 3-6-2 网络端口打开进程

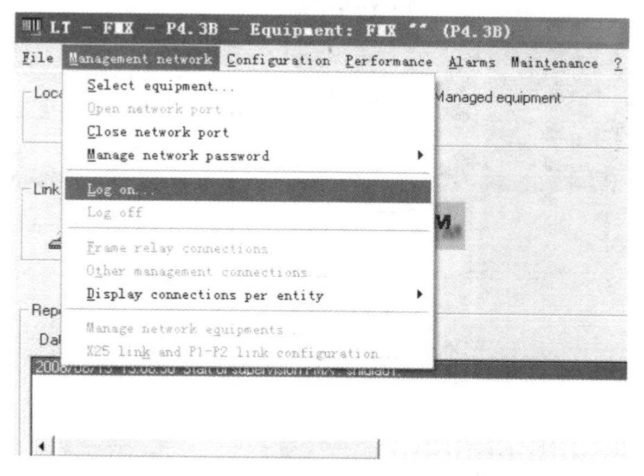

图 3-6-3 登录系统

当操作完成后须退出操作系统时，点击 Management network 下拉菜单中 Logoff（中止），如图 3–6–4 所示。

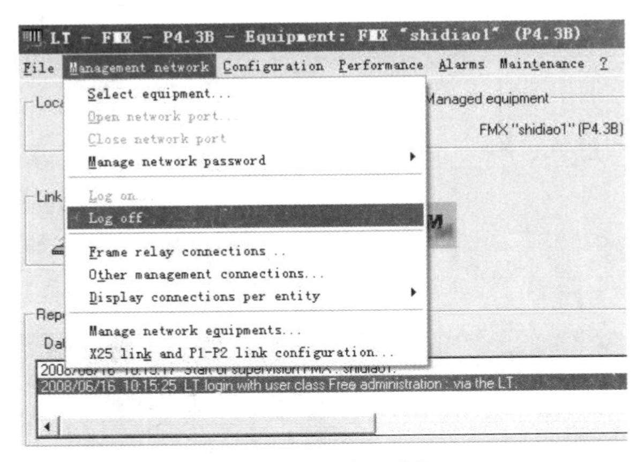

图 3–6–4　退出系统

然后在对话框中选择 Yes 确认，如图 3–6–5 所示。

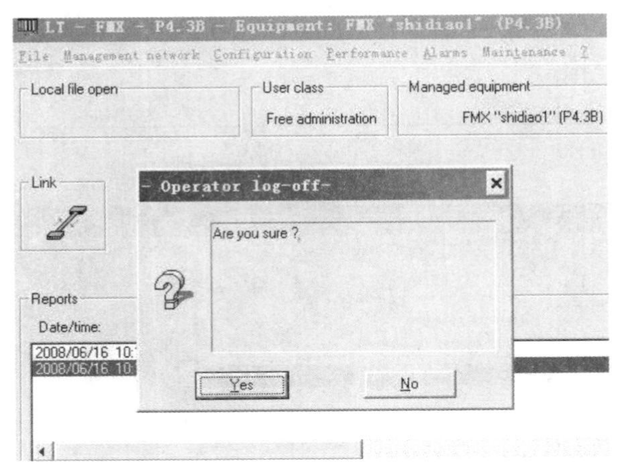

图 3–6–5　退出系统确认

再次单击 Management network 下拉菜单中 Closenetworkport（关闭网络端口），如图 3–6–6 所示。

单击 File（文件）下拉菜单中 Quit（退出）即可退出操作软件，如图 3–6–7 所示。

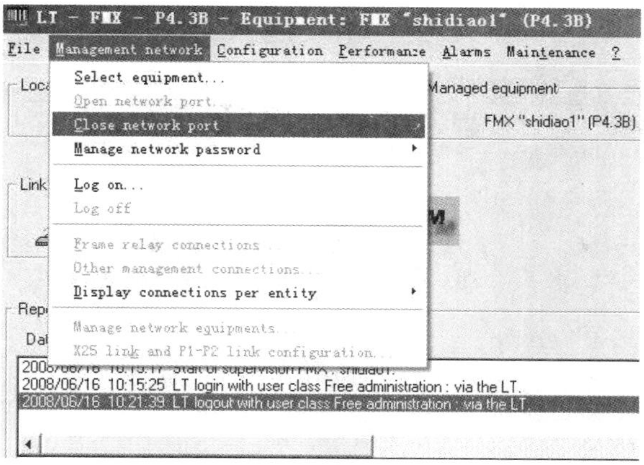

图 3–6–6　关闭网络端口

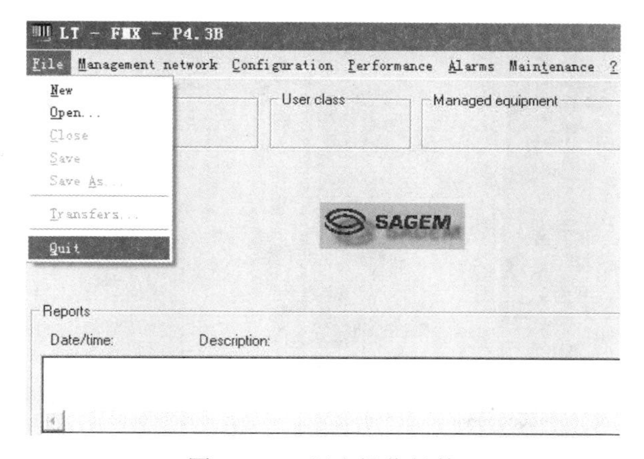

图 3–6–7　退出操作软件

三、PCM 板卡的配置方法

Configuration（配置）下的操作步骤如下：

Managehardwaredescription（硬件描述管理）菜单的功能是：完成 FMX12 子框从 3～14 插槽上接口板的配置。A2S（4×2Mbit/s 接口板）2Mbit/s 口的输入阻抗设置；FXS/FXO 接口电平调整，FXS 用户延伸/用户热线设置；4WE/M2W/4W 工作方式设置、接口电平调整和 EM 状态设置；V24/V28 工作方式、传输速率、控制状态等数据格式的设置等。

假设在 10～14 槽分别配置的是 V24/V28 板、E/M 板、FXO 板、FXS 板和 A2S 板，下面介绍的是以上各种板卡的配置方法。

首先单击 Configuration 下拉菜单中的 Managehardwaredescription，如图 3–6–8

和图 3–6–9 所示。单击 Cards（插板）选项，进入下一个界面，如图 3–6–10 所示。

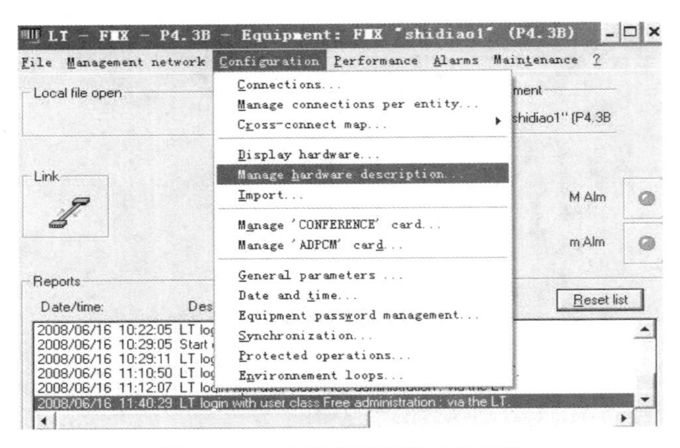

图 3–6–8 主菜单配置的下拉菜单

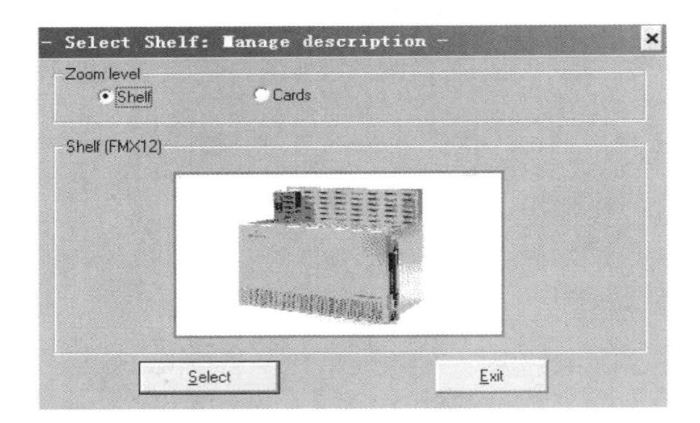

图 3–6–9 机框管理选项

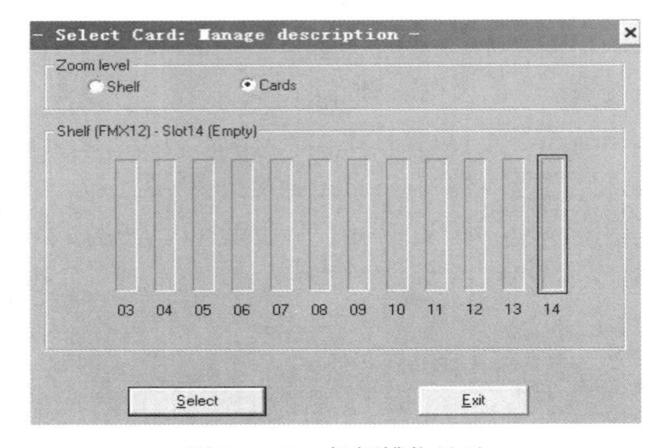

图 3–6–10 机框槽位显示

（1）A2S 板（4×2Mbit/s 接口板）的配置：单击 14 插槽的位置，再单击 Select，显示如图 3–6–11 所示。

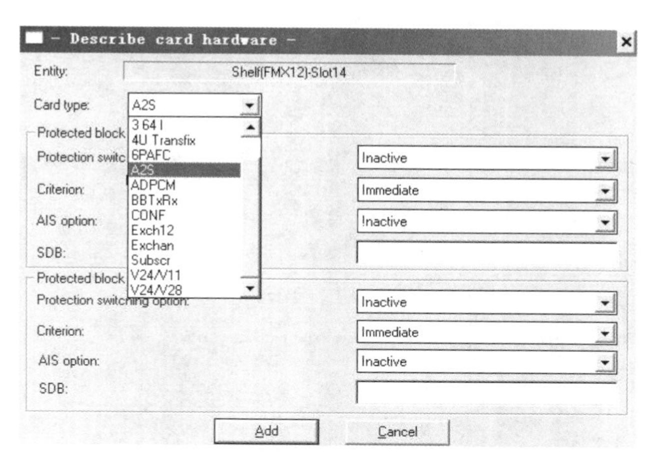

图 3–6–11　板块类型选项

选择 A2S，使 Card type 框中显示为 A2S，单击 Add 进入下一个界面，如图 3–6–12 所示。

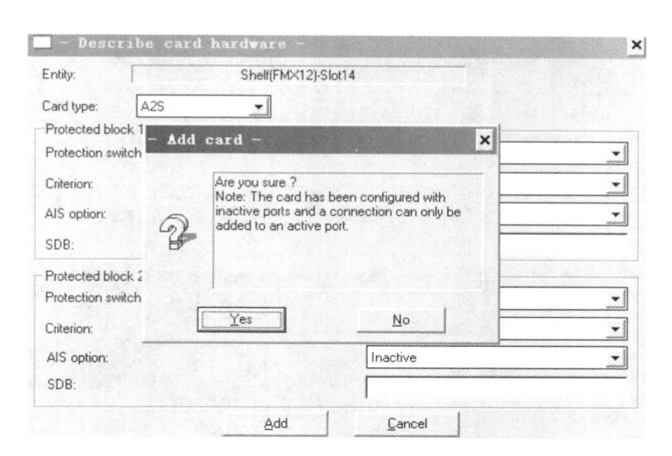

图 3–6–12　板卡槽位配置确认

单击 Yes 确定，进入下一个界面，如图 3–6–13 所示。单击图中 Ports 选项，进入下一个界面，如图 3–6–14 所示。

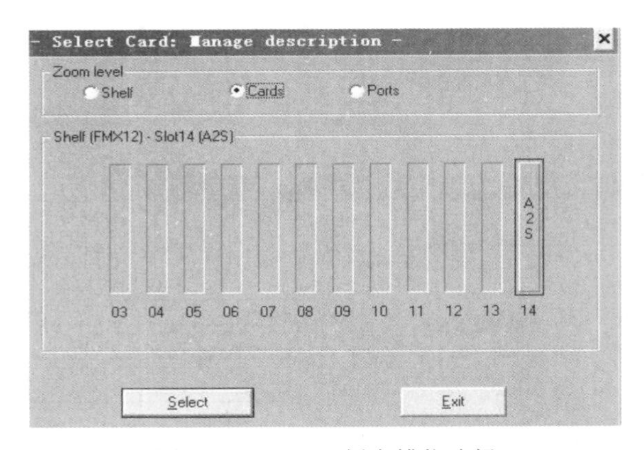

- Select Card: Manage description -
Zoom level
Shelf
Cards
Ports
Shelf (FMX12) - Slot14 (A2S)
A2S
03 04 05 06 07 08 09 10 11 12 13 14
Select
Exit

图 3–6–13 A2S 板卡槽位选择

- Select Port: Manage description -
Zoom level
Shelf
Cards
Ports
Shelf (FMX12) - Slot14 (A2S) - Port1
n? n? n? n?
Select
Exit

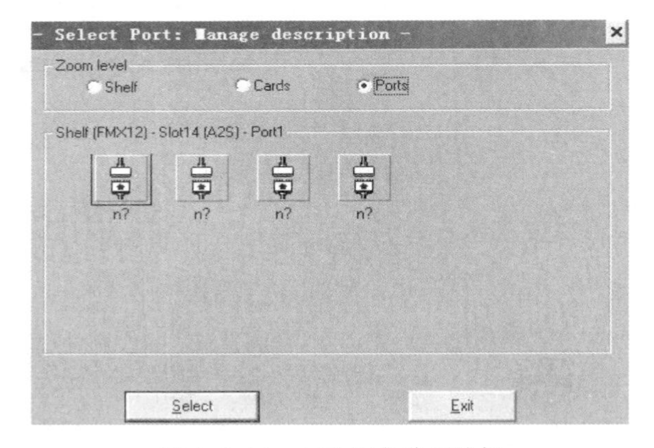

图 3–6–14 A2S 板卡端口选择

框选任意一个 2Mbit/s 口（如 Port1），单击 Select 进入下一个界面，如图 3–6–15 所示。

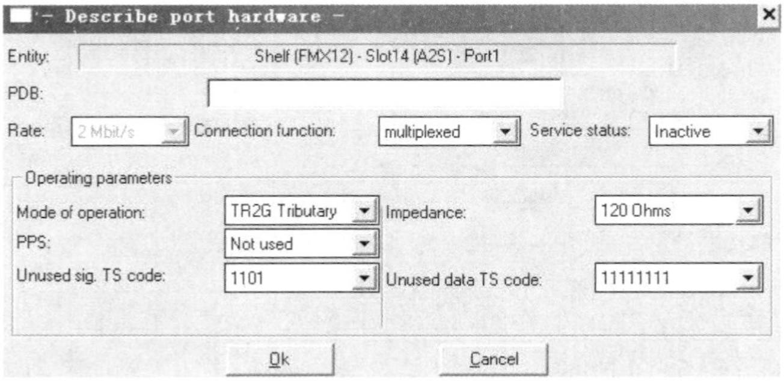

- Describe port hardware -
Entity:
Shelf (FMX12) - Slot14 (A2S) - Port1
PDB:
Rate:
2 Mbit/s
Connection function:
multiplexed
Service status:
Inactive
Operating parameters
Mode of operation:
TR2G Tributary
Impedance:
120 Ohms
PPS:
Not used
Unused sig. TS code:
1101
Unused data TS code:
11111111
Ok
Cancel

图 3–6–15 A2S 板卡端口描述

一般情况下需要修改地方有：

Connectionfunction（连接功能）：cross–connected（交叉连接）。

Servicestatus（运行状态）：active（激活）。

Impedance（阻抗）：75ohms。

单击 OK 进入下面对话框，如图 3–6–16 所示。

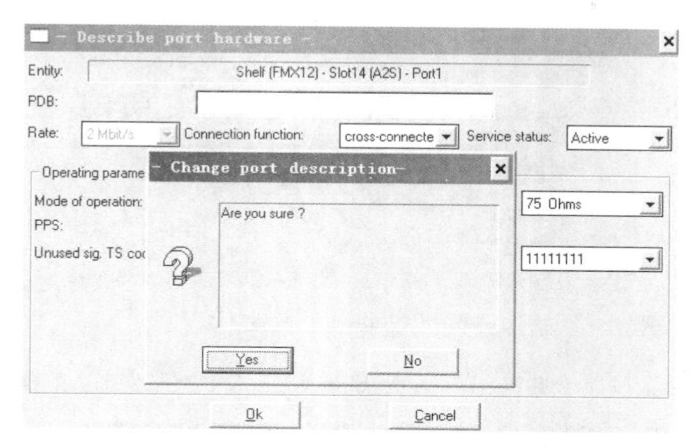

图 3–6–16　A2S 板卡端口参数修改确认

再单击 Yes，这样就完成了一个 2Mbit/s 接口设置，其余 2Mbit/s 口的配置方法相同。

（2）Subscr（用户接口）板的配置：同 A2S 板的配置方法类似。在如图 3–6–10 所示界面中选择 13 插槽，在如图 3–6–11 所示界面下选择 Subscr，单击 Add，再单击 Yes 确定，进入下一个界面，如图 3–6–17 所示。

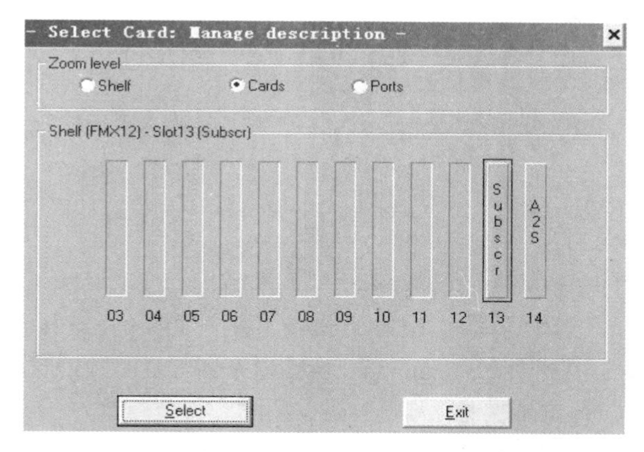

图 3–6–17　板卡槽位选择

单击图中 Ports，进入下一个界面，如图 3–6–18 所示。

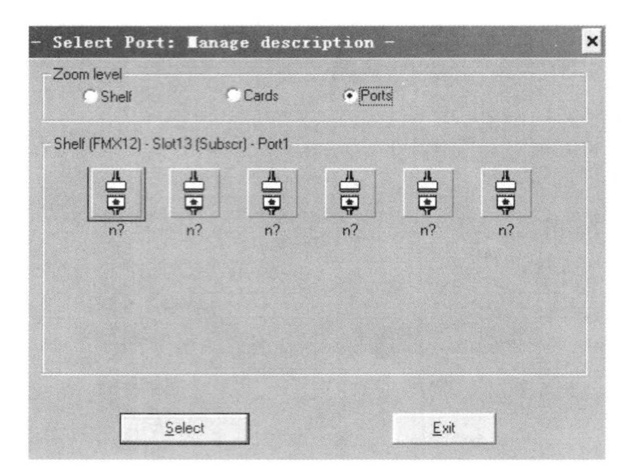

图 3–6–18 Subscr 板卡端口选择

框选任意一个接口（如 Port1），单击 Select，进入下一个界面，如图 3–6–19 所示。

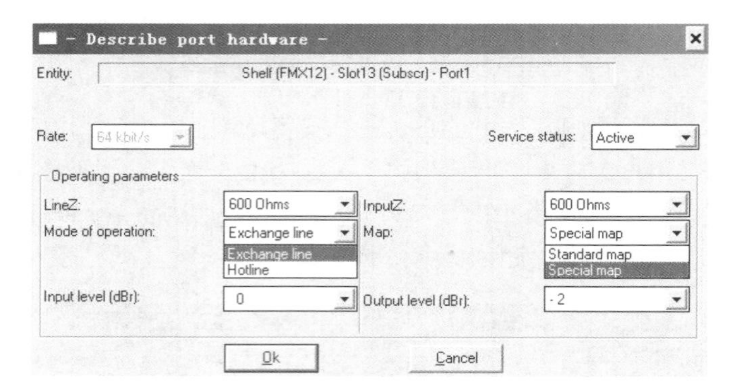

图 3–6–19 Subscr 板卡端口描述

根据实际情况，可供修改地方：

Servicestatus（运行状态）：Active（激活）。

LineZ（线路阻抗）：600ohms；InputZ（输入阻抗）：600ohms。

Modeofopration（工作方式）：Exchangline（用户延伸）/Hotline（用户热线）。

Map（电平图）：在选择 Specialmap（特殊电平图）后，才能调整输入输出电平，如果没有特殊要求，也可不调整。

Inputlevel〔输入电平 dBr〕：0～–5，0.5dB 步长可调。

Outputlevel〔输出电平 dBr〕：–2～–7.5，0.5dB 步长可调。

设置完成后，单击 OK，再单击 Yes 确认，这样就完成了一个接口的设置，其余接口的配置方法相同。

（3）Exch12（12 路交换接口）板配置：同 A2S 板的配置方法类似。在如图 3–6–10 所示界面中选择 12 槽，在如图 3–6–11 所示界面下选择 Exch12，单击 Add，再单击 Yes 确定，进入下一个界面，如图 3–6–20 所示。

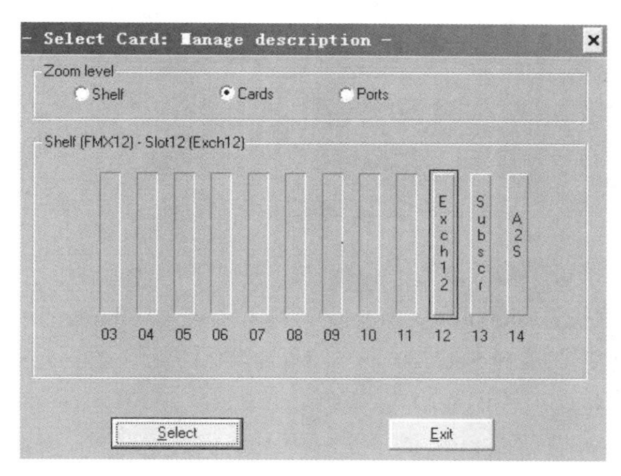

图 3–6–20　板卡槽位选择

单击图中 Ports，进入下一个界面，如图 3–6–21 所示。

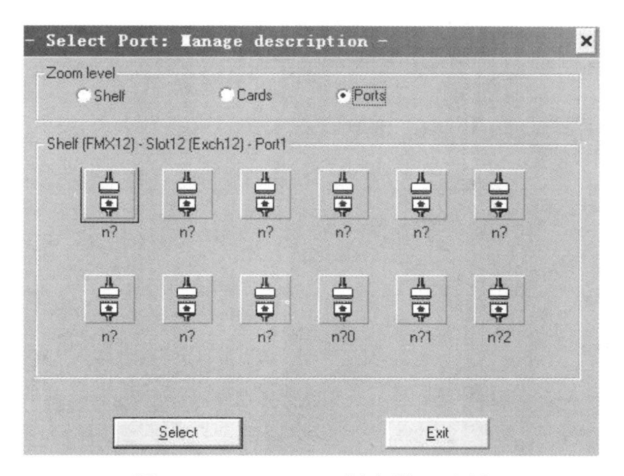

图 3–6–21　Exch12 板卡端口选择

框选任意一个接口（如 Port1），并单击 Select，进入下一个界面，如图 3–6–22 所示。

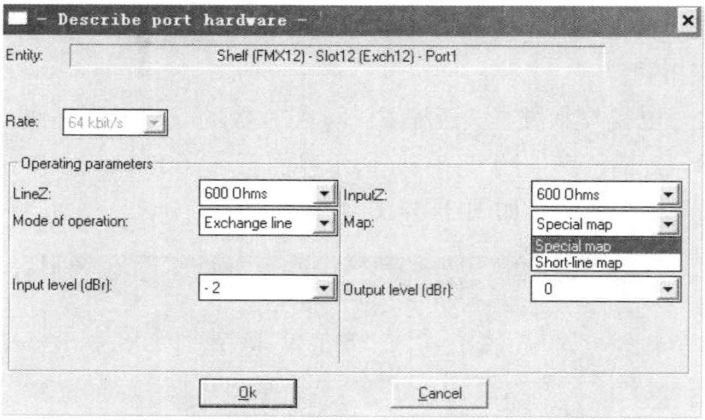

图 3–6–22 Exch12 板卡端口描述

根据实际情况，可供修改地方：

LineZ（线路阻抗）：600ohms；InputZ（输入阻抗）：600ohms。

Map（电平图）：在选择 Specialmap（特殊电平图）后，才能调整输入、输出电平，如果没有特殊要求，也可不调整。

Inputlevel〔输入电平 dBr〕：–2～–7.5，0.5dB 步长可调。

Outputlevel〔输出电平 dBr〕：0～–5，0.5dB 步长可调。

设置完成后，单击 OK，再单击 Yes 确认，这样就完成了一个接口的设置，其余接口的配置方法相同。

（4）6PAFC（2W/4WE/M 接口）板配置：同 A2S 板的配置方法类似。在如图 3–6–10 所示界面中选择 11 槽，在如图 3–6–11 所示界面下选择 6PAFC，单击 Add，再单击 Yes 确定，进入下一个界面，如图 3–6–23 所示。

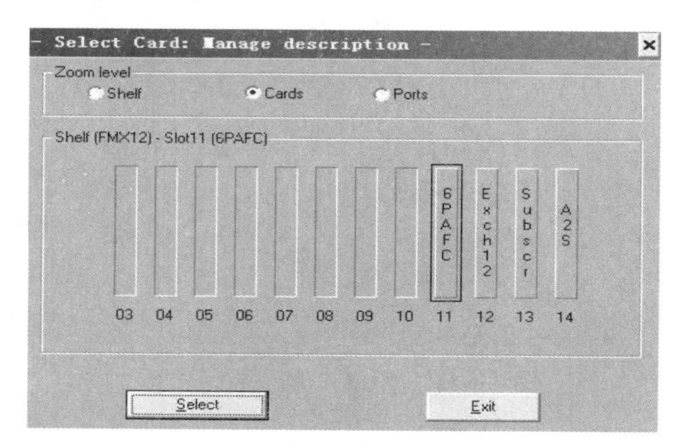

图 3–6–23 板卡槽位选择

单击图中 Ports，进入下一个界面，如图 3–6–24 所示。

- Select Port: Manage description -
Zoom level
Shelf
Cards
Ports
Shelf (FMX12) - Slot11 (6PAFC) - Port1
n?
n?
n?
n?
n?
n?
Select
Exit

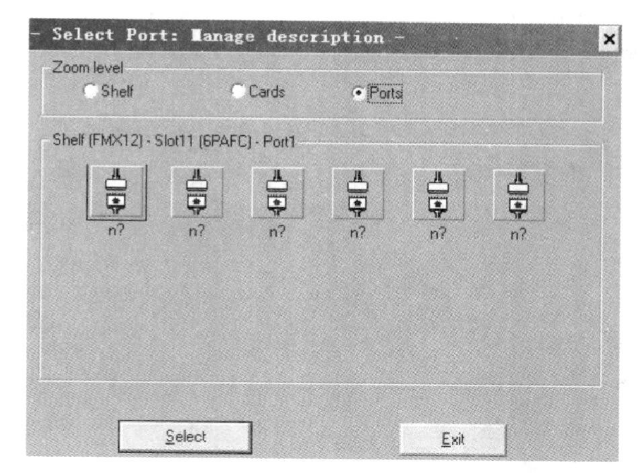

图 3–6–24　6PAFC 板卡端口选择

框选任意一个接口（如 Port1），并单击 Select，进入下一个界面，如图 3–6–25 所示。

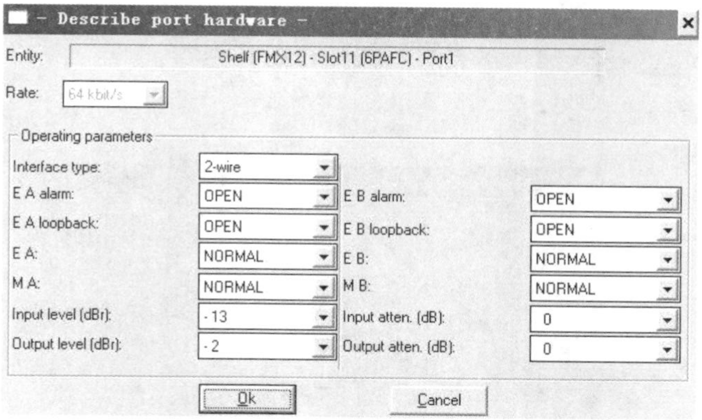

- Describe port hardware -
Entity:
Shelf (FMX12) - Slot11 (6PAFC) - Port1
Rate:
64 kbit/s
Operating parameters
Interface type:
2-wire
E A alarm:
OPEN
E B alarm:
OPEN
E A loopback:
OPEN
E B loopback:
OPEN
E A:
NORMAL
E B:
NORMAL
M A:
NORMAL
M B:
NORMAL
Input level (dBr):
-13
Input atten. (dB):
0
Output level (dBr):
-2
Output atten. (dB):
0
Ok
Cancel

图 3–6–25　6PAFC 板卡端口描述

根据实际情况，可供需要修改地方：

Interfacetype（接口类型）：2W/4W。

Inputlevel〔输入电平 dBr〕：+2.5～–13，0.5dB 步长可调。

Outputlevel〔输出电平 dBr〕：–2～–17.5，0.5dB 步长可调。

设置完成后，单击 OK，再单击 Yes 确认，这样就完成了一个接口的设置，其余接口的配置方法相同。

（5）V24/V28 数据接口板配置：同 A2S 板的配置方法类似。在如图 3–6–10 所示界面中选择 10 槽，在如图 3–6–11 所示界面下选择 V24/V28，单击 Add，再单击 Yes 确定，进入下一个界面，如图 3–6–26 所示。

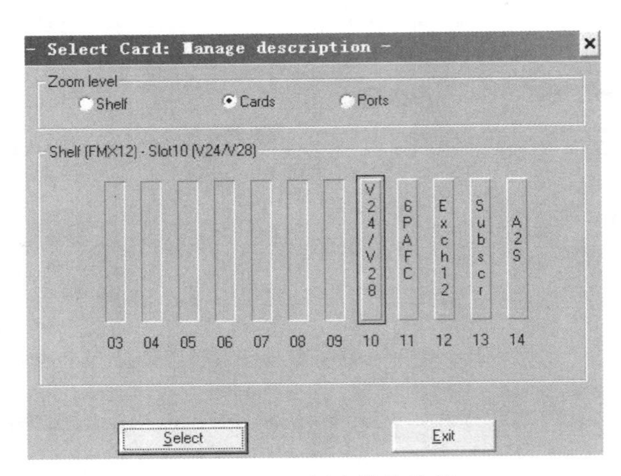

图 3–6–26 板卡槽位选择

单击图中 Ports，进入下一个界面，如图 3–6–27 所示。

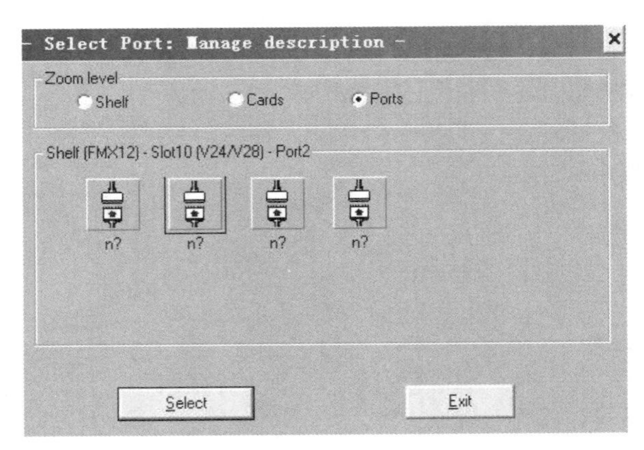

图 3–6–27 V24/V28 数据接口板卡端口选择

框选任意一个接口（如 Port2），并单击 Select，进入下一个界面，如图 3–6–28 所示。

根据实际情况，可供需要修改地方：

Rate（传输速率）：0.6～38.4kbit/s（异步）；1.2～64kbit/s（同步）。

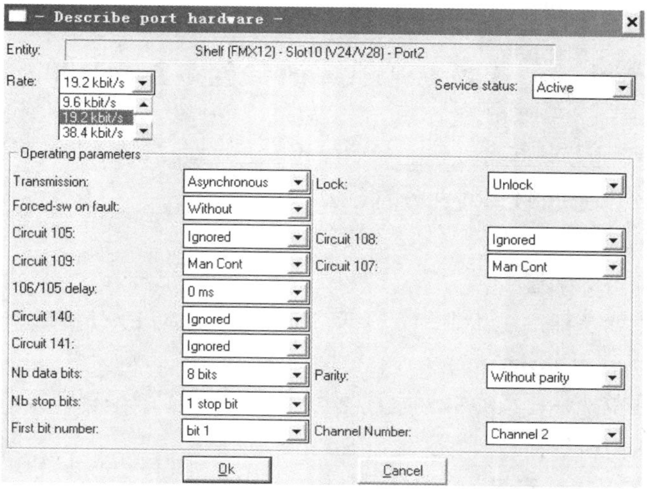

图 3–6–28　V24/V28 数据接口板卡端口描述

Servicestatus（运行状态）：Active（激活）。

Transmission（传输方式）：Asynchronous（异步）/Synchronous（同步）。

Circuit105（请求发送）：Managed（控制）/Ignored（忽略）。

Circuit108（数据终端准备好）：Managed（控制）/Ignored（忽略）。

Circuit109（数据信道接收线路信号检测）：Managed（控制）/Mancont（人工控制）。

Circuit107（数据设备准备好）：Managed（控制）/Mancont（人工控制）。

Circuit140（远端环回/维护测试）：Managed（控制）/Ignored（忽略）。

Circuit141（本地环回）：Managed（控制）/Ignored（忽略）。

Nbdatabits（数据比特数）：7bits/8bits。

Nbstopbits（数据停止位）：1bit/2bits。

Parity（奇偶校验）：Withoutparity（不用）/Withparity（使用）。

Fristbitnumber（开始比特编号）：1（常用）。

ChannelNumber（通道编号）：1～4。

设置完成后，点 OK，再单击 Yes 确认，这样就完成了一个接口的设置，其余接口的配置方法相同。

【思考与练习】

1. A2S 板卡的硬件设置应该注意什么？
2. A2S 板卡软件配置的方法是怎样的？
3. 6PAFC 板卡软件配置的方法是怎样的？

模块 7 音频电话业务的配置（Z38E3007Ⅱ）

【模块描述】本模块包含二线业务的配置。通过对二线业务时隙交叉连接方法的介绍，掌握正确开通 PCM 二线业务的方法。

【模块内容】

一、二线业务的配置

二线业务主要是指二线话路，二线话路接口主要包括 FXO 接口和 FXS 接口。

1. 二线业务接口参数的配置

根据实际情况选择接口类型（FXO 接口或 FXS 接口），配置输入电平、输出电平、线路阻抗和输入阻抗等接口参数。

2. 二线业务时隙的配置

（1）输入电路名称。

（2）选择需要连接的二线业务接口。

（3）选择需要连接的 2Mbit/s 接口的时隙。

二、FMX12 设备二线业务板的工作方式

常用的二线板业务板有 6 路的用户接口板 Subscr 和 12 路的交换接口板 Exch12。其中 Subscr 板有 Exchangline（用户延伸）和 Hotline（用户热线）两种工作方式，所以 PCM 二线业务的配置包括 Subscr（FXS）连接到 Exch12（FXO）用户延伸方式的配置和 Subscr 接口连接到 Subscr 接口用户热线的配置两种方式。

三、FXS–FXS（用户热线）业务的配置方法

假设要把第 13 槽 Subscr 板的第 1 个接口分配到第 14 槽 A2S 板的第 1 个 2Mbit/s 口的第 1 个时隙上去，配置方法如下：

1. 修改 Subscr 板接口的工作方式

登录 PCM 设备后，首先进入设备的硬件描述管理菜单（Managehardwaredescription），选择需要配置的 Subscr 板的相应接口，把工作参数选项里的工作方式由默认的 Exchangline（用户延伸）方式修改为 Hotline（用户热线）方式，配置界面如第三章模块 6 的图 3–6–19 所示。

2. 时隙连接

在 Configuration 下拉菜单中选择 Connections，进入接口的时隙连接配置功能，如图 3–7–1 所示。

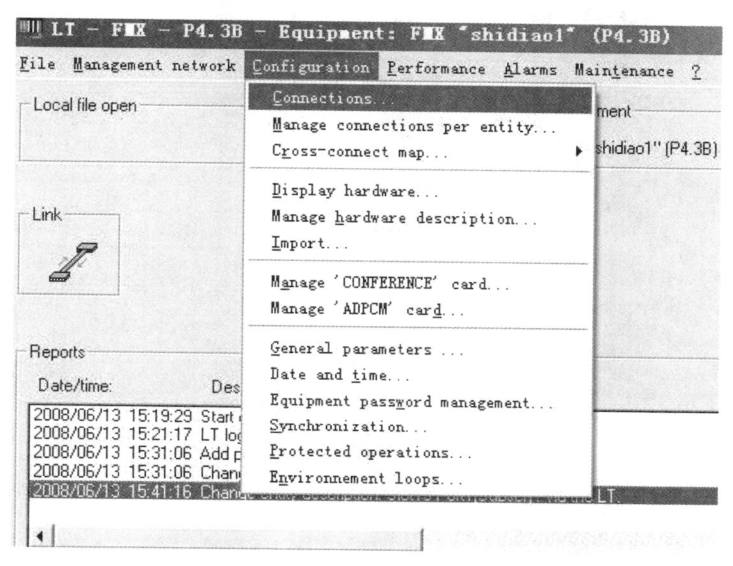

图 3–7–1　主菜单配置的下拉菜单

单击 Connections，进入下一个界面，如图 3–7–2 所示。

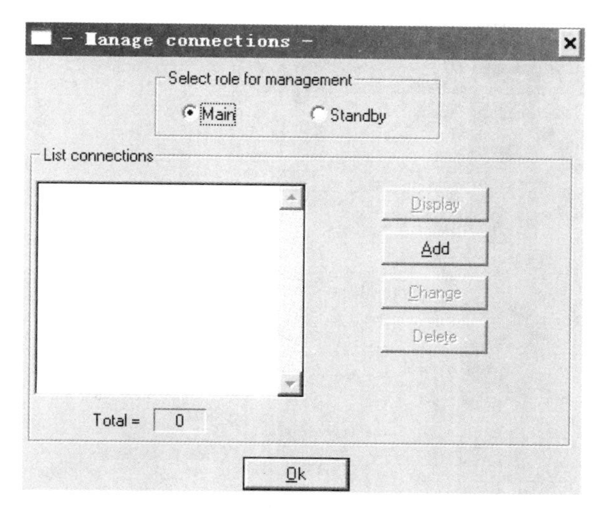

图 3–7–2　连接管理菜单

单击 Add，进入下一个界面，如图 3–7–3 所示。

- Add connection -

Name: 1301　Role: Main

Type: Two-way　Service status: Active

Rate: 1 IT 64 Kbit/s

Card out code: 1101

Card out code: 1111　Operational role: Main

Ends

Select end No.1...

Delete last end

TS allocations

Ok　Cancel

图 3-7-3　添加连接配置菜单

填写电路的连接名称，需要修改地方：

Name（名称）：例如 1301

在 Name 方框中写入不超过 12 个字符长度的连接名，为了方便检查，一般习惯用 4 位数字来表示所要配置的某个端口，其中前两位数字表示板卡所在的槽位，后两位数字表示接口的路序。比如在这里输入 1301，表示的是第 13 槽的第 1 路。

（1）选择用户板卡的端口，单击 SelectendNo.1 进入下一个界面，如图 3-7-4 所示。

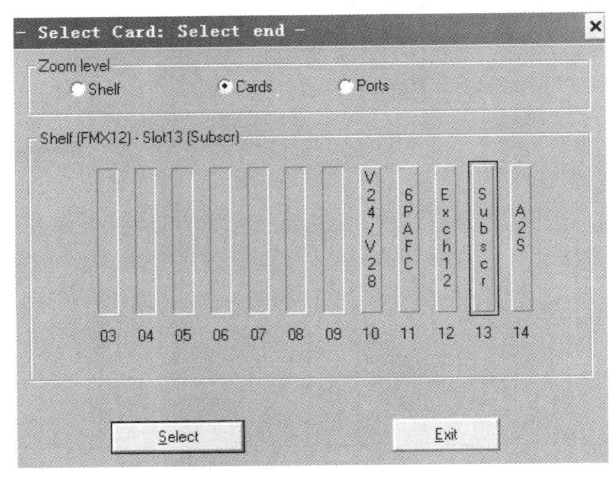

图 3-7-4　选择需要配置的 Subscr 板卡

选择第 13 槽位置 Subscr 用户接口板，选中 Ports 项进入下一个界面，如图 3-7-5 所示。

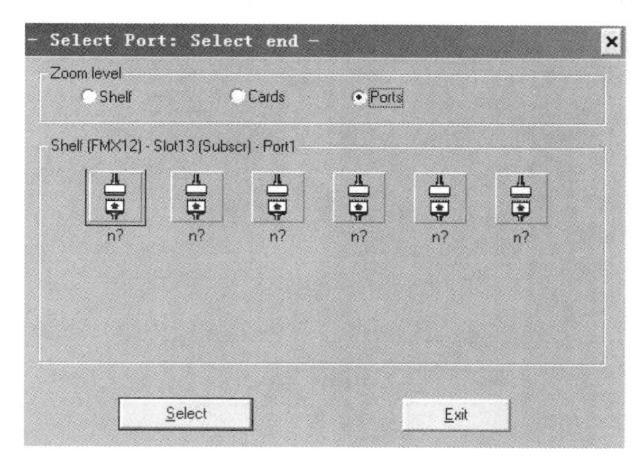

图 3–7–5 选择需要配置的 Subscr 板卡的端口

选择需要配置的接口（如 Port1），单击 Select 进入下一个界面，如图 3–7–6 所示。

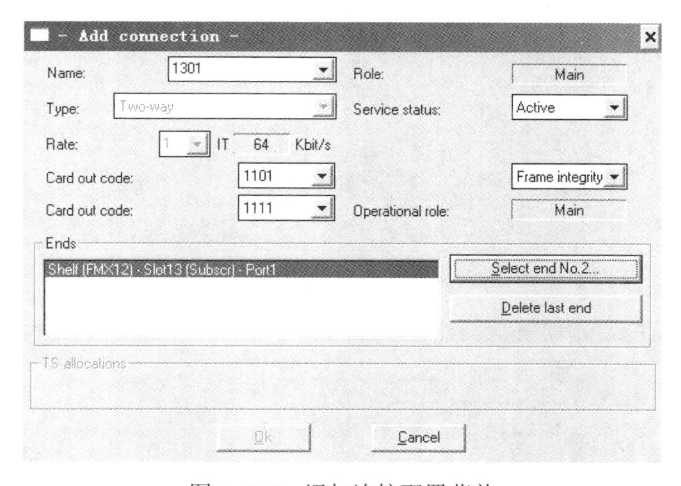

图 3–7–6 添加连接配置菜单

（2）选择 A2S 板卡接口的时隙，单击 SelectendNo.2 进入下一个界面，如图 3–7–7 所示。

选择第 14 槽位置 A2S 接口板，再选中 Ports 进入下一个界面，如图 3–7–8 所示。

选择要连接的端口（如 Port1），单击 Select 进入时隙分配的界面，如图 3–7–9 所示。

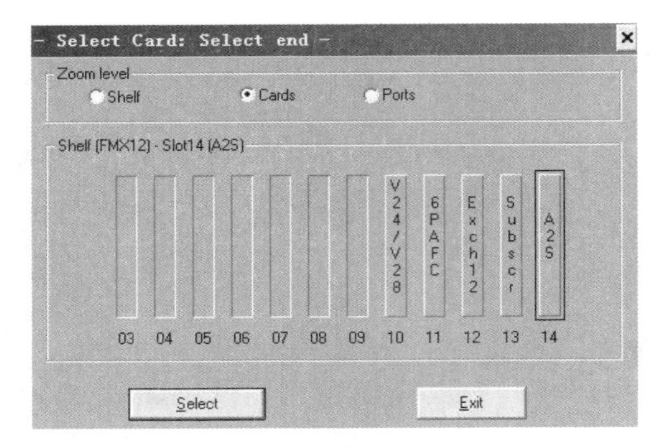

图 3–7–7 选择需要配置的 A2S 板卡

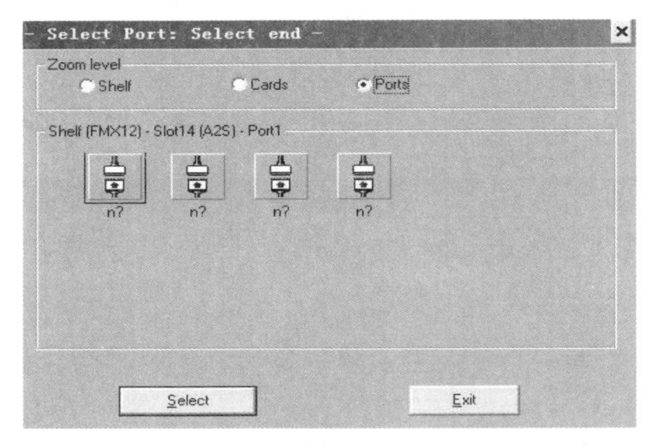

图 3–7–8 选择需要配置的 A2S 板卡的 2Mbit/s 端口

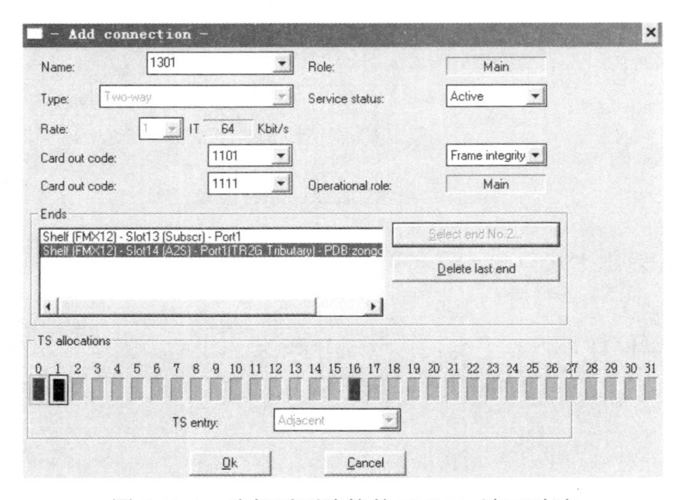

图 3–7–9 选择需要连接的 2Mbit/s 端口时隙

TS0 和 TS16 两个时隙是被固定占用的，时隙对应的小方格为红色。其余的 TS1～TS15 和 TS17～TS31 共 30 个时隙，深灰色的小方格表示时隙被占用，浅灰色小方格表示时隙空闲可用。点黑这个连接所想占用的任意空闲时隙小方格（例如 1），单击 OK 进入下一个界面，如图 3–7–10 所示。

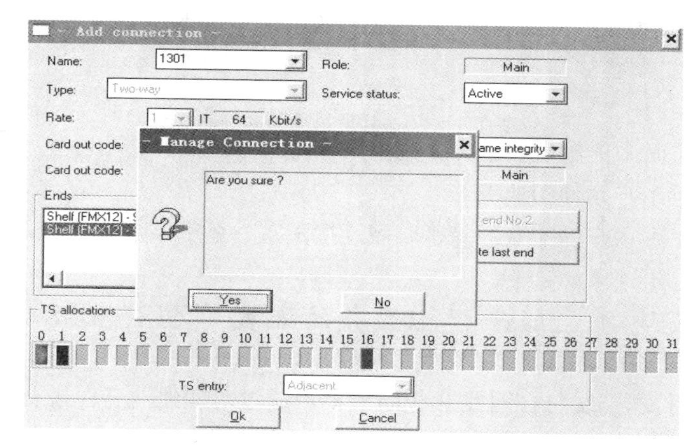

图 3–7–10　确认连接配置

单击 Yes 确认，进入下一个界面，如图 3–7–11 所示。

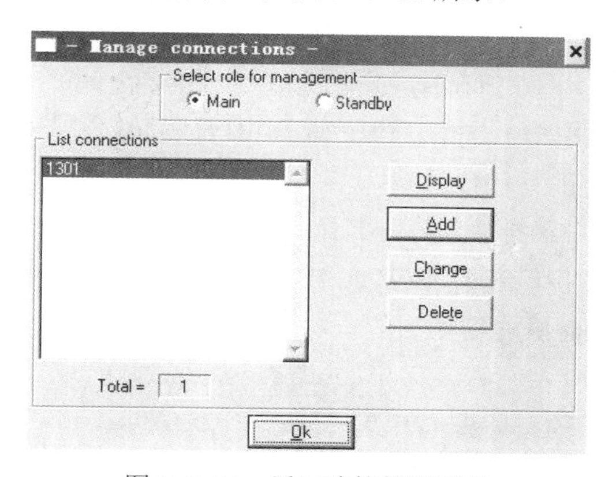

图 3–7–11　返回连接管理菜单

连接列表里显示有了 1301 这一项，说明这一条电路的时隙连接配置操作成功。以上操作是把第 13 槽 Subscr 板的第 1 个接口分配到第 14 槽 A2S 板的第 1 个 2Mbit/s 口的第 1 个时隙上。其余连接操作可重复以上步骤。

如果把另一个站点 PCM 设备的 Subscr 板的某一个接口按上面同样的方法配置到相应 2Mbit/口的同一个时隙 TS1 上，这样就完成了一条 FXS–FXS（用户热线）业务的配置。

四、FXS–FX0（用户延伸）业务的配置方法

先把 Subscr 板和 Exch12 板的工作方式都配置为 Exchangline（用户延伸）方式，其余的步骤和 FXS–FXS（用户热线）业务的配置方法一样。接交换机模拟中继接口一侧的设备配置 Exch12 板的端口，接用户线模拟接口一侧的设备配置 Subscr 板的端口即可。

【思考与练习】

1. 二线业务时隙的配置步骤分哪几步？
2. 如何配置用户延伸的业务？
3. 要完成热线用户的配置，除了时隙连接配置外还应该注意什么？

模块 8 2/4W 模拟业务的配置（Z38E3008Ⅱ）

【模块描述】本模块包含四线业务的配置。通过对四线业务时隙交叉连接方法的介绍，掌握正确开通 PCM 四线业务的方法。

【模块内容】

一、2/4W 模拟业务的配置

2/4W 模拟业务主要是指 2WE/M 接口和 4WE/M 接口。2/4WE/M 模拟中继接口是局间模拟中继接口，可用于局间交换机或 PCM 终端设备之间的音频转接，也可作为透明的话路通道使用。在电力系统中，4WE/M 接口可以同时分别传送一路远动信号的上行数据和一路远动信号的下行数据。

1. 2/4WE/M 模拟中继接口参数的配置

根据实际情况选择接口方式（2W 或 4W），输入电平以及输出电平。

2. 2/4W 模拟业务时隙的配置

（1）输入电路名称。

（2）选择需要连接的 2W 或 4WE/M 接口。

（3）选择需要连接的 2Mbit/s 接口的时隙。

二、FMX12 设备 2/4W 模拟业务的配置

6PAFC（2/4WE/M 接口）是 6 路可编程音频接口板（E/M 板），假设要把第 11 槽 6PAFC 板的第 1 个接口分配到了第 14 槽 A2S 板的第 1 个 2Mbit/s 口的第 8 个时隙上去，配置方法如下：

登录 PCM 设备，在 Configuration 下拉菜单中选择 Connections，单击 Connections，进入如图 3–8–1 所示的界面。

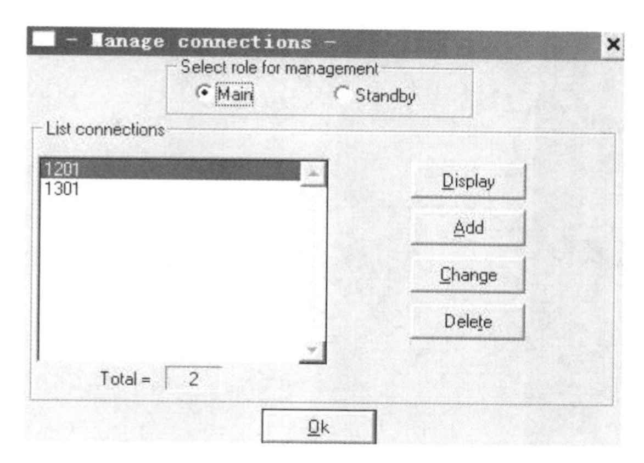

图 3–8–1　连接管理菜单

单击 Add，进入下一个界面，如图 3–8–2 所示。

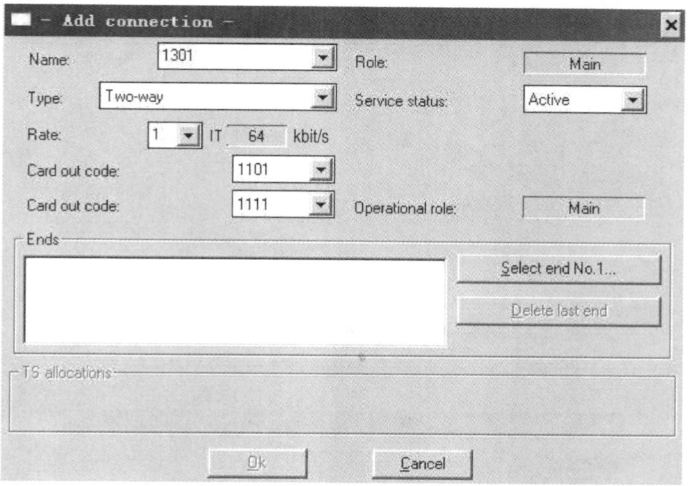

图 3–8–2　添加连接配置菜单

在 Name 方框中写入不超过 12 个字符长度的连接名，为了方便检查，一般用 4 位数字来表示所要配置的某个端口，其中前两位数字表示板卡所在的槽位，后两位数字表示接口的路序。比如在这里输入 1101，表示的是第 11 槽的第 1 路。

单击 SelectendNo.1，进入下一个界面，如图 3–8–3 所示。

选择第 11 槽位置 6PAFC 接口板，再选中 Ports 进入下一个界面，如图 3–8–4 所示。

选择对应接口（例如 Port1），单击 Select 进入下一个界面，如图 3–8–5 所示。

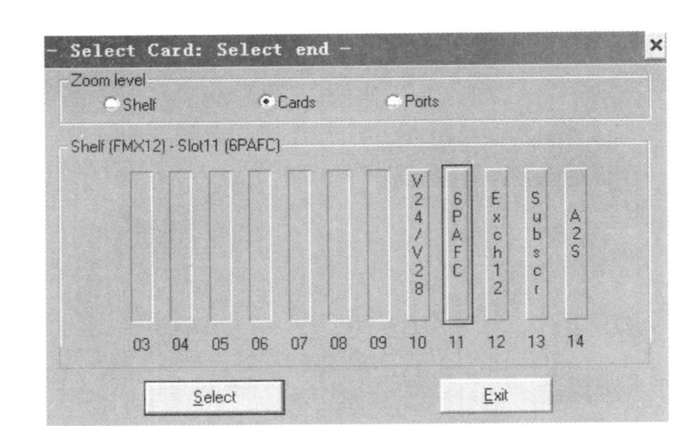

图 3–8–3 选择需要配置的 6PAFC 板卡

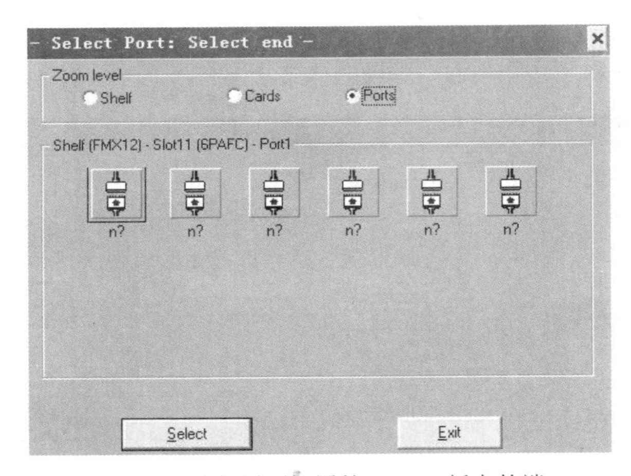

图 3–8–4 选择需要配置的 6PAFC 板卡的端口

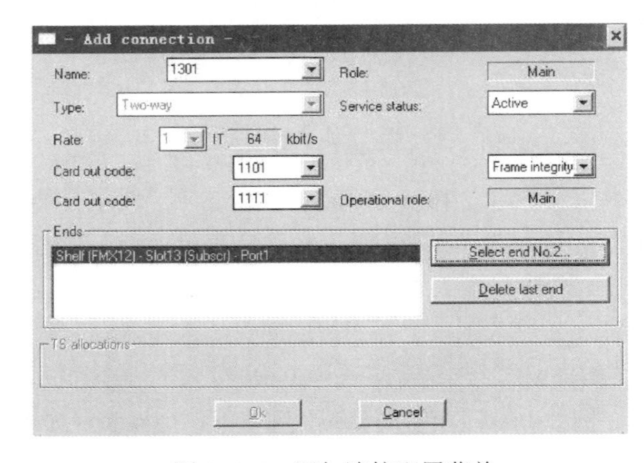

图 3–8–5 添加连接配置菜单

单击 SelectendNo.2 进入下一个界面，如图 3–8–6 所示。

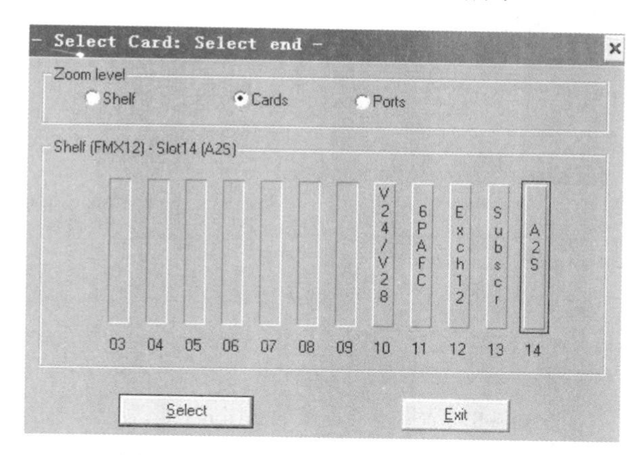

图 3–8–6　选择需要配置的 A2S 板卡

选择第 14 槽位置 A2S 接口板，再选中 Ports 进入下一个界面，选择需要配置的 A2S 板卡的 2Mbit/s 端口，如图 3–8–7 所示。

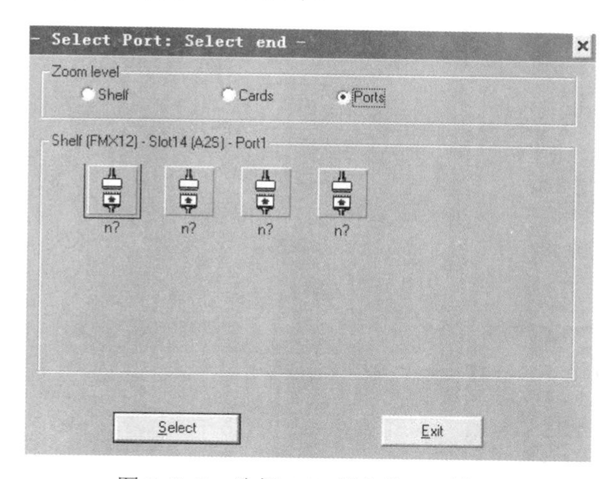

图 3–8–7　选择 A2S 板卡的 2M 端口

选择要连接的 2Mbit/s 口（例如 Port1），单击 Select 进入时隙分配的界面，如图 3–8–8 所示。点黑这个连接所想占用的任意空闲时隙小方格（例如 8），单击 OK 确认进入下一个界面，如图 3–8–9 所示。

单击 Yes 确认，进入下一个界面，如图 3–8–10 所示。

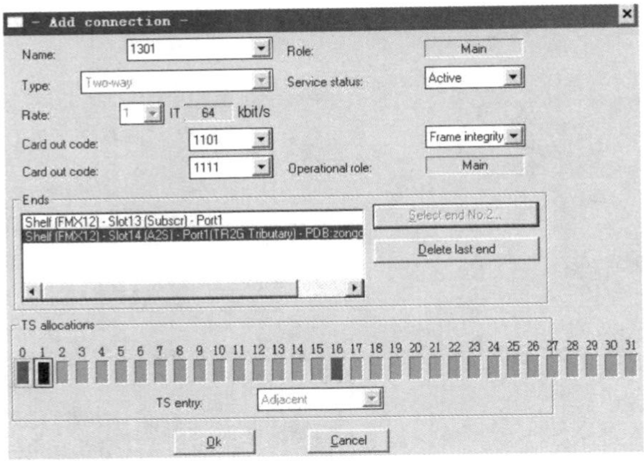

- Add connection -
Name: 1301
Role: Main
Type: Two-way
Service status: Active
Rate: 1 IT 64 kbit/s
Card out code: 1101
Frame integrity
Card out code: 1111
Operational role: Main
Ends
Shelf (FMX12) - Slot13 (Subscr) - Port1
Shelf (FMX12) - Slot14 (A2S) - Port1(TR2G Tributary) - PDB:zongg
Select end No.2...
Delete last end
TS allocations
0 1 2 3 4 5 6 7 8 9 10 11 12 13 14 15 16 17 18 19 20 21 22 23 24 25 26 27 28 29 30 31
TS entry: Adjacent
Ok
Cancel

图 3–8–8 选择需要连接的 2Mbit/s 端口时隙

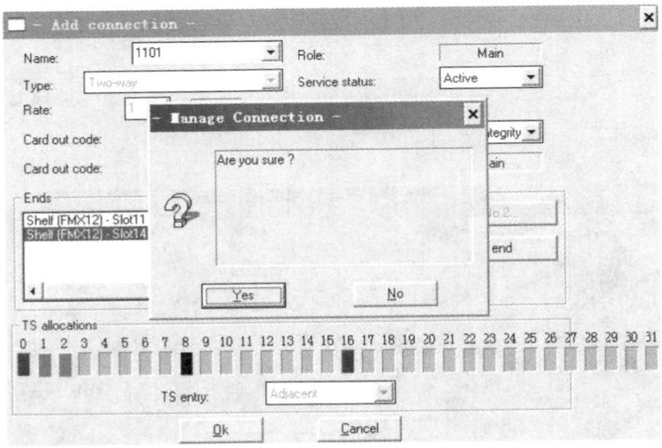

- Add connection -
Name: 1101
Role: Main
Type: Two-way
Service status: Active
Rate: 1
Card out code:
Card out code:
Ends
Shelf (FMX12) - Slot11
Shelf (FMX12) - Slot14
- Manage Connection -
Are you sure ?
Yes
No
TS allocations
0 1 2 3 4 5 6 7 8 9 10 11 12 13 14 15 16 17 18 19 20 21 22 23 24 25 26 27 28 29 30 31
TS entry: Adjacent
Ok
Cancel

图 3–8–9 确认连接配置

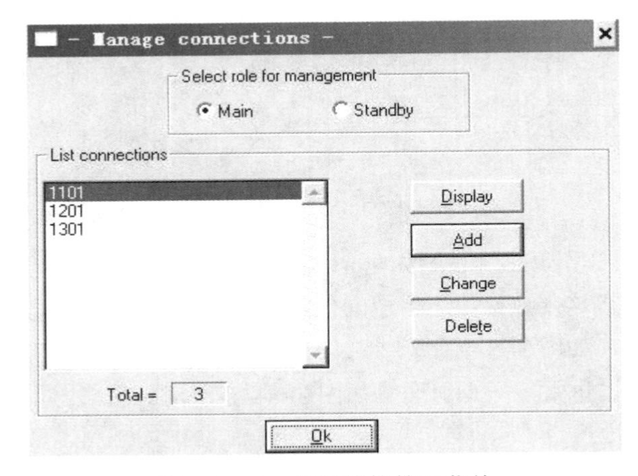

图 3–8–10 返回连接管理菜单

连接列表里显示有了 1101 这一项，说明这一条电路的时隙连接配置操作成功。以上操作是把第 11 槽 6PAFC 板的第 1 个接口分配到了第 14 槽 A2S 板的第 1 个 2Mbit/s 口的第 8 个时隙上。如果把另外一个站点 PCM 设备的 6PAFC 板的某一个接口，按上面同样的方法配置到相应 2Mbit/s 口的同一个时隙 TS8 上，这样就完成了一条 2/4W 模拟业务的配置。

【思考与练习】

1. 2/4W 模拟业务主要指哪两个接口？
2. 2/4W 模拟业务的配置方法是怎样的？
3. 简述 FMX12 设备 2/4W 模拟业务的配置方法。

模块 9 数字业务的配置（Z38E3009Ⅱ）

【模块描述】本模块包含数字业务的配置。通过对数字业务时隙交叉连接方法的介绍，掌握正确开通 PCM 数字业务的方法。

【模块内容】

一、数字业务的配置

数字业务的配置一般是指数据接口板业务的配置，数字业务的配置方法是：

1. 数据接口板接口参数的配置

根据实际情况选择数据的传输方式（同步或异步）、传输速率、内部交换电路、流量控制和字符格式（长度、停止位和奇偶校验）等。

2. 数字业务时隙的配置

（1）输入电路名称。

（2）选择需要连接的数据接口。

（3）选择需要连接的 2Mbit/s 接口的时隙。

二、FMX12 设备数字业务的配置

FMX12 设备提供 3×64kbit/s、V24/V11（V10）和 V24/V28 等数据接口板，这里，我们以 V24/V28 数据接口板为例来介绍数字业务的配置方法。V24/V28 数据接口板的接口数为 4 个，同步速率达 64kbit/s，异步速率达 38 400bit/s。首先，需要根据用户数字业务的数据格式对相应的接口参数做适当的修改，然后做时隙的连接。

假设要把第 10 槽 V24/V28 数据接口板的第 2 个接口分配到了第 14 槽 A2S 板的第 1 个 2Mbit/s 口的第 14 个时隙上去，配置方法如下：

登录 PCM 设备后，在 Configuration 下拉菜单中选择 Connections，单击 Connections，进入如图 3–9–1 所示的界面。

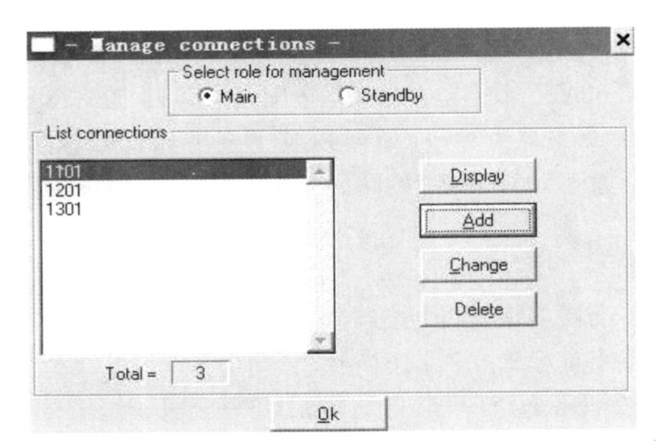

图 3–9–1 连接管理菜单

单击 Add，进入下一个界面，如图 3–9–2 所示。

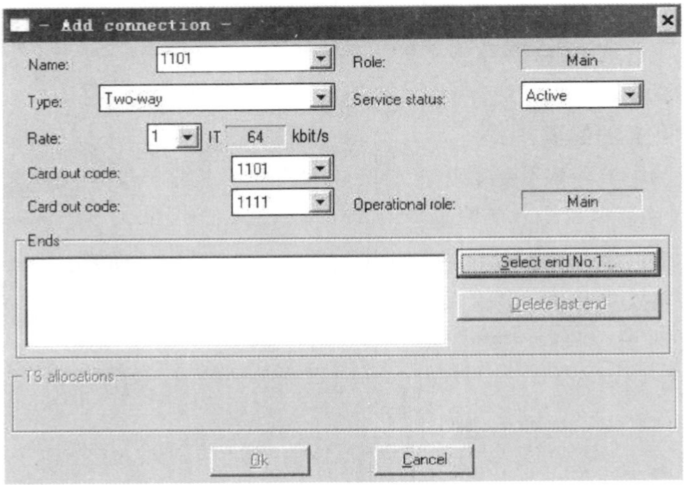

图 3–9–2 添加连接配置菜单

在 Name 方框中写入不超过 12 个字符长度的连接名。为了方便检查，一般习惯用 4 位数字来表示所要配置的某个端口，其中前两位数字表示板子所在的槽位，后两位数字表示接口的路序。比如在这里输入 1002，表示的是第 10 槽的第 2 路。

单击 SelectendNo.1 进入下一个界面，如图 3–9–3 所示。

选择第 10 槽位置 V24/V28 接口板，再选中 Ports 进入下一个界面，如图 3–9–4 所示。

选择对应接口（例如 Port2），进入下一个界面，如图 3–9–5 所示。

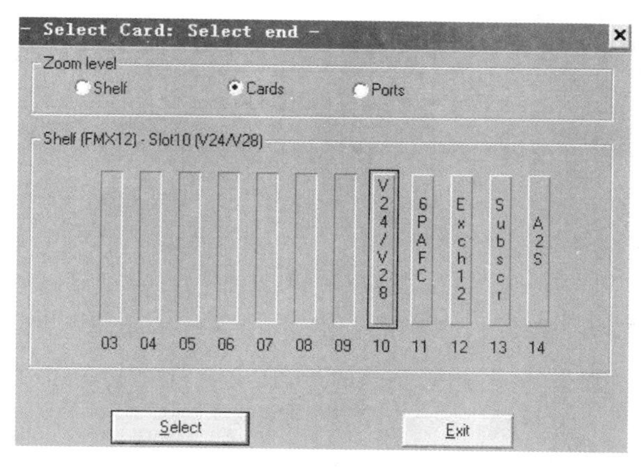

图 3–9–3　选择需要配置的 V24/V28 接口板卡

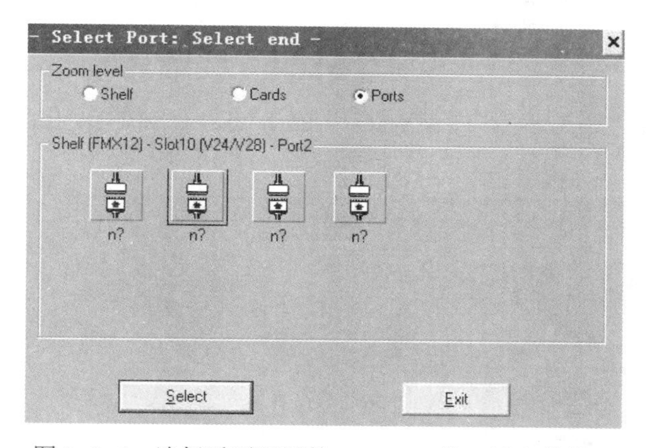

图 3–9–4　选择需要配置的 V24/V28 接口板卡的端口

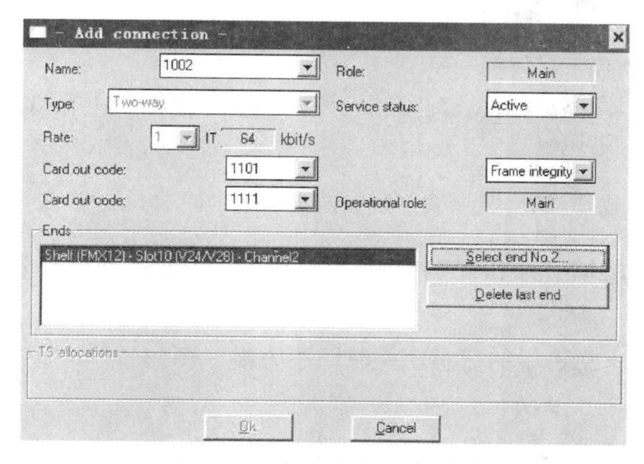

图 3–9–5　添加连接配置菜单

单击 SelectendNo.2 进入下一个界面，如图 3–9–6 所示。

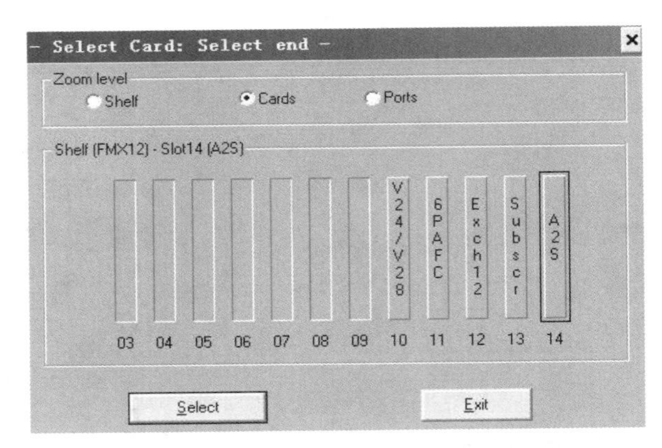

图 3–9–6 选择需要配置的 A2S 板卡

选择第 14 槽位置 A2S 接口板，再选中 Ports 进入下一个界面，如图 3–9–7 所示。

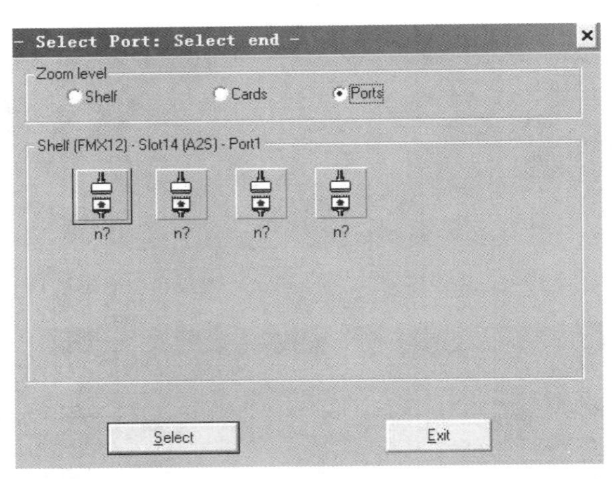

图 3–9–7 选择需要配置的 A2S 板卡的 2Mbit/s 端口

选择要连接的 2Mbit/s 口（例如 Port1），单击 Select 进入时隙分配的界面，如图 3–9–8 所示。

点黑这个连接所想占用的任意空闲时隙小方格（例如 14），单击 OK 确认，进入下一个界面，如图 3–9–9 所示。

单击 Yes 确认，进入下一个界面，如图 3–9–10 所示。

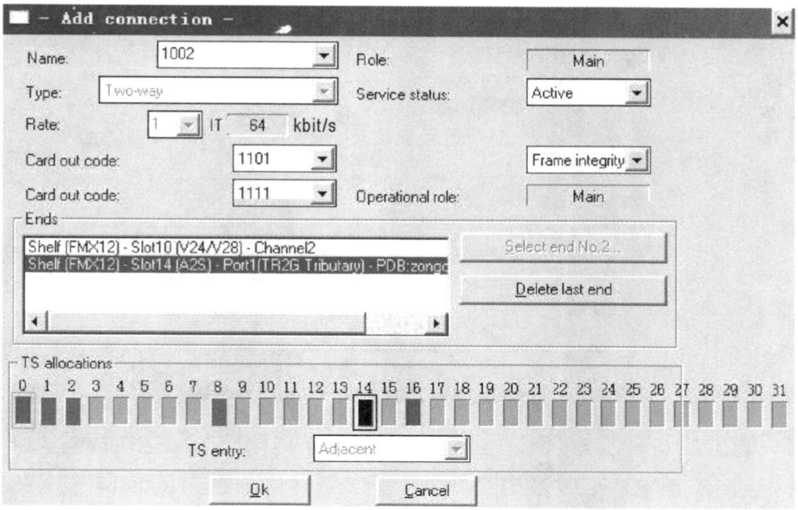

- Add connection -
Name: 1002
Role: Main
Type: Two-way
Service status: Active
Rate: 1 IT 64 kbit/s
Card out code: 1101
Frame integrity
Card out code: 1111
Operational role: Main
Ends
Shelf (FMX12) - Slot10 (V24/V28) - Channel2
Shelf (FMX12) - Slot14 (A2S) - Port1(TR2G Tributary) - PDB:zongc
Select end No.2...
Delete last end
TS allocations
0 1 2 3 4 5 6 7 8 9 10 11 12 13 14 15 16 17 18 19 20 21 22 23 24 25 26 27 28 29 30 31
TS entry: Adjacent
Ok
Cancel

图 3–9–8　选择需要连接的 2Mbit/s 端口时隙

- Add connection -
Name: 1002
Role: Main
Type: Two-way
Service status: Active
Rate: 1
Card out code:
Card out code:
Ends
Shelf (FMX12) - Slot10 (V
Shelf (FMX12) - Slot14 (A
- Manage Connection -
Are you sure ?
Yes
No
TS allocations
0 1 2 3 4 5 6 7 8 9 10 11 12 13 14 15 16 17 18 19 20 21 22 23 24 25 26 27 28 29 30 31
TS entry: Adjacent
Ok
Cancel

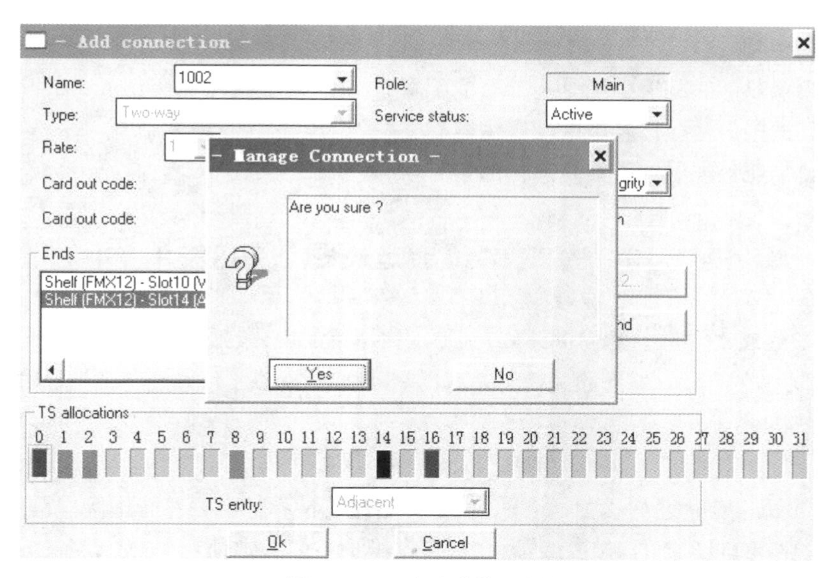

图 3–9–9　确认连接配置

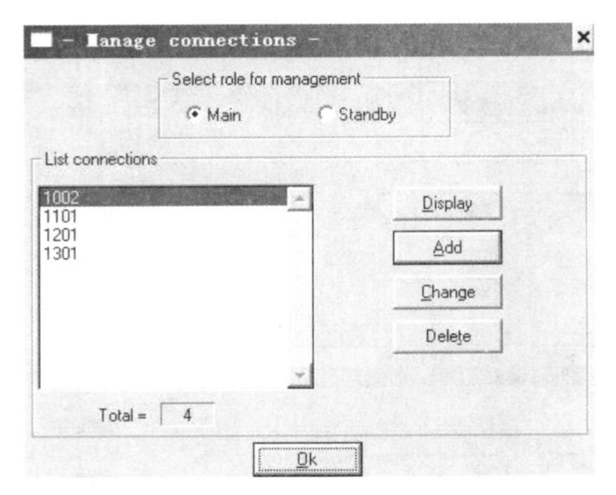

图 3–9–10 返回连接管理菜单

连接列表里显示有了 1002 这一项，说明这一条电路的时隙连接配置操作成功。以上操作是把第 10 槽 V24/V28 数据接口板的第 2 个接口分配到了第 14 槽 A2S 板的第 1 个 2Mbit/s 口的第 14 个时隙上。如果把另外一个站点 PCM 设备的 V24/V28 数据接口板的某一个接口（要连接的两个接口参数的配置要相同）按上面同样的方法配置到相应 2Mbit/s 口的同一个时隙 TS14 上，这样就完成了一条数字业务的配置。

【思考与练习】

1. 数字业务的配置一般是指什么的配置？
2. 数据接口板接口参数的配置内容有哪些？
3. 数字业务配置的方法是怎样的？

模块 10 PCM 二线通道测试（Z38E3010Ⅱ）

【模块描述】本模块包含 PCM 二线通道常用特性指标的测试。通过对电平、频率特性等测试方法的介绍，掌握正确使用 PCM 综合测试仪测试二线通道特性指标的方法。

【模块内容】

一、测试目的

为了保证 PCM 通信质量，测试的 PCM 话路特性指标必须符合国际电信联盟远程通信标准化组 ITU–T 的建议。所以，在日常维护中，要定期对 PCM 设备的话路特性指标进行测试，确保其指标合格。

二、测试前的准备工作

（1）了解被试设备现场情况及试验条件，测试现场的温度、湿度等条件要符合设备及仪表正常工作的条件。

（2）测试仪器及设备准备，1 台话路特性测试仪、测试线、接地线、2 端 PCM 终端设备（带 FXS 接口和 FXO 接口）。

三、测试步骤及要求

（1）话路特性测试仪和两端 PCM 设备可靠接地（共地）。

（2）按图 3–10–1 所示，测试线的一头分别接话路特性测试仪的收、发接口，另一头分别接两端 PCM 设备对应的 FXS 接口和 FXO 接口。

（3）启动话路特性测试仪，选择要测试项目进行测试（如电平、电平特性、频率特性、量化失真和空闲噪声等指标）。

（4）根据仪表显示记录测试结果。

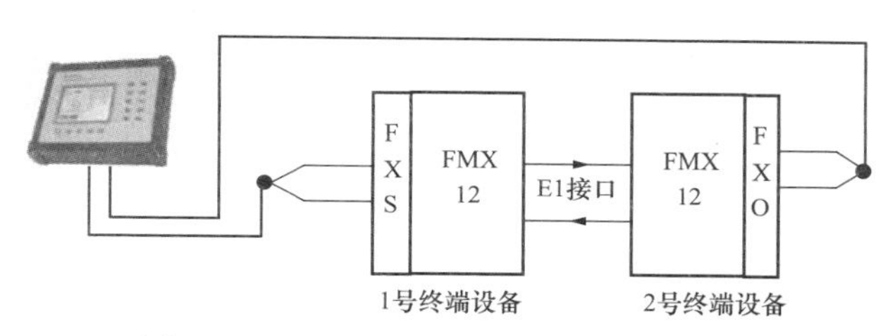

图 3–10–1 二线话路通道测试连线示意图

四、测试结果分析

把每一项测试结果与标准参数比较，不合格的部分需对设备进行相应的调试。

五、测试注意事项

（1）话路特性测试仪和 PCM 设备可靠接地（共地）。

（2）测试线插头无氧化及油污，保证测试线与话路特性测试仪和 PCM 设备可靠接触。

（3）保证测试现场的温度、湿度符合设备及仪表正常工作的条件。

以上几点都可能影响测试数据的准确性。测试前注意看清楚接线排资料，将测试线连接到正确的位置。错误地将测试线连接到非被测的接口上，会造成正常运行电路中断。

六、FMX12 设备二线话路通道的测试方法

二线话路通道进行 FXO（Exch12）–FXS（Subscr）测试时，必须先建立话音通道，才能通过仪表测试话路通道的各项指标，测试连线示意图如图 3–10–2 所示。

将 1 号和 2 号两端 FMX12 设备的二线电路数据配置好后，把仪表的 Rx 测试接头并接在 1 号 FMX12 设备的二线用户线上，同时将仪表的 Tx 测试接头并接在 2 号 FMX12 设备的二线用户线上。根据话路特性测试仪的使用说明，把仪表的接口类型、输入（输出）阻抗和相对电平等与被测设备保证一致，基准频率选择正确，把仪表的地与设备的地共地连接良好（以确保测试结果的准确。不接地或接地不良，经常会影响量化失真、空闲噪声等指标的测量），就可以开始测试了。用话路特性测试仪能十分方便地自动测试二线接口的常用指标，如传输电平、电平特性、频率特性、量化失真和空闲噪声等指标，并可在仪表上直接观看测试结果。有些话路特性测试仪还能分别选择电平、频率特性、电平特性、量化失真、空闲噪声等选项，使用标准模板分析结果，判定测试结果是否合格。

如果要对 FXS（Subscr）–FXS（Subscr）热线方式的二线通道进行测试，只要将图 3–10–2 中的 FXO 接口板换成 FXS 接口板，话路特性测试仪设置接口类型时注意将其中一边的 FXO 接口改为 FXS 接口即可，其余的不变。

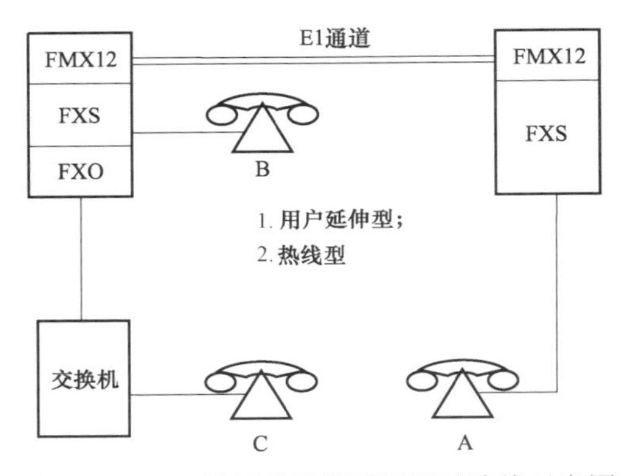

图 3–10–2 二线话路通道通话测试连线示意图

另外，按照图 3–10–2 的方法将 3 台普通电话机连接分别连接到需要测试的二线用户接口上，可进行二线接口的振铃、通话测试，步骤如下：

1. FXS–FXS 热线方式

电话机 A 摘机，电话机 B 振铃后，将电话机 B 提机，并确认话路通道连通；反过来再试一次，确认电话机 A 也振铃。

2. FXO–FXS 用户延伸方式

电话机 A 摘机，听到拨号音后，拨相应的号码呼通电话机 C，电话机 C 振铃后，将电话机 C 提机，并确认话路通道连通；反过来再试一次，确认电话机 A 也振铃。

【思考与练习】

1. PCM 二线通道的测试步骤及要求是什么？

2. 二线通道振铃、通话测试时，为何要对两个传输方向各进行一次？

3. 二线接口的常用指标有哪些？

模块 11 PCM 四线通道测试（Z38E3011Ⅱ）

【模块描述】本模块包含 PCM 四线通道常用特性指标的测试。通过对电平、频率特性等测试方法的介绍，掌握正确使用 PCM 综合测试仪测试四线通道特性指标的方法。

【模块内容】

一、测试目的

为了保证 PCM 通信质量，测试的 PCM 话路特性指标必须符合国际电信联盟远程通信标准化组 ITU–T 的建议。所以，在日常维护中，要定期对 PCM 设备的话路特性指标进行测试，确保其指标合格。

二、测试前的准备工作

（1）了解被试设备现场情况及试验条件，测试现场的温度、湿度等条件要符合设备及仪表正常工作的条件。

（2）测试仪器、设备准备，1 台话路特性测试仪、测试线、接地线、2 端 PCM 终端设备（带 4WE/M 接口）。

三、测试步骤及要求

（1）话路特性测试仪和两端 PCM 设备可靠接地（共地）。

（2）按图 3–11–1 所示，测试线的一边分别接话路特性测试仪的收、发接口，另一边分别接两端 PCM 设备对应的 4WE/M 接口。

（3）启动话路特性测试仪，选择要测试项目进行测试（如电平、电平特性、频率特性、量化失真和空闲噪声等指标）。

（4）根据仪表显示记录测试结果。

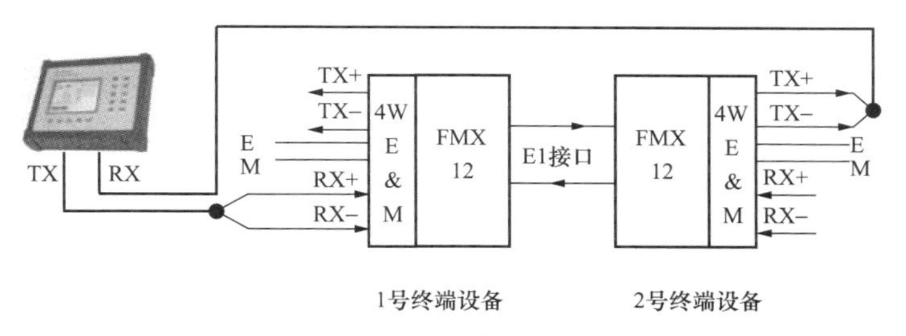

图 3–11–1 四线话路通道测试连线示意图 1

四、测试结果分析

把每一项测试结果与标准参数比较，不合格的部分需对设备进行相应的调试。

五、测试注意事项

（1）话路特性测试仪和 PCM 设备可靠接地（共地）。

（2）测试线插头无氧化及油污，保证测试线与话路特性测试仪和 PCM 设备可靠接触。

（3）保证测试现场的温度、湿度符合设备及仪表正常工作的条件。

以上几点都可能影响测试数据的准确性。

测试前，注意看清楚接线排资料，将测试线连接到正确的位置。错误地将测试线连接到非被测的接口上，会造成正常运行电路中断。

六、FMX12 设备四线通道的测试方法

对四线话路通道进行 4WE/M（6PAFC）－4WE/M（6PAFC）测试时，同样需要先建立四线通道，才能通过仪表测试话路通道的各项指标，测试连线示意图如图 3–11–2 所示。

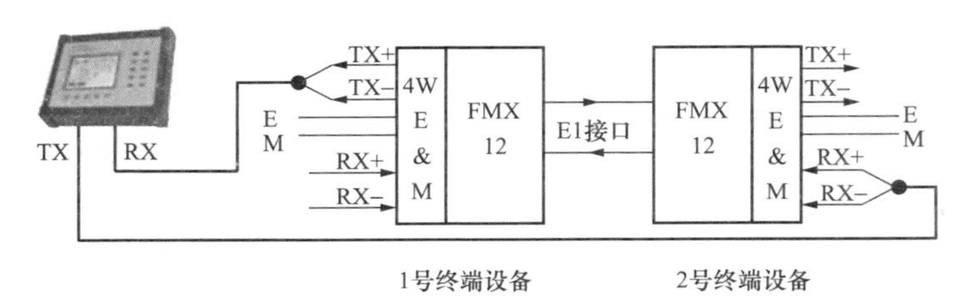

图 3–11–2 四线话路通道测试连线示意图 2

把 1 号和 2 号两端 FMX12 设备的四线电路数据配置好，把仪表的地与设备的地共地连接良好，将仪表的 RX 测试接头并接在 2 号 FMX12 设备的四线用户线的 TX 上，同时将仪表的 TX 测试接头并接在 1 号 FMX12 设备的四线用户线的 RX 上。根据话路特性测试仪的使用说明，把仪表的接口类型、输入（输出）阻抗和相对电平等与被测设备保证一致就可以开始测试。用话路特性测试仪能十分方便地自动测试四线接口的常用指标，如传输电平、电平特性、频率特性、量化失真和空闲噪声等指标，并可在仪表上直接观看测试结果。还可以分别选择传输电平、频率特性、电平特性、量化失真、空闲噪声等选项，使用标准模板分析结果，判定测试结果合格与否。

第一次测试完成后，整个四线通道的测试实际上只完成了一半。还需要将测试连线按图 3–11–2 的方法连接起来再测试一次。把仪表的 RX 测试接头并接在 1 号 FMX12 设备的四线用户线的 TX 上，同时将仪表的 TX 测试接头并接在 2 号 FMX12 设备的四线用户线的 RX 上。

【思考与练习】

1. PCM 四线通道的测试步骤及要求是什么？

2. 四线通道测试时，为何要对同一条电路两边接口的发送和接收都要测试一次？

3. PCM 四线通道的测试注意事项有哪些？

模块 12　时钟的设置（Z38E3012Ⅲ）

【模块描述】本模块包含 PCM 设备时钟设置。通过对 PCM 设备时钟同步及其设置方法的介绍，了解时钟同步的重要性，掌握 PCM 时钟同步的设置方法。

【模块内容】

一、PCM 设备的定时和同步

PCM 设备将各话路信号按一定的时间顺序分别安排在不同的时间进行抽样、量化和编码，然后送到接收端依次解码、分路恢复出原来的语音信号，整个过程需要有严格的定时系统来完成。为了保证接收端和发送端定时系统的同步工作，让设备处于稳定的同步工作状态，实现正确的通信，还需要有同步系统做保障。

很多智能 PCM 设备提供了内时钟、外时钟和提取时钟，主用时钟和备用时钟的分配和删除选项。实际操作中，可根据网络实际情况对 PCM 设备的时钟进行设置。

（1）主用时钟源的选择。

（2）备用时钟源的选择，有多级备用时钟源的可根据实际需要进行备用时钟源设置。

（3）时钟源切换方式的选择（自动模式或人工模式）。

二、FMX12 设备提供的同步定时源

FMX12 设备提供三种同步定时源：外部同步输入、内部振荡器和从支路或复接信号中提取时钟，适用一个主同步源和最多两个按递减顺序排列优先等级的备用同步源。在正常操作过程中主同步源是一个同步源，如果所有其他配置的同步源发生故障，FMX12 将与其内部时钟同步（自动运行模式）。使用从业务中还原的外部定时源或定时信号，只需输入相应的板插槽号码和接口号进行选择。一旦检测出有源时钟源的故障状况，设备将自动转换至下一个可用的时钟源。

三、FMX12 设备时钟设置的方法

1. 添加时钟源的方法

登录 FMX12 设备，选择 Configuration 下拉菜单，单击 Synchronization，进入如图 3–12–1 所示的界面。

凡是激活的 2Mbit/s 端口都会在 Availablesources 列表栏里列出。时钟的 Revertivemode 一般都需要由人工模式（Manual）调整为自动模式（Automatic），根据具体情况选择合适的主同步源端口（如 14 槽第 1 个 2Mbit/s 端口），单击 Allocate 分配，

再单击 OK 进入下一个界面，如图 3–12–2 所示。

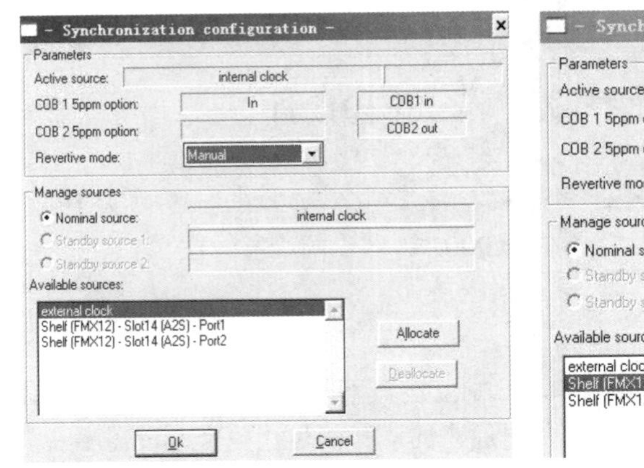

图 3–12–1 同步配置参数

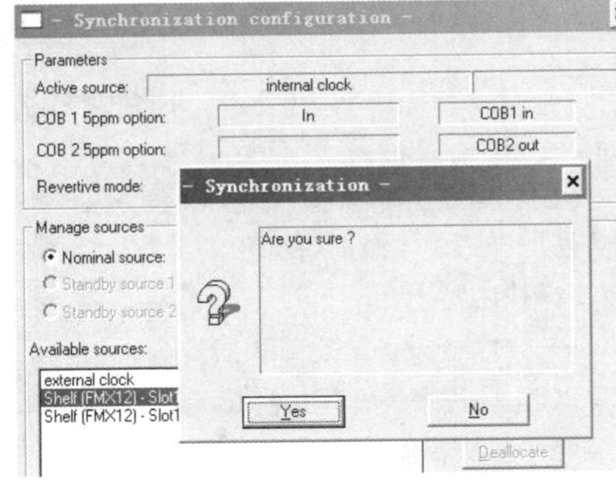

图 3–12–2 同步配置确认

单击 Yes 进入下一个界面，如图 3–12–2 所示。

如果还需分配备用同步源（如 14 槽第 2 个 2Mbit/s 端口），重复上面的步骤即可如图 3–12–3 所示，最终显示为下一个界面，如图 3–12–4 所示。

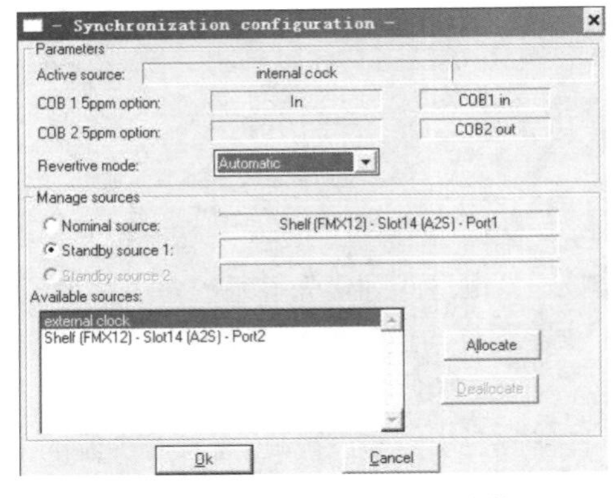

图 3–12–3 返回同步配置参数

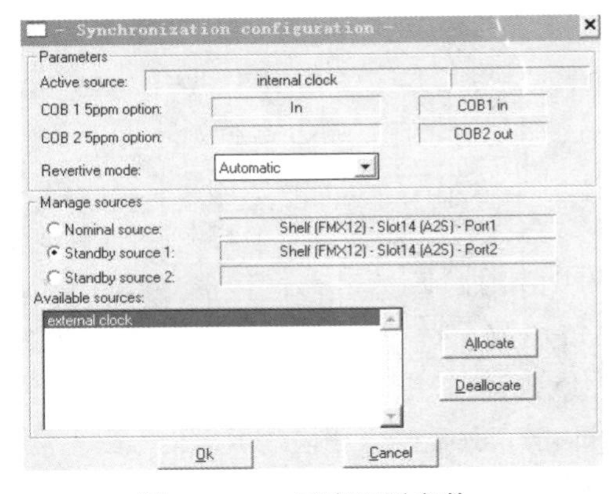

图 3–12–4 同步配置参数

2. 删除时钟源的方法

如果要删除备用时钟源（如图 3–12–5 中 14 槽的第 2 个 2Mbit/s 端口），选中 Standbysource1，单击 Deallocate，进入下一个界面，如图 3–12–5 所示。单击 Yes 确定，可删掉第一级备用时钟源，如图 3–12–6 所示。

这样，就可以完成 FMX12 设备时钟源的删除。要删除其他时钟源，重复上面的步骤即可。

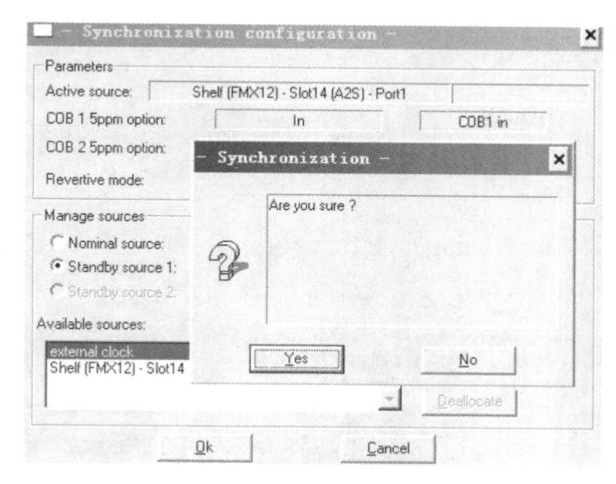

图 3-12-5　删除备用时钟源确认

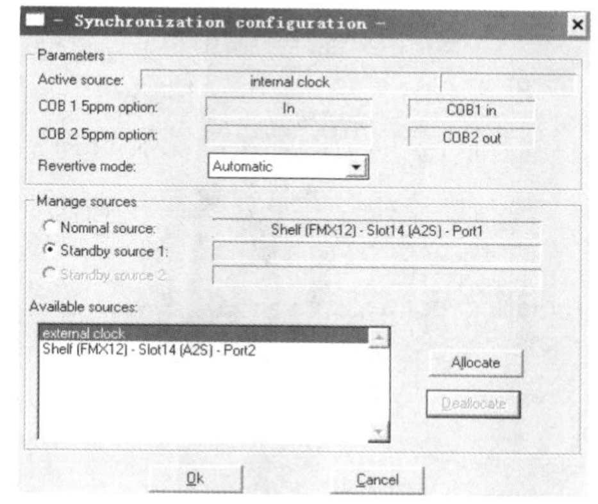

图 3-12-6　同步配置参数

【思考与练习】

1. PCM 设备的定时和同步的原因是什么？

2. 当 FMX12 设备有源时钟源出故障时，要想自动转换至下一个可用的时钟源，配置时钟源时应该注意些什么？

3. 添加和删除时钟源的方法是怎样的？

模块 13　PCM 网管通道配置（Z38E3013Ⅲ）

【模块描述】本模块包含网管通道的配置方法和注意事项。通过对帧中继及其配置方法的介绍，了解 PCM 网管通道配置的方法。

【模块内容】

一、PCM 网管通道配置

PCM 的网管通道一般是指通过未分配的字节或时隙来传输设备的监控与管理功能通道。不同厂家生产的 PCM 设备，网管通道的配置方法各不相同。有的设备用帧结构 TS0 中未分配的字节来传送监控和管理信息，有的设备用未分配的时隙来传送监控和管理信息，还有的设备能同时用多种方式来传送监控和管理信息。

二、FMX12 设备网管通道配置

FMX12 设备可通过本地操作系统进行集中管理控制，包括与 FMX12 连接的远端设备单元。可与管理接口板直接连接，具有远程监控功能，且不另外占用话路时隙。所有维护通道的帧中继功能通过 COB 板实施，维护通道的帧中继功能支持下面最多 10 个维护通道：

通过奇数帧 TS0 时隙的 2 个字节负载 8 个 8kbit/s 信道。

由未分配的时隙负载 64kbit/s 通道。

用于 GIE 板的 64kbit/s 信道。

通过维护通道的帧中继功能，FMX12 设备可通过控制通道达到切换不同被控设备的目的，网管通道的具体配置方法如下。

首先登录 FMX12 设备，选择主菜单 Managementnetwork 下拉菜单中的 Framerelayconnections，如图 3–13–1 所示。

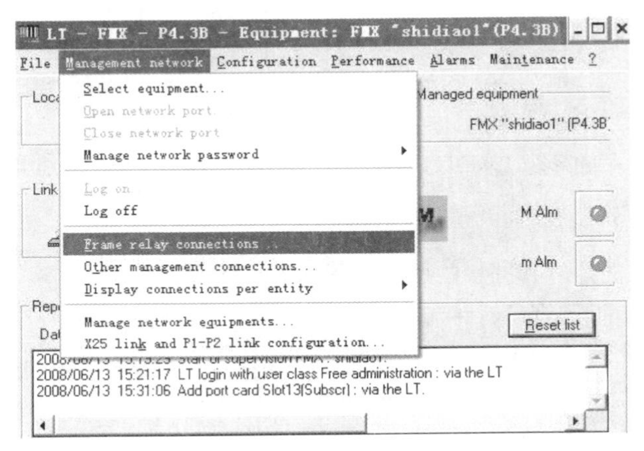

图 3–13–1　网络管理下拉菜单

单击后，进入下一个界面，如图 3–13–2 所示。单击 Add，进入下一个界面，如图 3–13–3 所示。

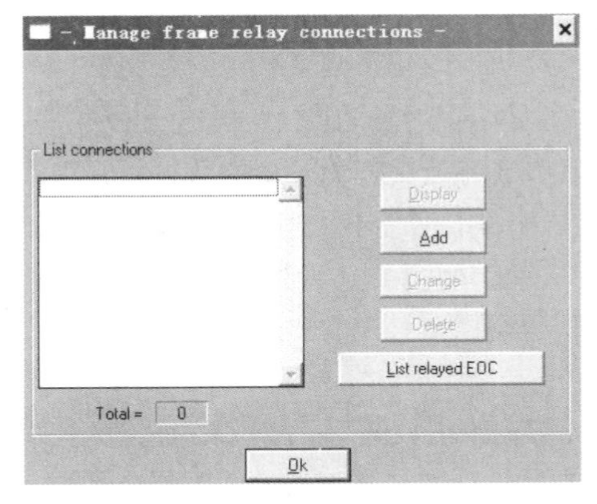

图 3–13–2　帧中继连接管理

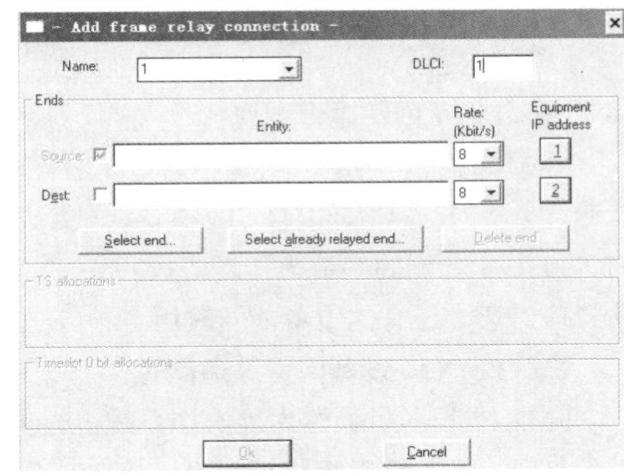

图 3–13–3　帧中继连接选项

在 Name 选项中输入帧中继的名字（长度最多 12 个字符，例如 1），在 DLCI（数据链路连接标识符）选项中输入一个数字编号（1 到 1024 的任意数，例如 1）。

1. 点对点帧中继连接

单击 EquipmentIPaddress（设备 IP 地址）下面按钮 1 进入下一个界面，如图 3–13–4 所示。

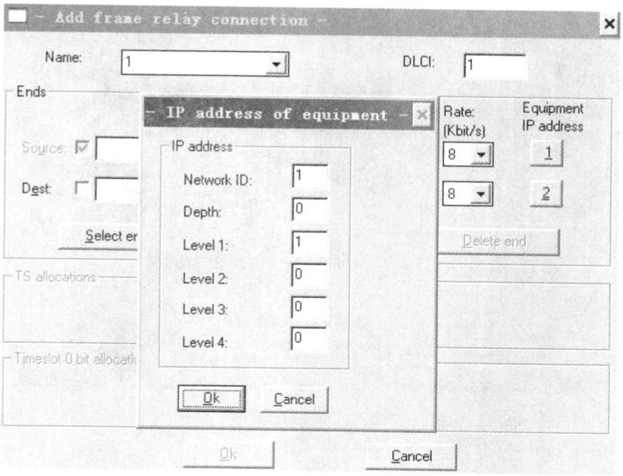

图 3–13–4　源设备 IP 地址设置

在图 3–13–4 的六个方框中根据要求输入本端设备的 IP 地址（如 1.0.1.0.0.0），单击 OK 返回图 3–13–3 界面。

单击 EquipmentIPaddress（设备 IP 地址）下面按钮 2 进入下一个界面，如图 3–13–5 所示。在六个方框中根据要求输入被监控设备 IP 地址（如 1.0.1.1.0.0），单击 OK 返回图 3–13–3。

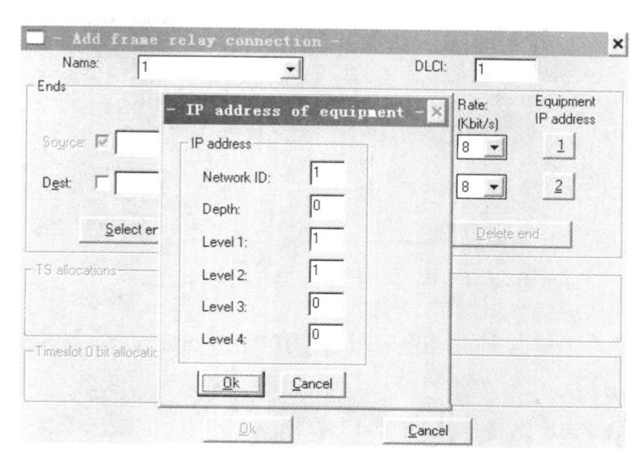

图 3–13–5　目标设备 IP 地址设置

在 Source（源）右小方框打钩情况单击 Selectend，进入下一个界面，如图 3–13–6 所示。

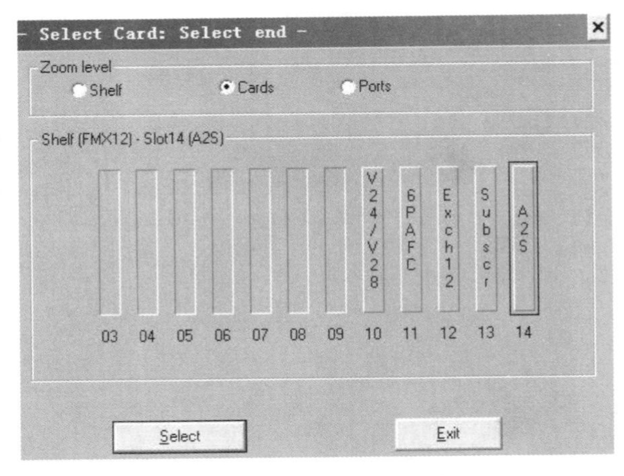

图 3–13–6 A2S 板卡选择

选择与被监控设备连接 2Mbit/s 口所在的 A2S 板，并选中 Ports 进入下一个界面，如图 3–13–7 所示。

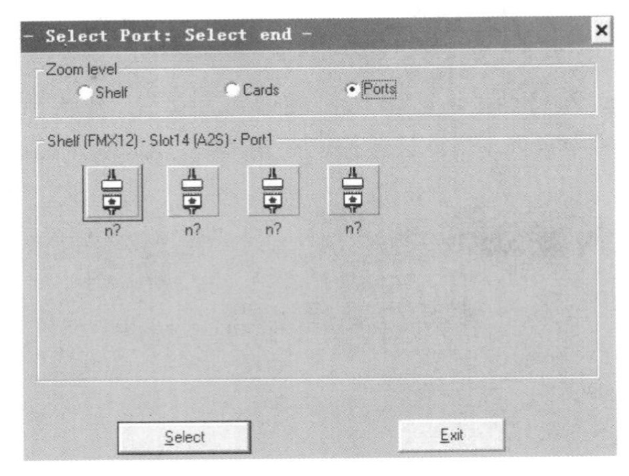

图 3–13–7 A2S 板卡 2Mbit/s 端口选择

选择与被监控设备连接的 2Mbit/s 口（如 14 槽 Port1），单击 Select 进入下一个界面，如图 3–13–8 所示。

点击 TS0 的第 7、8 比特，如图 3–13–9 所示。

选中 Dest（目的）右边的小方框（打钩），如图 3–13–10 所示。

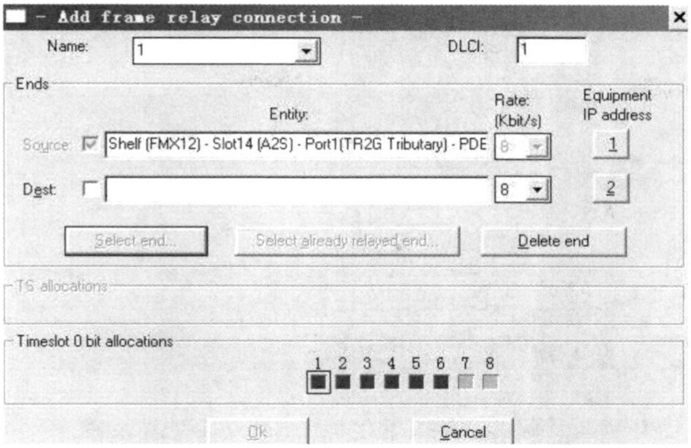

- Add frame relay connection -
Name: 1
DLCI: 1
Ends
Entity:
Rate: (Kbit/s)
Equipment IP address
Source: Shelf (FMX12) - Slot14 (A2S) - Port1(TR2G Tributary) - PDE 8 1
Dest: 8 2
Select end... Select already relayed end... Delete end
TS allocations
Timeslot 0 bit allocations
1 2 3 4 5 6 7 8
Ok Cancel

图 3–13–8 A2S 板卡 2Mbit/s 端口的 TS0 未分配比特位选择

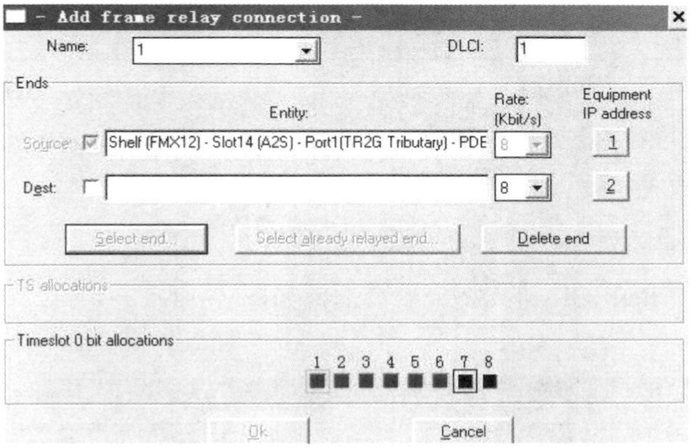

- Add frame relay connection -
Name: 1
DLCI: 1
Ends
Entity:
Rate: (Kbit/s)
Equipment IP address
Source: Shelf (FMX12) - Slot14 (A2S) - Port1(TR2G Tributary) - PDE 8 1
Dest: 8 2
Select end... Select already relayed end... Delete end
TS allocations
Timeslot 0 bit allocations
1 2 3 4 5 6 7 8
Ok Cancel

图 3–13–9 2Mbit/s 端口 TS0 的第 7、8 比特位占用

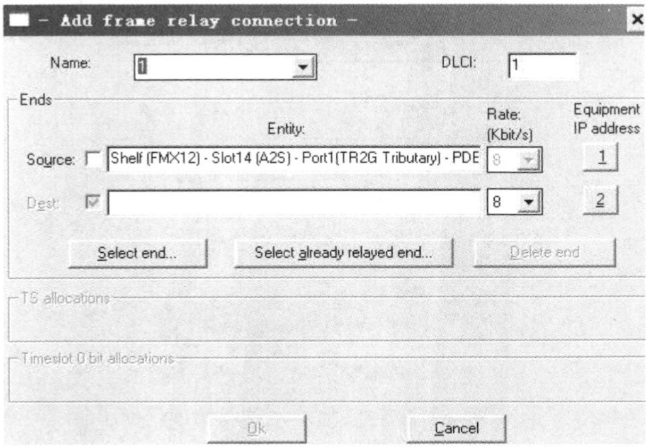

- Add frame relay connection -
Name: 1
DLCI: 1
Ends
Entity:
Rate: (Kbit/s)
Equipment IP address
Source: Shelf (FMX12) - Slot14 (A2S) - Port1(TR2G Tributary) - PDE 8 1
Dest: 8 2
Select end... Select already relayed end... Delete end
TS allocations
Timeslot 0 bit allocations
Ok Cancel

图 3–13–10 帧中继连接选项

单击 Selectalreadyrelayedend（已使用帧中继端点选择），进入下一帧中继连接选项个界面，如图 3–13–11 所示。

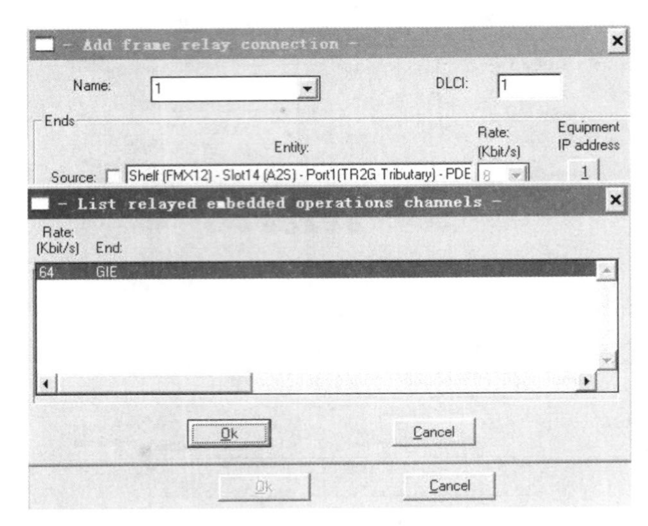

图 3–13–11　EOC 信道的列表

选中 64GIE 并单击 OK 进入下一个界面，如图 3–13–12 所示。

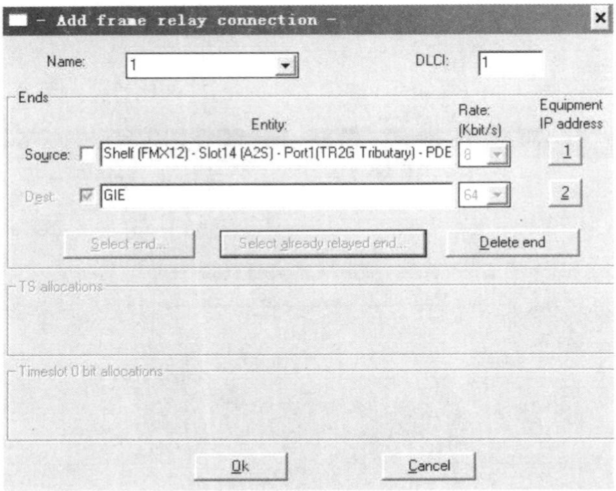

图 3–13–12　帧中继连接选项

单击 OK 进入下一个界面，如图 3–13–13 所示。

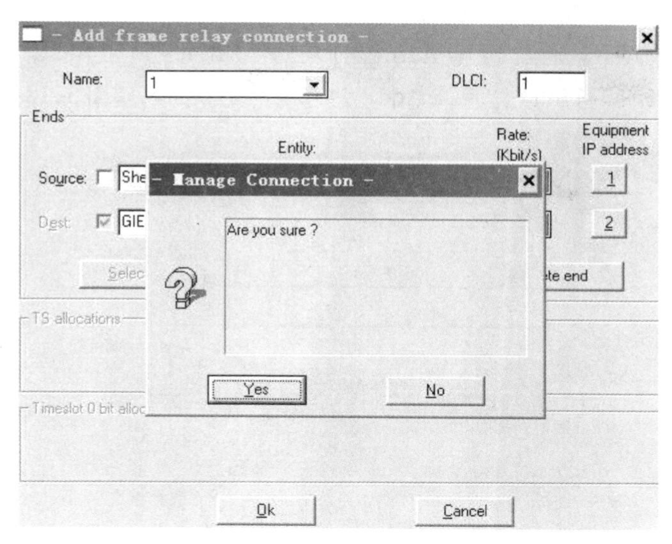

图 3–13–13　帧中继连接确认

单击 Yes 确认，进入下一个界面，如图 3–13–14 所示。

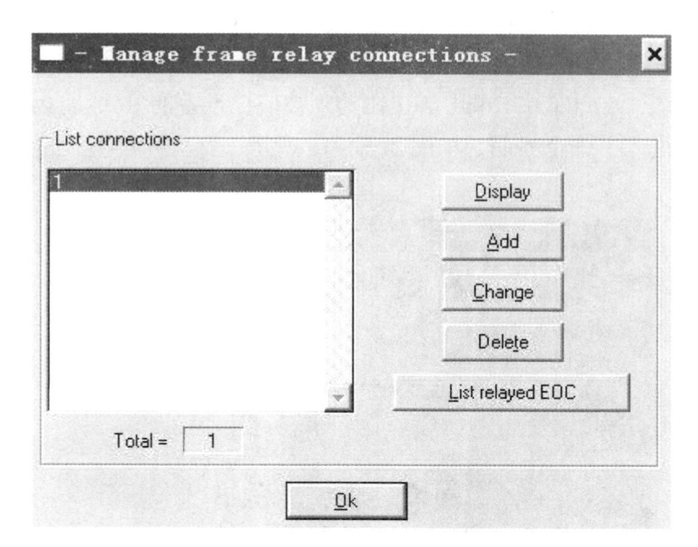

图 3–13–14　帧中继连接管理

这样就完成了一次帧中继连接，其余的点对点帧中继连接重复以上步骤即可。

2. 中间站的帧中继转接连接

假设这个中间站是通过 14 槽 A2S 板的第 3 个 2Mbit/s 口和第 4 个 2Mbit/s 口与其他设备相连，在图 3–13–14 中单击 Add，进入下一个界面，如图 3–13–15 所示。

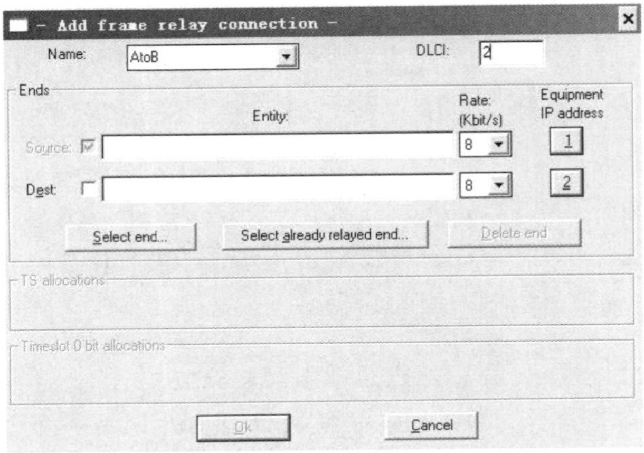

图 3–13–15 帧中继连接选项

在 Name 中输入连接名称（如 AtoB），在 DLCI 中输入数据链路连接标识符编号（如 2），用与图 3–13–4 和图 3–13–5 相同的方法，单击设备 IP 地址下 1 按钮，输入监控设备的 IP 地址（如：1.0.6.0.0.0），单击 2 按钮输入被监控设备的 IP 地址（如：1.0.9.0.0.0）。单击 Selectend 进入下一个界面，如图 3–13–16 所示。

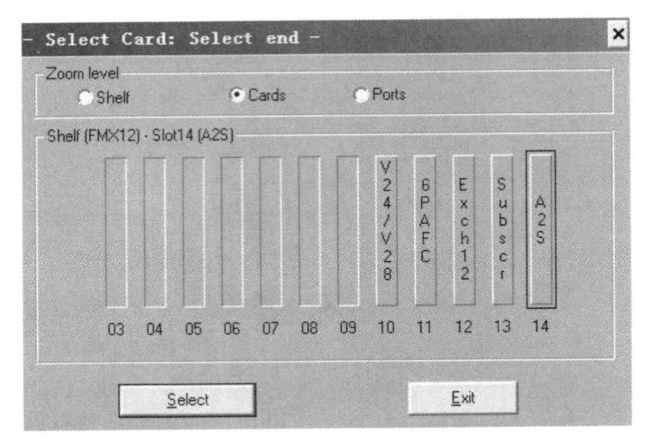

图 3–13–16 A2S 板卡选择

选择 14 槽并单击 Ports，进入下一个界面，如图 3–13–17 所示。

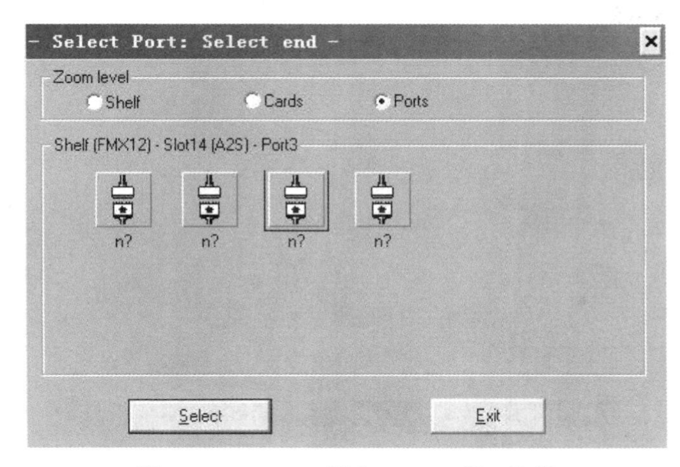

图 3–13–17　A2S 板卡 2Mbit/s 端口选择

选择与源 IP 地址 1.0.6.0.0.0 设备相连的 2Mbit/s 口（如 Port3），进入下一个界面，如图 3–13–18 所示。

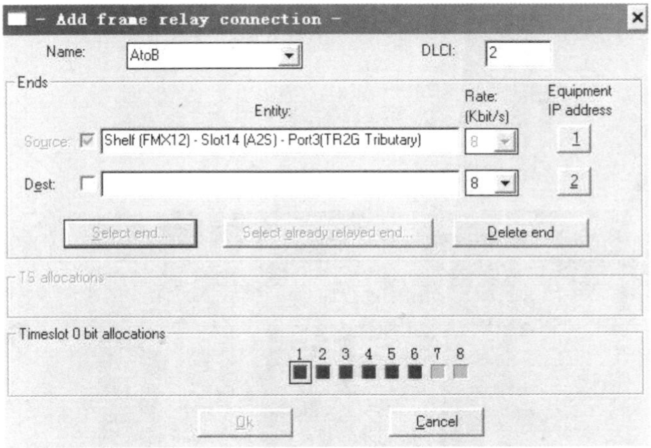

图 3–13–18　A2S 板卡 2Mbit/s 端口的 TS0 未分配比特位选择

点击 TS0 的第 7、8 比特，如图 3–13–19 所示。

选中 Dest（目的）右边的小方框（打钩），如图 3–13–20 所示。

单击 Selectend 进入下一个界面，如图 3–13–21 所示。

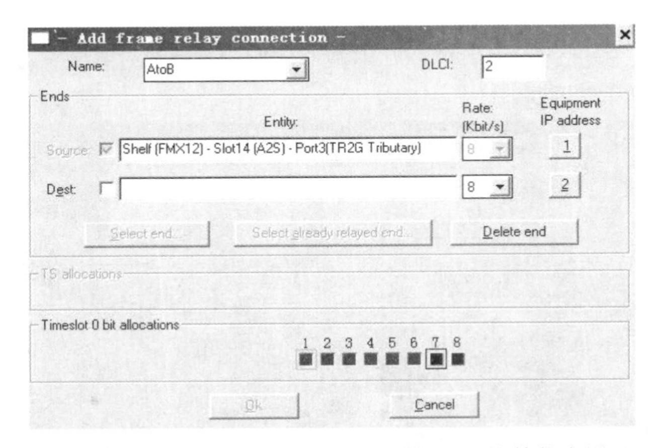

图 3–13–19 2Mbit/s 端口 TS0 的第 7、8 比特位占用

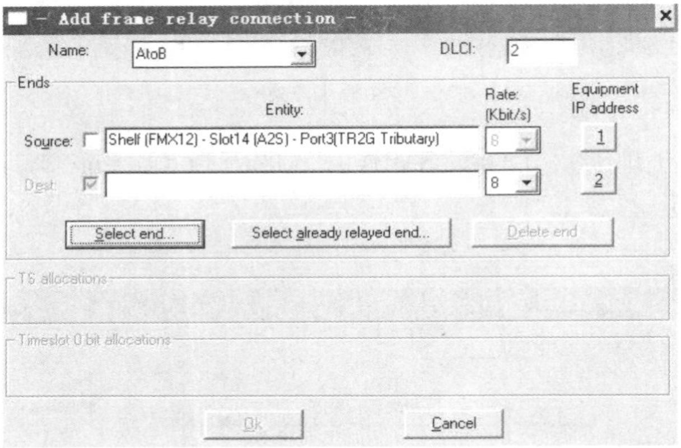

图 3–13–20 帧中继连接选项

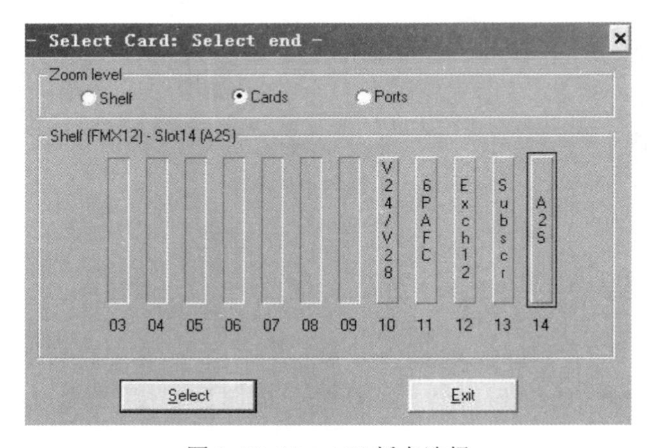

图 3–13–21 A2S 板卡选择

选择 14 槽并单击 Ports，进入下一个界面，如图 3–13–22 所示。

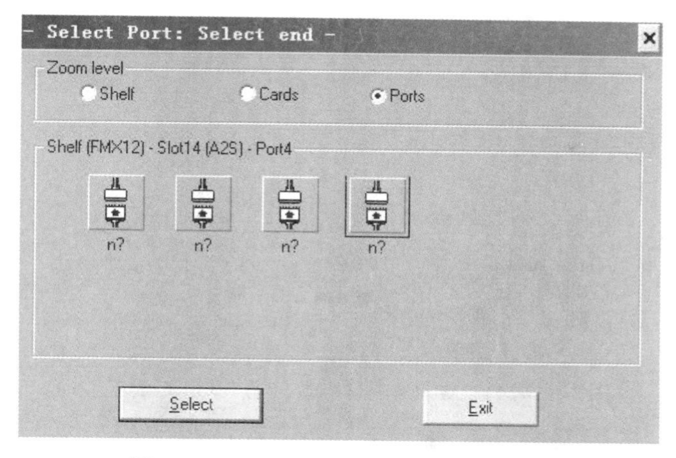

图 3–13–22　A2S 板卡 2Mbit/s 端口选择

选择与目标 IP 地址 1.0.9.0.0.0 设备相连的 2Mbit/s 口（如 Port4），进入下一个界面，如图 3–13–23 所示。

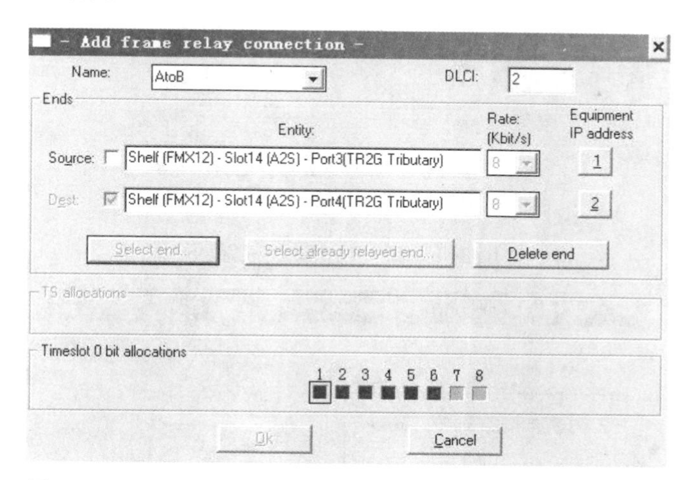

图 3–13–23　A2S 板卡 2Mbit/s 端口的 TS0 未分配比特位选择

点击 TS0 的第 7、8 比特，如图 3–13–24 所示。

单击 OK 进入下一个界面，如图 3–13–25 所示。

再单击 Yes 确认，进入下一个界面，如图 3–13–26 所示。

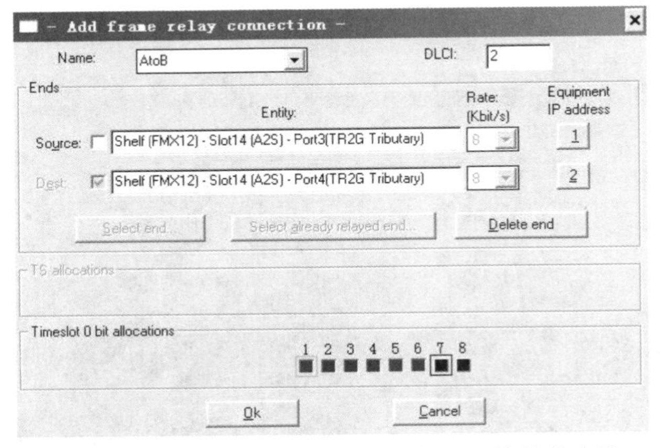

图 3–13–24 2Mbit/s 端口 TS0 的第 7、8 比特位占用

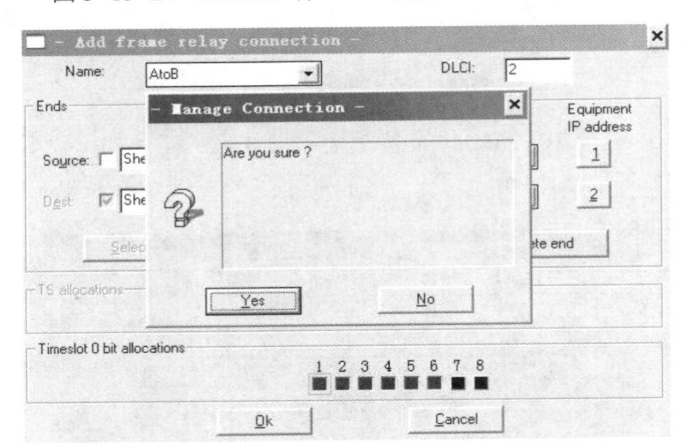

图 3–13–25 帧中继连接确认

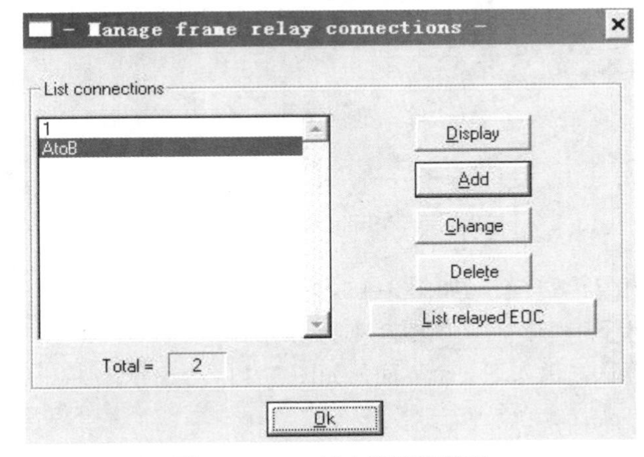

图 3–13–26 帧中继连接管理

这样就完成一次帧中继的转接连接，其余的帧中继转接连接方法相同，重复以上步骤即可。如果某一个 2Mbit/s 口已作过一次帧中继连接，下次连接选择该 2Mbit/s 口时，可在 Selectalreadyrelayedend（已使用帧中继端点选择）中选择，具体操作是单击 Selectalreadyrelayedend，点击要连接的 2Mbit/s 口并单击 OK 确认。

另外，所有帧中继配置完成后需对设备重启，帧中继才能生效。方法如下：选择 Maintenance 下拉菜单中的 System，再单击 Restart 重新启动，如图 3-13-27 所示。

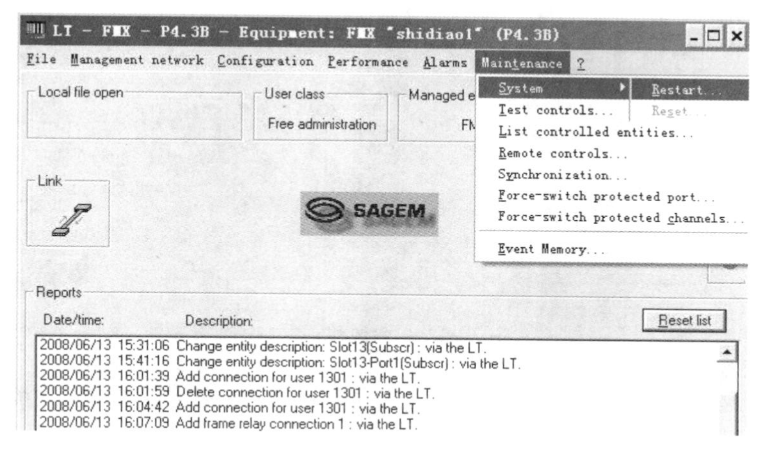

图 3-13-27 软件复位重启

网管通道设置完成后，按下列步骤可访问到远端设备。单击 Management network 下拉菜单，如图 3-13-28 所示。

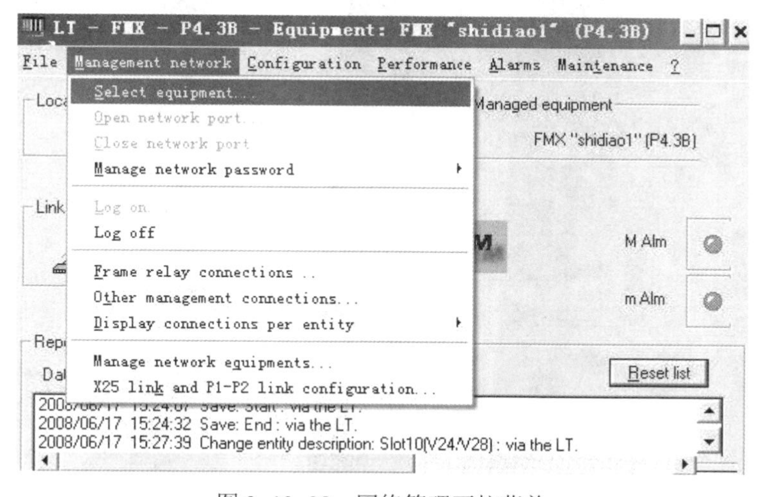

图 3-13-28 网络管理下拉菜单

单击 Selectequipment 进入下一个界面，如图 3–13–29 所示。

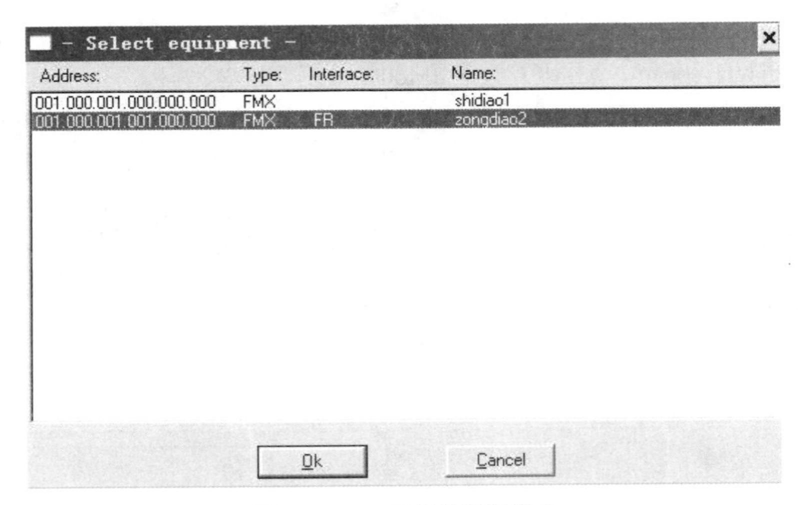

图 3–13–29 选择被访问设备

选中想要访问的远端站点的地址行，单击 OK，进入下一个界面，如图 3–13–30 所示。

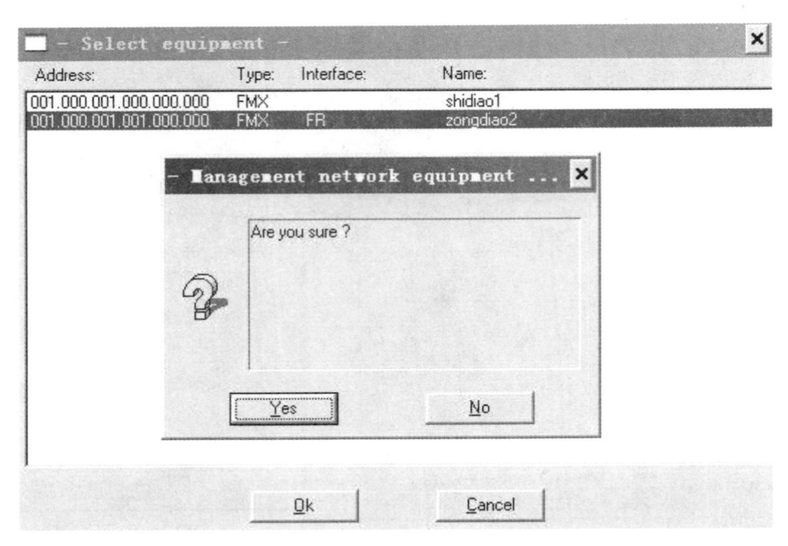

图 3–13–30 确认被访问设备

单击 Yes 确认，进入下一个界面，如图 3–13–31 所示。

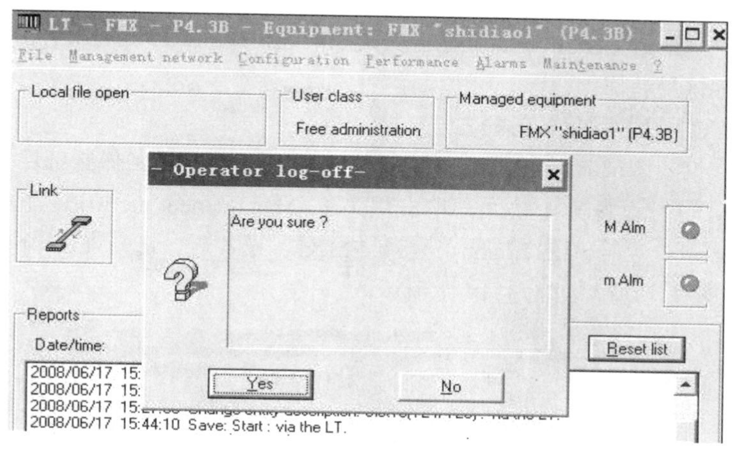

图 3-13-31 再次确认被访问设备

再单击 Yes 确认，就可以进入远端设备的操作界面了。访问其他站点设备，重复以上步骤即可。

【思考与练习】

1. 所有维护通道的帧中继功能通过那种板卡实施的？
2. 点对点帧中继连接的配置方法是怎样的？
3. 帧中继转接的配置方法是怎样的？
4. 帧中继配置完成后需要注意什么？

模块 14 PCM 配置的备份（Z38E3014Ⅲ）

【模块描述】本模块包含 PCM 设备配置数据的备份方法。通过对 PCM 设备配置数据备份方法的介绍，掌握 PCM 设备配置数据备份的方法。

【模块内容】

一、PCM 设备配置备份的概念和必要性

PCM 设备配置备份是指对 PCM 设备在某一个时间点上的所有数据进行的一个完全拷贝。

通常情况下，重要站点 PCM 设备的数据量较大，配置也相对复杂。如果数据因意外情况丢失后，要完整而准确地重新配置数据，难度大，耗时长，会极大地影响通信的恢复速度。为了防止 PCM 设备的配置数据意外丢失，设备调试开通前，应先对存储数据的板卡的硬件（很多智能 PCM 设备都有对数据存储器进行数据保存和释放的跳线）做正确的连通选择外，在调试完成后，还应该做好 PCM 设备所有配置数据的备份

工作。这样，一旦发现是因 PCM 数据丢失造成的通信中断，可以利用备份的数据恢复配置，很快地恢复通信。

二、FMX12 设备配置备份的方法

首先，在设备调试前，先对管理接口板（GIE 板）上的电池做正确连通选择。

打开 FMX12 设备操作软件，单击主菜单 Management network 下拉菜单中的 Opennetworkport，然后单击 Logon，登录 FMX12 设备后，选择 File 下拉菜单中的 Transfers（传输）功能，如图 3–14–1 所示。

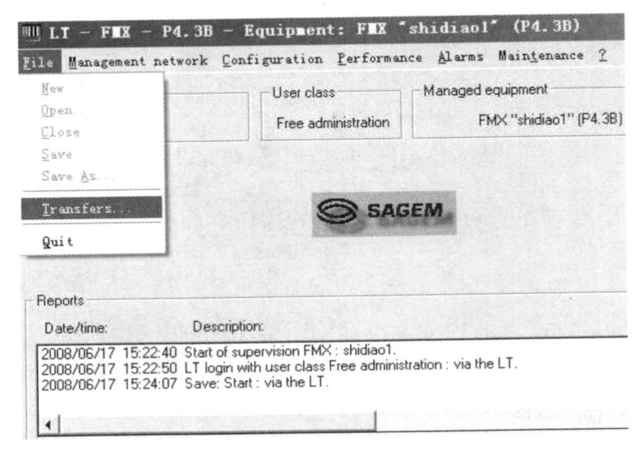

图 3–14–1 设备操作软件文件下拉菜单

单击 Transfers，进入下一个界面，如图 3–14–2 所示。

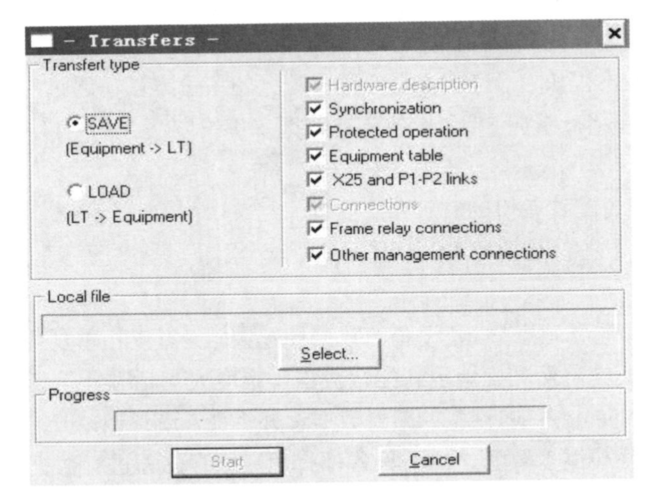

图 3–14–2 传送内容选项

选中 SAVE，然后对所需存储的数据种类进行打勾选择。一般使用默认选项，全部选择。再单击 Select 进入下一个界面，如图 3–14–3 所示。

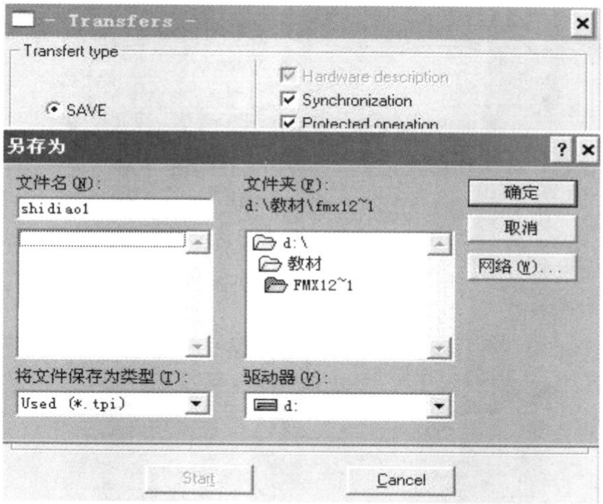

图 3–14–3　存储路径及文件名

选择适当的路径，把设备当前配置存贮在计算机某个文件名下或者磁盘中。注意文件名（长度不超过 8 个字符）不能与和其他站点设备已存储的文件名一样，否则会覆盖其他站点设备的数据。如果前期已保存过该设备数据，只需选中相应站名覆盖即可。单击“确定”进入下一个界面，如图 3–14–4 所示。

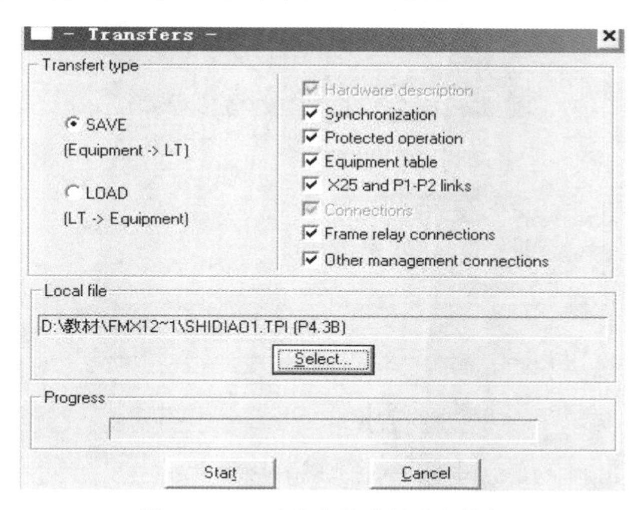

图 3–14–4　确认存储路径及文件名

单击 Start，进入下一个界面，询问是否确认需要保存数据，如图 3–14–5 所示。

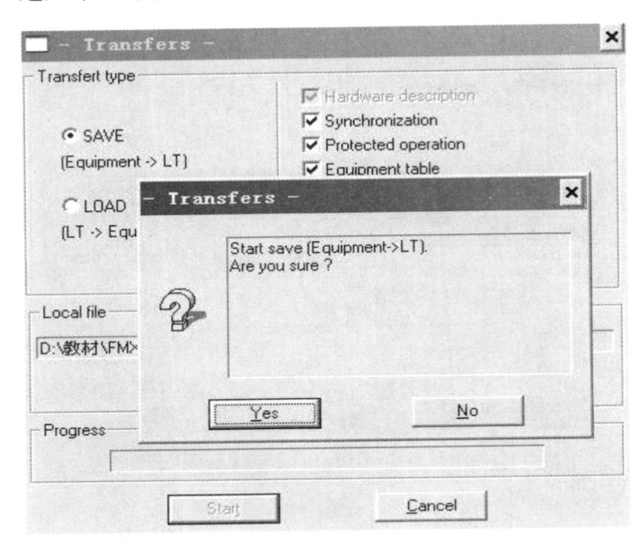

图 3–14–5 确认数据保存

单击 Yes 确定，设备的配置数据开始存储备份，几十秒钟后（数据量大小不同，存盘时间长短也有所不同），进入下一个界面，如图 3–14–6 所示。

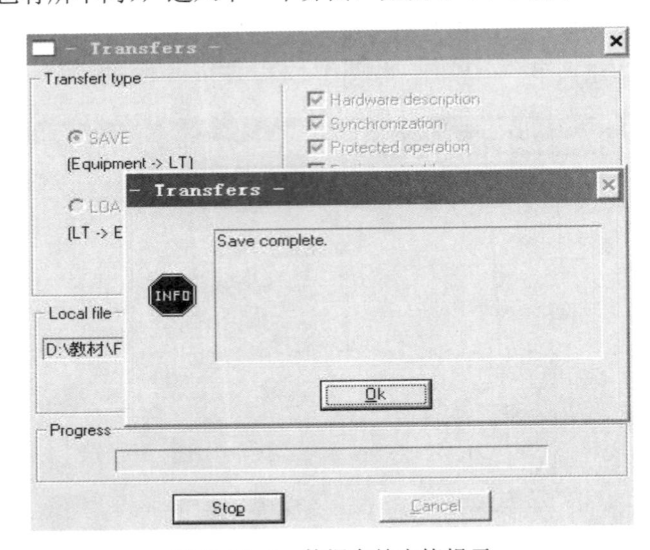

图 3–14–6 数据存储完毕提示

这时数据备份工作完成，单击 OK。这样，该 PCM 设备的配置数据就完全备份下来了。

【思考与练习】

1. PCM 设备配置备份的概念是什么？
2. PCM 设备配置为何需要及时备数据份？
3. FMX12 设备数据备份的过程是怎样的？

模块 15　PCM 配置的恢复（Z38E3015Ⅲ）

【模块描述】本模块包含 PCM 设备配置数据的恢复。通过对 PCM 设备配置数据恢复方法的介绍，掌握 PCM 设备配置数据恢复的方法。

【模块内容】

一、PCM 设备配置数据恢复的概念

PCM 设备配置数据的恢复是指当 PCM 设备的数据因异常情况出错或丢失后，把 PCM 设备的数据恢复到某一个时间点上的过程。采取数据导入的方法，可快速而准确地恢复 PCM 设备的配置数据，把对通信的影响降到最低限度。

二、FMX12 设备配置数据恢复的方法

打开 FMX12 设备操作软件，单击主菜单 Management network 下拉菜单中的 Opennetworkport，再单击 Logon，登录 FMX12 设备后，选择 File 下拉菜单中的 Transfers（传输）功能，如图 3-15-1 所示。

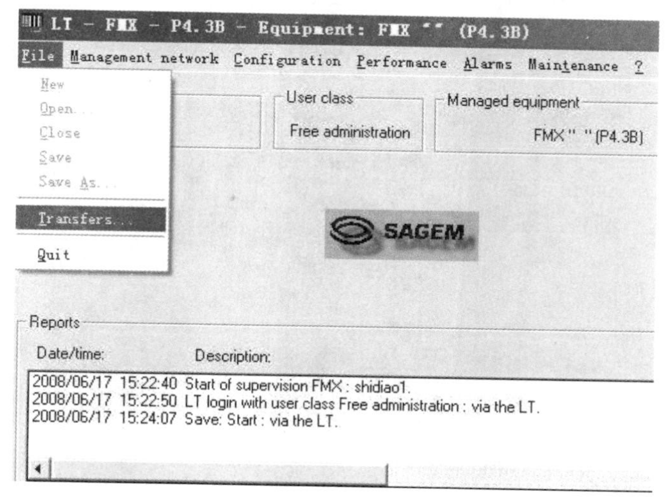

图 3-15-1　设备操作软件文件下拉菜单

单击 Transfers，进入下一个界面，如图 3–15–2 所示。

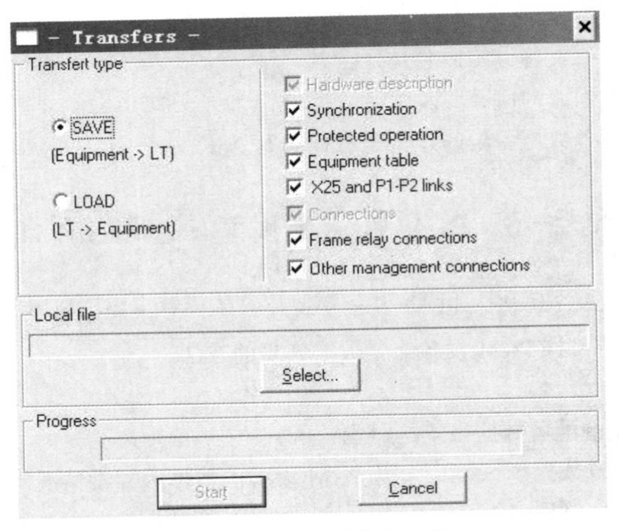

图 3–15–2 传送内容选项

选中 LOAD，单击 Select 进入下一个界面，如图 3–15–3 所示。

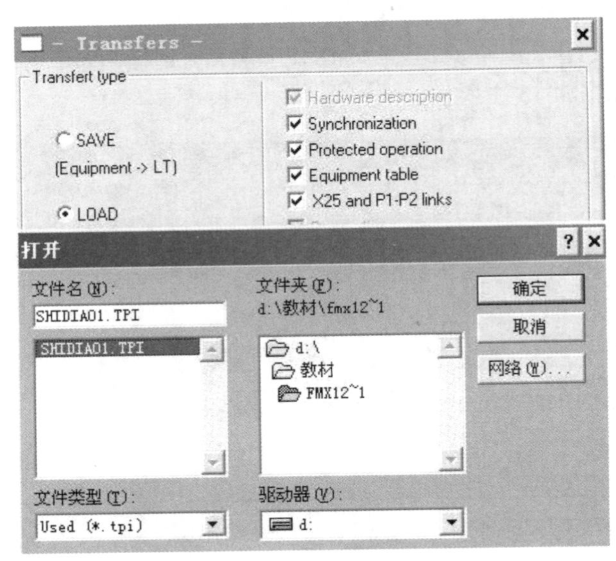

图 3–15–3 导入的文件名及路径

选择适当的路径，选中存贮在计算机某个文件名下或者磁盘中该设备的配置文件，单击“确定”进入下一个界面，如图 3–15–4 所示。

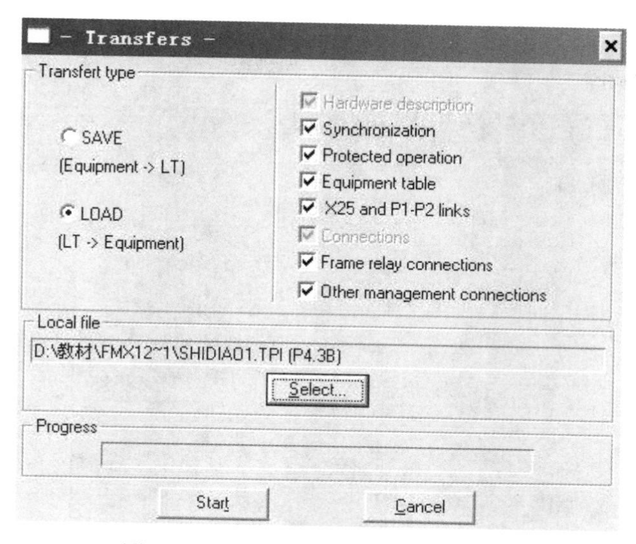

图 3–15–4　确认导入的文件名及路径

单击 Start，进入下一个界面，如图 3–15–5 所示。

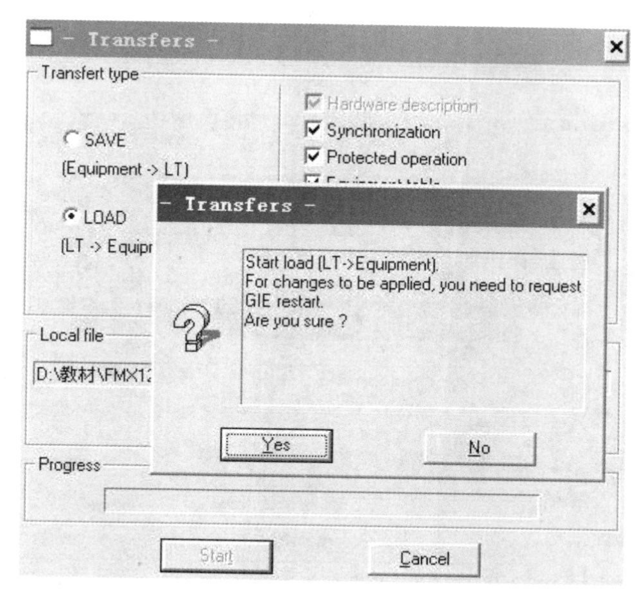

图 3–15–5　确认数据导入

单击 Yes 确定，进入下一个界面，如图 3–15–6 所示。

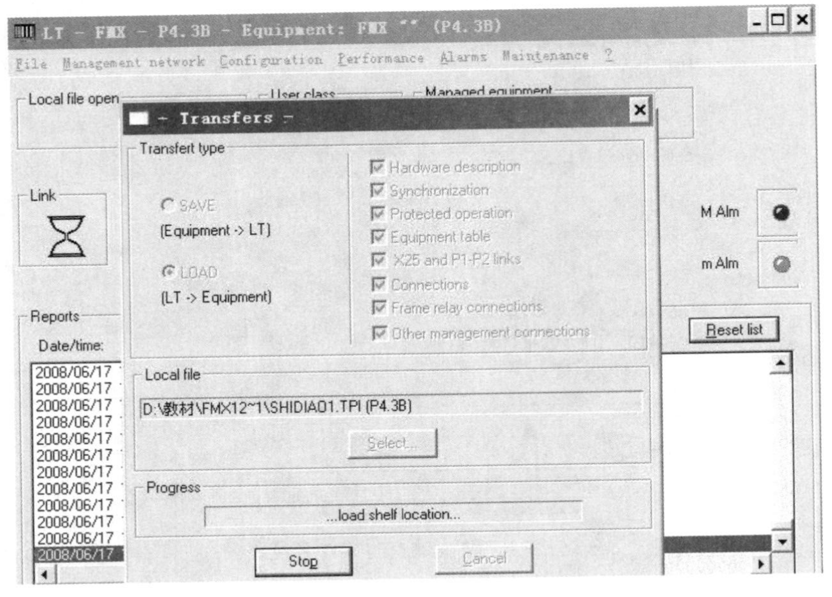

图 3–15–6 数据导入进程

计算机开始向 PCM 设备上传数据，此过程大约需要几分钟（数据量大小不同，上传时间不同），数据上传成功后，出现下一个界面，如图 3–15–7 所示。

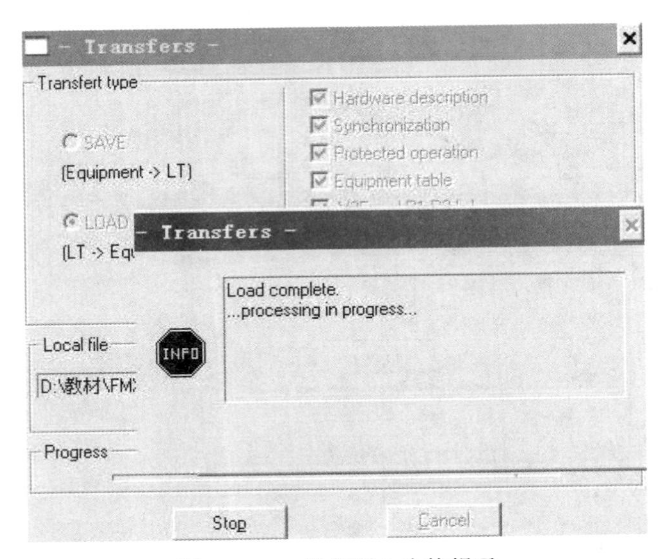

图 3–15–7 数据导入完毕提示

这样，该 PCM 设备的配置数据完全恢复。

【思考与练习】

1. 什么是 PCM 设备配置数据恢复的概念是什么？
2. 采取数据导入的方法有什么影响？
3. FMX12 设备配置数据恢复的方法是怎样的？

模块 16　PCM 故障处理（Z38E3016Ⅲ）

【模块描述】本模块包含 PCM 设备常见业务故障的处理方法。通过二线业务故障、四线业务故障和数据业务故障处理步骤和方法的介绍，掌握 PCM 常见业务故障的处理方法。

【模块内容】

一、故障的类型及危害

PCM 设备故障一般可以分为硬件故障和软件故障两大类，发生故障主要来源于设备自身的软硬件或外部环境的影响以及人为操作不当等。发生故障时，有可能是一个站点的某一条信号丢失，但如果是集控站或者主站的公用板卡的硬件或软件数据发生故障，可能同时造成多个站点的信号丢失，严重影响电力系统的安全生产。

二、故障发生的原因

（1）设备自身的硬件故障（比如板卡上的元器件损坏、印制线路损坏等）。

（2）设备自身的软件故障（比如软件不能正常工作，丢失数据）。

（3）外部环境的影响（比如温度、湿度）。

（4）人为误操作。

三、故障现象

（1）通信中断或者误码超过正常范围。

（2）设备告警指示灯亮。

（3）设备机框温度过热。

（4）设备有异常噪声。

四、FMX12 设备的故障处理

当 FMX12 设备的电路出现故障时，需要及时对涉及到的站点设备进行检查，并对设备故障进行判断和处理。先观察设备里各种板卡的故障灯状态是否正常。当 FMX12 设备子框内的板卡出现故障时，首先反映到各自面板的 LED 上。除电源板和 COB 板的告警信号直接送到 GIE 板外，3～12 槽位置接口板的告警信号根据告警配置可以送或者不送到 GIE 板上（建议使用告警的出厂默认配置，将告警信息传到 GIE 板上）。如果板卡故障灯亮，可根据这些板卡对设备正常运行的影响程度，分先后进行故障检查。

在外接–48V 直流电源正常的情况下，首先查看电源板面板上的告警指示灯状态。正常情况下故障告警灯 Fail 灯（红色）应该熄灭。如果 Fail 灯亮，检查电源开关是否放在 ON 的位置上（包括机顶电源分配单元），如果电源开关放在 OFF 关闭状态，打开开关即可。如果 Fail 灯还亮，在电源面板测试端口+5V，–5V，+53V，–53V 检测电压是否正常，如果不正常，更换电源板；如果正常，需检查 FMX12 设备子框到机顶电源分配单元之间的电源线、电源分配单元等，找出故障点并排除。

在电源板工作正常的情况下，利用 FMX12 设备操作软件 Alarms 菜单中的 Displaycurrentfaults（现实告警显示）选项和 Maintenance 菜单中的 Testcontrol（测试控制）选项，根据故障栏里的告警提示，可对有告警故障的板卡进行详细分析，帮助确定故障点并予以排除。

设备机柜和几种常用接口板的常见故障及处理方法见表 3–16–1。

表 3–16–1　　设备机柜和几种常用接口板的常见故障及处理方法

板子类型	板子和端口常见故障名称		参考处理方法
	缩写	含义	
Exch12 板	AbsC	CardOut	更换板卡
	DefFus	FuseFault	更换板子（不能自行更换保险）
	CDif	CardDifferent	板卡种类配置有误，重配数据
	Atests	Selftest	更换板卡
	Def–5V	–5VFailure	更换板卡
	DR	NetworkFault	检查电路经过的 2M 电路是否中断及转接点 TS 是否正确
	DLp	localextensionfailure	检查远端设备相应端口
A2S 板	AbsC	CardOut	更换板卡
	DefFus	FuseFault	更换板卡
	CDif	CardDifferent	板卡种类配置有误，重配数据
	Atests	Selftest	更换板卡
	SIA	AlarmIndicationSignal	检查远端设备相应 2M 端口线缆的接收部分

续表

板子类型	板子和端口常见故障名称		参考处理方法
	缩写	含义	
A2S板	MQS	SignalFailure	检查2M端口线缆的接收部分
	IAD	RemoteAlarmIndication	检查远端设备相应2M端口线缆的发送部分
	SIAd	RemoteAlarmIndicationSignal	检查2M端口线缆的发送部分
	AccDif	DifferentPort	2M端口阻抗的硬件开关选择与软件配置的阻抗不同，调整
6PAFC板	AbsC	CardOut	更换板卡
	DefFus	FuseFault	更换板子（不能自行更换保险）
	CDif	CardDifferent	板卡种类配置有误，重配数据
	Atests	Selftest	更换板卡
	Def–5V	–5VFailure	更换板卡
	DR	NetworkFault	检查电路经过的2M电路是否中断及转接点TS是否正确
Subscr板	AbsC	CardOut	更换板卡
	DefFus	FuseFault	更换板子（不能自行更换保险）
	CDif	CardDifferent	板卡种类配置有误，重配数据
	Atests	Selftest	更换板卡
	Def–5V	–5VFailure	更换板卡
	DR	NetworkFault	检查电路经过的2M电路是否中断及转接点TS是否正确
	DLp	localextensionfailure	检查远端设备相应端口
	DefTer	earthtolinefailure	检查外线、更换端口确认或更换板卡
V24V28板	AbsC	CardOut	更换板卡
	DefFus	FuseFault	更换板子（不能自行更换保险）
	CDif	CardDifferent	板卡种类配置有误，重配数据

续表

板子类型	板子和端口常见故障名称		参考处理方法
	缩写	含义	
V24V28 板	Atests	Selftest	更换板卡
	DefDeb	rateadaptionfault	端口速率与外线速率不匹配，调整
	V110	V.110framealignmentloss	检查数据设备或数据设备到本端设备之间的链路

可利用 FMX12 设备操作软件的告警显示菜单来检查设备故障，其操作流程可参考图 3–16–1 进行。

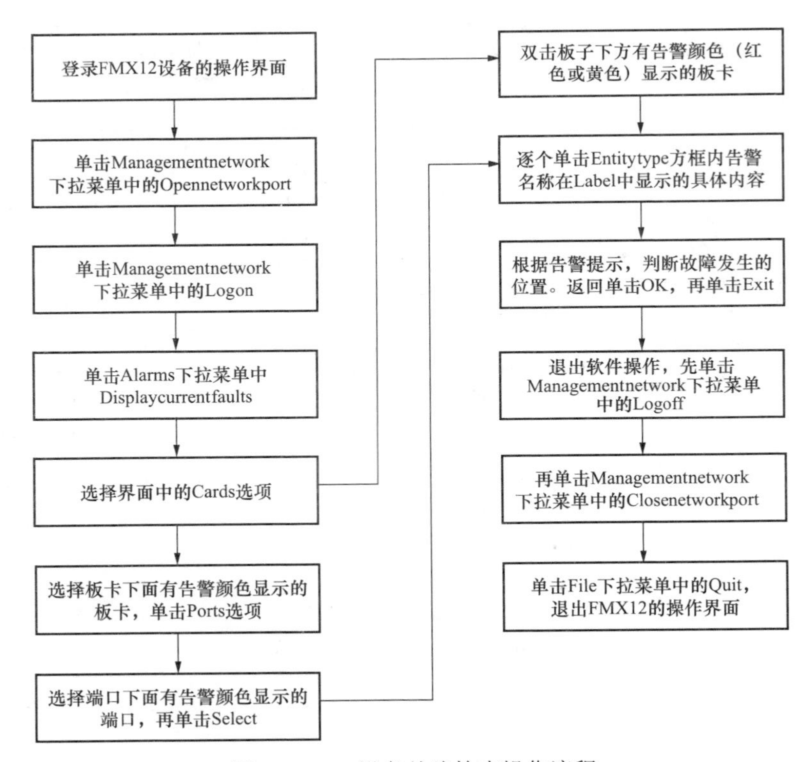

图 3–16–1　设备故障检查操作流程

如果上述的告警查询方法还不能准确判断故障位置，需结合维护操作，进行综合分析，判断出故障点。假设有一条 RTU 业务中断，而 FMX12 设备没显示任何告警，维护的操作流程可参考图3–16–2进行。

其他接口板故障的处理方法与上述方法类似，可参考图3–16–1和图3–16–2综合分析判断。

五、故障案例分析举例

在某变电站（A站）电路割接过程中，发现一条由A站对主站（B站）的四线RTU电路不通，而两站的FMX12设备都没有告警灯亮。经检测，B站发过去的信号在A站相应接口的四线“Rx/OUT”端口处没有接收到，却在四线“Tx/IN”端口处收到有信号。

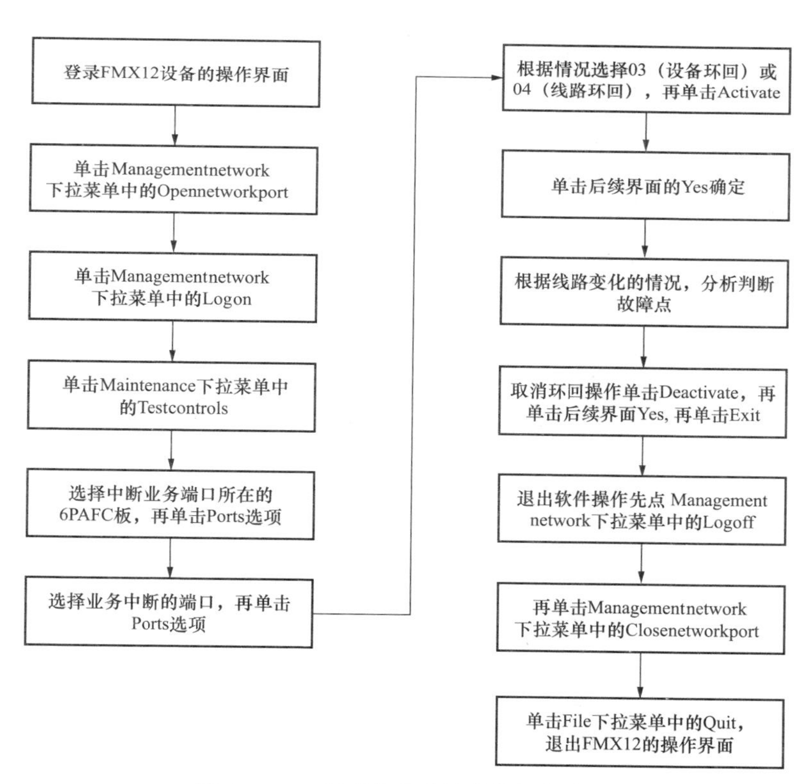

图3–16–2 远动信号故障维护操作流程

（1）工程人员通过网管登录B站的FMX12设备，删掉相应电路的时隙，A站相应电路“TX/IN”端口处没有信号了，说明这条电路的时隙配置没有问题。

（2）进入维护菜单，对B站设备的相应接口做一个线路环回，测得B站设备的信号自发自收没有问题。

（3）登录 A 站 FMX12 设备，进入维护菜单，对相应接口做一个设备环回，由 B 站设备发出去的信号在 B 站设备相应接口的“RX/OUT”端口处没有接收到，说明故障在 A 站一侧，而且是在设备部分，而非外线部分。

（4）检查 A 站相应板卡接口的参数配置，发现本应配置为四线方式的接口类型选项中，错误地配置为二线方式。接口类型改为四线方式后，RTU 信号收发正常，故障排除。

【思考与练习】

1. PCM 设备故障一般分为哪几类？
2. 维护操作的大致流程是怎样的？
3. 如果一条远动信号的电路出现故障，怎样判断故障点？

第二部分

通信交换设备安装与调试

第四章

程控交换设备安装与调试

模块 1　程控交换设备的组成（Z38F1001 Ⅰ）

【模块描述】本模块包含典型程控交换机的硬件结构和模块组成。通过要点讲解、原理图形示例，掌握程控交换设备硬件的组成及各组成单元的主要作用。

【模块内容】

一、概述

程控交换机的硬件一般采用模块化结构，可分为话路系统和中央控制系统两大部分。控制系统主要由中央处理机、程序/数据存储器、输入/输出设备等组成，安装在控制机柜；话路系统主要由用户接口电路、中继接口电路等组成，安装在外围接口机柜。下面以 Harris MAP 型交换机为例介绍程控交换机的硬件结构及其主要功能。

图 4–1–1　MAP CE/Interface 机框

二、程控交换机的硬件结构

Harris 程控交换机根据系统容量的不同分为 MAP、LH、M、LX 等机型。MAP 型系统容量为 128～896 端口，采用 19 英寸标准机架，常作为用户容量较少的变电站调度交换机使用。LH 型系统最大容量为 1920 端口，主要作为行政交换机使用。M 型系统最大容量为 816 端口。LX 型系统最大容量为 9216 端口。

MAP 型交换机有两种机框，一种是公共设备/接口（CE/Interface）机框；另一种是接口（Interface）机框。MAP CE/Interface 机框如图 4–1–1 所示。

CE/Interface 机框的左半框为系统控制

部分，右半框为接口部分，可提供 8 个槽位安装用户或中继接口板。每个槽位提供 16 个端口，共计 128 个端口。Interface 机框提供 16 个槽位，用于安装接口板，可提供 256 个端口。

交换机按照控制系统的不同配置分为冗余和非冗余两种配置结构。

1. 控制系统冗余配置

控制系统冗余配置系统需要配置 2 个 CE/Interface 机框，最多可连接 3 个 Interface 机框。2 个 CE/Interface 机框中的公共控制部分互为主备用方式运行。2 个 CE/Interface 机框可提供 256 个端口。3 个 Interface 机框中的 2 个机框为满配置，各提供 256 个用户端口，另 1 个 Interface 机框只能提供 128 个用户端口。因此 Harris 20–20MAP 型交换机采取控制系统冗余配置时，系统最大容量为 896 端口。控制系统冗余配置如图 4–1–2 所示。128 端口的 Interface 机框接口板安装在 5～12 槽位。

2. 控制系统非冗余配置

控制系统非冗余配置只需要配置 1 个 CE/Interface 机框，1～3 个 Interface 机框。CE/Interface 机框提供 128 端口，每个 Interface 机框提供 256 端口，系统最大容量为 896 端口。控制系统非冗余配置如图 4–1–3 所示。

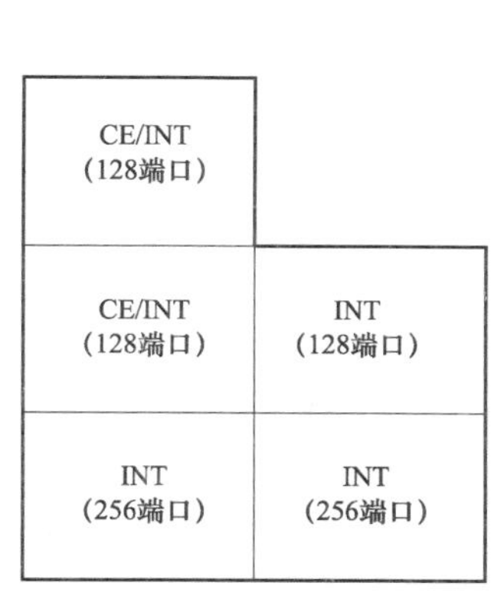

图 4–1–2　控制系统冗余配置

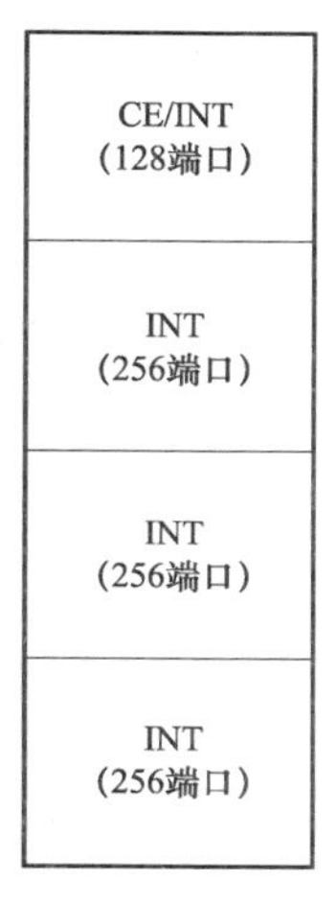

图 4–1–3　控制系统非冗余配置

三、Harris 数字程控交换机的板卡及其功能

1. 公共控制板卡

（1）中央处理器板（CPU）。CPU 是程控交换机的控制核心，负责呼叫控制、呼叫跟踪、呼叫接续等过程的处理及数据库管理。

（2）冗余存储器板（RMU）。用于存放已建立对话的端口的话音或数据信息，并把这些信息写到备用机框，保证备用机框处于热备用状态。

（3）高速 C 总线服务器板（HCSU）。HCSU 为呼叫处理器和电话控制设备之间提供通信接口。

2. 电话控制板卡

（1）定时板（TTU）。TTU 为交换机提供时钟信号，是公共控制和电话控制子系统的接口点。

（2）会议和信号音板（CTU）。CTU 为交换机提供 64 个会议端口，并产生 64 种信号音。

（3）时隙交换板（TSU）。TSU 包含时隙交换电路，在电话接口之间建立话音或数据连接。时隙交换电路是无阻塞的，交换机的所有电话端口都有一时隙电路与其对应。

（4）扫描和信号板（SSU）。SSU 是呼叫处理器和所有接口板间的接口，处理各种信号及控制功能。每块 SSU 可为 512 个端口提供信令接口，实现端口间的话音或数据交换。

3. 电话接口板卡

（1）模拟用户板。H20–20 可提供三种类型的模拟用户板：普通模拟用户板、具有反极能力的模拟用户板以及具备反极能力且提供 12kHz 或 16kHz 计费脉冲信号的模拟用户板。

（2）数字用户板。Harris 数字程控交换机提供 1B+D 和 2B+D 两种类型的数字用户电路板。DLU 是 1B+D 数字用户板，有 8 路和 16 路两种型号，每个端口可传送 16kbit/s 信令和 64kbit/s 的话音/数据，用于连接数字电话机和交换机维护终端。2B+D 数字用户板有 DDU 和 DBRI 板两种板卡，可提供 8 个/16 个接口，用于连接调度台。

（3）信令协议处理板（PCU）。用于控制在七号信令系统链路上传送的协议。PCU 板与 CPU 和 DTU 共同组成 No.7 信令中继电路。No.7 信令的消息传递部分 MTP 是在 PCU 板上运行的。

（4）环路中继板（LS）。LS 中继板可提供与来自其他交换机的模拟用户线相连的接口，每块 LS 中继板提供 8 个端口。

（5）EM 中继板。Harris 数字程控交换机提供 2 线和 4 线两种 EM 中继板，记发器信号可采用 DTMF、DP、MFC 等方式。启动方式有闪烁启动、延时拨号、拨号音启动、立即启动 4 种。每个板有 8 个电路。

（6）数字中继板（DTU）。数字中继板用于交换机之间的数字中继连接。数据率为 2.048Mbit/s，支持 32 个数字信道，每个信道的数据率为 64kbit/s。DTU 板可设置为中国 1 号信令、Q 信令和 No.7 信令中继电路。

（7）DTMF 接收器。双音多频接收器接收 DTMF 拨号，并将 DTMF 码解码成数字格式。DTMF 接收器还包含拨号音检测电路，用于检测远端交换机提供的二次拨号音。DTMF 板有 4 端口、8 端口和 16 端口 3 种板卡。

（8）多频互控信号接收器板（MFR2）。完成多频互控记发器信号（MFC）的接收，用于中国 1 号信令中继电路和 EM 中继电路。

（9）ASG 板。ASG 板接收 FSK 信号，用于模拟分机来电显示。有 8 端口和 16 端口两种板卡。

【思考与练习】

1. 程控交换设备硬件系统由哪两部分组成？各部分的硬件组成主要有哪些？

2. Harris 数字程控交换机的公共控制卡和电话控制卡主要有哪些？各部分的主要功能是什么？

3. 简述 Harris 数字程控交换机电话接口板的分类及其功能。

模块 2　程控交换设备安装（Z38F1002 Ⅰ）

【模块描述】本模块包含程控交换设备安装。通过对程控交换设备安装过程中机架设备、配线架和槽道的安装以及电缆和电源线的布放等工作规范的介绍，掌握程控交换设备安装的规范要求。

【模块内容】

一、程控交换设备安装

（1）交换机机柜定位时，按照正确顺序将各机柜排列好，按列取平对直，并对每个机架调直量平，用地脚螺丝固定。

（2）将机柜外壳与机房接地线可靠连接，接地电阻应满足技术要求。

（3）连接交换机机柜内部及各机柜之间的连线，要求走线整齐美观。

（4）从交换机机柜到配线架布放设备电缆，布放电缆必须排列整齐。电缆转弯处最小曲率应大于 60mm。做好标记，防止混乱。

（5）安装维护终端、数据设备、计费系统等外围设备，进行相关布线，并与交换机连接。

（6）从交换机各机柜到直流配电屏布放直流电源线，并进行接线。导线的规格、材料的绝缘强度及直流配电屏相应分路的熔丝容量要满足交换机的需要。

（7）布放交流电源线，并与各外围设备连接。

（8）采取防静电措施后，将电路板插放到交换机相应的槽位，设备的各种选择开关置于指定位置上。

（9）检查各机柜外观、连线、板件插放位置，测量直流电源屏相应分路电压，确认正常后，按照厂家提供的顺序，对硬件设备逐级加电。通电后，检查设备的指示灯、告警灯、风扇装置等是否工作正常。

二、走线架、槽道的安装

（1）水平走线架、槽道安装位置高度符合施工图规定，左右偏差不大于±50mm，水平偏差不大于2mm/m，每列槽道或走线架应成一条直线，偏差不大于30mm，垂直走道、槽道位置应与上下楼孔或走线路由相适应，穿墙走道位置与墙洞相适应，垂直偏差不大于3mm。

（2）列槽道端正牢固并与大列保持垂直，列间槽道应成一直线，偏差不大于3mm，列槽道拼接处水平度偏差不超过2mm。

（3）槽道的盖板侧板、底板安装应完整、缝隙均匀，零件齐全。立柱安装位置符合设计要求，稳固、与地面垂直，允许偏差垂直度为0.1%，同一侧立柱应在同一直线上。

三、线缆的布放与连接

（1）各类线缆的型号应符合设计要求，外观完好无破损，中间没有接头。

（2）电源线缆与信号线缆布放路由应尽可能远离，如有交叉，信号线缆应布放在上方。

（3）线缆的排列应该整齐、无扭绞、交叉。拐角圆滑，线缆弯曲半径应大于20mm。绑扎间隔均匀，松紧适度，同一路由的一组线缆布放完毕后一次完成绑扎。

（4）线缆的两端应有相同或相对应的标示牌。

四、配线架安装

（1）配线架底座位置应与成端电缆上线槽或上线孔相对应。

（2）配线架滑梯安装应牢固可靠，滑梯轨道拼接平整。

（3）各配线架的各直列上下两端垂直误差应不大于3mm，底座水平误差每米不大于2mm。

（4）配线架跳线环安装位置应平直整齐。

（5）配线架各种标志完整齐全。

（6）配线架保护地、防雷地等地线连接牢固，线径符合设计要求。

五、电源线的布放与连接

（1）机房直流电源线的安装路由、路数及布放位置应符合施工图的规定。电源线的规格、熔丝的容量均应符合设计要求。

（2）电源线必须采用整段线料，中间无接头。

（3）系统用的交流电源线必须有接地保护线。

（4）直流电源线的成端接续连接牢靠，接触良好，电压降指标及对地电位符合设计要求。

（5）采用胶皮绝缘线作直流馈电线时，每对馈电线应保持平行，正负线两端应有统一红蓝标志。安装好的电源线末端必须有胶带等绝缘物封头，电缆剖头处必须用胶带和护套封扎。

【思考与练习】

1. 简述安装程控交换设备的基本方法。
2. 简述线缆的布放与连接的基本要求。
3. 简述电源线布放的基本要求。

模块 3　程控交换机基本命令（Z38F1003Ⅰ）

【模块描述】本模块包括典型程控交换机的基本命令。通过对典型交换机联机步骤、常用命令、登录用户名命令的介绍，掌握交换机基本维护的方法和技能。

【模块内容】

Harris 程控交换机数据配置及日常维护均通过维护终端进行。维护终端需配置为 8 位传输位、1 位停止位、无校验、速率为 9600bit/s。维护终端可与 CPU 的串口连接，也可通过 DCA 适配器与数字用户电路相连。在初次装机或紧急状况下，可直接使用 CPU 的串口直接与维护终端连接。在交换机正常运行后，为了系统安全建议维护终端采用通过 DCA 适配器与数字用户电路相连的方式连接。

一、进入系统管理

维护终端进入交换机系统管理应使用自己的终端用户名和密码。交换机系统预置了系统管理用户（ADMIN）和登录密码（ADMIN）。交换机安装时使用系统预置的 ADMIN 用户登录，随后增加相应的终端用户名，以便不同权限的用户登录系统。

维护终端联机操作如下：

（1）按 CTRL+C 键，出现登录屏幕。

```
Welcome to the Harris
System Administration Monitor
Copyright Harris Corporation 1984，1985，1986，1987，1988，1989，
1990，1991，1992，1993，1994，1995，1996
Username...?
```

（2）在用户名提示符处输入用户名。

（3）在口令提示符处输入口令。

```
Password...？
```

输入口令时，口令不在屏幕上显示，以利于保密。

如果输入了一个错误的用户名或口令，将会得到如下错误信息，此时可从第 1 步重新开始。

＊＊＊PASSWORD AUTHORIZATION FAILURE＊＊＊

如果输入的用户名和口令正确，系统将显示状态报告和系统管理程序提示符，联机成功。

```
Good Morning，ADMIN，it is 4-JUL-2005 09：05：48 MON
Welcome to Harris Administration System，ECPU Version G28.00.12 beta
You are logged onto shelf CC-1
The system status is ACTIVE/STANDBY
...Enter 'HELP' for a menu...
ADMIN...？ edt
```

（4）新增用户。ADD 命令用来建立一个新的维护用户，设置登录的密码和维护权限。该命令只能由系统管理员（ADMIN）使用。系统预置了两个用户名和口令。使用 ADD 命令可新增一个用户名、口令和相应的权限。

```
EDT...？ PAS
Enter your password before proceeding...？
PAS...？ ADD
Username...？ SMITH
password [No Modify]...？
Verify password...？
Command to allow access to [ALL]...？
Command to be disallowed [END]...？
...ADDING USERNAME ' SMITH '...
```

（5）删除用户名（DELETE）。使用 DELETE 命令可删除用户名，但不能删除由 Harris 提供的两个用户名。

```
EDT...? pas
Enter your password before proceeding...?
PAS...? del
Username...? smith
Please confirm the deletion of username 'ADMIN' (Y/N) ...? y
...DELETING USERNAME 'SMITH'...
```

二、系统管理程序

Harris 程控交换机系统的管理程序，采用分层结构。只要在 ADMIN…? 提示下，键入“HELP”请求帮助，就能显示本系统的管理选单了。

```
ADMIN...? help
HARRIS SYSTEM ADMINISTRATION MENU
-----------------------------------------------------------------------
|COMMAND|      DESCRIPTION        |
|----------------------------------------------------------------------|
|      SYSTEM ADMINISTRATION COMMANDS:        |
|ACD| Automatic Call Distribution      |
|ACM| Accommodator Monitor       |
|ALM| Alarms Control       |
|CDR| Call Detail Recording       |
|CSM| Conference Status Monitor       |
|EDT| Configuration Editor       |
|LTM| Line Test Monitor       |
|MHC| Maintenance History Control       |
|NCF| Network Control Facilities       |
|SMM| System Soft Meter Monitor       |
|SPM| System Performance Monitor: CPU & System Traffic Statistics       |
|STS| System Traffic Statistics       |
|TDD| Telephony Device Diagnostics       |
|      |
|      GENERAL-PURPOSE COMMANDS:       |
```

|ABOrt| Abort terminal |

|INFo| Displays general system information |

|SAR|Schedule Automatic Reboot |

|SET DATe|Sets the system date（in dd-mmm-yy or mm-dd-yy format） |

|SET TIMe|Sets the system time（in hh：mm：ss format） |

|STAtus|Displays system status |

|WHO|Displays active users |

|EXIt|Exit system administration program and log off the system. |

管理程序分为四层结构，在任意选单下，输入各种命令时，均可以只输入前面的三个字母或更少字母。层次结构如图 4–3–1 所示。

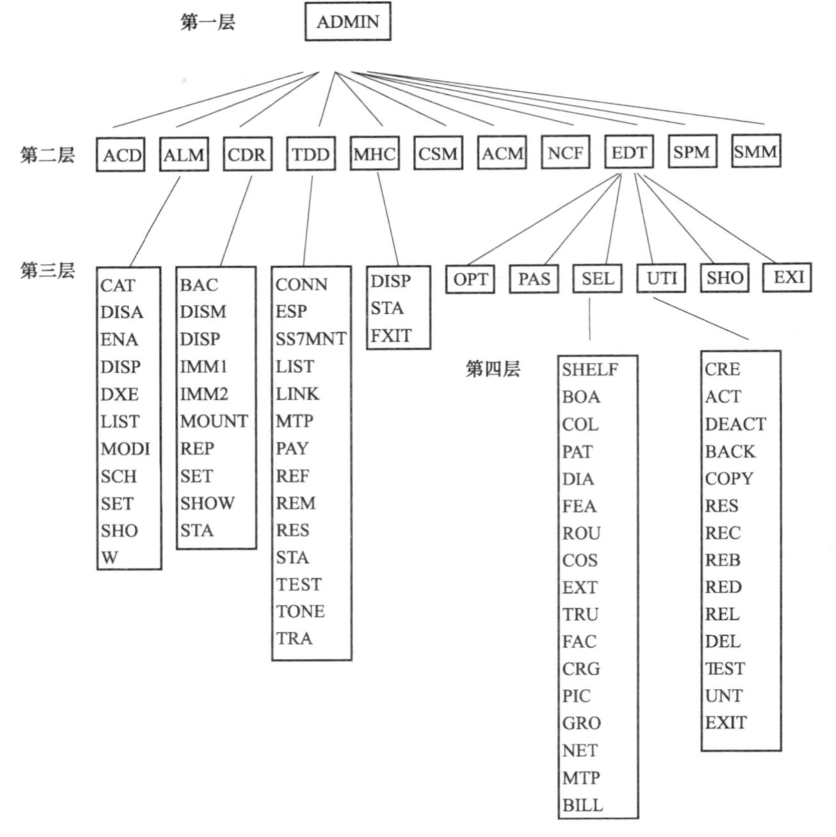

图 4–3–1 交换机系统管理程序菜单

三、系统管理程序常用命令

1. 常用的系统管理命令

（1）ALM：显示系统告警信息。

（2）CDR：显示呼叫详细记录。

（3）EDT：编辑数据库。

（4）MHC：显示维护终端历史维护记录。

（5）STS：进行话务统计并输出统计结果。

（6）TDD：电话设备诊断。

2. 常用的通用命令

（1）<CTRL–C>：与系统联机。

（2）<CTRL–S>：暂停屏幕滚动显示。

（3）<CTRL–Q>：继续屏幕滚动显示。

（4）<CTRL–Z>：终止当前操作，回到同一级命令状态。

（5）HELP：给予帮助。

（6）TIME：显示系统时间。

（7）PRInt：启动系统打印进行硬拷贝。

（8）NOPridt：系统打印机处于脱机状态。

（9）EXIT：退出当前命令级，返回上一级。

【思考与练习】

1. Harris 交换机的联机步骤是什么？
2. Harris 交换机常用系统管理命令有哪些？
3. Harris 交换机常用的通用命令有哪些？

模块 4　程控交换机告警管理（Z38F1004 Ⅰ）

【模块描述】本模块包含典型程控交换机告警管理。通过对告警类型以及查看告警常用命令的介绍，掌握典型程控交换机告警查看的方法。

【模块内容】

一、告警管理的目的

程控交换机系统运行程序中包含系统监视、故障诊断和故障处理程序，对交换机运行状态进行实时监视，一旦某些硬件或软件出现故障，系统将产生一系列告警信息，提示维护人员进行必要的处理，保障交换设备的正常运行。

故障诊断又分为定期诊断测试和随机诊断测试两种：

（1）定期诊断，交换机在运行过程中，可以通过人机命令在交换机话务负荷空闲时，对系统作一次全面测试，并把测试结果存放在寄存器中，随时可由维护人员调用查阅。

（2）随机诊断测试是在交换设备运行中进行诊断测试，发现故障后，按照其级别、类型和影响范围产生相应的告警信息。

反映交换机系统运行、操作和故障状况的告警信息可通过打印机、告警显示器等形式输出，以便操作人员及时掌握系统状况。维护人员可以根据打印出的故障资料，进行分析判断。必要时可通过人一机命令再对系统作追踪性主动测试，重点测试，以得到准确的判断，迅速地排除故障。

二、告警类型

Harris 程控交换机告警管理系统根据故障对设备的影响程度、重要性及紧迫性分为严重告警、主要告警、次要告警、信息告警与诊断告警，其中严重告警影响交换机系统运行，需要立即处理。主要告警、次要告警不影响整个系统的运行，但也应该马上排除，以确保系统处于正常运行状态。信息告警与诊断告警可用于查错，在系统工作时，可以关闭此类告警。

（1）严重告警。当系统出现严重故障无法正常运行时，产生严重告警信息。交换机主控板、硬盘驱动器、交换网络、系统再启动、数字中继电路等发生故障时都会产生严重告警。

（2）主要告警。当系统中部分功能或部分用户无法通信、通信质量严重下降时，发出主要告警。模拟用户板、数字用户板、模拟中继板、双音多频记发器等设备故障时将产生主要告警。

（3）次要告警。通常是一个端口或一块电话板有故障，但不影响呼叫处理。

（4）信息告警。表示在呼叫处理中有软件错误，通常关闭此种告警，不送到告警输出设备。

（5）诊断告警。为解决服务问题提供有用信息，通常关闭此种告警。

三、告警输出设备

程控交换机一般都配置了声、光告警设备，以便通知运行维护人员，进行故障处理。通常在话务台上就有告警信息。

（1）Harris 数字程控交换机设有告警服务单元。

（2）外接声光告警输出设备，当告警发生时可产生声光告警。

（3）话务台（AW），在屏幕上显示 Major 及 Minor 告警。

（4）告警历史文件记录系统产生的告警。

四、查看告警信息常用命令

交换机维护通过维护终端查看告警信息，对交换机所产生的故障和异常进行分析、判断和处理。各类交换机都设置了查看告警信息的相关命令。HARRI 交换机通过以下常用命令管理和查看告警信息：

CATegories　——显示系统本身的告警种类
DISAble　——关闭某类告警
ENAble　——开放某类告警
DISPlay　——显示历史告警记录
DXEnable　——开放或关闭诊断告警
LIST　——显示某种告警的说明内容
MODify　——修改某类告警的文本
SCHedule　——设置、修改、清除汇总报告时间
SET　——开放或关闭送告警输出设备的告警
SHOW　——显示 SET 后的状态
STAtus　——显示系统的当前状态
SUMmary　——显示经 SCH 设置后，最近产生的告警汇总报告

【思考与练习】

1. 交换机告警管理的目的是什么？
2. 交换机告警类型有哪些？
3. 交换机查看告警信息常用命令有哪些？

模块 5　模拟用户电路的数据设置（Z38F1005Ⅱ）

【模块描述】本模块包含典型程控交换机模拟用户电路的数据设置。通过对模拟用户电路数据设置方法的介绍，掌握典型程控交换机模拟用户电路数据设置的方法。

【模块内容】

一、模拟用户数据设置概述

程控交换机每个模拟用户都有自己的特征数据，包括用户电话号码、用户电路设备号、用户类别、电话机类别、用户服务级别等数据。用户的服务级别包括用户线类别、电话机类别、呼叫类别、呼叫权限等参数。

程控交换机进行模拟用户数据设置的目的就是为模拟用户分配一个用户电路接口和用于识别用户的电话号码，并根据用户的业务需要设定用户的服务级别。

程控交换机完成用户的呼叫接续，需要接收被叫选择号码，对被叫选择号码进行

分析，并根据用户的服务类别确定呼叫的处理方式。因此还需要为用户设定号码分析表和用于呼叫处理的拨号控制表（拨号限制表）。

模拟用户数据设置包括增加用户、修改用户和删除用户三部分数据的设置。不同类型的交换机用户数据设置的方式也有所区别，下面以 Harris 程控交换机为例介绍模拟用户的数据设置。

二、Harris 程控交换机模拟用户数据设置

1. 增加模拟用户数据设置

Harris 程控交换机模拟用户数据是由各特征数据的数据表组成的，这些数据表相互关联，有些表包含了配置其他表时所需要的信息，必须先于其他表之前配置。因此模拟用户的数据表需要按一定次序建立。

Harris 程控交换机增加模拟用户需要建立电路板表（BOA）、收集路由表（COL）、拨号控制级别表（DIA）、功能级别表（FEA）、路由级别表（ROU）、服务级别表（COS）、分机表（EXT）等数据表。模拟用户数据配置步骤如下。

（1）增加电路板表（BOA）。通过增加电路板表激活安装在机框的模拟用户电路板，为用户分配电路设备。Harris MAP 型交换机模拟用户电路板可安装在 CE/Int 机框的 13～20 槽位，也可安装在 INT 机框的 5～20 槽位。

通过 BOA 表增加用户板 HLUT、LUT 等板。

例如：

BOA ?ADD

TYPE ?HLUT//带测试功能的 16 路模拟用户板

SLOT ?03—11//板的位置,03—机柜号,11—槽位号

CIRCUIT NUMBER（1–16 OR END） ? END //输入要修改传输电平的电路号码（1–16），通常不需修改。输入 END，结束此提示。

（2）建立收集路由表名（COL）。收集路由表定义系统拨号计划，根据不同的收集路由表来确定呼叫处理方式。例如，一个表处理分机拨号，另一个处理中继对中继呼叫。收集路由表用于哪个呼叫由用户分机或中继的拨号控制级决定。

例如：

COL...?add cr–sta1//收集路由表名为 add cr–sta1

Interdigit signal[NONE]...?

SEQ[END]...?

Comment...?sta1//对该收集路由表作用的注释

...ADDING COLLECT & ROUTE ′ CR–STA1′ ...

COL...?add cr–sta2

Interdigit signal[NONE]...?

SEQ[END]...?

Comment...?sta2

...ADDING COLLECT & ROUTE′ CR–STA2′ ...

（3）新建拨号控制级—拨号控制表（DIA）。交换机使用拨号控制表来决定呼叫接续的处理程序，并定义下一步呼叫处理使用的收集路由表（第二步已建立）。DIA 表中的主要参数有：

1）拨号控制类型（Dial control type）。拨号控制类型决定系统对呼叫进行何种处理。常用的有下列选项：

DIAL：将呼叫发送到一个已经定义的收集路由表，如指定收集路由表 CR–DIAL 给拨号控制级 12，那么所有使用该拨号控制级别的分机、中继和授权码都将使用 CR–DIAL 作为它们的初始收集路由表。

AUTO–DIAL：当入中继被占线或分机摘机时，自动拨出已经定义好的号码。在分机表或中继组的每个电路的编辑中要指定该特定号码给系统，并将呼叫引到一个收集路由表。

DIRECT：发送主叫/或电路直接到一个特定去向。此去向可能是一个路由方式、功能程序、系统阻断、功能路由等。

2）系统阻断。当呼叫发生了某种错误时，系统使用阻断。在拨号控制中，告诉系统在发生不同错误时，系统应该做什么。当主叫遇到阻断，可有三种方式进行处理：

信号音：系统发信号音给主叫。每个阻断都有一个缺省音。

分机：系统将呼叫发送到一个分机。

路由方式：系统发送所有的呼叫送到一个路由方式表，通常该路由方式用于录音广播，VMS 等。

系统产生阻断的主要原因有：

Line 分机阻断：主叫拨了一个未定义的分机号码。

Number 号码阻断：主叫所拨号码与相应 COL 中的方式不匹配。

Partial dial 部分号码阻断：主叫在规定的数字间内没有拨下一位号。

ATB 中继全忙阻断：中继全忙。

Route pattem 路由方式阻断：在路由方式表中的路由点中，主叫的路由级被拒绝通过。

Feature 功能阻断：主叫试图使用一个被禁止的功能。

Control 控制阻断：呼叫试图访问一个被 NCF 所阻塞或 GAP（控制到目标号码的呼叫数量）的电路。

No dial 无拨号阻断：主叫规定的起始内没有拨出任何号码。

Suspend 挂起阻断：主叫拨了一个在分机表中被挂起的分机。

Cancel 取消阻断：主叫拨了一个在分机表中被取消的分机。

Maintenance busy 维护忙阻断：主叫拨了一个被 TDD 置成维护忙的分机。

Information tone 通知音阻断：交换机接收到 R2 状态“SND–TONE”或接收一个 ISUP 中断值。

Number change 号码改变阻断：主叫拨了一个在分机表中被修改过号码的分机。

例 1：

DIA...?add 11//增加拨号控制表 11

Dial control type...?dial//普通拨号方式

Destination...?cr–sta1//指向收集路由表 cr–sta1

Line intercept[Tone]…?//选择默认值时,被叫为空号时,主叫听空号音

该表是将收集路由表“cr–sta1”指定给拨号控制级为 11。收集路由表“cr–sta1”已在第二步中建立。

例 2：

DIA...?add 12//增加拨号控制表 12

Dial control type...?auto–dial//自动拨号方式

Destination...?cr–sta2//指向收集路由表 cr–sta2

12 号拨号控制表的作用是当入中继被占线或分机摘机时，自动拨出已经定义好的号码。并将呼叫指向“收集路由表 cr–sta2”。收集路由表“cr–sta2”已在第二步中建立。

（4）功能级别表（FEA）。功能级别表是用户服务级别中的一个参数，是用于定义一组用户可使用的系统功能。

交换机已预置了一些功能级别表如：

强插（F7）：允许话务员或分机用户插入一个已经建立的通话。

强插保护（F8）：阻止任何强插或遇忙强插。

遇忙回叫（F10）：主叫拨内部分机遇忙时，可调用此功能。当忙分机挂机后，交换机通知主叫。

功能表中主要的参数是：

1）Feature class type…？定义该功能级别的表使用者，如选择 sta，即为普通分机所使用，选择 tru 则为中继组所使用。

2）Feature 选择该功能级别表所具备的功能，选择范围为 F1–F102。如选择 F39，则该功能表就具有外部呼叫转移功能。

例 1：

FEA...?add 13//增加功能级别表 13

Feature class type...?sta//该功能级别表是普通分机使用

Feature[END]...?F8//禁止强插

Feature[END]...?F10//允许遇忙回叫

...ADDING FEATURE CLASS 13...

例 2：

FEA...?add 14//增加功能级别表 14

Feature class type...?tru//该功能级别表是中继组使用

Feature[END]...?F8//禁止强插

Feature[END]...?F10//允许遇忙回叫

...ADDING FEATURE CLASS 14...

（5）新建路由级—路由级别（ROU）。路由级是服务级的一部分，每一个路由级都有一个 0～63 之间的号码，0 级为维护拨号用。路由方式表使用路由级。当分机被指定一个服务级时，即被指定一个路由级。给不同级别的使用者和接续建立路由级之后，可以控制呼叫使用哪个中继出局。

例 1：

ROU...?add

Routing class(1–63)...?10

Comment...?cos 10

...ADDING ROUTING CLASS 10...

例 2：

ROU...?add

Routing class(1–63)...?11

Comment...?cos 11

...ADDING ROUTING CLASS 11...

（6）新建服务等级—服务级别表（COS）。服务级别由拨号控制级（DIA）、功能级（FEA）、路由级（ROU）、连接级（CONN）、承载能力级和可靠拆线等六部分组成。可为分机、中继组、控制器、自动呼叫分配（ACD）方式、授权码等分配一个服务级。

服务级别表中主要的参数如下：

1）拨号控制级：在三步中已建立的表号。

2）功能级：在四步中已建立的表号。

3）路由级：在五步中已建立的表号。

4）连接级：连接级决定一个端口能连接哪些端口。一般情况下系统自动将连接级0分配给服务级，它允许所有端口互相连接。

5）承载能力级：由OCR确定服务级别中是否有承载能力级。路由方式用承载能力级决定一个连接能用什么路由和排队点。用承载能力级，告知系统一个连接将处理何种信息。类似于路由级，承载能力标识呼叫的类型，路由方式也根据承载能力级判断是否通过路由允许点，或使用路由点和排队点。

6）可靠拆线：呼叫连接的双方至少应有一个电路提供可靠拆线。只有环路中继不具备可靠拆线能力。

例如：为分机设置服务级别。

COS...?add 11//增加表号为11的服务级别表

Dial control class(0–63)...?11//拨号控制级表11,已在第三步中建立的表

Feature class(0–63)...?13//功能表13,已在第四步中建立的表

Routing class(0–63)...?10//路由表10,已在第五步中建立的表

Connection class(0–63)[0]…?0//连接级0,允许所有端口互连

Bearer capability class(0–7)[0]...?//承载能力选择0级,语音

Reliable disconnect(Y/N)[Y]...?//可靠拆线

Comment...?for sta1

...ADDING CLASS OF SERVICE 11...

（7）用户分机表（EXT）。用户分机表是用来定义用户数据的各特征数据，包括用户电话号码、用户类别、电话机类别，分配的用户电路端口及用户服务级别。

模拟用户分机表中的主要参数如下：

1）用户号码；

2）分机类型：模拟用户分机；

3）电路板位：分配给分机的电路位置，由机架–槽位–电路组成；

4）服务级：决定分机的等级和操作权限，选择在第六步中已建立的模拟用户服务级别表；

5）信号类型：指定分机的拨号方式，模拟分机选择DTMF（双音多频）/脉冲拨号。

例如：

EXT...?add

Extension number(0–9999)...?210//分机号码

Extension type...?sta//模拟分机

Circuit location...?3–11–1//模拟用户电路为3机柜、11槽位、第一个电路

COS number(0–255)...?11//服务级别表 11

Signaling type[MIXED]...?

Individual speed dial blocks(0–4)[4]...?//专用缩位拨号的数量

Extension priority level range(0–9)[0]...?

Last name...?

First name...?

Extension number for directory[210]...?

Location...?

Department...?

Published directory entry(YES/NO)...?y

Group I category name[KA1]...?

Group II category name[SUB–NO–PRIORITY]...?

Prefix index(1–99,DEFAULT)[DEFAULT]...?

Comment...?

...ADDING STATION EXTENSION 210...

（8）完成数据配置，退出编辑状态。使用 exit 退出到 A…？使用 save 命令保存。增加模拟用户分机工作完成。

2. 修改模拟用户数据设置

模拟用户数据使用 MODIFY 命令对用户的各特征数据进行修改，对欲修改部分输入新的内容即可，不修改的内容直接回车。

例如：

EXT...?m 210//修改 210 分机

New extension number(0–9999)[210]...?//是否输入新号码,不更改回车即可

Circuit location[03–11–01]...?//是否更改电路位置,不更改回车即可

COS number(0–255)[10]...?//是否修改服务级别

Signaling type[MIXED]...?//默认值

Individual speed dial blocks(0–4)[4]...?//默认值

Last name[.]...?//名字,一般用英文字符

First name...?//名字,一般不输入

Extension number for directory[210]...?//号码本显示的号码,一般和分机号码一致

Published directory entry(YES/NO)[Y]...?

...NO CHANGES DETECTED...

修改完成后,使用 exit 退出到 A…?使用 save 命令保存

3. 删除模拟用户数据设置

交换机使用 del 命令，删除已停机的用户。

例如：

EXT...?del 210//删除 210 分机

分机如果有来电显示功能，需先关闭来电显示功能，再删除用户。修改完成后，使用 exit 退出到 A…？使用 save 命令保存。

【思考与练习】

1. 服务等级由哪六部分组成？

2. 系统产生阻断的主要原因有哪些？

3. 分机表中的主要参数有哪些？

模块 6　数字用户电路的数据设置（Z38F1006Ⅱ）

【模块描述】本模块包含典型程控交换机数字用户电路的数据设置。通过对典型程控交换机数字用户电路数据设置方法的介绍，掌握典型程控交换机数字用户电路数据设置的方法。

【模块内容】

一、数字用户数据设置概述

程控交换机每个数字用户都有自己的特征数据，包括用户电话号码、用户电路设备号、用户类别、电话机类别、用户服务级别等数据。用户的服务级别包括用户线类别、电话机类别、呼叫类别、呼叫权限等参数。

程控交换机进行数字用户数据设置的目的就是为数字用户分配一个用户电路接口和用于识别用户的电话号码，并根据用户的业务需要设定用户的服务级别。

程控交换机完成用户的呼叫接续，需要接收被叫选择号码，对被叫选择号码进行分析，并根据用户的服务类别确定呼叫的处理方式。因此还需要为用户设定号码分析表和用于呼叫处理的拨号控制表（拨号限制表）。

数字用户数据设置包括增加用户、修改用户和删除用户三部分数据的设置。不同类型的交换机用户数据设置的方式也有所区别，下面以 Harris 程控交换机为例介绍数字用户的数据设置。

二、Harris 程控交换机数字用户数据设置

Harris 程控交换机数字用户数据是由各特征数据的数据表组成的，这些数据表相互关联，有些表包含了配置其他表时所需要的信息，必须先于其他表之前配置。因此数字用户的数据表需要按一定次序建立。

Harris 程控交换机增加数字用户需要建立电路板表（BOA）、收集路由表（COL）、拨号控制级别表（DIA）、功能级别表（FEA）、路由级别表（ROU）、服务级别表（COS）、分机表（EXT）等数据表。模拟用户数据配置步骤如下。

（1）增加电路板表（BOA）。通过增加电路板表激活安装在机框的数字用户电路板，为用户分配电路设备。Harris MAP 型交换机模拟用户电路板可安装在 CE/Int 机框的 13～20 槽位，也可安装在 INT 机框的 5～20 槽位。

通过 BOA 表增加用户板 DBRI、EDU、DDU、16DLU、DLU 等板。

例如：

BOA ?ADD

TYPE ?DLU

SLOT ?03–12//板的位置

CIRCUIT NUMBER（1–16 OR END） END ? //输入要修改传输电平的电路号码（1–16），通常不需修改。输入 END，结束此提示。

（2）建立收集路由表名（COL）。数据设置方法参见“模拟用户电路的数据设置（Z38F1005 Ⅱ）”。

（3）新建拨号控制级–拨号控制表（DIA）。数据设置方法参见“模拟用户电路的数据设置（Z38F1005 Ⅱ）”。

（4）功能级别表（FEA）。数据设置方法参见“模拟用户电路的数据设置（Z38F1005 Ⅱ）”。

（5）新建路由级–路由级别（ROU）。数据设置方法参见“模拟用户电路的数据设置（Z38F1005 Ⅱ）”。

（6）新建服务等级—服务级别表（COS）。数据设置方法参见“模拟用户电路的数据设置（Z38F1005 Ⅱ）”。

（7）用户分机表（EXT）。

例如：

A...?EXT

EXT...?add 5201//增加 5201 数字分机

Extension type...?opt//数字分机

Circuit location...?3–12–1//电路位置

COS number(0–255)...?10//服务级别对应表

Extension priority level range(0–9)[0]...?9//分机级别

Auto–Answer operation[N]...?

Individual speed dial blocks(0–4)[4]

Last name...?

First name...?

Extension number for directory[5201]...?//分机号码

Location...?//地址,可以不输入

Department...?//部门,可以不输入

Published directory entry(YES/NO)...?y

Group I category name[KA1]...?//普通用户类型

Group II category name[SUB–NO–PRIORITY]...?

Prefix index(1–99,DEFAULT)[DEFAULT]...?

Comment...?

显示:

...ADDING OPTIC TELESET EXTENSION 5201...

使用 exit 退出到 A…? 使用 save 命令保存，增加数字用户分机工作完成。

三、修改数字用户数据设置

例如：

A...?ext

EXT...?m 5201//修改 5201 分机

New extension number(0–9999)[5201]...?//是否输入新号码,如不更改,则回车

Circuit location[01–13–01]...?//是否更改电路位置,不更改回车即可

COS number(0–255)[10]...?//是否修改服务级别

Signaling type[MIXED]...?//默认值

Individual speed dial blocks(0–4)[4]...?//默认值

Last name[.]...?//名字,一般用英文字符

First name...?//名字,一般不输入

Extension number for directory[5201]...?//号码本显示的号码,一般和分机号码一致

Location...?//地址,一般不需要输入

Department...?//部门,一般不需要输入

Published directory entry(YES/NO)[Y]...?(yes)

Group I category name[KA1]...?//默认值,不需要更改

Group II category name[SUB–NO–PRIORITY]...?//默认值,不需要更改

Prefix index(1–99,DEFAULT)[DEFAULT]...?//默认值,不需要更改

Comment...?//注释

显示:

...NO CHANGES DETECTED...

修改完成后，使用 exit 退出到 A…? 使用 save 命令保存，修改数字用户分机工作完成。

四、删除用户数据设置

例如：

A...?ext

EXT...?del 5201//删除 5201 分机

修改完成后，使用 exit 退出到 A…? 使用 save 命令保存，删除数字用户分机工作完成。

【思考与练习】

1. 模拟用户数据配置步骤是什么？
2. 通过 BOA 表可以增加哪些用户板单板？
3. 删除用户数据的命令是什么？

模块 7　程控交换机数据库的管理（Z38F1007Ⅱ）

【模块描述】本模块包含典型程控交换机数据库的管理。通过对典型程控交换机数据库的运作、查看数据库状态、数据库的管理等方法的介绍，掌握典型程控交换机数据库管理的操作技能。

【模块内容】

一、程控交换机数据库管理概述

程控交换机是通过数据库的形式对系统数据、局数据和用户数据进行维护和管理。Harris 交换机数据库，是由一系列与呼叫处理相关的表格组成，表中所输入的内容即为呼叫处理的依据。数据库分 A、B 两库，放在硬盘中，系统启动时调入内存。A、B 两库相互独立，结构完全一致，内容相同，互为备份。对于冗余系统而言，数据库在逻辑上分为 4 个库，而在物理上 4 个数据库分在两个硬盘，可实现无缝切换。正常运行时只有一个数据库处于激活状态。

二、数据库编辑程序

数据库编辑程序（EDT）用来进入和维护 Harris 交换机数据库。EDT 有添加、删除、编辑和列出数据等编辑命令，还可对数据库进行启动、终止、备份、删除或更新等操作。

EDT 能同时维护在公共设备机架硬盘中的两个配置数据库。每个数据库都可用来进行呼叫处理。启动数据库时，数据库从硬盘加载到公共设备存储器中，存储器中的数据库程序将指导呼叫处理。呼叫处理要求改变时，可以更改已启动的配置数据库或者启动另一个数据库。当数据库作废时，可以将此数据库删除并建立全新的数据库来取代它。

冗余系统中有两个公共设备机架，数据库存储在这两个公共设备机架的硬盘中，两个机架中的数据库互为主备用。

EDT 有五个主要命令，如图 4–7–1 所示。

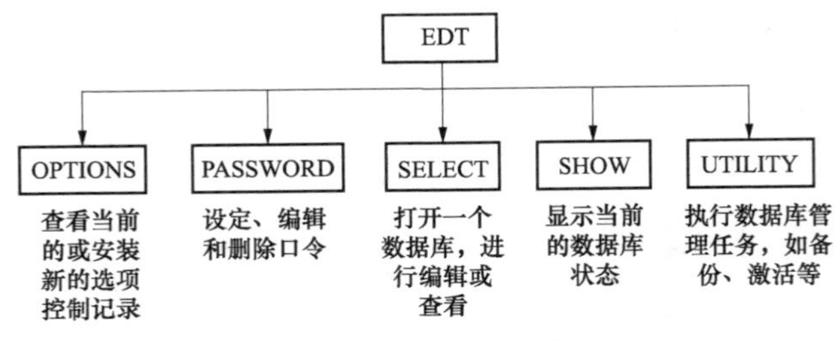

图 4–7–1　EDT 命令

在 ADMIN...? 状态下输入 edt 即可进入 EDT 编辑状态

输入 EDT 命令后，系统显示数据库状态信息如图 4–7–2 所示。

```
Welcome to the Harris Configuration Editor

The Harris Configuration Editor allows you to enter，modify，delete and list
call processing parameters in the system database.To choose an editor
command or option，type in the entire command or the first three letters of
the command.Enter 'HELP' at any prompt for assistance.Below is the current
status of the databases on the system.
The editor is currently running on common control shelf CC-2.
Shelf      Database A      Database B
-----------------------------------------------------------------
CC-1 |   *NORMAL       |   NORMAL       |
-----------------------------------------------------------------
-----------------------------------------------------------------
*CC-2 |   *NORMAL       |   NORMAL       |
-----------------------------------------------------------------
+-Database has not been redundantly updated to the other shelf
*-Database/shelf is active
R-System must be reset to save edit session
EDT...?
```

图 4–7–2　数据库状态信息

三、常用数据库编辑命令

要编辑数据库，必须先使用 SELECT 命令打开它。选择数据库 A 或 B 以后，系统将显示出与所选数据库相对应的注意符：

A…?

B…?

在 A…?或 B…?注意符下，可以打开并编辑所有的系统数据库表，对数据库的编辑进行相应的操作。也可对数据库进行升级和备份。

1. 选择数据库（SELECT）

使用 SELECT 命令可以打开数据库进行编辑。安装新版本软件时，必须输入 SELECT 命令对数据库进行更新。

2. 存储数据库（SAVE）

当用户对数据库中的数据修改后，使用 SAVE 命令对数据库进行保存。存盘后数据库转为正常状态。

如果存储冗余系统的数据库，则该系统自动执行冗余更新，但不执行重新启动。如果对冗余系统的激活数据库存储，系统也自动执行冗余更新。存储激活数据库有可能引起系统重新启动，并中断正在接续的呼叫。

如果存储数据库需要系统重新启动时，SAVE 将要求对存储请求进行确认。输入 NO，暂停编辑，返回到 EDT…? 注意符状态；输入 YES，系统重新启动。

注意 1：完成数据库编辑后，要对数据库进行存储（SAVE），或放弃所编辑的内容（KILL）。未执行上述操作，直接退出数据库编辑，将造成数据库不可用。

注意 2：对 DCA 数据修改进行存储后，须将 DCA 设备的电源断开，系统将新的数据下载到 DCA。

3. 放弃对数据库的编辑（KILL）

如果用户对数据库进行编辑后，并不想保存新的数据，可以使用 KILL 命令来放弃对数据库的编辑。使用 KILL 后、磁盘中仍为编辑前的数据库，并返回 EDT...? 注意符。

4. 显示数据库的内容（LIST）

LIST 显示当前打开的数据库内容。使用 LIST 命令前，可以用 PRINT 命令连接系统打印机，将数据库内容打印出来。

5. 关闭数据库（EXIT）

执行 EXIT 命令，退出数据库编辑状态并关闭数据库。该命令并不对所编辑的数据库修改内容进行保存，数据库处于挂起状态。当使用 SELECT 命令调用数据库时，数据库仍处于编辑状态。关闭数据库的编辑不影响正常的呼叫处理。

四、常用数据库管理命令

使用 UTILITY 命令对数据库执行管理任务如：备份、恢复、数据库复制和安装新版本软件。

1. 激活数据库（ACTIVATE）

ACTIVATE 命令将特定的配置数据库装入存储器供呼叫处理使用。要激活的数据库必须处于 NORMAL 状态，如果是其他状态，系统将显示不能激活的信息。

激活数据库时，系统重新启动，公共设备存储器被清除，所有系统软件被重新装入存储器。在非冗余系统，机架重新启动时所有的呼叫处理中断直到重新启动完成。在冗余系统，通常在备用机架重新启动，呼叫进程在带有新数据库的机架上恢复。

系统重新启动将引起呼叫处理中断。完成重新启动时，系统在激活的数据库上恢复呼叫处理。

2. 闲置数据库（DEACTIVATE）

DEACTIVATE 命令从存储器中撤消激活的数据库。要闲置的数据库必须是 NORMAL 或 SUSPENDED EDIT SESSION 状态。如果数据库处于另一种状态，则会显示该数据库不能闲置的信息。闲置数据库时，系统将重新启动。在非冗余系统，一个机架重新启动。在冗余系统，两个机架同时重新启动。

注意：执行该命令存在风险，系统重新启动后，如果没有激活的数据库可用，将不能进行呼叫处理。

3. 复制数据库（COPY）

当完成交换机的数据库配置后，使用 COPY 命令对数据库进行复制。系统自动分配给目标数据库一个库名。例如，源数据库为 A，则目标数据库是 B。系统中只能保存两个数据库。如果磁盘中已经有两个数据库，那么使用 COPY 前必须先删掉一个数据库。在冗余系统使用 COPY 时，系统对备用机架自动执行冗余更新。

4. 将文件备份到软盘（BACKUP）

从主用公共设备机架上使用 BACKUP 命令将数据库、用户缩位拨号号码、人工呼叫转移、激活的呼叫寻向组或 ACD 统计数据等备份到软盘上。要备份的数据库或其他文件必须处于 NORMAL 状态。

5. 从软盘复制文件（RESTORE）

当需要将交换机数据库、各种文件、ACD 统计数据从备份的软盘复制到主用公共控制机架的硬盘中，使用 RESTORE 命令。当恢复数据库时，硬盘中只能有一个数据库（A 或 B），如果硬盘中已有两个数据库 A 和 B，则在用 RESTORE 之前必须删除一个。

6. 删除数据库（DELETE）

使用 DELETE 命令从硬盘中删除一个闲置的数据库。执行该命令存在风险，恢复被删除的数据库只能从备份软盘恢复或重新输入。

7. 执行软件重新启动（REBOOT）

REBOOT 命令用来清除存储器中的所有内容，并将硬盘中的系统软件重新装入存储器。

在非冗余系统中，重新启动时，所有的呼叫进程被丢失。系统重新启动完成后，呼叫进程恢复。

在冗余系统中，重新启动时，呼叫处理从主用机柜切换到备用机柜，正在建立的呼叫被中断，已建立的呼叫将继续。重新启动的机柜在重新启动完成后转为备用状态。

8. 恢复未完成的编辑（RECOVER）

当需要恢复未能正常完成编辑的数据库进入编辑状态时，使用 RECOVER 命令。如果在编辑数据库或使用其他 UTILITY 命令时，系统进行复位，则必须使用 RECOVER 命令。RECOVER 命令作用见表 4–7–1。

表 4–7–1　　RECOVER 命令作用

被中断的任务	RECOVER 的作用
BACKUP	提供放弃还是重新执行此操作的机会
COPY	如果在复位以前尚未完成则放弃此操作
CREATE	提供放弃还是重新执行此操作的机会
DELETE	重新执行此操作
EDIT SESSION	提供放弃还是重新执行此操作的机会
EXIT in an edit session	重新执行此操作
KILL in an edit session	重新执行此操作
REDUNADNT UPDATE	重新执行此操作
RESTORE	提供放弃还是重新执行此操作的机会
SAVE in an edit session	重新执行此操作

恢复编辑对话所需要的时间取决于在编辑对话期间输入的信息量。恢复完成之后，就能返回到编辑对话了。

9. 更新冗余数据库（REDUNDANT）

REDUNDANT 命令更新一个机架上的数据库与另一个机架的数据库相匹配，即进行数据库同步。一般情况下系统自动控制数据同步。

下列情况需要使用 REDUNDANT 命令：

（1）在备用机架上编辑或存储数据库。

（2）主用机架存盘时，备用机架未启动好。

（3）安装新版本软件后。

对闲置数据库的更新不会引起呼叫处理的中断，若更新激活的数据库，则（1）从主用机架更新到备用机架，备用机架重新启动；（2）从备用机架更新到主用机架，主用机架启动，系统执行切换。

10. 查看数据库

SHOW 命令显示交换机中数据库的当前状态。对于冗余系统，SHOW 亦显示主用和备用机架的当前状态以及这些机架上数据库的状态。数据库和机架状态符号见表 4–7–2，数据库状态消息见表 4–7–3。

表 4–7–2　　表示数据库和机架状态的符号

符号	含　义
*	非冗余系统： 当前激活的数据库，从磁盘载入存储器，并用于呼叫处理。 冗余系统： 当前激活的数据库以及当前主用公共设备机架。 （主用机架上的激活数据库控制系统的呼叫处理。备用机架上的激活数据库仅仅是一个备份，只有在系统的控制转移到该机架时它才控制呼叫处理。同一时间任何机架都只能有一个数据库被激活。对系统来说，同一时间只能有一个主用机架）
+	仅对冗余系统而言，所标的机架已对数据库作了改动，而另一机架还没有进行冗余更新，两个机架的数据库并不匹配［有关 REDUNDANT UPDATE 的内容，见“更新冗余数据库”（REDUNDANT）］
R	冗余与非冗余系统： 如果存储该数据库，系统将要求重新启动

表 4–7–3　　数据库状态消息

消息	说　明
ACTIVATION UPON REBOOT	已用 ACTIVATE 激活的数据库，将在下一次重新启动后有效
DATABASE DOES NOT EXIST	数据库当前不在磁盘上。必须用 CREATE 建立数据库或用 RESTORE 从软盘来复制
DEACTIVATION UPON REBOOT	已用 DEACTIVATE 停止数据库工作，在下一次重新启动后有效
FAILED LIVE UPDATE	当前在存储器中的数据库更新时发生故障。系统必须重新启动来更新存储器的数据库，使它与磁盘中存储的数据库相匹配。存储器中的数据库可能已被损坏，因此，需尽快进行 REBOOT（更新的详细描述请参看关于 SAVE 命令的说明）
INCOMPLETE COPY	由于系统失效或故障，导致 COPY 中断，用 RECOVER 去撤消或重新执行 COPY
INCOMPLETE CREATE	由于系统失效或故障，导致 CREATE 中断，用 RECOVER 去撤消或重新执行 CREATE
INCPMPLETE BACKUP	由于系统失效或故障，导致 BACKUP 中断，用 RECOVER 去撤消或重新执行 BACKUP

续表

消息	说　明
INCOMPLETE DELETE	由于系统失效或故障，导致 DELETE 中断，用 RECOVER 去撤消或重新执行 DELETE
INCOMPLETE EDIT SESSION	由于系统失效或故障，导致编辑对话在异常方式下终止。用 RECOVER 来重新执行编辑对话或 KILL 编辑对话
INCOMPLETE EDIT SESSION EXIT	由于系统失效或故障，没能正确执行 EXIT。用 RECOVER 命令以重新执行 EXIT
INCOMPLETE KILL	由于系统的失效或故障，没能完成 KILL 编辑对话。用 RECOVER 命令以重新执行 KILL
INCOMPLETE REDUNDANT UPDATE	由于系统失效或故障，导致 REDUNDANT UPDATE 命令中断。用 RECOVER 撤消或重新执行 REDUNDANT UPDATE
INCOMPLETE RESTORE	由于系统失效或故障，导致 RESTORE 命令中断。用 RECOVER 撤消或重新执行 RESTORE
INCOMPLETE SAVE	由于系统失效或故障，非激活数据库的 SAVE 中断，用 RECOVER 去重新执行 SAVE
NORMAL	没有特定条件加于数据库
SAVE UPON REBOOT	由于系统失效或故障，或备用机架正重新启动，导致对激活数据库的 SAVE 中断。冗余系统的主用机架只有在备用机架重新启动完成后才会重新启动，这样，当主用机架重新启动时备用机架可以进行呼叫处理。用 REBOOT 去完成 SAVE
SHELF UNAVAILABLE	机架正在重新启动或未被重新启动
SUSPENDED EDIT SESSION	用 EXIT 命令终止最后的编辑对话，用 SELECT 恢复编辑对话
TEST IN PROGRESS	TEST 命令有效
UNRECOVERABLE DATABASE	由于更新和存储失败，导致数据库不能恢复，删除数据库或从备份中重新载入数据库

【思考与练习】

1. 数据库管理的五个主要命令是什么？
2. 如何将 A 库拷贝到 B 库？
3. 如何将文件备份到软盘？

模块 8　环路中继电路的数据设置（Z38F1008Ⅱ）

【模块描述】本模块包括典型交换机环路中继电路的数据设置。通过对所需软件和硬件的配置要求、环路中继电路数据设置步骤及方法的介绍，掌握典型交换机环路中继电路的数据设置的方法。

【模块内容】

一、环路中继数据设置概述

程控交换机每个环路中继电路都有自己的特征数据，包括环路中继局向、中继群数、设备号、信令方式、中继电路服务级别等数据。中继服务级别包括中继类别、呼叫类别、呼叫权限等参数。

程控交换机进行环路中继数据设置的目的就是为环路中继设定中继组电路数、中继电路接口和识别中继电路的中继组号，并根据中继组业务需要设定中继组服务级别。

程控交换机完成中继的呼叫接续，需要对交换局数据进行分析，并根据中继组服务类别确定呼叫的处理方式。因此还需要为中继电路设定号码分析表和用于呼叫处理的拨号控制表（拨号限制表）。

环路中继电路可以配置成出中继电路、入中继电路和双向中继电路。在行政交换网中，一般配置成单向的出中继电路或单向的入中继电路；在调度交换网中一般配置为双向中继电路。不同类型的交换机环路中继数据设置的方式也有所区别，下面以Harris 程控交换机为例介绍模拟用户的数据设置。

二、Harris 交换机环路中继的数据设置

Harris 交换机环路中继数据由电路板表（BOA）、收集路由表（COL）、路由方式表（PAT）、拨号控制级别表（DIA）功能级别表（FEA）路由级别表（ROU）服务级别表（COS）中继组表（TRU）、控制器表（FAC）等数据表组成。由于某些表中包含了配置其他表时所需要的信息，例如功能级别表必须在服务级别表前进行配置，因为在服务级别表中必需指定功能级别。因此数据表要按照一定的顺序来建立。下面详细介绍环路中继电路数据配置过程。

1. 入中继数据配置

以一台行政交换机配置一个环路入中继路由，中继电路板槽位为 3 机框 10 槽位，中继电路数量 8 条，入中继呼叫到一个话务台为例，呼叫接续过程如下：

市话用户呼叫入中继电路所接用户号码，市话交换机向通过用户电路向环路入中继振铃，启动环路中继电路，交换机分析中继电路的性能，包括中继电路服务级别号和目的地，完成呼叫接续并向目的用户振铃。呼叫流程如图 4–8–1 所示。

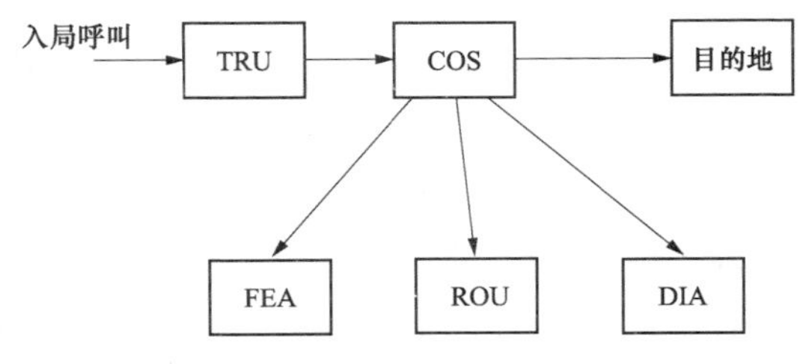

图 4–8–1 环路入中继呼叫流程图

因此入中继电路数据配置需要建立电路板表（BOA）、拨号控制级别表（DIA）、功能级别表（FEA）、路由级别表（ROU）、服务级别表（COS）、中继组表（TRU）等数据表。

（1）新增接口电路—环路中继电路板表（BOA）。将安装在交换机机柜中的环路中继板进行定义并激活。

设置步骤：BOA...? add

Board type...?gsls　//板子类型为环路中继

Slot...?3–10

GS or LS signaling[LS]...?　//启动方式为环启

Circuit number(1–8,ALL,or END)[END]...?

...ADDING GSLS BOARD AT SLOT LOCATION 03–10...

（2）新建拨号控制级—拨号控制级别表（DIA）。拨号控制级是服务级的一部分，系统使用它来决定使用何种呼叫程序来处理呼叫，并且指出数据库内何种表格用于下一步呼叫处理。

设置步骤：DIA...?add

Dial control class(10–63)...?34　//拨号控制级别表号

Dial control type...?auto–dial　//拨号控制类型,自动拨号

Destination...?cr–ls–in　//环路入中继的收集路由表名

Comment...?for cos 34

...ADDING DIAL CONTROL CLASS 34...

（3）新建功能级—功能级别表（FEA）。功能级别是 COS 的一部分，用于定义一组用户可使用的系统功能，可以将一个功能级别（FEA）分配给多个 COS。功能级别 0 是预先定义为维护拨号的，不能删除此级别，但可以根据需要修改该级别。

主叫访问某一功能时，系统自动检查已经分配给主叫的功能级别。如果在主叫的功能级别中功能无效，主叫的访问将会取消，而且呼叫将被带到功能阻断。

设置步骤：FEA...?add

Feature class(1–63)...?34　//功能级表号

Feature class type...?tru　//功能类型为中继类型

Feature[END]...?

Comment...?for cos 34

...ADDING FEATURE CLASS 34...

（4）新建路由级—路由级别表（ROU）。路由级是服务级的一部分，每一个路由级都有一个 0～63 之间的号码。

设置步骤：ROU...?add

Routing class(1–63)...?34 //路由级别号

Comment...?for cos 34

...ADDING ROUTING CLASS 34...

（5）新建服务等级—服务级别表（COS）。给中继电路指定一个服务级别号，用于定义该环路中继的拨号控制、功能、路由、连接、承载能力和拆线等性能。

设置步骤：COS...? add

COS number(1–255)…?34

Dial control class(0–63)...?34//拨号控制表号

Feature class(0–63)...?34//功能级别号

Routing class(0–63)...?34//路由表号

Bearer capability class(0–7)[0]...?

Reliable disconnect(Y/N)[Y]...?n

Comment...?for ls trunk in cos

...ADDING CLASS OF SERVICE 34...

（6）设置中继数据—中继组表（TRU）。定义该环路中继电路组表号及中继电路。

设置步骤：TRU...?add

Trunk group number...?34

Trunk group type[GS]...?ls

Killer trunk handle method[NONE]...?

Incoming COS number(0–255)...?34

Trunk ID digits[NONE]...?

No answer extension...?

Auto ring number...?2222//外线振铃号–话务台

Outgoing calls allowed...?N//单向中继

Number of circuits(1–1920)...?8//该中继组有 8 条电路

Circuit location[END]...?3–10–1

Circuit location[END]...?3–10–2

Circuit location[END]...?3–10–3

Circuit location[END]...?3–10–4

Circuit location[END]...?3–10–5

Circuit location[END]...?3–10–6

Circuit location[END]...?3–10–7

Circuit location[END]...?3–10–8

Circuit location[END]...?

AW display name...?ls–in

Teleset display name...?ls–in

Comment...?for gsls incoming calls

...ADDING TRUNK GROUP 34...

2. 出中继数据配置

以一台调度交换机配置一个出局环路中继路由，中继电路板槽位为3机柜11槽位，中继电路数量2条为例，呼叫接续过程为：分机摘机拨环路出中继局向号，交换机接收主叫所拨号码，分析号码去向，完成呼叫接续，占用出中继电路，听到对端交换机送来的拨号音后拨对端交换机的被叫号码。呼叫流程如图4–8–2所示。

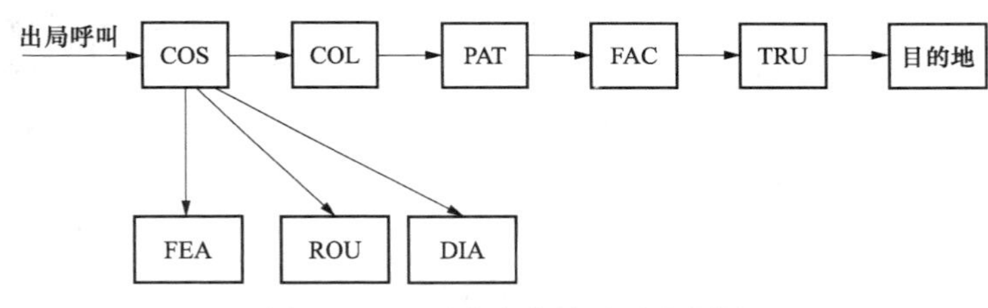

图4–8–2　环路出中继呼叫流程图

因此出中继电路数据配置需建立电路板表（BOA）、收集路由表（COL）、拨号控制级别表（DIA）、功能级别表（FEA）、路由级别表（ROU）、服务级别表（COS）、中继组表（TRU）、控制器表（FAC）、路由方式表（PAT）等数据表。

（1）新增接口单板—环路中继电路板表（BOA）。将安装在交换机机柜中的环路中继板进行定义并激活。

设置步骤：BOA...?add

Board type...?gsls//板子类型为环路中继

Slot...?3–11

GS or LS signaling[LS]...?//启动方式为环启

Circuit number(1–8,ALL,or END)[END]...?

...ADDING GSLS BOARD AT SLOT LOCATION 03–10

（2）号码分析—建立中继环路的收集路由表（COL）。为环路中继定义系统拨号计划，通过定义号码确定呼叫的建立。收集路由表的设置一般分为两步进行。第一步，建立收集路由表的表名。第二步，建立中继路由的收集方式。

设置步骤1：COL...?add

Collect & route name...?cr–ls–out//环路出中继

Interdigit signal[NONE]...?

SEQ[END]...?

Comment...?

...ADDING COLLECT & ROUTE′ CR–LS–OUT′

设置步骤 2：COL...?modift

Collect & route name...?cr–ls–out//环路出中继

Interdigit signal[NONE]...?

SEQ[END]...?09XXX XXXX=rp–ls–out//环路出中继局向号

SEQ[END]...?

Comment...?

（3）新建拨号控制级—拨号控制级别表（DIA）。拨号控制级是服务级的一部分，系统使用它来决定使用何种呼叫程序来处理呼叫，并且指出数据库内何种表格用于下一步呼叫处理。可根据需要指定拨号控制级给各不同的服务级。一个结构数据库最多可以支持 64 个拨号控制级。

设置步骤：DIA...?add

Dial control class(10–63)...?35//拨号控制级别表号

Dial control type...?dial//普通拨号类型

Destination...?cr–ls–out

Comment...?for cos 35

（4）新建功能级—功能级别表（FEA）。功能级别是 COS 的一部分，用于定义一组用户可使用的系统功能，可以将一个功能级别（FEA）分配给多个 COS。功能级别 0 是预先定义为维护拨号的，不能删除此级别，但可以根据需要修改该级别。

主叫访问某一功能时，系统自动检查已经分配给主叫的功能级别。如果在主叫的功能级别中功能无效，主叫的访问将会取消，而且呼叫将被带到功能阻断。

设置步骤：FEA...?add

Feature class(1–63)...?35//功能级

Feature class type...?tru//中继类型

Feature[END]...?

Comment...?for cos 35

...ADDING FEATURE CLASS 35...

（5）新建路由级—路由级别表（ROU）。路由级是服务级的一部分，每一个路由级都有一个 0～63 之间的号码，0 级永远保留给维护拨号。路由方式表使用路由级，并且决定呼叫使用路由方式的哪个特定部分。当分机被指定一个服务级时，即被指定一个路由级。给不同级别的使用者和接续建立路由级之后，可以控制呼叫使用哪个中继出局。

设置步骤：ROU...?add

Routing class(1–63)...?35//路由级别号

Comment...?for cos 35

...ADDING ROUTING CLASS 35..

（6）新建服务等级—服务级别表（COS）。给中继电路指定一个服务级别号，用于定义该环路中继的拨号控制、功能、路由、连接、承载能力和拆线等性能。

设置步骤：COS...?add

COS number(1–255)…?35

Dial control class(0–63)...?35//拨号控制表号

Feature class(0–63)...?35//功能级别号

Routing class(0–63)...?35//路由级别号

Bearer capability class(0–7)[0]...?

Reliable disconnect(Y/N)[Y]...?n

Comment...?for ls trunk 0ut cos

...ADDING CLASS OF SERVICE 35...

（7）设置中继数据—中继组表（TRU）。定义该环路中继电路组表号及中继电路。

设置步骤：TRU...?add

Trunk group number...?35

Trunk group type[GS]...?ls

Killer trunk handle method[NONE]...?

Incoming COS number(0–255)...?35

Trunk ID digits[NONE]...?

No answer extension...?NONE

Outgoing start signaling[TIMED]...?

Outgoing dialing mode[DTMF]...?

Search type[HF]...?HF//第一个开始正向搜索

Outgoing calls allowed...?N//单向中继

Number of circuits(1–1920)...?2

Circuit location[END]...?3–11–1

Circuit location[END]...?3–11–2

Circuit location[END]...?

AW display name...?ls–out

Teleset display name...?ls–out

Comment...?for ls outgoing calls

...ADDING TRUNK GROUP 35...

（8）设置中继数据—控制器表（FAC）。控制器就是决定如何发送呼叫到指定的中继组。所有指定给中继组的出中继呼叫都是经过一个路由点（在路由方式表中）到达控制器的，然后到达与该控制器相关的中继组。

设置步骤：FAC...?add

Facility number...?35

Trunk group number(1–60 or NONE)...?2

Outgoing COS number(1–255)...?35

Outpulse command[SDIGITS 15,PANSWER 30]...?

Outpulse command...?

Comment...?for ls outgoing calls

...ADDING FACILITY 35...

（9）设置路由数据—路由方式表（PAT）。路由方式是一种中间处理，用于检验呼叫的出局权力。呼叫通过收集路由表、分析路由表或其他的路由方式表进入一个路由方式表。

设置步骤：PAT...?add

Route pattern name...?rp–ls–out

Route pattern type[STANDARD]...?

Route/Queue/Allow point(END)...?rou

Routing classes to allow[END]...?all

Forward routing classes to allow[END]...?all

Bearer capability classes to allow[END]...?all

Bearer capability classes to allow[END]...?

Facility number(1–200)...?35

Days[END]...?all

Hours[ALL]...?all

Days[END]...?all

Include route for queuing...?n

Route/Queue/Allow point(END)...?end

Continuation route pattern name[NONE]...?

Comment...?for ls out

...ADDING ROUTE PATTERN 'RP–LS–OUT'..

【思考与练习】

1. 环路中继数据由哪些数据表组成？

2. 控制器的作用是什么？

3. 请简单画出环路入中继呼叫流程图。

模块 9　Q 信令（30B+D）中继电路的数据设置（Z38F1009Ⅱ）

【模块描述】本模块包括典型程控交换机 Q 信令中继电路的数据设置。通过对 Q 信令支持的功能、实现 Q 信令所需的软件和硬件配置要求及 Q 信令中继电路数据设置方法的介绍，掌握典型程控交换机 Q 信令中继电路的数据设置的方法。

【模块内容】

一、Q 信令中继数据设置概述

程控交换机每个 Q 信令中继电路都有自己的特征数据，包括中继局向、中继群数、设备号、信令方式、中继电路服务级别等数据。中继服务级别包括中继类别、呼叫类别、呼叫权限等参数。

Q 信令 2M 中继电路一般设置为双向中继电路，出局呼叫接续过程为分机摘机拨 2M 出中继局向号，交换机接收主叫所拨号码，分析号码去向，完成呼叫接续，占用出中继电路，听到对端交换机送来的拨号音后拨对端交换机的被叫号码。入局呼叫接续为交换机收到对端交换机出中继占用信号后，占用入中继电路，并接收对端交换机发送的被叫号码，分析号码去向，完成呼叫接续。下面以 Harris 程控交换机为例介绍 Q 信令中继的数据设置。

二、实现 Q 信令需要具备的条件

1. 软件

系统软件要求：

23 版本以上。

OCR 要求：

NUMBER OF PRI BOARDS…适当数量。

ISDN QSIG PRIMARY RATE INTERFACE…Y。

2. 硬件

使用 DTU–E1（P/N 761318）。

DTU–E1 板位号为 U67 的 IC 必须有。

用同轴电缆或双绞线直连时，不能超过 300m，否则应在中间使用传输设备。

三、Q 信令（30B+D）中继电路数据设置

（1）新增接口电路—电路板表（BOA）。将安装在交换机机柜中的 DTU 板进行定义并激活。

设置步骤：BOA…?add

BOARD TYPE…?30PRI

Slot…?01–20

Allow Harris Defined Network Applications on this interface(Y/N)…?N

Allow Harris Defined Network Features on this interface(Y/N)…?N

PRI interface remotely connected to switch on SW Release 9/10(Y/N)…?N

ISDN PRI Protocol(ATT,DMS1,DMS2,ETSI,QSIG,NTT)…?QSIG

Transit Counter[10]…?

Cyclic Redundancy check code 4(Y/N)…?N

Interface number…?4

Layer 2 destination type(MASTER or SLAVE)…?SLAVE

D channel class of service(0–63)[0]…?

Is HDLC on the D channel inverted…?N

Is TS16´S Interface Time Fill(Idle Code)OIN–all 1´S[N]…?

IS TS16´S OOS Alarm Indication Signal disabled[N]…?

Acceptable bit error rate for FAS[4]…?

Receive frame slip counter limit(1–254 or off)[254]…?

Prompt maintenance Prealarm Counter limit(1–254 or OFF)[254]…?

Remote Prealarm Counter limit(1–254 or OFF)[254]…?

Out of service prealarm counter limit(1–254,or,OFF)[254]…?

Prompt maintenance alarm on delay[2.0]…?

Prompt maintenance alarm off delay[2.0]…?

Remote alarm on delay[0.3]…?

Remote alarm off delay[0.3]…?

Circuit number(1–32,or,END)[END]…?

Transmission level type[D/TT]…?

Comment…?

…ADDING 30PRI BOARD AT SLOT LOCATION 01–20…

注意：Layer 2 destination type 的设置：对端交换机选用 MASTER 时，本端就必须选择 SLAVE。如果本端选择 MASTER 时，对端就必须选择 SLAVE。

（2）号码分析—建立收集路由表（COL）。为 Q 信令中继定义系统拨号计划，通过定义号码确定呼叫的建立。收集路由表的设置一般分为两步进行。第一步，建立收集路由表的表名。

设置步骤参见模块“中国 1 号信令中继电路的数据设置（Z38F1015 Ⅲ）”。

（3）新建拨号控制级—拨号控制级别表（DIA）。拨号控制级是服务级的一部分，系统使用它来决定使用何种呼叫程序来处理呼叫，并且指出数据库内何种表格用于下一步呼叫处理。

设置步骤参见模块“中国 1 号信令中继电路的数据设置（Z38F1015 Ⅲ）”。

（4）新建功能级—功能级别表（FEA）。功能级别是 COS 的一部分，用于定义一组用户可使用的系统功能，可以将一个功能级别（FEA）分配给多个 COS。功能级别 0 是预先定义为维护拨号的，不能删除此级别，但可以根据需要修改该级别。主叫访问某一功能时，系统自动检查已经分配给主叫的功能级别。如果在主叫的功能级别中功能无效，主叫的访问将会取消，而且呼叫将被带到功能阻断。设置步骤参见模块“中国 1 号信令中继电路的数据设置（Z38F1015 Ⅲ）”。

（5）新建路由级—路由级别表（ROU）。路由级是服务级的一部分，每一个路由级都有一个 0～63 之间的号码。设置步骤参见模块“中国 1 号信令中继电路的数据设置（Z38F1015 Ⅲ）”。

（6）新建服务等级—服务级别表（COS）。给中继电路指定一个服务级别号，用于定义该 EM 中继的拨号控制、功能、路由、连接、承载能力和拆线等性能。设置步骤参见模块“中国 1 号信令中继电路的数据设置（Z38F1015 Ⅲ）”。

（7）设置中继数据—中继组表（TRU）。定义该 2M 中继电路组表号及中继电路。

设置步骤：TRU…?ADD

TRU…?ADD

Trunk group number(1–15)…?1

Trunk group type[GS]…?PR

Incoming COS number(0–63)…?20

Trunk ID digits[NONE]…?

No answer extension…?None

Outgoing calls allowed[Yes]…?YES

Number of circuit(1–127)…?30

Circuit location[END]…?01–20–01

Circuit location[END]…?01–20–02

…

Aw display name…?BOTH

Teleset display name…?BOTH

Comment…?For TRU–BOTH

（8）设置中继数据—控制器表（FAC）。控制器就是决定如何发送呼叫到指定的中继组。所有指定给中继组的出中继呼叫都是经过一个路由点（在路由方式表中）到达控制器的，然后到达与该控制器相关的中继组。设置步骤参见模块“中国 1 号信令中继电路的数据设置（Z38F1015 Ⅲ）”。

（9）设置路由数据—路由方式表（PAT）。路由方式是一种中间处理，用于检验呼叫的出局权力。呼叫通过收集路表、分析路由表或其他的路由方式表进入一个路由方式表。设置步骤参见模块“中国 1 号信令中继电路的数据设置（Z38F1015 Ⅲ）”。

【思考与练习】

1. Q 信令需要具备的软件条件是什么？

2. Q 信令需要具备的硬件条件是什么？

3. Q 信令中继电路数据设置的主要步骤有哪些？

模块 10　模拟用户电路故障处理（Z38F1010Ⅱ）

【模块描述】本模块包含模拟用户电路常见故障的分析和处理。通过对模拟用户电路常见故障案例的分析及处理的介绍，掌握处理模拟用户电路故障的方法和技能。

【模块内容】

一、故障的性质及其危害

模拟用户电路故障主要由电话机、用户线路和交换机用户电路故障引起。电话机和用户线路故障更为多发，一旦发生故障，将影响用户的正常通信。

二、模拟用户电路故障分类及处理

引发模拟用户电路故障主要有电话机、用户线路和交换机用户电路等故障环节，故障处理通常采用逐段排除法。逐段排除法是根据故障现象，分析和找出与故障相关联的故障路径或关键点，逐一排除直到故障排除。

模拟用户故障有以下几种：

1. 不能正常拨号

模拟用户不能正常拨号，有以下几种常见故障：

（1）切不断拨号音。故障现象：用户摘机听到拨号音，拨号后仍听到拨号音。

故障原因分析：话机未将选择信号发送出去，话机故障。

处理方法：更换电话机。

（2）拨号后仍听到蜂鸣声。故障现象：用户摘机听到拨号音，拨号后听到蜂鸣声（不是拨号音）。

原因1：可能是话机的某个按键未弹起，听到的是该按键发送的音频信号。

处理方法：检查话机的按键。

原因 2：可能是话机具有防盗拨电话功能，如果使用并机拨打电话，就不能正常发送选择信号。

处理方法：检查话机的防盗拨电话开关是否处于打开位置。如果处于打开位置，将其打到关闭位置，即可消除故障。

原因3：是话机具有“限拨长话”功能，即锁“0”功能。

处理方法：开放长话功能。

2. 无拨号音

故障现象：用户摘机，听不到拨号音。

（1）话机故障。原因分析：电话机的受话器故障，摘机后听不到拨号音。

处理方法：利用话机的发话器进行检查。即拿起话机手柄，一边对着发话器吹气，一边收听受话器中的声音。如果能够听到吹气声，则话机正常。如果听不到吹气声，则是话机故障。

（2）线路故障。原因分析：用户线路出现断路、短路时，用户摘机均听不到拨号音。

处理方法：

1）用万用表测量用户线上的端电压是否正常。

2）用交换机测试功能，测试用户线路是否正常。

3）用户电路板故障，用户摘机听不到拨号音。

处理方法：将配线架上用户外线侧断开，在内线侧用户配线端子上试听有无拨号音。有拨号音，则用户电路板正常，若无拨号音则用户电路板故障，更换用户电路板。

3. 不能振铃

（1）铃流板故障。原因分析：交换机铃流板故障，整个机柜的用户均不能振铃。

处理方法：确定是单个用户故障还是多个用户故障，如多个用户故障，检查铃流板是否正常。更换备用的铃流板。

（2）电话机故障。处理方法：在配线架上将用户外线侧断开，内线侧挂接一部电话机。用其他用户拨打该分机，如能正常振铃，则交换机及用户电路板正常，用户电话机故障。更换电话机即可消除故障。

4. 能呼出不能呼入（或能呼入不能呼出）

（1）原因分析：此类故障一般为软件故障，如用户启动了免打扰、转移、限制拨号等功能。

处理方法：检查故障用户的相关功能数据表，取消相应的功能即可。

（2）原因分析：线路故障，用户线出现错线，即鸳鸯线。

处理方法：用短路的方法检查用户线电缆，既将用户话机侧短路，在配线架上测量找出短路的一对用户线，即可排除故障。

三、故障案例分析举例

［案例一］

（1）故障现象。某用户申告故障，不能正常拨打电话。

（2）原因分析。由于用户话机的某个按键被卡住，一直发送双音频信号。当电话机处于挂机状态时，话机叉簧断开，通话回路处于断开状态，用户线路上无双音频信号。当用户摘机拨打电话时，叉簧闭合通话回路沟通，双音频信号发送到用户线上，造成用户话机不能正常发送被叫号码。当有电话呼入时，电话机可正常振铃，用户摘机后，通话回路沟通，双方均能听到蜂鸣声（双音频信号音）。用户再次按动按键后，按键弹起，蜂鸣声消失，通话正常。

（3）故障处理。维护人员摘机拨打故障申告用户电话，听回铃音。用户摘机应答，维护人员听到蜂鸣音，听不清对方讲话。根据听到的蜂鸣音，初步判断是用户话机的某个键盘按键被卡住未弹起，因此大声讲话指挥用户逐个按动键盘。在用户按动键盘的过程中，蜂鸣声消失，通话正常。维护人员让用户试拨电话，呼出接续、通话均正常，故障消除。

［案例二］

（1）故障现象。某单位交换机相邻两电话用户在同时使用时不定期出现串音，严重影响两用户的呼入、呼出。在配线架上断开外线后，仍有明显串音。

（2）原因分析。相邻用户间出现串音现象，有以下几种原因引起：

1）配线架至接线盒的用户线（音频电缆）出现鸳鸯线。

2）接线盒的相邻用户线接线不良，出现碰线，特别是用户线为多股铜线时。

3）交换机背板引出电缆出现鸳鸯线。

4）用户线破损绝缘下降，串音防卫度降低。

（3）故障处理。故障处理步骤如下：

1）在配线架外线侧将出现串音的用户线断开，内线侧搭接电话机，拨打电话测试检查，出现串音现象。初步判断故障在交换机背板引出电缆至配线架之间。

2）将交换机背板引出电缆的连接器打开，检查测试引出线，发现两个电话端口出现鸳鸯线。将引出线的主色线对调后，拨打电话测试检查，未出现串音。

3）将配线架外线侧用户线恢复正常，再次测试通话情况，未出现串音，故障排除。

【思考与练习】

1. 模拟用户故障常有哪些设备引起？
2. 线路故障的处理方法是什么？
3. 电话机故障主要有哪些故障现象？

模块 11　数字用户电路故障处理（Z38F1011Ⅱ）

【模块描述】本模块包含数字用户电路常见故障的分析和处理。通过对数字用户电路常见故障案例的分析及处理方法的介绍，掌握处理数字用户电路常见故障的方法和技能。

【模块内容】

一、故障的性质及其危害

数字用户电路连接的设备主要有数字话机、话务台、调度台及维护终端等设备。数字用户电路发生故障，将影响数字用户的通信；连接维护终端的数字用户电路发生故障，将影响交换机正常的维护和数据配置；连接调度台的数字用户电路一旦发生故障，将影响调度员与调度对象间的通信，严重时将影响电网的安全稳定运行和电网事故的及时处理。

二、数字用户电路故障分类及处理

数字用户电路故障可分为终端设备、用户线和数字用户电路板等硬件故障。数字用户电路数据设置不当也会引起数字用户终端设备不能正常工作。

故障处理的方法主要采用逐段排除的方法，即通过对故障现象的分析和判断，逐一检查连接路径中的相关设备并排除故障，直至故障被排除。数字用户电路故障的常规处理顺序为：数字终端设备→用户线→配线架→数字用户电路→数字用户数据。HARRIS 交换机的维护终端可通过数据适配器或数字话机（DCA/OPTIC IV）连接到一个数字用户电路接口，实现对交换机的维护与管理，其常规的故障处理顺序为：维护终端→DCA/OPTIC IV 话机→配线架→数字用户电路→维护终端用户数据。

1. 用户线故障

用户线故障是最常见的故障现象。由于从配线架到用户终端设备由音频电缆、接线盒、用户电话线等多个环节组成，任一个环节发生故障，都将影响用户的正常通信。

用户线故障主要有用户线短路、断线和用户线接地三种故障。由于用户线受外界破坏造成 a、b 线断线，或外绝缘破损造成 a、b 线短接或接地引起用户电路故障。主要故障现象表现为数字用户摘机听不到拨号音、电话不振铃，维护终端不能正常与交换机连接等。

用户线发生故障处理方法比较简单，即在配线架上将外线侧用户线断开，用数字话机进行测试即可判断是否是用户线故障。

2. 数字终端故障

数字用户电路连接的数字终端种类不同，故障处理方法也不尽相同。

（1）数字话机。数字话机发生故障主要是由电话机的发话器、受话器、振铃电路或编解码器等硬件故障引起。发话器故障主要表现为在通话时对方听不到己方的讲话，受话器故障主要表现为摘机听不到拨号音或通话时听不到对方讲话。数字电话机发生故障通常需更换电话机。

（2）话务台。Harris 交换机提供的话务台由显示器、话务台主机和键盘三部分组成，话务台主机与显示器、键盘之间通过连接线相连接，连接线接触不良是话务台常见故障，主要故障现象为显示器无显示、键盘失效。发生此类故障时，先将话务台主机电源关闭，检查连接线使之接触良好。

话务台主机中 DLIC 板或运行软件发生故障，将造成话务台不能进入正常的呼叫处理状态。发生此类故障时更换话务台主机内的 DLIC 板或重新安装话务台软件。

（3）维护终端。Harris 交换机维护终端通常是经数据适配器或数字话机与数字用户电路端口连接，维护终端是通过 RS 232 接口和连接线与数据适配器或数字话机相连接。因此数据适配器、数字话机、RS 232 接口、连接线故障都将引起维护终端不能连接交换机进入维护状态。

此类故障的处理常用逐段排除法和替换法相结合的方法进行处理，即首先将故障定位到某个环节如适配器或连接线缆，再用备用设备替换故障设备以确定故障点。其中连接线接触不良是最容易发生的故障，因此发生此类故障应先检查连接线是否连接正常。

3. 数字用户电路故障

此类故障发生的几率较少。机房电磁环境、设备接地不良及静电感应等会引起数字用户电路故障，用户线路引入的高电压也会造成用户电路故障，用户电路元器件的产品质量问题等都会引起数字用户电路板故障。

此类故障一般采用替换法进行故障处理，即用备用的板件替换故障板件，或将该数字用户电路的用户设置到其他用户电路板上的空闲电路上。用备板替换故障的板件不需要进行数据配置，操作较简单，但在更换板卡时会影响该板卡上其他用户，应避免在话务较忙时更换板卡。

4. 数字用户电路数据设置不当

此类故障通常发生在新增数字用户电路的初始调试阶段。数字用户电路连接的用户终端不同，数据设置上也略有不同。在设置分机类型时，应根据所连接的用户终端类型选择相应的参数。例如连接调度台时，Extension type 需要选择 dispatch。

数据设置不当属于软件故障，故障处理相对于硬件故障要复杂一些。在设备开通调试期间，发生此类故障，应首先检查所配置的数据是否正确，再检查设备硬件。而在设备运行期间一旦发生此类故障，首先应检查设备硬件，并排除硬件故障后，再检查相关的配置数据。

三、故障案例分析举例

［案例一］

（1）故障现象。某单位采用远程维护方式对变电站的调度交换机进行维护管理。一天维护人员通过维护终端连接变电站交换机时，出现无法联机的故障。

（2）原因分析。维护终端是通过 DCA 与变电站数字用户电路连接实现远程维护。由于连接经过的环节较多，无论其中哪个环节的连接出问题都会导致远程维护无法联机的故障。

（3）故障处理。由于交换机远程维护是通过数字用户板与数字适配器（DCA）相连，DCA 与拨号 MODEM 连接，远程维护终端通过电话拨入 MODEM 的方式实现的。因此处理此类故障时，首先用普通分机拨打调制解调器号码检查调制解调器启动是否正常，然后检查 DCA 与拨号 MODEM 之间、数字用户板与 DCA 之间的连接是否正常，最后检查数字用户板是否正常，直至故障排除。

［案例二］

（1）故障现象。某单位调度交换机维护人员在维护终端操作过程中出现终端死机的故障，任何数据操作都无法执行。

（2）原因分析。Harris 交换机的数据库是由一系列与呼叫处理相关的表格组成，在进行表格之间切换操作时，如果操作不当将造成 DCA 端口闭锁，从而导致维护终端死机。

（3）故障处理。拔插 DCA 上的信号线接头，则 DCA 端口可自动解锁，故障现象消失。

【思考与练习】

1. 数字用户故障的性质及其危害是什么？

2. 数字终端故障主要有哪几种？

3. 数字用户电路有哪些常见故障？

模块 12 环路中继电路故障处理（Z38F1012Ⅱ）

【模块描述】本模块包含环路中继电路常见故障的分析和处理。通过对环路中继电路故障案例的分析及处理方法的介绍，掌握处理环路中继电路故障的方法和技能。

【模块内容】

一、故障的性质及其危害

环路中继电路是模拟中继电路，实现交换机与交换机之间的连接，完成两台交换机之间用户的通话回路的接通。环路中继电路发生故障，将影响交换机之间用户的呼叫接续和通话。

二、环路中继电路故障分类及处理

环路中继电路有两种，一是出中继电路；二是入中继电路。引发环路中继电路故障的设备有出（入）中继电路、中继线路（音频电缆或 PCM 设备）和用户电路。故障处理可采用逐段排除法和替代法进行判断、分析处理。环路中继的路径为本端交换机中继电路–配线架–中继线路–配线架–对端交换机用户电路。替代法就是用本端交换机的用户替代对端交换机的用户，来判断、分析故障点并最终排除故障。

（一）出中继电路故障分析

1. 出中继占线失败

（1） 故障现象。交换机用户拨出中继局向号，不能正常占用出中继电路。

（2） 原因分析。

1）出中继电路板故障。

2）对端交换机用户电路故障。

3）用户线路出现短路故障。

出中继电路馈电是由互连交换机的用户电路提供，馈电电压为–24～–120V（DC），馈电电流≥17mA。如果互连交换机用户电路提供的馈电电压或馈电电流达不到规定值，出中继电路则不能正常启动。

（3） 故障处理。

1）在配线架上测量对端交换机用户线上的电压，如无电压或电压值不在正常值范围内，则可判断为对端交换机中继线路（音频电缆）或对端交换机用户电路故障。与对方技术人员联系配合查找故障。

2）如配线架上测试馈电电压正常，则在配线架上断开连接的用户线，并连接本交换机的一个用户电路。摘机拨号占用中继电路并发送被叫号码（本交换机的一个用户号），如果接续正常，则故障可能是对端交换机的用户电路馈电电流没有达到规定值，可与对方技术人员联系更换用户电路。如果接续不正常，则为本端交换机中继电路故障，更换备用中继电路板。

2. 占用中继电路后听不到拨号音

（1）故障现象。用户拨出中继局向号，能正常占用中继电路，但听不到拨号音。

（2）原因分析。占用出中继电路后听不到拨号音，有两种情况，一种情况是对端交换机用户电路故障，未发送拨号音；另一种情况是本端交换机中继电路故障。

（3）故障处理。用测试话机在配线架上试听有没有拨号音，如有拨号音，则对端交换机用户电路正常，可能是本端中继电路故障。可用本端交换机用户代替对端交换机用户进行进一步的故障判断，或更换备用中继电路板。

如听不到拨号音，则与对端技术人员联系配合检查对端交换机的用户电路。

3. 发号不全

（1）故障现象。用户拨出中继局向号，听到二次拨号音后发送被叫号码，不能完成呼叫接续。

（2）原因分析。主叫发送被叫号码后不能进行正常接续的原因，可能是本端交换机未将被叫号码发送或发号不全，导致对端交换机不能完成呼叫接续。

（3）故障处理。如果发号采用 DTMF 方式，可以在配线架上挂接一个电话机的受话器（或发话器），监听交换机中继电路发送号码位数（交换机发送号码时，受话器可听到嘀声），如果未发送号码或发号不全，则可能是数据库设置不正确，检查 FAC 表并修改相应的发号命令。

（二）入中继电路故障分析

（1）故障现象。对端交换机用户拨出中继局向号占用出中继电路，并发送被叫号码后，听到回铃音，但本端交换机话务台（或调度台）不振铃。

（2）原因分析。

1）当对端交换机发送的铃流电压过低时，无法正常启动入中继电路，话务台不振铃。

2）交换机数据配置不正确，未将入局呼叫接续至话务台。

3）入中继电路故障。

（3）故障处理。在配线架上测试入中继电路所连接的用户线铃流电压是否正常，正常值为交流 75～95V。不正常，则与对端技术人员联系配合处理。测试铃流正常，则检查本端交换机中继电路和交换机数据配置。

检查交换机入中继电路可用替代方法判断故障，即断开对方交换机用户线，将本交换机的一个用户接到入中继电路上，并拨打该用户，观察调度台是否正常振铃。能正常振铃，则可判断入中继电路正常，故障在对方交换机。如不能正常振铃，则入中继电路故障，更换环路中继电路板。

三、故障案例分析举例

［案例一］

（1）故障现象。某省调采用环路中继电路与网调调度交换机用户连接，出入合用。省调调度员反映省调调度员呼叫网调电话正常，网调呼叫省调时无人应答。

（2）原因分析。网调呼叫省调，调度台不振铃，故障有以下几种原因：

1）网调调度交换机用户电路故障，未将振铃信号发送到省调的环路中继电路。

2）省调调度交换机的环路中继电路故障，不能向调度台振铃。

3）传输设备故障，未将振铃信号发送。

（3）故障处理。故障处理步骤如下：

1）在省调侧配线架上挂接电话机，网调呼叫省调，电话机振铃，摘机双方通话正常；调度台不振铃。初步判断网调用户电路正常，省调环路中继电路故障。

2）更换省调环路中继电路，再次呼叫检查，调度台仍不振铃。

3）在配线架外线侧将网调用户断开，调接省调调度交换机的一个用户端口，并拨打该用户，调度台振铃，摘机通话正常。使用原环路中继电路板再次测试，振铃正常，排除环路中继电路故障。

4）将行政交换机的一个用户电路与环路中继电路连接进行测试检查，进一步证实环路中继电路正常。因此判断网调调度交换机用户电路或传输电路故障。

5）在配线架外线侧测试网调用户电路发送的铃流电压，发现铃流电压只有 50V。

6）请传输人员检查传输设备后，调度台振铃正常，通话正常，故障排除。原因是传输设备的铃流板故障，输出电压太低，不能启动环路中继电路。电话机的振铃电路适应能力强，铃流电压低也可正常振铃。

［案例二］

（1）故障现象。交换机用户拨号不能占用出中继电路，听忙音。

（2）原因分析。交换机用户拨号不能占用出中继电路，听忙音故障有以下几种原因：

1）交换机出中继电路故障，出现维护忙，当用户拨出局号码占用出中继电路时听忙音。

2）相连接的交换机用户电路故障，交换机不能占用出中继电路，出现维护忙。

3）用户线故障。

（3）故障处理。故障处理方法与步骤如下：

1）在配线架外线侧断开连接的用户电路，并连接本端交换机用户，故障消除。

2）将配线架内线侧连接断开，在外线侧测试线路馈电电压，线路馈电只有 30V，不能满足出中继电路的工作电压，因此交换机就不能占用中继，造成分机不能占用出中继电路，出现维护忙。

3）要求对方更换用户电路后，恢复正常。

【思考与练习】

1. 交换机环路出中继电路不能占用中继电路故障原因有哪几种？
2. 引起交换机环路中继电路故障的环节有哪些？
3. 入中继电路故障现象是什么？

模块 13　Q 信令（30B+D）中继故障处理（Z38F1013Ⅱ）

【模块描述】本模块包含 Q 信令中继电路常见故障的分析和处理。通过对 Q 号信令中继电路故障案例的分析及处理方法的介绍，掌握处理 Q 号信令中继电路故障的方法和技能。

【模块内容】

一、故障性质及其危害

Q 信令中继电路是电力自动电话交换网和电力调度交换网常用的组网方式。自动电话交换网中的 Q 信令中继电路一旦发生故障将影响交换机间的用户通信，调度交换网中发生故障，将影响调度员与调度对象间的通信联络，甚至影响电网的调度指挥和故障处理。

二、故障原因

Q 信令中继电路的连接路径为交换机中继电路数据→中继电路接口板→数字配线架→传输设备→数字配线架→中继电路接口板→交换机中继电路数据。故障主要由中继电路板损坏、2M 电缆接头虚焊、数字配线架接触不良、传输电路故障等原因引起。中继电路数据设置不正确也会引起中继电路故障。

三、故障现象

Q 信令中继电路发生故障，交换机将产生告警信息，中继电路板面板指示灯对应显示相应的故障状态。主要故障现象如下：

1. 交换机中继电路板故障

（1）本端、对端交换机产生中继电路中断告警信息。

（2）用户拨出局号占用中继电路听忙音。

（3）不能正常接收、发送被叫号码。

（4）不能正常通话。

2. 数字配线架故障

数字配线架常发生 2M 电缆头接触不良，引起中继电路中断、产生误码或时通时断等故障。

3. 传输电路故障

传输电路故障主要引起中继电路中断产生告警信息、产生误码等故障。

4. Q 中继电路相关数据配置故障

数据配置引起 Q 信令中继电路故障一般发生在交换机初始调试阶段或交换机新开局向时，主要故障现象有：

（1）D 信令通道未激活。

（2）中继电路不能正常完成呼叫接续。

四、故障处理

1. 故障处理原则

（1）总原则：参见模块“1 号信令中继电路故障处理（Z38F1018 Ⅲ）”。

（2）Harris 交换机 DTU 板故障指示灯状态及产生的原因参见模块 Z38F1018 Ⅲ 1 号信令中继电路故障处理。Q 信令中继电路正常运行时 PRI 和 HDB3 为绿灯亮。

2. 故障处理方法及步骤

（1）故障处理方法。Q 信令中继电路硬件故障处理常采用自环、逐段排除和替代的方法进行故障定位。自环包括硬件自环和软件自环。自环的方式包括本地自环和远端环回。本地自环用于判断本端交换机 2M 中继电路是否正常，远端环回主要用于判断传输通道是否正常。替代法是用备用的中继电路板替代运行的电路板，判断中继电路板是否存在故障。一般在自环法无法排除故障的情况下采用替代法。

（2）故障处理步骤。

1）查看 DTU 面板告警指示灯。中继电路发生故障时，应首先查看 DTU 面板指示灯的状态。根据指示灯的状态，分析、判断和定位故障。

2）通过电路诊断程序查看中继电路和 D 信道运行状态，分析、判断和定位故障点。

Q 信令中继电路正常运行时，D 信道（16 时隙）为 Cricuit is busy，话音电路（1～15、17～31）为 Cricuit is idel 或 Cricuit is busy，同步时隙（32）为 Cricuit is busy。

故障时电路状态显示为 Cricuit is out of service。

3）检查 Q 信令中继电路的数据设置。Q 信令中继电路因采用网络—用户接口，要求一端交换机设置为网络端，另一端交换机必须设置为用户端。即在定义电路板表时一端将 Layer 2 destination type（MASTER or SLAVE）…？定义为 MASTER，另一端必须定义为 SLAVE。

4）采用自环方法，判断、排查中继电路板、传输电路故障，直至故障排除，电路恢复正常运行。

3. 故障处理注意事项

（1）在拔、插中继电路板时要带防静电手腕，防止因人体所带静电损坏电路板。

（2）在数字配线架上操作时防止拔错、误碰其他 2M 电路端子，造成其他业务的中断。

五、故障案例分析举例

［案例一］

（1）故障现象。某供电公司交换机与省调交换机采用 Q 信令中继电路连接。两台交换机互连的 Q 信令中继电路，经常同时不能使用，既不能拨入，也不能拨出，需拔插 2MB 板恢复。时间间隔不固定，有时半天，有时一天左右。

（2）原因分析。通过检查交换机数据库，所有有关系的数据中，没有发现错误。供电公司和省调交换机的连接，通过光传输设备。两台交换机的中继电路同时发生故障，初步判断问题应该出在光端设备上。因传输电路的故障，导致 Q 信令中继电路停止工作。

（3）故障处理。经对传输电路进行环回检查，最终故障定位在供电公司的数字配线架。检查传输 2M 电缆头，发现有虚焊现象。对 2M 电缆头进行处理后，故障消失。

［案例二］

（1）故障现象。省调调度交换机与地调调度交换机采用 Q 信令中继电路互联。在调试过程中发现中继电路不可用。省调侧通过 TDD 查看中继电路状态，32 个时隙均显示为 Cricuit is out of service。地调侧查看中继电路状态，1～15、17～31 显示 Cricuit is idle，16 和 32 显示为 Cricuit is busy。即省调侧显示电路处于故障状态，而地调侧处于正常状态。

（2）原因分析。

1）两端数据配置或设备硬件连接不对应，造成省调侧 D 信令信道未激活。

2）交换机中继电路板或传输电路故障。省调侧交换机中继电路、传输 2M 电路的发信电路、地调侧交换机中继电路、传输 2M 电路的收信电路正常，地调能够正确接收到省调侧的信令信息，信令通道激活；而地调侧发信电路、省调侧收信电路故障，省调侧交换机不能正确接收到地调侧的信令信息，信令通道未激活。

（3）故障处理。

1）两端互相将 2M 电路的发信电路断开，查看收端交换机 2M 电路是否产生电路中断告警信息，排除 2M 中继电路连接不对应的情况。

2)省调侧利用空闲 2M 电路新增加 1 个 Q 信令中继电路局向，完成相应数据配置。将 2 个 Q 信令中继电路互连，查看电路运行状态，正常。确认省调侧交换机 2M 中继电路收、发信电路均正常。

3）倒换 1 个 2M 传输电路，查看省、地调两侧交换机中继电路运行状态，故障仍然存在。

4）在地调侧利用空闲 2M 电路新增加 1 个 Q 信令中继电路局向，完成相应数据配置。将 2 个 Q 信令中继电路互连，查看电路运行状态，发现一个 2M 中继电路运行状态正常，另一个处于故障状态。确认地调侧交换机 2M 中继电路发信电路故障。

5）更换地调侧 2M 中继电路板后，两侧中继电路运行正常，故障排除。

【思考与练习】

1. Harris 交换机的 DTU 板面板有哪些指示灯，含义是什么？
2. Harris 交换机 Q 信令中继电路故障处理步骤是什么？
3. 交换机中继电路板故障主要表现为什么？

模块 14 程控交换设备功能测试（Z38F1014Ⅱ）

【模块描述】本模块包含典型程控交换机的硬件系统检测、软件版本检查、倒换测试、电源测试、呼叫功能测试、时钟检查等。通过要点讲解、操作过程详细介绍，掌握典型程控交换机设备功能测试的方法。

【模块内容】

一、测试目的

为了保证程控交换机满足设计要求和现场使用需求，在程控交换机安装完成后对其进行功能性测试。

二、测试前的准备工作

（1）了解被试设备现场情况及试验条件。测试现场的温度、湿度等条件要符合设备及仪表正常工作的条件。

（2）准备一台万用表和一台交换机维护终端，万用表须经过严格校验，证明合格后方能使用。

三、安全注意事项

（1）应使用检测合格的万用表，使用前应仔细检查测试挡位、测试线连接是否正确，测试线有无破损。

（2）采用软件进行功能测试时应防止发生误操作。

四、测试步骤和要求

本测试内容以哈里斯 MAP 型程控交换机为例。

（一）硬件系统检测

程控交换机硬件系统组成如图 4–14–1 所示。

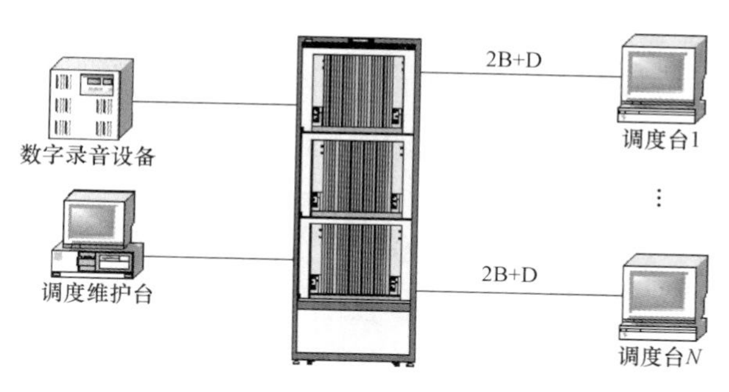

图 4–14–1　硬件组图

1. 机架安装检查

（1）机架应水平安装，端正牢固，用吊线测量，垂直偏差不应大于机架高度的 1‰。

（2）列内机架应相互靠拢，机架间隙不得大于 3mm，机面平齐，无明显参差不齐现象。

（3）机架应采用膨胀螺栓对地加固，机架顶应采用夹板与列槽道（或走道）上梁加固。

（4）所有紧固件必须拧紧，同一类螺丝露出螺帽的长度宜一致。

（5）机架间需使用并柜螺栓进行并柜连接，机架顶部通过并柜连接板固定在一起。

（6）机架的抗震加固应符合机架安装抗震加固要求，加固方式应符合施工图设计要求。

（7）机架安装完成后，应对机架进行命名并贴上标签进行标识。

2. 线缆布放检查

（1）所有电缆型号应符合设计要求，外观完好无破损，中间没有接头。

（2）直流电缆应采用红蓝分色电缆，蓝色为电源负极线，红色为电源正极线；接地电缆一般为黄绿相间色电缆。

（3）直流电缆连接时，应先断开对应的熔断器，然后先进行正极接线，再进行负极接线。

（4）电缆布放应平直，不得产生扭绞、打圈等现象，不应受到外力的挤压和损伤；电缆转弯应均匀圆滑，转弯的最小弯曲半径应符合相关要求。

（5）电源电缆与信号电缆应分开走线，各缆线间的最小净距应符合施工图的要求；如有交叉，信号电缆应放在上方。

（6）电缆布放时应有冗余，一般为0.3～0.6m；接地电缆不应有冗余。

（7）所有电缆布放后应绑扎整齐，在布放后两端应有标签，标识起始和终止位置，标签应清晰，端正和正确。

3. 板卡配置检查

（1）核对板卡数量、规格型号是否与设计图纸相符。

（2）检查指定位置板卡是否插入了相应槽位。

（二）软件版本检查

登录系统即显示软件版本号，以下命令行中加粗字体为软件版本，软件版本应符合设计要求和网络规划的要求。

Welcome to the Harris

System Administration Monitor

Copyright Harris Corporation 1984,1985,1986,1987,1988,1989,

1990,1991,1992,1993,1994,1995,1996

Username...?admin

Password...?(默认密码为 admin,输入密码时屏幕显示为空白)

Good Morning,ADMIN,it is 22–OCT–2010 09:25:30 FRI

Welcome to Harris Administration System,XCPU Version G27.00.13

You are logged onto shelf CC–1

The system status is ACTIVE/STANDBY

...Enter 'HELP' for a menu...

（三）倒换测试

1. 硬件倒换

哈里斯交换机一般为双层子架结构，双层子架之间为冗余备份关系，可以进行倒换；在主用层子架上 HCSU 板上有复位开关，按下复位开关就可以实现硬倒换至备用层子架。

2. 软件倒换

（1）登录系统。

Welcome to the Harris

System Administration Monitor

Copyright Harris Corporation 1984,1985,1986,1987,1988,1989,

1990,1991,1992,1993,1994,1995,1996

Username...?admin

Password...?(默认密码为 admin,输入密码时屏幕显示为空白)

Good Afternoon,ADMIN,it is 27–AUG–2013 14:37:33 TUE

Welcome to Harris Administration System,UCPU Version G32.03.02

You are logged onto shelf CC–1

The system status is ACTIVE/STANDBY

...Enter 'HELP' for a menu...

（2）进入编辑模式，在此模式下会显示当前主用子架。如以下命令行中，CC–1即为主用子架（主用子架前有“*”标记）。

ADMIN...?edt

Welcome to the Harris Configuration Editor

The Harris Configuration Editor allows you to enter,modify,delete and list call processing parameters in the system database.To choose an editor command or option,type in the entire command or the first three letters of the command.Enter 'HELP' at any prompt for assistance.Below is the current status of the databases on the system.

The editor is currently running on common control shelf CC–1.

```
Shelf   Database A   Database B
----------------------------------------------------------------------------------------------------
*CC–1 | *NORMAL   |   NORMAL   |
----------------------------------------------------------------------------------------------------
----------------------------------------------------------------------------------------------------
CC–2 | *NORMAL   |   NORMAL   |
----------------------------------------------------------------------------------------------------
```

+–Database has not been redundantly updated to the other shelf

*–Database/shelf is active

R–System must be reset to save edit session

EDT...?ut

************************** W A R N I N G ********************************

Please enter LICENSE to input installing key.The installing key must be applied from Guangzhou Harris Communication Co.,Ltd.You can also enter TEMPORARY to apply temporary license.The expiration of temporary license is 15 days.

****

（3）执行子架倒换，并重新启动。

UTI...?reb

Rebooting this shelf will cause a switchover.Stable calls will not be

affected but calls not in conversation will be dropped.Be absolutely certain

that this is tolerable.

Confirm reboot(YES/NO)...?y

（4）再次登录系统，进入编辑模式，验证倒换结果。倒换完成后，备用层交换机子架应通信正常。

Welcome to the Harris

System Administration Monitor

Copyright Harris Corporation 1984,1985,1986,1987,1988,1989,

1990,1991,1992,1993,1994,1995,1996

Username...?admin

Password...?(默认密码为 admin,输入密码时屏幕显示为空白)

Good Afternoon,ADMIN,it is 27–AUG–2013 14:37:33 TUE

Welcome to Harris Administration System,UCPU Version G32.03.02

You are logged onto shelf CC–1

The system status is ACTIVE/STANDBY

...Enter 'HELP' for a menu...

ADMIN...?edt

Welcome to the Harris Configuration Editor

The Harris Configuration Editor allows you to enter,modify,delete and list

call processing parameters in the system database.To choose an editor

command or option,type in the entire command or the first three letters of

the command.Enter 'HELP' at any prompt for assistance.Below is the current

status of the databases on the system.

The editor is currently running on common control shelf CC–2.

Shelf   Database A   Database B

CC–1 | *NORMAL | NORMAL |

```
*CC-2 | *NORMAL   |   NORMAL   |
-------------------------------------------------------------------------
+-Database has not been redundantly updated to the other shelf
*-Database/shelf is active
R-System must be reset to save edit session
```

（四）电源测试

1. 电源电压测试

使用万用表测量交换机 A、B 两路直流输入电压，交换机输入电压应在（43.2～57.6V）范围内。

2. 电源倒换测试

设备正常运行时，断开一路电源，观察设备是否断电，并恢复；断开另一路电源，观察设备是否断电，并恢复。断开任意一路供电，交换机设备应不失电，且两路供电可正常切换。

（五）呼叫功能测试

1. 本机局内呼叫测试

拨打和接听局内电话应通话正常，语音清晰无杂音，来电显示正确。

2. 出局呼叫测试

拨打和接听出局电话应通话正常，语音清晰无杂音，来电显示正确。

（六）时钟检查

登录系统，使用“time”命令检查时钟，以下命令行中加粗字体部分为当前时钟，时钟应符合设计要求和网管要求。

```
Welcome to the Harris
System Administration Monitor
Copyright Harris Corporation 1984,1985,1986,1987,1988,1989,
1990,1991,1992,1993,1994,1995,1996
Username...?admin
Password...?（默认密码为 admin,输入密码时屏幕显示为空白）
Good Afternoon,ADMIN,it is 27-AUG-2013 14:34:47 TUE
Welcome to Harris Administration System,UCPU Version G32.03.02
You are logged onto shelf CC-1
The system status is ACTIVE/STANDBY
...Enter 'HELP' for a menu...
ADMIN...?time
```

JIANGSUXUZHOUGONGDIAN(AG2),JIANG SU PRO

You are logged onto shelf CC–1

The system status is ACTIVE/STANDBY

Time:27–AUG–2013 14:34:50 TUE

ADMIN...?exi

五、测试注意事项

交换机电源切换和 CPU 板卡倒换均需要在设备冗余配置情况下才能完成，无冗余配置下硬件插拔会直接使交换机失电或通信中断。哈里斯 MAP 型程控交换机只有用户部分板件（用户部分板件把手为黑色）可以带电进行硬插拔操作。

【思考与练习】

1. 交换机功能测试主要测试哪些内容？
2. 交换机硬件系统检查主要检查哪些内容？
3. 交换机供电电压范围是多少？
4. HARRIS 交换机时钟检查命令是什么？

模块 15 中国 1 号信令中继电路的数据设置（Z38F1015Ⅲ）

【模块描述】本模块包括程控交换机中国 1 号信令中继电路的数据设置。通过对所需软件和硬件的配置要求、中国 1 号信令中继电路数据设置方法的介绍，掌握典型程控交换机中国 1 号信令中继电路的数据设置的方法。

【模块内容】

一、中国 1 号信令中继数据设置概述

程控交换机每个中国 1 号信令中继电路都有自己的特征数据，包括中继局向、中继群数、设备号、信令方式、中继电路服务级别等数据。中继服务级别包括中继类别、呼叫类别、呼叫权限等参数。

程控交换机进行中国 1 号信令中继数据设置的目的就是为 2M 中继设定中继组电路数、中继电路接口和识别中继电路的中继组号，并根据中继组业务需要设定中继组服务级别。

中国 1 号信令 2M 中继电路一般设置为双向中继电路，出局呼叫接续过程为分机摘机拨 2M 出中继局向号，交换机接收主叫所拨号码，分析号码去向，完成呼叫接续，占用出中继电路，听到对端交换机送来的拨号音后拨对端交换机的被叫号码。入局呼叫接续为交换机收到对端交换机出中继占用信号后，占用入中继电路，并接收对端交换机发送的被叫号码，分析号码去向，完成呼叫接续。下面以 Harris 程控交换机为例介绍中国 1 号信令中继的数据设置。

二、所需条件

1. 硬件

在一般常规配置下，还需增加配置：

数字中继板：DTU

多频板：8MFR2FB（接收多频信号）

2. 软件

在一般常规配置的情况下，还需在 OCR（选择配置控制记录）中开放：

R2　Signaling　protocol（R2 信令规约）

China　R2　signaling　system（中国 R2 信令系统）

三、Harris 交换机中国 1 号信令中继的数据设置

中国 1 号信令中继电路数据配置步骤与环路中继、4WEM 中继电路配置基本相同。中继电路板子类型选择 2MB，电路类型为 R2DGTL。在每块数字中继板的 32 个电路中，第 16 电路和第 32 电路用于传送控制信号，其电路类型已由系统预置。在增加电路板表时，除了要增加 DTU 板外，还要增加多频互控信号音板。呼叫流程如图 4–15–1 所示。

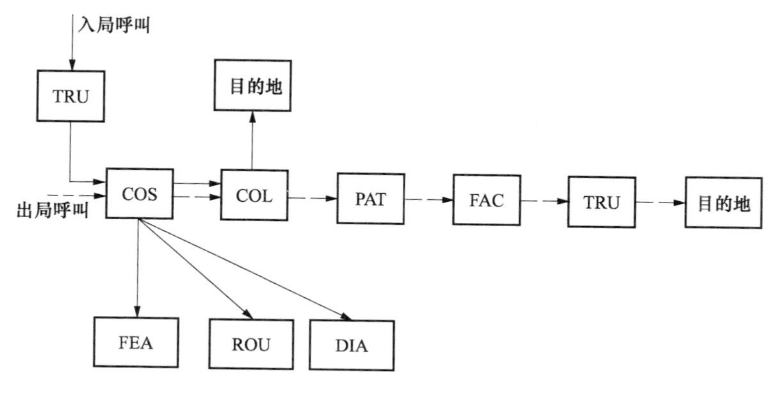

图 4–15–1　中国 1 号信令中继呼叫流程

（1）新增接口电路—电路板表（BOA）。将安装在交换机机柜中的 DTU 板和 8MFR2FB 板（多频互控信号音板）进行定义并激活。

设置步骤 1：BOA ?ADD

Board type ?2MB

SLOT ?01–18

CIRCUIT NUMBER(1–32 OR END) END ?1

CIRCUIT TYPE ?R2DGTL

TRANSMISSION LEVEL TYPE(传输电平类型) ?D/CO

COMMENT ?

CIRCUIT NUMBER(1–32 OR END) END ?2

设置步骤 2:BOA ?ADD

Board type ?8MFR2FB

SLOT ?01–18

（2） 号码分析—建立收集路由表（COL）。为中国 1 号信令中继定义系统拨号计划，通过定义号码确定呼叫的建立。收集路由表的设置一般分为两步进行。第一步，建立收集路由表的表名。第二步，建立中继路由的收集方式。

设置步骤 1：COL ?ADD

Collect & route name...?CR–MFC//入中继组使用的 COL 表名

INTERDIGIT SIGNAL NONE ?SND//要求发端发下一位

SEQUENCE END ?

COMMENT ?FOR PCM INCOMING CALL

...ADDING COLLECT & ROUTE 'CR–MFC...

设置步骤 2：COL...?modify

Collect & route name...?CR–MFC

INTERDIGIT SIGNAL NONE ?SND

SEQ END ?63 XXXX/EOS=CR–MFC

SEQ END ?

说明：

SND：向主叫发 A1 信号，要求主叫发下一位。

/EOS：向主叫发 A3 信号，通知主叫已收齐被叫号码。

/REM–KD：将所收号码的最后位移去，作为 KD 信号。主叫呼叫业务类别。

（3） 新建拨号控制级—拨号控制级别表（DIA）。拨号控制级是服务级的一部分，系统使用它来决定使用何种呼叫程序来处理呼叫，并且指出数据库内何种表格用于下一步呼叫处理。

设置步骤：DIA ?ADD

```
DIAL CONTROL CLASS(10–63) ?18
DIAL CONTROL TYPE ?R2
DESTINATION ?CR–MFC
…
R2 SIGNAL FOR LINE INTERCEPT ?UNALLOC
//线路阻断的 R2 信号
R2 SIGNAL FOR NUMBER INTERCEPT ?UNALLOC
//号码阻断的 R2 信号
R2 SIGNAL FOR PARTIAL AND NO DIAL INTERCEPT ?CONGESTION
//无拨号和部分拨号阻断的 R2 信号
COMMENT ?FOR 2MB PCM TRUNKS
```

注：在中国 1 信令中编辑入中继组的拨号控制等级时，拨号类型应选择 R2。

（4）新建功能级—功能级别表（FEA）。功能级别是 COS 的一部分，用于定义一组用户可使用的系统功能，可以将一个功能级别（FEA）分配给多个 COS。功能级别 0 是预先定义为维护拨号的，不能删除此级别，但可以根据需要修改该级别。

主叫访问某一功能时，系统自动检查已经分配给主叫的功能级别。如果在主叫的功能级别中功能无效，主叫的访问将会取消，而且呼叫将被带到功能阻断。

设置步骤：FEA ?add

```
FEATURE CLASS ?18
FEATURE TYPE ?trunk
R2 SIGNALING PROTOCAL(F54) ?Y
COMMENT ?FOR 2MB PCM TRUNKS
FEA ?add
FEATURE CLASS(1–63) ?19
FEATURE TYPE ?FAC
…
R2 SIGNALING PROTOCAL(F54) ?Y
…
COMMENT ?FOR 2MB PCM FACILITY
FEA ?add
FEATURE CLASS(1–63) ?20
FEATURE TYPE ?STA
```

…

COMMENT ?FOR STA

注：在用于入中继及控制器的功能级中要把 R2 signaling protocol 功能开放

（5）新建路由级—路由级别表（ROU）。路由级是服务级的一部分，每一个路由级都有一个 0～63 之间的号码。

设置步骤：ROU...?add

ROUTE CLASS ?18

COMMENT ?FOR INCOMING TRUNKS

ROU ?add

ROUTE CLASS ?19

COMMENT ?FOR OUTGOING

ROU ?add

ROUTE CLASS ?20

COMMENT ?FOR STATION

（6）新建服务等级—服务级别表（COS）。给中继电路指定一个服务级别号，用于定义该 EM 中继的拨号控制、功能、路由、连接、承载能力和拆线等性能。

设置步骤：COS...?add

COS CLASS(1–255) ?18//入中继组服务等级

DIAL CONTROL CLASS ?18

FEATURE CLASS ?18

ROUTE CLASS ?18

RELIABLE DISCONNECT ?Y

COMMENT ?FOR 2MB PCM TRUNKS

COS ?add

COS CLASS(1–255) ?19//出中继、控制器服务等级

DIAL CONTROL CLASS ?1

FEATURE CLASS ?19

ROUTE CLASS ?19

RELIABLE DISCONNECT ?Y

COMMENT ?FOR 2MB PCM FACILITY

（7）设置中继数据—中继组表（TRU）。定义该 2M 中继电路组表号及中继电路。

设置步骤：TRU...?add

TRUNK NUMBER ?2

TRUNK GROUP TYPE ?R2

INCOMING CLASS OF SERVICE ?18

TRUNK ID DIGITS ?NONE

NO ANSWER EXTENSION ?NONE

CALL FLOW ?N

INCOMING DIALING MODE ?MFC

INCOMING LOOKAHEAD SIGNALING ?NO

CIRCUIT LOCATIONS ?03–03–01

CIRCUIT LOCATIONS ?03–03–02

COMMENT ?FOR 2MB PCM INCOMING TRUNK

TRUNK ?add

TRUNK NUMBER ?3

TRUNK TYPE ?R2

INCOMING CLASS OF SERVICE ?19

TRUNK ID DIGITS ?NONE

NO ANSWER EXTENSION ?NONE

CALL FLOW ?N

OUTGOING DIALING MODE ?MFC

SEARCH TYPE ?CF

CIRCUIT LOCATIONS ?03–03–03

CIRCUIT LOCATIONS ?03–03–04

…

COMMENT ?FOR OUTGOING TRUNK

注：在定义中继组表（TRU）时重要的几点：

Trunk group type（中继组类型）：R2

Incoming class of service：K

如果该中继组是入中继组时，服务等级 K 为入中继服务级

如果该中继组是出中继组时，服务等级 K 为出中继服务级

Incoming dialing mode（呼入拨号模式）：MFC

Outgoing dialing mode（呼出拨号模式）：MFC

Circuit location（电路位置）：DTU 的电路（每块 DTU 的第 16 和第 32 路不能在此分配做话路。）

（8）设置中继数据—控制器表（FAC）。控制器就是决定如何发送呼叫到指定的中继组。所有指定给中继组的出中继呼叫都是经过一个路由点（在路由方式表中）到达控制器的，然后到达与该控制器相关的中继组。

设置步骤：FAC ?add

FACILITY NUMBER ?1

TRUNK GROUP NUMBER ?2

OUTGOING COS NUMBER ?19

OUTPULASE COMMAND ?KDn

OUTPULASE COMMAND ?SDIGITS 7

OUTPULASE COMMEND ?WANSWER

COMMENT ?FOR PCM CALL

注：在使用中国 1 信令时，HARRIS 交换机通过控制器发送 KD 信号（KD：用于表示呼叫类别。KD2 为长话，KD3 为市话）。

（9）设置路由数据—路由方式表（PAT）。路由方式是一种中间处理，用于检验呼叫的出局权力。呼叫通过收集路表、分析路由表或其他的路由方式表进入一个路由方式表。

设置步骤：PAT...?add

NAME ?RP–PCM

ROUTE PATTERN TYPE STANDARD ?

ROUTE/QUEUE/ALLOW(END) ?ROUTE

ROUTING CLASSES TO ALLOW ?ALL

FACILITY ?1

DAYS ALLOWED ?ALL

HOURE ALLOWED ?ALL

INCLUDE ROUTE FOR QUEUING ?N

CONTINUATION PATTERN ?NONE

COMMENT ?FOR PCM CALL

【思考与练习】

1. 中国 1 号信令中继电路板子类型为什么？电路类型为什么？

2. 中国 1 号信令中继电路的硬件配置是什么？

3. 简述中国 1 号信令中继呼叫流程。

模块 16　No.7 信令中继电路的数据设置（Z38F1016Ⅲ）

【模块描述】本模块包括典型程控交换机 No.7 信令中继电路数据设置。通过对所需软件和硬件的配置要求、No.7 信令数据设置方法的介绍，掌握典型程控交换机 No.7 号信令中继电路的数据设置的方法。

【模块内容】

一、No.7 信令中继数据设置概述

程控交换机每个 No.7 号信令中继电路都有自己的特征数据，包括中继局向、中继群数、设备号、信令方式、中继电路服务级别等数据。中继服务级别包括中继类别、呼叫类别、呼叫权限等参数。

一条最简单的 No.7 信令中继，是由两个信令点、一条信令链路和数条中继电路组成。No.7 信令数据除了中国 1 号信令中继的相关数据外，包括信令点编码、消息传递部分 MTP、信令链路、TUP、ISUP、SCCP、CTUP 等数据。下面以 Harris 交换机为例介绍 No.7 信令中继数据设置方法及步骤。

二、所需条件

1. 硬件配置

（1）CPU。Harris 交换机要实现 No.7 信令需要配置加强型 CPU，包括 XCPU、ICPU、KCPU 和 ECPU。此类 CPU 内部有 2LAN 卡，通过 LAN 线与 PCU 板连接，提供 MTP 各 CTUP（CTUP 在 CPU 中运行）的接口，每个 CPU 支持两个局域网 LAN。

（2）PCU 板（No.7 信令协议处理板）。PCU 板用于控制在 No.7 信令链路上传送的协议。MTP 是在 PCU 板上运行的。PCU 板可安装于 HARRIS 交换机的所有电话接口槽位，每块 PCU 板提供 2/4 条信令链路。

（3）DTU 板。DTU 数字中继电路板为 No.7 信令中继电路的语音电路和信令链路提供物理通道，物理连接如图 4–16–1 所示。

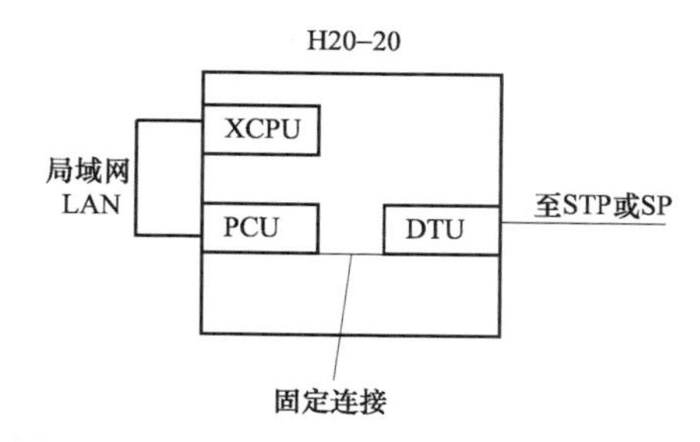

图 4–16–1　No.7 信令中继电路物理连接图

2. 软件配置

（1）软件版本。交换机软件版本要求为 G22.xx 或 G24.xx 上。

（2）OCR 设置。用户在购置交换机时，不但硬件要满足要求，同时要采购相应的 No.7 信令软件，并在 OCR 中进行相应的设置，设置信息如下：

Telephone user part(TUP)…Y

China telephone user part(CTUP)…Y

Number of TUP circuit Groups…(适当数量)

Number of TUP Trunks…(适当数量)

“TUP Circuit groups”数量为“TUP Trunks”的1/30，即每一个“Circuit groups”可容纳30条“TUP Trunks”。

三、Harris 交换机 No.7 号信令中继的数据设置

由于七号信令是共路信令，信令和话音分开传送，因此在数据设置时信令链路和中继电路要分别定义。

（1）设置信号点编码。本局编码 OPC 的设置。

设置步骤：A…?SYS

SYSEDT…?SS7

SYSSS7…?SYSTEM

SYSLEV…?MODIFY

Circuit Query Message Interval Timer[0]…?

Origination Point Code(OPC)[0–0–0]…?19–20–5

Local town…?

Local State…?

Local Building…?

Local Building Subdivision…?

…SYSTEM LEVEL INFORMATION MODIFIED…

（2）消息传递部分 MTP 与信令链路 Signaling link。

MTP 第一层

定义信号链路和信道的物理电路板。

1）PCU 板（信号链路）。

设置步骤 1：BOA…?ADD

Board type…?PCU2

Slot…?03–01

****************************WARNING***********************************

Editing a PCU board cannot be SAVED unless the switch is rebooted.If you are willing To reboot the switch to SAVE this edit session then answer “YES”. Answer “NO” to CANCEL this edit session.

****

Continue and Reboot later(YES/NO)…?Y

Circuit number(1–2,or END)[END]…?1

Channel type[NONE]…?SS7

Circuit comment…?

Circuit number(1–2,or END)[END]…?2

Channel type[NONE]…?SS7

Circuit comment…?

Circuit number(1–2,or END)[END]…?

…ADDING PCU2 AT SLOT LOCATION 03–01…

注意：这里提示，要使数据库的修改有效，需要将 PCU 板重启动，在 TDD 命令下，先用 REM/DISC 命令使 PCU 板维护忙，再立即用 RES/DISC 命令恢复 PCU 板，如果系统要重启动，则 PCU 板不必单独重启动。

2）DTU 板（为信号链路提供物理连接信道）。

设置步骤 2：BOA…?ADD

Board type…?2MB

Slot…?03–07

…

Signaling type[STANDARD]…?

Channel 16 mode[CAS]…?CCS

Circuit number(1–32,or END)[END]…?1

Circuit type[NONE]…?CC//信令通道

Circuit comment…?

Circuit number(1–32,or END)[END]…?2

Circuit type[NONE]…?CC//信令通道

Circuit comment…?

Circuit number(1–32,or END)[END]…?3

Circuit type[NONE]…?TUP//话路通道

Circuit comment…?

Circuit number(1–32,or END)[END]…?4

Circuit type[NONE]…?TUP//话路通道

Circuit comment…?

…

Circuit number(1–32,or END)[END]…?

...ADDING 2MB BOARD AT SLOT LOCALION 03–07...

注：对于 CHANNEL 16 MODE，当远程需要复帧同步时，要设置成 CAS，当远程不需要复帧同步时，要设置成 CCS，两端必须要一致。但当设置为 CAS 时，目前只能 17–31 时隙作为 Clear channel，设置成 CCS，1–15 和 17–31 时隙都可作为 Clear channel。

3）固定连接：DTU 板上的物理连接信道与 PCU 板上的信号链路作固定连接。

设置步骤 3：NAILED...?ADD

Source circuit location...?03–07–30

Destination circuit location...?03–01–01

Comment...?

...ADDING NAILED UP PCU CONNECTION 03–07–30 AND 03–01–01...

NAILED...?ADD

Source circuit location...?03–07–31

Destination circuit location...?03–01–02

Comment...?

...ADDING NAILED UP PCU CONNECTION 03–07–31 AND 03–01–02...

MTP 第二层(信号链路层)

定义信号链路及其纠错方式、波特率等参数。

设置步骤：L2 entity...?ADD

Enter L2 entity(1–20)...?1

Slot...?03–01//PCU 板所在位置

Enter module number(1–1)...?1

...ADDING L2 ENTITY 1...

L2 LINK...?ADD

Entity link ID(1–20)...?1

Circuit location...?03–01–01

Enable PCM inversion[BASIC]...?

Select baud rate(56k or 64k)[64]...?

...ADDING LINK 1...

L2 LINK...?ADD

Entity link ID(1–20)...?2

Circuit location...?03–01–02

Enable PCM inversion[BASIC]...?

Select baud rate(56k or 64k)[64]...?

...ADDING LINK 2...

注意：对应于系统使用的 PCU 板，即系统使用了几块 PCU 板，就必须相应定义几个 L2 ENTITY。

MTP 第三层（网络层）

定义信号链路对端节点（STP 或 SP）的编码（DPC）、链路组（LINKSET）、负荷分担方式以及中继对端节点（SP）的编码（DPC）等参数。

设置步骤：L3 entity...?ADD

Enter slot location...?03–01

Enter module number(1–1)...?1

...ADDING L3 ENTITY 1...

L3 entity...?EXIT

L3...?LINK

L3 link...?ADD

Enter link ID(1–20)...?1//与 L2 link 相对应

Enter destination network ID(0–255)...?19–20–8//信号链路直达的 STP 的 DPC

Enter destination network ID(0–255)...?0//必须和对端一致

...ADDING LINK 1...

L3 link...?ADD

Enter link ID(1–20)...?2//与 L2 link 相对应

Enter destination network ID(0–255)...?19–20–8//信号链路直达的 STP 的 DPC

Enter destination network ID(0–255)...?1//必须和对端一致

...ADDING LINK 2...

L3 link...?EXIT

L3...?LINKSET

L3 LINKSET...?ADD

Linkset ID(1–20)...?1

Link ID(1,8,END)[END]...?1

Link ID(1,8,END)[END]...?2

Link ID(1,8,END)[END]...?END

Network indicator[NATIONAL]...?

Modify timers[NO]...?

...ADDING LINK SET 1...

注意：同一 LINKSET 中的 LINK 必须具有相同的 DPC，但具有不同的 LINK CODE。

L3…?ROUTE

L3 route…?ADD

Enter network ID(0–255)…?19–20–1//中继线对端的 SP 的 DPC

Linkset ID(1–20),COMBINED,END…?1//呼叫该局时使用的信号链路组

Linkset ID(1–20),COMBINED,END…?END

…ADDING ROUTE 19–20–1…

L3 route…?ADD

Enter network ID(0–255)…?19–20–6//中继线对端的 SP 的 DPC

Linkset ID(1–20),COMBINED,END…?1//呼叫该局时使用的信号链路组

Linkset ID(1–20),COMBINED,END…?END

…ADDING ROUTE 19–20–6…

说明：L3 route 代表话音中继路由，定义对端局的 DPC 和呼叫该局所使用的信号链路组，该 DPC 将出现在中继组中。在上例中，呼叫两个对端局使用同一信号链路组。呼叫同一局时，信号可走不同的信号链路组，经不同的 STP 转接。如果这些信号链路组要实行负荷分担，可使用 COMBINED 命令。

（3）号码分析—建立收集路由表（COL）。为中国 1 号信令中继定义系统拨号计划，通过定义号码确定呼叫的建立。收集路由表的设置一般分为两步进行。第一步，建立收集路由表的表名。第二步，建立中继路由的收集方式。

在中国 7 号信令的 IAM 或 IAI 消息中，主叫用户类别（CAT）字段在意义上同时包含了中国 1 号信令的 KA（用户类别）和 KD（呼叫业务类别）的含义，因此 H20–20 在设计上利用 KA 和 KD 来间接地设置 CAT 的值，每次呼叫，无论是用户端口还是中继端口，都要有确定的 KA 和 KD 值，用以翻译成 CAT 的值。由于 TUP 用的 FACILITY 不能设置 KD，另外 TRU 表又不能设置 KA，所以 KD 和 KA 值要在收集路由表中设置。

设置步骤 1：COL ?ADD

Collect & route name...?CR–DIAL//主叫为分机的收集路由表

INTERDIGIT SIGNAL NONE ?

SEQUENCE END ?

COMMENT ?

...ADDING COLLECT & ROUTE'CR–DIAL'...

COL ?ADD

Collect & route name...?CR–TCUP–IN//入中继的收集路由表

INTERDIGIT SIGNAL NONE ?

SEQUENCE END ?
COMMENT ?
...ADDING COLLECT & ROUTE'CR–TCUP–IN'...
设置步骤 2:COL...?modify
Collect & route name...?CR–DIAL
INTERDIGIT SIGNAL NONE ?
SEQ END ?2XXX=STA//呼叫内部分机
SEQ END ?NXX XXXX/INS 8,3/REM–KD=RP–LOCAL
//KD=3,市话
SEQ END ?0 X/INS 12,2/REM–KD=RP–LONG
//KD=2,长途
SEQ END ?

COL...?modify
Collect & route name...?CR–TCUP–IN
INTERDIGIT SIGNAL NONE ?
SEQ END ?NXX XXXX/SND–CAT/ACC 3=STA
SEQ END ?

注意：KA 值：在分机表 EXT 中设置，与以前的版本相同。

KD 值：在 COLLECT&ROUTE 中利用“/INS”和“/REM　KD”来设置。

（4）新建拨号控制级—拨号控制级别表（DIA）。拨号控制级是服务级的一部分，系统使用它来决定使用何种呼叫程序来处理呼叫，并且指出数据库内何种表格用于下一步呼叫处理。

设置步骤：DIA ?ADD
DIAL CONTROL CLASS(10–63) ?18//分机的拨号级
DIAL CONTROL TYPE ?DIAL
DESTINATION ?CR–DIAL

DIA ?ADD
DIAL CONTROL CLASS(10–63) ?19//入中继的拨号级
DIAL CONTROL TYPE ?DIAL
DESTINATION ?CR–CTUP–IN

（5）新建功能级—功能级别表（FEA）。功能级别是 COS 的一部分，用于定义一组用户可使用的系统功能，可以将一个功能级别（FEA）分配给多个 COS。功能级别 0 是预先定义为维护拨号的，不能删除此级别，但可以根据需要修改该级别。

主叫访问某一功能时，系统自动检查已经分配给主叫的功能级别。如果在主叫的功能级别中功能无效，主叫的访问将会取消，而且呼叫将被带到功能阻断。

设置步骤：FEA ?add

```
FEATURE CLASS ?18
FEATURE TYPE ?trunk

R2 SIGNALING PROTOCAL(F54) ?N

COMMENT ?FOR 2MB PCM TRUNKS
FEA ?add
FEATURE CLASS(1–63) ?19
FEATURE TYPE ?FAC
...
R2 SIGNALING PROTOCAL(F54) ?N
...
COMMENT ?FOR 2MB PCM FACILITY
FEA ?add
FEATURE CLASS(1–63) ?20
FEATURE TYPE ?STA
...
COMMENT ?FOR STA
```

注意：1. 对于分机的功能级，Send NOCHARGE signal when idle 设置成 NO 以便应答时发送 ANC 消息，对免费的被叫分机（如 119、110 台）设置成 YES，以便应答时发送 ANN 消息。如果用户登记了恶意呼叫追踪功能，FEA 中的 Malicious Call Trace（MCT）必须设置成 YES。

2. 对于中继组的功能级，R2 signaling protocol 必须设置成 NO。

（6）新建路由级—路由级别表（ROU）。设置步骤参见模块“中国 1 号信令中继电路的数据设置（Z38F1015Ⅲ）”。

（7）新建服务等级—服务级别表（COS）。设置步骤参见模块“中国 1 号信令中继电路的数据设置（Z38F1015Ⅲ）”。

（8）设置 ANI 前缀。在 SYSANI 表中定义 ANI 前缀，然后将它分配给分机表中的分机。例如：

设置步骤：SYSEDT…?ANI

SYSANI…?M

Prefix index(1–99,DEFAULT)[DEFAULT]…?1//前缀索引

Prefix for index 1…?445

…MODIFYING ANI PREFIX…

（9）设置中继数据—中继组表（TRU）。BOA 中的 TUP 电路定义好后，就可以分配给中继组。中继组的类型是 CTUP。

设置步骤：TRU…?ADD

Trunk group number(1–100)…?1

Trunk group type[GS]…?CTUP

Incoming COS number(0–63)…?11

Trunk ID digits[NONE]…?

No answer extension…?N

Outgoing calls allowed[YES]…?

Search type[HF]…?

Destination point Code(DPC)…?19–20–6

Normal aborted call handling procedure(Y/N)[YES]…?

Glare Resolution[0]…?2

COT Period(0–15)[0]…?

Satellite circuit indicator(Y/N)[YES]…?N

Priority level range(0–3)[1]…?

Number of circuits(1–100)…?3

Circuit location[END]…?03–07–01

SS7 Circuit identification code(CIC)…?1

SS7 Circuit Group Number(1–100)…?1

Circuit location[END]…?03–07–02

SS7 Circuit identification Code(CIC)[2]…?

SS7 Circuit Group Number(1–100)[1]…?

Circuit location[END]…?

AW display name…?CTUP

Teleset display name…?CTUP

```
Comment…?
…ADDING TRUNK GROUP 1…
TRU…?ADD
Trunk group number(1–100)…?3
Trunk group type[GS]…?CTUP
Incoming COS number(0–63)…?11
Trunk ID digits[NONE]…?
No answer extension…?N
Outgoing calls allowed[YES]…?
Search type[HF]…?HR
Destination point Code(DPC)…?19–20–1
Normal aborted call handling procedure(Y/N)[YES]…?
Glare Resolution[0]…?2
COT Period(0–15)[0]…?
Satellite circuit indicator(Y/N)[YES]…?N
Priority level range(0–3)[1]…?
Number of circuits(1–100)…?3
Circuit location[END]…?03–11–01
SS7 Circuit identification code(CIC)…?32
SS7 Circuit Group Number(1–100)…?3
Circuit location[END]…?03–11–02
SS7 Circuit identification Code(CIC)[33]…?
SS7 Circuit Group Number(1–100)[3]…?
Circuit location[END]…?
AW display name…?CTUP
Teleset display name…?CTUP
Comment…?
…ADDING TRUNK GROUP 3…
```

注意：中继组中的 DPC 就是在 L3 ROUTE 中定义的路由，即对端局的编码。

（10）设置中继数据—控制器表（FAC）。控制器就是决定如何发送呼叫到指定的中继组。所有指定给中继组的出中继呼叫都是经过一个路由点（在路由方式表中）到达控制器的，然后到达与该控制器相关的中继组。

1）对于市话呼叫或其他发送 IAM 的情况，只需设置一个 SCDN 类型的 Element，号码类别用 SUBSCRIBER（市话号码），Digits 命令只用 SDIGITS 11。

设置步骤 1：FAC…?ADD

Facility number(1–100)…?1

Trunk group number(1–100 or NONE)…?1

Outgoing COS number(1–63)…?12

Element[SCDN]…?

Type of Number[NATIONAL]…?SUB//市内号码

Numbering plan[ISDN]…?

Digits[SDIGITS 10]…?

Digits…?

Element…?

Comment…?

…ADDING FAVILITY 1…

2）对于长途或其他要发送 IAI 的情况，除 SCDN 类的 Element 外，还要设置 SCLN 类型的 Element，以便传送主叫号码。也就是说，在 FAC 中，若有 SCLN 则发送 IAI，若无 SXLN 则发送 IAM。注意号码类别（Type of Number）仍设置成 SUBSCRIBER（市话号码），下面的示例中，用 SPREFIX 命令发送局号，SANI 命令发送主叫号码。

设置步骤 2：FAC…?ADD

Facility number(1–100)…?2

Trunk group number(1–100 or NONE)…?2

Outgoing COS number(1–63)…?12

Element[SCDN]…?

Type of Number[NATIONAL]…?

Numbering plan[ISDN]…?

Digits[SDIGITS 10]…?

Digits…?

Element…?SCLN

Presentation Restriction Indicator[ALLOWED]…?

Type of Number[NATIONAL]…?SUB

Numbering plan[ISDN]…?

Digits[SDIGITS 10]…?SPREFIX 3

Digits…?SANI 4

Digits…?

Element…?

Comment…?

…ADDING FACILITY 2…

（11）设置路由数据—路由方式表（PAT）。设置步骤参见模块“中国 1 号信令中继电路的数据设置（Z38F1015Ⅲ）”。

【思考与练习】

1. No.7 信令中继设置的硬件条件是什么？

2. No.7 信令链路的设置步骤是什么？

3. 请画出 No.7 信令中继电路物理连接图。

模块 17　EM 中继电路的数据设置（Z38F1017Ⅲ）

【模块描述】本模块包括典型交换机 EM 中继电路数据设置。通过对所需软件和硬件的配置要求、EM 中继电路数据设置步骤及命令的介绍，掌握典型交换机 EM 中继电路的数据设置的方法。

【模块内容】

一、EM 中继数据设置概述

程控交换机每个 EM 中继电路都有自己的特征数据，包括 EM 中继局向、中继群数、设备号、信令方式、中继电路服务级别等数据。中继服务级别包括中继类别、呼叫类别、呼叫权限等参数。

程控交换机进行 EM 中继数据设置的目的就是为 EM 中继设定中继组电路数、中继电路接口和识别中继电路的中继组号，并根据中继组业务需要设定中继组服务级别。

EM 中继电路一般设置为双向中继电路，出局呼叫接续过程为分机摘机拨环路出中继局向号，交换机接收主叫所拨号码，分析号码去向，完成呼叫接续，占用出中继电路，听到对端交换机送来的拨号音后拨对端交换机的被叫号码。入局呼叫接续为交换机收到对端交换机出中继占用信号后，占用入中继电路，并接收对端交换机发送的被叫号码，分析号码去向，完成呼叫接续。下面以 Harris 程控交换机为例介绍 EM 中继电路的数据设置。

二、Harris 交换机 EM 中继的数据设置

Harris 交换机 EM 入中继数据由电路板表（BOA）、收集路由表（COL）、拨号控制级别表（DIA）、功能级别表（FEA）、路由级别表（ROU）、服务级别表（COS）、中继组表（TRU）等数据表组成。

EM 出中继数据由电路板表（BOA）、收集路由表（COL）、路由方式表（PAT）、拨号控制级别表（DIA）、功能级别表（FEA）、路由级别表（ROU）、服务级别表（COS）、中继组表（TRU）、控制器表（FAC）等数据表组成，呼叫流程如图 4–17–1 所示。

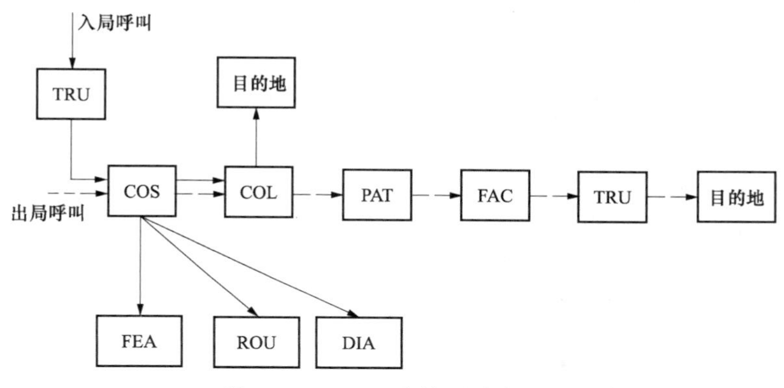

图 4–17–1　EM 中继呼叫流程图

由于某些表中包含了配置其他表时所需要的信息，例如功能级别表必须在服务级别表前进行配置，因为在服务级别表中必须指定功能级别。因此数据表要按照一定的顺序来建立。下面以在 03–12 槽位定义一块 EM 板为例详细介绍 EM 中继电路数据配置过程。

（1）新增接口电路—EM 中继电路板表（BOA）。将安装在交换机机柜中的 EM 中继电路板进行定义并激活。

设置步骤：BOA...?add

Board type...?4wem

Slot...?3–12

Circuit number(1–8,ALL,or END)[END]...?

...

...ADDING 4WE&M BOARD AT SLOT LOCATION 03–12...

（2）号码分析—建立 EM 中继电路的收集路由表（COL）。为 4WEM 中继定义系统拨号计划，通过定义号码确定呼叫的建立。收集路由表的设置一般分为两步进行。第一步，建立收集路由表的表名。第二步，建立中继路由的收集方式。

设置步骤 1：COL...?add

Collect & route name...?cr–em

Interdigit signal[NONE]...?

SEQ[END]...?

Comment...?for em trunk

...ADDING COLLECT & ROUTE 'CR–EM'...

设置步骤 2：COL...?modify

Collect & route name...?cr–em

Interdigit signal[NONE]...?

SEQ[END]...?7XXX XXXX/REM 1,4=rp–em//EM 出中继字冠

SEQ[END]...?2XXX=STA//呼叫到普通分机

SEQ[END]...

Comment...?for em trunk

（3）新建拨号控制级—拨号控制级别表（DIA）。拨号控制级是服务级的一部分，系统使用它来决定使用何种呼叫程序来处理呼叫，并且指出数据库内何种表格用于下一步呼叫处理。

设置步骤：DIA...?add 31

Dial control type...?dial

Destination...?cr–em

Comment...?for cos 31

...ADDING DIAL CONTROL CLASS 31...

（4）新建功能级—功能级别表（FEA）。功能级别是 COS 的一部分，用于定义一组用户可使用的系统功能，可以将一个功能级别（FEA）分配给多个 COS。功能级别 0 是预先定义为维护拨号的，不能删除此级别，但可以根据需要修改该级别。

主叫访问某一功能时，系统自动检查已经分配给主叫的功能级别。如果在主叫的功能级别中功能无效，主叫的访问将会取消，而且呼叫将被带到功能阻断。

设置步骤：FEA...?add

Feature class(1–63)...?31

Feature class type...?trunk

Feature[END]...?

Comment...?for cos 31

...ADDING FEATURE CLASS 31...

（5）新建路由级—路由级别表（ROU）。路由级是服务级的一部分，每一个路由级都有一个 0～63 之间的号码。

设置步骤：ROU...?add

Routing class(1–63)...?31

Comment...?for cos 31

...ADDING ROUTING CLASS 31...

（6）新建服务等级—服务级别表（COS）。给中继电路指定一个服务级别号，用于定义该 EM 中继的拨号控制、功能、路由、连接、承载能力和拆线等性能。

设置步骤：COS...?add

COS number(1–255)…?31

Dial control class(0–63)...?31

Feature class(0–63)...?31

Routing class(0–63)...?31

Bearer capability class(0–7)[0]...?

Reliable disconnect(Y/N)[Y]...?

Comment...?for em trunk

...ADDING CLASS OF SERVICE 31...

（7）设置中继数据—中继组表（TRU）。定义该环路中继电路组表号及中继电路。

设置步骤：TRU...?add

Trunk group number(1–255)…?31//中继组号

Trunk group type[GS]...?em

Killer trunk handle method[NONE]...?

Incoming COS number(0–255)...?31

Trunk ID digits[NONE]...?

No answer extension...?n

Incoming start signaling[DIAL–TONE]...?imm

Incoming dialing mode[DP]...?dtmf//拨号方式为 DTMF

Incoming PNANI signaling[NONE]...?

Outgoing calls allowed[YES]...?//默认值为双向中继

Outgoing start signaling[TIMED]...?

Outgoing dialing mode[DTMF]...?

Search type[HF]...?cf//选线方式为顺序选择

Number of circuits(1–1920)...?2

Circuit location[END]...?3–12–1

EMC or EM circuit?[EM]...?

Circuit location[END]...?3–12–2

EMC or EM circuit?[EM]...?

Circuit location[END]...?

AW display name...?4wem

Teleset display name...?中调

Comment...?for em trunk

...ADDING TRUNK GROUP 1...

（8）设置中继数据—控制器表（FAC）。控制器就是决定如何发送呼叫到指定的中继组。所有指定给中继组的出中继呼叫都是经过一个路由点（在路由方式表中）到达控制器的，然后到达与该控制器相关的中继组。

设置步骤：FAC ?add

FACILITY NUMBER ?31

TRUNK GROUP NUMBER ?31

OUTGOING COS NUMBER ?30

OUTPULASE COMMAND ?SDIGITS 15

OUTPULASE COMMEND ?PANSWER

COMMENT ?FOR em trunk

...ADDING FACILITY 1...

（9）设置路由数据—路由方式表（PAT）。路由方式是一种中间处理，用于检验呼叫的出局权力。呼叫通过收集路表、分析路由表或其他的路由方式表进入一个路由方式表。

设置步骤：设置步骤：PAT...?add

Route pattern name...?rp–em

Route pattern type[STANDARD]...?

Route/Queue/Allow point(END)...?rou

Routing classes to allow[END]...?all

Forward routing classes to allow[END]...?all

Bearer capability classes to allow[END]...?all

Bearer capability classes to allow[END]...?

Facility number(1–200)...?31

Days[END]...?all

Hours[ALL]...?all

Days[END]...?all

Include route for queuing...?n

Route/Queue/Allow point(END)...?end

Continuation route pattern name[NONE]...?

Comment...?for em

...ADDING ROUTE PATTERN 'RP–EM'...

【思考与练习】

1. EM 中继数据由哪些数据表组成？

2. 怎样设置收集路由表？

3. 简述 EM 中继呼叫流程。

模块 18　1 号信令中继电路故障处理（Z38F1018Ⅲ）

【模块描述】本模块包含中国 1 号信令中继电路故障的分析和处理。通过对中国 1 号信令中继电路故障案例的分析及处理方法的介绍，掌握处理中国 1 号信令中继电路故障的方法和技能。

【模块内容】

一、故障的性质及其危害

1 号信令中继电路是交换机之间互连的随路信令数字中继电路，一旦发生故障将影响交换机之间用户的通信。调度交换网发生故障，将影响调度员对电网运行的正常指挥和调度。

二、故障原因

1 号信令中继电路的连接路径为交换机中继电路接口板→数字配线架→传输设备→数字配线架→交换机中继电路接口板。发生故障主要由交换机中继电路、交换机多频互控信号处理（MFC）板、数字配线架、传输电路硬件故障等引起。另外 1 号中继电路相关数据配置不合理也会引起中继电路故障。

三、故障现象

1. 交换机中继电路板故障

（1）本端、对端交换机产生中继电路中断告警信息。

（2）用户拨出局号占用中继电路听忙音。

（3）不能正常接收、发送被叫号码。

（4）不能正常通话。

2. 多频互控信号处理（MFC）板故障

多频互控信号处理板故障主要表现为不能正常发送和接收被叫号码，无法完成呼叫接续，主叫用户听空号音。

3. 数字配线架故障

数字配线架常发生 2M 电缆头接触不良，引起中继电路中断、产生误码或时通时断等故障。

4. 传输电路故障

传输电路故障主要引起中继电路中断产生告警信息、产生误码等故障。

5. 1 号中继电路相关数据配置故障

数据配置引起 1 号信令中继电路故障一般发生在交换机初始调试阶段或交换机新开局向时，故障为无法完成两交换机用户间的呼叫接续和通话。

四、故障处理

1. 故障处理原则

（1）总原则：先分析后处理、先外后内、先近后远。

1）先分析后处理。发现故障首先要通过维护终端查看故障告警信息，对故障告警信息及故障现象进行详细分析，对故障原因进行初步的判断。

2）先外后内。如果交换机中继电路发生故障，应先查看中继电路板面板指示灯状态，根据指示灯状态判断是本端交换机故障，还是远端交换机或传输电路故障。

3）先近后远。中继电路发生故障，应先采用自环方式排查本端交换设备是否故障，再联系本端传输人员通过传输设备自环排查数字配线架及 2M 电缆是否故障，最后再联系对端交换人员排查传输设备和交换设备是否发生故障。

（2）Harris 交换机 DTU 板故障指示灯状态及产生的原因如下：

SLOT 红灯亮，故障原因是 DTU 板插在错误的槽位。

PMA 红灯亮，故障原因有无 2Mbit/s 输入信号、帧同步信号丢失、复帧同步信号丢失、误码率超过 10^{-3}、收到远端告警信号、DTU 板故障。

LOS 红灯亮，故障原因是无输入信号，没有连接 2M 电缆或收、发接反。

REM 黄灯亮，收到对端告警信息。

RXOS 红灯亮，对端中继电路产生告警信息。

TXOS 红灯亮，本端电路退出运行。

LOLB 黄灯亮，本端自环。

LNLB 黄灯亮，远端环回。

FAIL 红灯亮，DTU 板硬件故障。

RST 红灯亮，DTU 正在复位中。

以上面板指示灯在中继电路正常运行时处于熄灭状态。

CAS 正常运行绿灯亮。

2. 故障处理方法及步骤

（1）故障处理方法。1 号信令中继电路硬件故障处理常采用自环和替代的方法进行故障定位。自环包括硬件自环和软件自环。自环的方式包括本地自环和远端环回。

本地自环用于判断本端交换机 2M 中继电路是否正常，远端环回主要用于判断传输通道是否正常。替代法是用备用的中继电路板替代运行的电路板，判断中继电路板是否存在故障。一般在自环无法排除故障的情况下采用替代法。

（2）故障处理步骤。

1）查看交换机发生故障的中继电路板面板指示灯状态。

2）连接维护终端，查看 1 号中继电路相关的告警信息。

3）在数字配线架上将 2M 对交换机侧环回，通过维护终端检查交换机数字中继电路告警信息是否消失。如果告警信息未消除，则故障发生在本端数字配线架或交换机数字中继电路。如果告警信息消除，则故障发生在传输电路或对端交换机数字中继电路，请传输人员和对端交换机维护人员配合检查和处理故障。

4）将交换机数字中继电路收、发线短接，查看交换机数字中继电路告警信息是否消失。如果告警信息消除，则是交换机数字中继电路故障，更换中继电路板。

5）在对端数字配线架上将 2M 电路环回，查看交换机数字中继电路告警信息是否消失。如果告警信息未消除，则故障发生在传输电路。如果告警信息消除，则是对端数字配线架到交换机数字中继电路之间发生故障（处理方法同 3）。

6）如果 1 号中继电路发生不能正常完成呼叫接续的故障，需要检查多频互控信号板是否发生故障。

7）中继电路出现误码大或时通时断的现象时，还需查看交换机时钟同步方式设置是否合理。

3. 故障处理注意事项

（1）在拔、插中继电路板时要带防静电手腕，防止因人体所带静电损坏电路板。

（2）在数字配线架上操作时防止拔错、误碰其他 2M 电路端子，造成其他业务的中断。

五、故障案例分析举例

［案例一］

（1）故障现象。某公司交换机与市话局互联互通，在开通测试大话务量时，接了 10 部电话，同时拨打市话号码后，大部分用户听到的是忙音，且等待时间长，测试失败。

（2）原因分析。Harris 交换机与市话局交换机采用 No.1 信令方式。用户出局呼叫时，有 2 块 2M 板共 60 条电路，经过 MFR2FB（多频互控）板发送号码和信令信号，原因可能是中继电路或 MFR2FB 板问题。

（3）故障处理。检查数据库配置，未发现异常，测试 2M 数字中继电路正常。检查多频互控板，发现只有 1 块 MFR2FB 板，数据库里只配置了 2 路多频互控信号，在单个用户呼叫时不会发现问题，但大话务量测试时，发生信令处理阻塞，呼叫失败，用户听到的是忙音。重新定义数据库，对应的BOA板改为8MFR2FB，使8路多频互控信号接收器均投入使用，大话务量测试通过。

[案例二]

（1）故障现象。市内电话拨打本局交换机用户，经常听到忙音。

（2）原因分析。

1）中继电路板的某些时隙故障，造成电路不能正常接续，主叫听忙音。

2）MFR2FB多频互控板的部分电路故障，占用后不能完成接续，主叫听忙音。

3）入局话务量大，中继电路配置不合理，造成用户呼叫不能占用中继电路，主叫听忙音。

（3）故障处理。某单位交换机与市话局有4个2M直联中继，采用No.1信令，每个2M板的前15路为出中继，后15路为入中继。观察中继电路占用情况，中继电路数量满足话务量需求。用市话分机拨打本局用户分机，查看MFR2FB板指示灯，发现第3个指示灯亮时，用户听到忙音，呼叫失败。因此故障发生在MFR2FB多频互控板。更换备用MFR2FB多频互控板后，故障排除。

【思考与练习】

1. 1号信令中继电路故障处理原则是什么？

2. 引起1号信令中继电路故障的硬件设备有哪些？

3. Harris交换机DTU板故障指示灯状态及产生的原因有哪些？

模块19 No.7信令中继电路故障处理（Z38F1C19Ⅲ）

【模块描述】本模块包含No.7信令中继电路常见故障的分析和处理。通过对No.7号信令中继电路故障案例的分析及处理方法的介绍，掌握处理No.7号信令中继电路故障的方法和技能

【模块内容】

一、故障性质及其危害

No.7信令中继电路是电力自动电话交换网和电力调度交换网常用的组网方式。自动电话交换网中的No.7信令中继电路一旦发生故障将影响交换机间用户通信，调度交换网中发生故障，将影响调度员与调度对象间的通信联络，甚至影响电网的调度指挥和故障处理。

二、故障原因

No.7号信令中继电路的故障分为中继电路和信令链路故障两大类。中继电路故障

原因参见模块“1 号信令中继电路故障处理（Z38F1018Ⅲ）”。Harris 交换机引起 No.7 号信令链路故障的因素包括 XCPU 板、No.7 号信令处理单元（PCU 板）、2M 中继电路板、XCPU 板与 No.7 号信令处理单元之间的连接线。

信令链路故障原因有以下几种：

（1）信令处理单元（PCU）故障。MTP（消息传递部分）是七号信令的基础，信令链路的物理连接，信号点的设立和确定，消息的传递和发送、接收、误码及差错控制，网络的管理和协调等均由 MTP 来完成。MTP 是在 PCU 板上运行的。PCU 板故障会引起信令链路闭锁。

（2）XCPU 板故障。

（3）XCPU 与 PCU 板之间的连接线故障，也会引起信令链路闭锁。

（4）数字中继电路故障。信令数据链路（LINK）是一条全双工的物理链路，用于传送 No.7 号信令协议。信令数据链路占用 2M 数字中继的一个 64K 时隙。因此 2M 数字中继电路故障同样会造成信令链路闭锁。

三、故障现象

（1）用户拨出局号后听忙音。

（2）交换机中继电路面板相应告警指示灯亮。

（3）交换机产生相应的告警信息。

（4）信令链路闭锁，产生相应的告警信息。

四、故障处理

1. 故障处理原则

（1）总原则。参见模块“1 号信令中继电路故障处理（Z38F1018Ⅲ）”。

（2）先中继电路后信令链路。No.7 信令中继电路的 2M 中继电路故障排查较简单，也较直观，信令链路故障处理比较复杂，并且信令链路承载在 2M 中继电路上，2M 中继电路故障将引起信令链路故障。因此应优先排除 2M 中继电路故障。

（3）采用 No.7 信令连接的中继电路，正常运行时面板指示灯只有 HDB3 为绿灯亮，其余指示灯处于熄灭状态。

Harris 交换机 DTU 板故障指示灯状态及产生的原因参见模块“1 号信令中继电路故障处理（Z38F1018Ⅲ）”。

2. 故障处理方法及步骤

（1）2M 中继电路故障处理。2M 中继电路路径为交换机数字中继电路板–数字配线架–传输电路–数字配线架–交换机数字中继电路。故障现象、故障原因及故障处理与中国 1 号信令中继电路基本相同。主要采用环回的方法进行故障定位，故障处理方法及步骤参见模块“1 号信令中继电路故障处理（Z38F1018Ⅲ）”。

（2）信令链路故障处理。

1）故障处理方法。No.7 信令链路故障处理主要采用逐段排除法和替换法相结合的方式，即先采用逐段排除法对 XCPU 板、PCU 板、2M 中继电路板、XCPU 板与 PCU 板的连接线等环节进行故障点定位，再采用替换法进行故障点确认，并消除故障。

2）故障处理步骤。

a. 通过维护终端查看信令链路的状态，根据显示的状态信息判断、分析故障。

通过 TDD 电话设备诊断程序查看信令链路运行状态。

ADMIN…?TDD

TDD…?MTP

MTP…?Query//查看信令链路状态

DEVICE(Link,Linkset or Route)…?link

DEVICE NUMBER(1…2)…?1//信令链路号

LINK STATUS FOR LINK 1

若显示 LINK IS ACTIVE（链路处于激活状态）

LINK IS IN SERVICE（链路处于服务状态），则信令链路故障排除。

若显示 LINK IS ACTIVE（链路处于激活状态）

LINK IS NO IN SERVICE（链路退出服务状态），则故障在数字中继电路，检查并排除故障，故障处理详见模块 Z38F1020Ⅲ 1 号信令中继电路故障处理。

若显示 LINK IS NO FIND（链路没找到），则链路数据设置不正常。

b. 查看 PCU 板面板指示灯状态，PCU 板或网络连接线接触不良等会引起 FAIL 灯亮。

c. 检查 XCPU 面板指示灯状态，XCPU 板与 PCU 板之间的网络连接线接触不良或链路中断，LAN 的 RX、TX 灯处于熄灭状态。

d. 更换故障的 PCU 板、XCPU 板和网络连接线缆。

3. 故障处理注意事项

（1）在拔、插中继电路板时要带防静电手腕，防止因人体所带静电损坏电路板。

（2）在数字配线架上操作时防止拔错、误碰其他 2M 电路端子，造成其他业务的中断。

（3）在更换 XCPU 板时，从 XCPU 上断开 LAN 电缆，必须 3s 内套接终端头，否则 LAN 将停止工作，轻则造成信令包丢失，重则七号信令停止工作。

五、故障案例分析举例

［案例一］

（1）故障现象。交换机 A 与交换机 B 采用 No.7 信令互连，经光纤电路传输。交换机 A 维护人员接到交换机 B 维护人员的故障申告，交换机 B 的用户拨打交换机 A 的用户，全部听忙音。

（2）原因分析。引起故障的原因有两个：

1）No.7 信令链路故障，包括 No.7 信令处理单元（PCU）板故障、XCPU 板故障、XCPU 与 PCU 板之间的连接线故障及数字中继电路。

2）中继电路故障（信令链路故障），包括中继电路板、传输电路、2M 电缆及配线架。

（3）故障处理。在维护终端上，通过 TDD 程序中的 QUREY 命令对该中继电路对应的信令链路进行诊断，系统显示：

LINK IS ACTIVE

LINK IS NOT IN SERVICE

LINK IS NOT LOCALLY INHIBITED

因此判断信令处理单元（PCU）板运行正常。

检查中继电路，发现中继电路板显示“PM–ALM”与“RX–OOS”红灯亮。将中继电路进行自环，面板上告警灯灭，中继电路板运行正常。

联系对端交换机维护人员在对端交换机中继电路出线处对本方进行环回，检查中继电路面板告警灯亮，判断为传输电路故障。

联系传输设备维护人员对光传输电路进行检查并排除故障，电路恢复正常运行。

［案例二］

（1）故障现象。某省电力调度交换网由广东广哈、苏州通泰、昆明塔迪兰等厂商的调度交换机组成，采用 Q 信令和 No.7 信令方式组网。在运行过程中，发现 Harris 交换机和苏州通泰调度交换机之间连接的 2M 电路常出现出局不能占用 2M 中继电路，且不从迂回的中继电路出局的故障，将省调侧 Harris 交换机 2M 电路板复位后，故障消失，中继电路运行正常。运行一段时间后，故障会再次出现。

（2）原因分析。

1）省调 Harris 交换机与行政交换机（CC08）之间采用 No.7 信令方式连接，Harris 交换机同步于 CC08 交换机。Harris 交换机侧检查有 2M 电路中断现象，CC08 交换机侧未检测到 2M 电路中断。因两台交换机同在一个机房，用 2M 电缆连接，经检查 2M 电缆连接正常。

2）省调侧通过维护终端检查，发现 Harris 交换机与通泰交换机连接的 2M 电路误码大，经检查排除因传输电路故障引起的误码。Harris 交换机之间连接的 2M 电路没有误码。进一步检查交换机之间同步方式，发现省调 Harris 交换机所连接的地调、变电站等 Harris 交换机均同步于省调交换机，通泰交换机同步于相连接的行政交换机。因此怀疑是因为交换机同步设置不合理引起2M电路误码。

（3）故障处理。将通泰交换机时钟同步修改为跟踪省调调度交换机后，察看与之连接的2M中继电路运行情况，未出现误码，故障消除。对交换网中各通信站的调度交换机时钟同步跟踪方式进行检查，并修改同步方式。

【思考与练习】

1. 信令链路由哪些硬件组成？

2. No.7信令中继电路故障处理原则是什么？

3. 信令链路故障处理方法是什么？

模块20 EM中继故障处理（Z38F1020Ⅲ）

【模块描述】本模块包含EM中继电路故障的分析和处理。通过对EM中继电路故障案例的分析及处理方法的介绍，掌握处理EM中继电路故障的方法和技能。

【模块内容】

一、故障性质及其危害

EM中继电路的作用是交换机与交换机连接的模拟中继电路，主要应用在调度交换网中。EM中继电路一旦发生故障，将影响两个交换机之间用户的通信，甚至影响调度员与调度对象间的通信。

二、EM中继电路故障分类及其处理

引发EM中继电路故障的硬件设备有本端交换机EM中继电路、中继线路（PCM中的EM电路、音频电缆或电力载波通道）和对端交换机中继电路。EM中继电路由E、M信令线，发信电路，收信电路三部分组成。故障分为收、发信电路故障和EM信令线故障。EM中继电路故障可采用逐段排除法进行判断、分析处理。根据故障现象，分析和找出与故障相关联的故障路径或关键点，逐一排除直到故障排除。EM中继的路径为本端交换机中继电路→配线架→中继线路（PCM或电力载波设备）→配线架→对端交换机中继电路，因此EM中继电路故障需要两端交换机维护人员配合处理。

EM中继电路常见故障如下：

1. 不能占用中继电路

（1）故障现象。用户拨EM中继电路出局号码，不能占用中继电路。

（2）原因分析。EM中继电路的接续过程是，主叫用户拨EM中继电路出局号码，占用本端交换机出中继电路，M线向对端交换机发送启动信号（M线由–48V变成0V），对端交换机中继电路的E线由–48V变成0V，占用中继电路。因此不能正常占用中继电路，故障一般发生在EM信令线上。

（3）故障处理。检查本端中继电路的 M 线能否发送占用信号（发送地气），对端中继电路的 E 线能否正常接收到占用信号。

1）在主叫侧配线架上用万用表测量 M 线电压（正常为–48V），拨局向号占用中继电路，观察 M 线上电压是否由–48V 跃变为 0V。如果由–48V 跃变为 0V，则本端中继电路的 M 信令线正常，否则主叫端中继电路异常。更换中继电路板后再进行排查。

2）在被叫侧配线架上用万用表测量 E 线电压（正常为–48V），在确认主叫侧占用中继电路并能正常发送占用信号后（也可直接将 M 线点地），观察 E 线电压是否由–48V 跃变为 0V。如果由–48V 跃变为 0V，则中继线路正常，否则是中继线路异常，请传输设备维护人员协助检查处理。

3）如果被叫侧能正常接收到占用信号，则故障在被叫侧，更换中继电路板后再排查，直至故障排除。

2. 不能正常通话

（1）故障现象。被叫用户振铃，摘机后主被叫双方不能正常通话。

（2）原因分析。主被叫双方不能正常通话，故障发生在发信或收信电路。不能听到对方讲话，故障发生在己方收信支路或对方的发信支路。对方听不到己方讲话，故障发生在己方的发信支路和对方的收信支路。

（3）故障处理。可以利用废旧话机的发话器或受话器检查和定位四线 EM 中继电路的发信支路和收信支路的故障。处理方法如下：

1）将发话器搭接在己方配线架的发信支路上。

2）摘机拨号占用中继电路，并对着话机的发话器讲话（或吹气）。

3）监听配线架上的发话器是否能听到讲话。如果能听到，则本端交换机中继电路的发信支路正常；若听不到讲话，则发信支路故障，更换中继电路板。

4）将发话器搭接在己方配线架的收信支路上。

5）摘机拨号占用中继电路。

6）对着配线架上的发话器讲话（或吹气）。

7）在话机的受话器上监听，能听到讲话，则本端中继电路的收信支路正常，反之则收信支路故障，更换中继电路板。

3. 不能正常发送或接收选择信号

（1）故障现象。主叫用户摘机呼叫对端交换机的被叫用户，听不到回铃音，一段时间后听忙音。

（2）原因分析。主叫用户听不到回铃音，一段时间后听忙音，可能是对端交换机收不到被叫用户号码，不能完成呼叫接续，超时释放中继电路造成的。四线 EM 中继电路记发器信号分为脉冲信号方式、DTMF 信号方式和 MFC 方式。脉冲方式的选择信号在 M 线上发送，在 E 线上接收。DTMF 和 MFC 方式的选择信号在发信支路上发送，在收信支路上接收。因此采用脉冲方式时故障发生在 EM 线上，采用 DTMF 和 MFC 方式时，故障发生在收、发信支路上。

（3）故障处理。

1）采用脉冲方式发送选择信号时故障处理如下：

a. 采用脉冲方式发送选择信号的中继电路，用万用表在配线架的 M 线上测量主叫端中继电路能否正常发送脉冲（选择）信号（指针式万用表，正常发送选择信号，万用表测量指针会摆动），能发送，则中继电路正常，反之则发生故障，更换中继电路板。

b. 在被叫端的 E 线上测量能否正常接收到脉冲信号。能接收到脉冲信号，则本端中继电路发生故障；不能接收到脉冲信号，则对端中继电路（或传输电路）发生故障。

2）采用 DTMF 和 MFC 方式发送选择信号时故障处理如下：

a. 将发话器搭接在配线架的发信支路上。

b. 摘机占用中继电路并发送选择信号。

c. 在配线架上监听选择信号是否正常发送（正常发送可监听到嘀嘀声），从而可以判断本端中继电路是否正常。

d. 将发话器搭接在被叫端配线架的收信支路上，监听选择信号是否正常接收。能接收到选择信号，则故障发生在本端中继电路的收信支路，更换备用中继电路板，排除故障。反之，则对端中继电路板发信支路或传输电路故障。

三、故障案例分析举例

（1）故障现象。某省调与地调调度交换机与之间采用 4 线 EM 中继电路相连。调度员反映拨打地调电话听不到回铃音，过一会听忙音。中继电路记发器信号采用 DTMF 方式。

（2）原因分析。与故障相关的路径为本端中继电路的发信支路–配线架–本端传输电路的发信支路–对端传输电路的收信支路–配线架–对端中继电路的收信支路、本端中继电路的 M 线–配线架–本端传输电路的 E 线–对端传输电路的 M 线–配线架–中继电路的 E 线，因此该故障有以下几种情况：

1）省调侧中继电路故障，用户摘机拨号后不能正常占用中继电路。

2）省调侧中继电路 M 线故障，用户摘机拨号占用中继电路后，M 线不能发送占用信号。

3）省调侧中继电路的发信支路故障，不能发送被叫号码。

4）地调侧中继电路收信支路故障，不能接收被叫号码。

5）地调侧中继电路 E 线故障，不能接收占用信号。

6）中继线路（传输设备）故障。

（3）故障处理。

1）通过维护终端检查中继电路已被占用，在配线架上测试 M 线由–48V 跃变为 0V，已发送占用信号。

2）在省调侧将 M 线接地，地调侧测试 E 线收到占用信号。

3）省调侧发送被叫号码，在省调侧配线架的发信支路上监听到发送的被叫号码，在地调侧配线架的收信支路端子上用受话器监听，收不到被叫号码。

4）通知传输设备维护人员检查 PCM 电路，更换地调侧 4 线 EM 板后，故障排除。

【思考与练习】

1. EM 中继电路常见故障现象有哪些？

2. EM 中继电路中 EM 信令线故障的处理方法有哪些？

3. EM 中继电路故障处理使用的简单工具有哪些？

模块 21　程控交换机控制系统故障处理（Z38F1021Ⅲ）

【模块描述】本模块包含程控交换机控制系统常见故障的分析和处理。通过对程控交换机控制系统故障案例的分析及处理方法的介绍，掌握处理交换机控制系统故障的方法和技能

【模块内容】

一、故障性质及其危害

程控交换机控制系统是交换机的核心，包括系统电源、控制系统、交换网络、系统软件等。交换机控制系统故障将影响交换机的正常运行，甚至引起交换机瘫痪。因此学习和掌握交换机控制系统故障的处理方法是十分必要的。

二、故障原因

1. 系统电源

系统电源，包括整流电源输出连接开关、电源线和交换机电源盘等环节。任一个环节发生故障都会引起交换机不能正常运行。系统电源发生故障的概率较高。由于整流电源连接开关故障、电源线接线不牢固、整流电源无输出、交换机电源盘元器件质量、交换机运行环境、设备接地系统等原因都会引起交换机供电电源系统故障。一旦发生电源故障，将影响交换机的系统运行，甚至造成交换机停机。

系统电源发生故障，后果严重，但故障处理较简单和直观。首先判断交换机故障是整体故障还是部分机柜故障。若交换机整体故障，应检查交换机输入电源是否正常。若交换机是部分机柜故障，应逐级检查相应的电源开关和电源盘。

在用万用表测量 5V、12V 电源盘输出电压时，应尽量采用数字万用变，便于直接

显示电压值。因电源盘输出电压过低时，也会影响电路板的正常运行。

2. 控制系统

控制系统包括中央处理器、存储器、数据总线等硬件设备，是交换机的控制核心。一旦发生故障将引起交换机瘫痪。引起控制系统故障主要原因是处理器芯片、电路元器件老化或质量不过关、工作电源不稳定等因素。

交换机瘫痪，首先判断为中央处理器故障。存储器和数据总线故障表现为部分程序或用户数据不能正常运行。此类故障发生的几率较低，故障处理只能采取更换板件的方式。

3. 交换网络

交换网络是完成用户与用户之间、用户与系统话路控制设备间通路连接的控制设备。背板连接电缆接触不良、交换网络板件元器件质量不过关、工作电源不稳是引起交换网络故障的主要原因。发生此类故障的概率较低，一般表现为呼叫接通率降低，部分用户、中继电路故障，严重时会导致交换机不能完成呼叫接续。

发生此类故障时，可根据故障情况判断是部分用户、中继电路出现不能完成呼叫接续，还是整个交换机故障。一般情况下呼叫接通率低或部分用户、中继电路故障多为背板时隙电缆松脱或虚连所致。整个交换机不能完成呼叫接续，则是交换网络的板件故障，更换板件可消除故障。

4. 背板故障

交换机的各个板件都是接插在背板上的。如果环境潮湿，电路板受潮短路，或者元器件因高温、雷击等因素而受损都会造成背板不能正常工作。背板的更换最为复杂，对通信影响面最大，只有在完全排除其他板件故障的情况下，才能进行背板故障的处理。

5. 软件故障

交换机系统软件控制交换机的系统运行，存放在存储器中。交换机软件故障可分为两种类型，一种是由于系统软件设计存在缺陷所产生的固有故障；另一种是交换机在运行中产生的。系统软件固有的故障表现为故障始终存在，而交换机载运行中产生的故障表现为开始能正常运行，在一定的周期内发生故障，交换机软件重新启动或倒换机架后恢复。

对于交换机运行中产生的软件故障，通过系统重装可排除故障。对于交换机固有软件故障，一般需要对软件进行系统升级或软件打补丁。

总之，交换机控制系统发生的故障是多种多样的，往往没有固定的处理方法和步骤，只有在日常的运行维护过程中不断积累经验，提高维护技能，才能做到熟能生巧。

三、故障处理

1. 故障处理原则

（1）总原则。参见模块 Z38F1018III 1 号信令中继电路故障处理。

（2）由软到硬。处理交换机系统故障时，应首先通过维护终端查看故障告警信息，根据故障信息初步判断是系统软件故障还是硬件故障。在话务量较少时，通过交换机系统重启，可消除软件故障。

（3）先易后难。交换机系统故障分析、判断、处理较复杂时，必须先从简单操作来着手排除。先排除电源系统故障，再处理控制系统的故障，这样可以加快故障排除的速度，提高效率。

2. 故障处理方法及步骤

交换机系统软件故障处理通常采用系统重启的方法排除故障。硬件故障采用替换法排除故障，双机系统可进行主、备用机架切换，单机系统用备件替换。处理步骤如下：

（1）检查交换机供电电源系统，必要时测量各电源盘的输出电压。

（2）查看交换机控制系统板件的面板指示灯状态。

（3）连接维护终端，查看相关的告警信息。

（4）故障定位后，更换相应的板件。

四、故障案例分析举例

［案例一］

（1）故障现象。某单位新安装交换机，整流电源通过低压断路器为交换机供电。在交换机开机加电时，出现低压断路器跳闸的故障。

（2）原因分析。Harris 的 MAP 机每一个机柜的额定功率是 500W，其本身使用 15A 的空气开关。因 Harris 交换机开机时，其冲击电源是很大的，可能在瞬间达到正常使用时电流的 3～5 倍，所以在开机加电的瞬间冲击电流大，因而对低压断路器的峰值和时延有相应要求，而市面上一些低压断路器因质量不过关，达不到要求，所以表面看其标称额定值比要求的还要高，但交换机一开机，开关先跳闸。

（3）故障处理。更换质量好的品牌低压断路器，或换更大标称值的低压断路器。

［案例二］

（1）故障现象。某省电力公司交换机维护人员在对交换机测试检查时发现，MD-110 行政交换机 LIM3 机柜有 49 号二级告警信息（程序单元丢失，程序单元重启），程序单元运行异常，用户电话均正常。

（2）原因分析。交换机 LIM3 机柜程序单元运行异常，部分程序在运行中出现丢失、混乱等现象，虽然未影响交换机用户电话正常通话，但会造成交换机系统运行异常，为了确保交换机的正常运行，需要对交换机运行程序进行协调。

（3）故障处理。键入 SFEXI，RFEXI 命令，1min 后，交换机程序协调完毕，LIM1、LIM2、LIM4 机柜显示“104”，状态正常，但 LIM3 机柜显示“99”后，启动停止，用户无拨号音，交换机重启失败。单独对 LIM3 机柜反复重启数次，重启失败。交换机必须重新进行程序单元和用户数据加载工作。为了不影响用户的使用，在晚上话务量较少时，对交换机的程序单元和用户数据进行加载，交换机恢复正常运行。

【思考与练习】

1. 引起交换机系统故障的原因有哪些？

2. 交换机系统故障处理的常用方法是什么？

3. 交换机系统故障处理的处理步骤是什么？

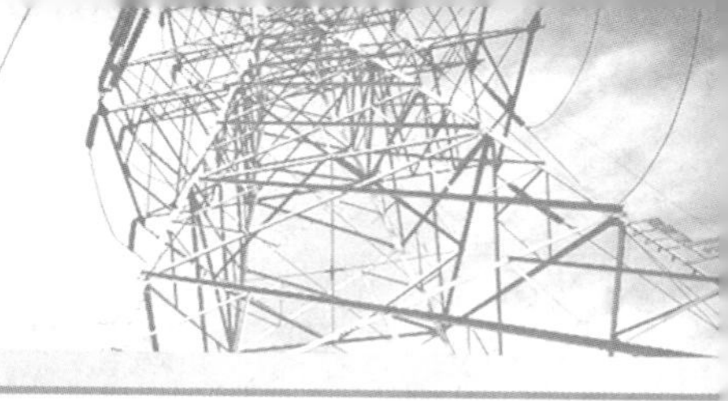

第五章

交换外围设备安装与调试

模块 1　交换外围设备的系统组成（Z38F2001 Ⅰ）

【模块描述】本模块介绍了典型交换外围设备的硬件构成、连接方式和基本功能。通过举例介绍，掌握典型交换外围系统的系统组成。

【模块内容】

一、外围设备组成

程控交换机常用的外围设备主要有模拟电话机、数字电话机、数据通信适配器（DCA/SDCA）、管理维护终端（或仿真终端）、调度台、计费设备和录音设备等。典型的程控交换机与交换外围设备的系统框图如图 5-1-1 所示。

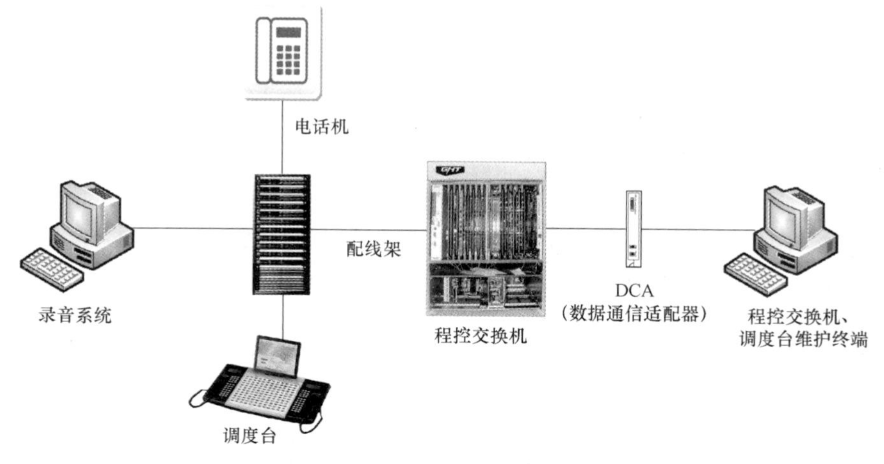

图 5-1-1　程控交换机与外围设备系统框图

二、外围设备分类介绍

1. 模拟电话机

电话机是一种通话设备。电话机经用户线连接到交换机分配的用户端口，向交换机发送话音信号，发送话音信号为模拟信号的电话机称之为模拟电话机。模拟电话机一般具有两种拨号方式，一种是脉冲拨号（DP）方式；另一种是双音多频（DTMF）方式。

2. 数字电话机

数字电话机是一种话音/数据传输设备。数字电话机与模拟电话机的主要区别是数字电话机具有模/数、数/模变换功能，经用户线路向交换机传送的是数字语音信号或数据信号。

数字电话机有两种，一种是与 B+D 数字用户接口连接的电话机，用于语音通信（或经适配器连接数据终端设备）。这类电话机是各个交换机生产厂商专为自己的交换机生产的，只能在生产厂商的交换机上使用，在其他交换机上无法使用。另一种是与 2B+D 数字用户接口连接的数字电话机，这种数字电话机是通用电话机，提供 2 个 64K 通道，用于语音和数据通信。

3. 数据通信适配器（DCA）

数据通信适配器是一种数字设备，与交换机的一个数字用户端口连接。以 Harris 数字程控交换机为例，有以下 DCA 设备：

（1）标准 DCA：连接数据设备。

（2）管理 DCA：连接打印机。

（3）链接 DCA：连接维护终端计算机。

（4）Modem（调制解调器）。

4. 维护终端

交换机的局数据和用户数据设置、日常维护一般是通过维护终端来完成的。

Harris 数字程控交换机对维护终端有以下要求：

（1）终端计算机至少应有一个 RS 232C 串行接口，一个并行接口。

（2）终端上所设置的通信参数要和系统中所定义的参数一致。

（3）参数设置：波特率为 9600bit/s；数据位为 8 位；停止位为 1 位；奇偶校验为无。

Harris 数字程控交换机维护终端与交换机的连接方式分为 3 种：

（1）直接与交换机 SIU 或 CPU 提供的 RS 232C 接口相连，各连接线的用途见表 5–1–1。

（2）间接通过 DCA/OPTIC 与交换机相连，各连接线的用途见表 5–1–2。

（3）间接通过 DCA+Modem 与交换机相连，各连接线的用途见表 5–1–3。

表 5–1–1　维护终端通过 SIU 的串行接口与交换机连接各连接线的用途

信号名称	终端连接器		CPU 串口（COM1&COM2）	信号名称
地线	1	<———>	1	地线
发送数据	2	<———>	3	接收数据
接收数据	3	<———>	2	发送数据
发送请求	4	<———>	5	发送清除
发送清除	5	<———>	4	发送请求
数据准备完成	6	<———>	20	数据终端准备完成
信号地线	7	<———>	7	信号地线
数据终端准备完成	20	<———>	6	数据准备完成

表 5–1–2　通过 DCA/OPTIC 与交换机相连各连接线的用途

信号名称	DTE 连接器		DCE 连接器	信号名称
地线	1	<———>	1	地线
发送数据	2	<———>	2	发送数据
接收数据	3	<———>	3	接收数据
发送请求	4	<———>	4	发送请求
发送清除	5	<———>	5	发送清除
数据准备完成	6	<———>	6	数据准备完成
信号地线	7	<———>	7	信号地线
数据终端准备完成	20	<———>	20	数据终端准备完成

表 5–1–3　DCA+Modem 与交换机相连各连接线的用途

信号名称	Modem 连接器		DCA 连接器	信号名称
地线	1	<———>	1	地线
发送数据	2	<———>	3	接收数据
接收数据	3	<———>	2	发送数据
发送请求	4	<———>	5	发送清除
发送清除	5	<———>	4	发送请求
数据准备完成	6	<———>	20	数据终端准备完成
信号地线	7	<———>	7	信号地线
数据终端准备完成	20	<———>	6	数据准备完成

5. 调度台

调度台是专为调度交换机所配置的通信终端设备，用于调度员与调度对象间的通信联系。

6. 录音系统

调度录音系统完成通话信息的实时记录，录音信息内容包括通话起始时间、通话内容、主要号码、被叫号码等。主要作用是对电网调度命令的记录，对电网故障处理过程的记录，为电网事故分析提供语音的依据。

调度录音系统的主要功能如下：

（1）调度录音系统包括多通道同时录音，可实现多路电话同时监控录音。

（2）具有多种录音接口。

（3）数据快速检索。调度录音系统语音用数据库方式来管理，可根据通道号码、通话日期、电话号码等条件检索。

（4）监控信息。可显示通道编号、通道状态、名称、启动方式、线路号码、主叫号码、拨出号码等详细信息显示。

7. 计费系统

计费系统采用程控交换机产生的基本计费信息，再由专门的分拣结算系统实现计费管理、报表处理和档案管理等功能。

计费系统原理上分为延时计费和反极计费两种：

（1）延时计费。延时计费是指从拨出号码开始，延时一段时间开始计费，即使电话没有接通，也会有费用产生。这种计费不是很准确。

（2）反极计费。反极计费是指拨出电话接通的时候，对方返回一个反极性信号，从收到信号开始计费。反极计费比较准确。

【思考与练习】

1. 交换外围设备由哪几部分组成？
2. 画出典型交换外围设备连线图。
3. 调度台的基本功能是什么？
4. 计费系统有几种计费方式？分别是什么？

模块2 调度台的安装（Z38F2002 Ⅰ）

【模块描述】本模块包含了典型调度台的安装工艺要求和安装流程。通过工艺介绍和操作过程详细介绍，掌握调度台的安装规范要求。

【模块内容】

一、安装内容

调度台的安装及相关线缆连接。

二、安装准备

为保证整个设备安装的顺利进行，需要准备以下相关技术资料及工具：

（1）施工技术资料包括：① 设备说明书与安装手册；② 合同协议书。

（2）工器具及材料：十字螺钉旋具、一字螺钉旋具、斜口钳、扎带、网线钳、万用表等。

三、安装环境检查

（1）调度室照明，通风，温、湿度等条件满足要求。

（2）具备调度台需要的供电电源。

（3）调度室内电话分线盒与通信机房内音频配线架已可靠连接。

四、设备安装步骤及要求

1. 开箱检查

（1）检查物品的外包装的完好性；检查机柜、机箱有无变形和严重回潮。

（2）按系统装箱数、装箱清单，检验设备装箱的正确性。

（3）根据合同和设计文件，检验设备配置的完备性和全部物品的发货正确性。

2. 调度台安装

（1）选择平整稳固的桌面放置调度台。

（2）将调度台数据线接至调度台外线接口和室内电话分线盒（跳线至数字调度板）。

（3）将调度台录音线接至调度台录音接口和室内电话分线盒（跳线至录音接口）。

（4）将调度台电源线接至220V交流电源插座或者–48V直流电源接线端子。

（5）将调度台接地端子可靠接地。

（6）线缆做好标识，绑扎整齐、松紧适度，预留部分供调度台适当移动的长度。

3. 安装完检查

（1）检查电源接线是否牢固、防雷保护是否可靠接地。

（2）检查调度台与室内电话分线盒之间连线的可靠性。

（3）检查调度台取机试话及试录音是否正常。

【思考与练习】

1. 调度台安装前应做好哪些工作？

2. 简述调度台安装步骤。

3. 简述调度台安装完检查内容。

模块3 录音系统的安装（Z38F2003Ⅰ）

【模块描述】本模块包含了典型录音系统的安装工艺要求和安装流程。通过工艺介绍和操作过程详细介绍，掌握录音系统的安装规范要求。

【模块内容】

一、安装内容

录音系统工控机子架、语音卡安装、录音软件安装、设备线缆布放及连接。

二、安装准备

为保证整个设备安装的顺利进行，需要准备以下相关技术资料及工具：

（1）施工技术资料包括：合同协议书、设备配置表、会审后的施工详图、安装手册。

（2）工具和仪表：电钻、剪线钳、压线钳、各种扳手、螺钉旋具、钢锯、卡线枪、数字万用表、标签机等。工具使用前要做好绝缘处理，仪表必须经过严格校验，证明合格后方能使用。

（3）安装辅助材料：交流负载连接电缆、接地连接电缆、接地汇流排、膨胀螺钉、接线端子、线扎带、绝缘胶布等，材料应符合电气行业相关规范。

三、机房环境条件的检查

（1）机房的高度、承重、墙面、沟槽布置等是否满足规范及设计要求。

（2）机房的门窗是否完整、日常照明是否满足要求。

（3）机房环境及温度、湿度应满足设备要求。

（4）机房是否具备施工用电的条件。

（5）UPS交流配电设备满足录音设备要求，供电电压满足设备交流电源电压指标。

（6）有足够容量的蓄电池，保证在供电事故发生时，录音系统能继续运行。

（7）有效的防静电、防干扰、防雷措施和良好的接地系统检查。

（8）机房设计达到规定的抗震等级检查。机房地面应坚固，确保机柜的紧固安装。

（9）机房走线装置检查，比如走线架、地板、走线孔等内容。

（10）机房应配备足够的消防设备。

四、安全注意事项

（1）施工前，对施工人员进行施工内容和安全技术交底，并签字确认。

（2）现场施工人员应经过安全教育培训并能按规定正确使用安全防护用品。

（3）电动工具使用前应检查工具完好情况。对存在外壳、手柄破损，防护罩不齐全，电源线绝缘老化、破损的电动工具禁止在现场使用。

（4）施工用电的电缆盘上必须具备触电保护装置，电缆盘上的熔丝应严格按照用电容量进行配置，严禁采用金属丝代替熔丝，严禁不使用插头而直接用电缆取电。

（5）特种作业人员应持证上岗。

（6）仪器仪表应经专业机构检测合格。

五、操作步骤及质量标准

录音系统的安装步骤一般为：开箱检查–机架安装–语音卡安装–子架安装–电缆布放及连接–硬件安装检查–软件系统安装。设备安装应符合施工图设计的要求。

1. 开箱检查

（1）检查物品的外包装的完好性；检查机柜、机箱有无变形和严重回潮。

（2）按系统装箱数、装箱清单，检验箱体标识的数量、序号和设备装箱的正确性。

（3）根据合同和设计文件，检验设备配置的完备性和全部物品的发货正确性。

2. 机架安装

（1）安装要求。

1）机架应水平安装，端正牢固，用吊线测量，垂直偏差不应大于机架高度的1‰。

2）列内机架应相互靠拢，机架间隙不得大于 3mm，机面平齐，无明显参差不齐现象。

3）机架应采用膨胀螺栓对地加固，机架顶应采用夹板与列槽道（或走道）上梁加固。

4）所有紧固件必须拧紧，同一类螺钉露出螺帽的长度宜一致。

5）机架间需使用并柜螺栓进行并柜连接，机架顶部通过并柜连接板固定在一起。

6）机架的抗震加固应符合机架安装抗震加固要求，加固方式应符合施工图设计要求。

7）机架安装完成后，应对机架进行命名并贴上标签进行标识。

（2）注意事项。

1）抬放机架时注意力集中，协调进行，防止机柜倾倒。

2）机架组立时严禁将手脚伸入盘与底座的夹缝间。

3. 语音卡安装

（1）打开录音系统工控机盖板。

（2）将语音卡插入空闲的 PCI 插槽。

（3）语音板插入槽位后，拧紧与背板连接的螺钉。

（4）注意事项。

1）拔插语音板时不可过快，要均匀用力，缓缓推入或拔出，保持语音卡垂直于插槽。

2）插拔语音板时要佩戴防静电手环，或者戴上防静电手套。

4. 录音系统工控机子架安装

（1）子架位置应符合设计要求。

（2）子架安装应牢固、排列整齐、插接件接触良好。

（3）子架接地要可靠牢固，符合规范要求。

5. 电缆布放及连接

（1）布放及连接要求。

1）所有电缆型号应符合设计要求，外观完好无破损，中间没有接头。

2）线缆的安装路由、路数及布放位置应符合施工图的规定。开关的容量均应符合设计要求。

3）交流电源线的成端接续连接牢靠，接触良好，电压降指标符合设计要求。

4）音频电缆一端压接 RJ11 头接至录音卡录音端口，另一端于音配侧成端。

5）电缆布放应平直，不得产生扭绞、打圈等现象，不应受到外力的挤压和损伤；电缆转弯应均匀圆滑，转弯的最小弯曲半径应符合相关要求。

6）电源电缆与信号电缆应分开走线，各缆线间的最小净距应符合施工图的要求；如有交叉，信号电缆应放在上方。

7）电缆布放时应有冗余，一般为 0.3～0.6m；接地电缆不应有冗余。

8）所有电缆布放后应绑扎整齐，在布放后两端应有标签，标识起始和终止位置，标签应清晰、端正和正确。

（2）注意事项。

1）交流电气连接时一定要确保交流输入断电。

2）柜内接线时不允许戴手表、戒指等金属物品。

3）机柜内使用工具操作时，应均匀用力，小心操作。

4）柜内穿放电缆时必须对线头进行绝缘包裹。

5）连接电缆前，应做好电缆标识，并标出“中性线”“相线”。

6）所有连接线均应采用规范的线缆，不应使用护套线、裸露线。

6. 硬件安装完检查

（1）安装稳固性检查。检查内容：机架安装稳固性，子架安装的稳固性。

（2）交流引入与配电检查。检查内容：交流进线色谱是否规范，机架原有布线是否有松脱。

（3）音频电缆检查。检查内容：电缆色谱顺序是否正确，RJ11 成端头是否牢固。

（4）接地系统检查。检查内容：接地线缆连接是否牢固可靠，防雷装置是否正常。

（5）检查柜内及柜间电气连线是否正确、牢固，端接线子是否完好。

（6）检查机柜内有无杂物及遗留的工器具，发现应及时清理。
（7）电缆孔洞封堵检查。
（8）检查标签是否齐全，标签标识是否正确、清晰。
（9）工作完毕后是否把现场清理干净。

7. 软件系统安装

（1）运行安装文件 setup_record.exe，如图 5–3–1 所示。

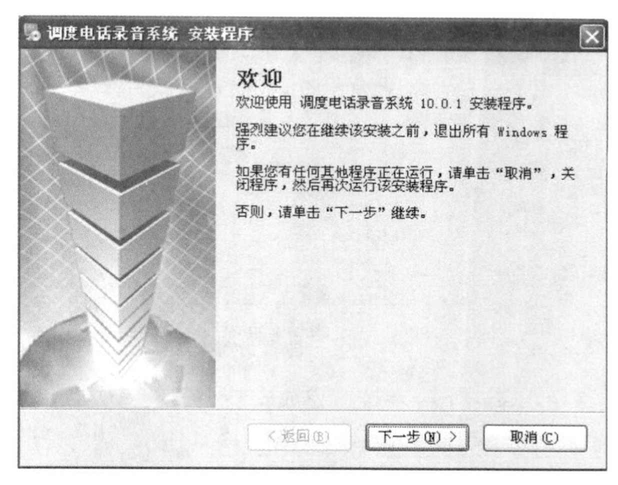

图 5–3–1　安装界面 1

（2）单击"下一步"按钮继续安装，如图 5–3–2 所示。

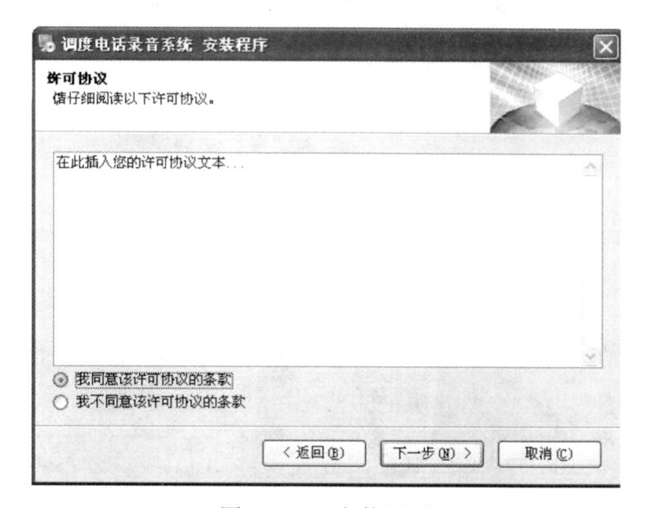

图 5–3–2　安装界面 2

（3）选择“我同意该许可协议的条款”，单击“下一步”按钮继续安装，如图 5–3–3 所示。

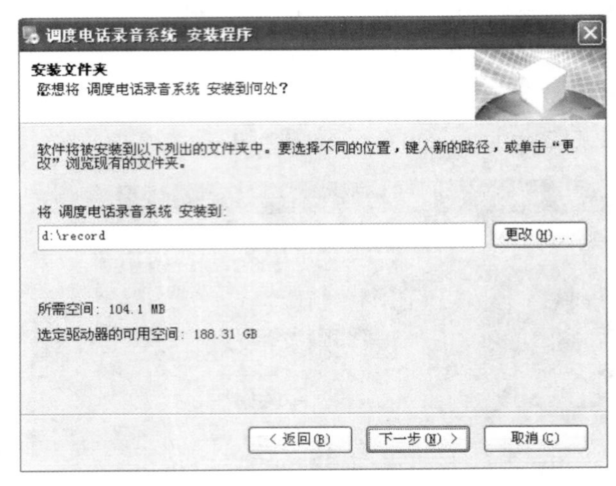

图 5–3–3　安装界面 3

（4）选择安装路径，单击下一步按钮完成安装，安装完成后，系统桌面生成图标“调度电话录音系统”，双击此图标进入系统，如图 5–3–4 所示。这就是录音系统的主画面，当用户来电或用户拨打电话时，屏幕上会出现来电号码、去电号码及所有的状态。

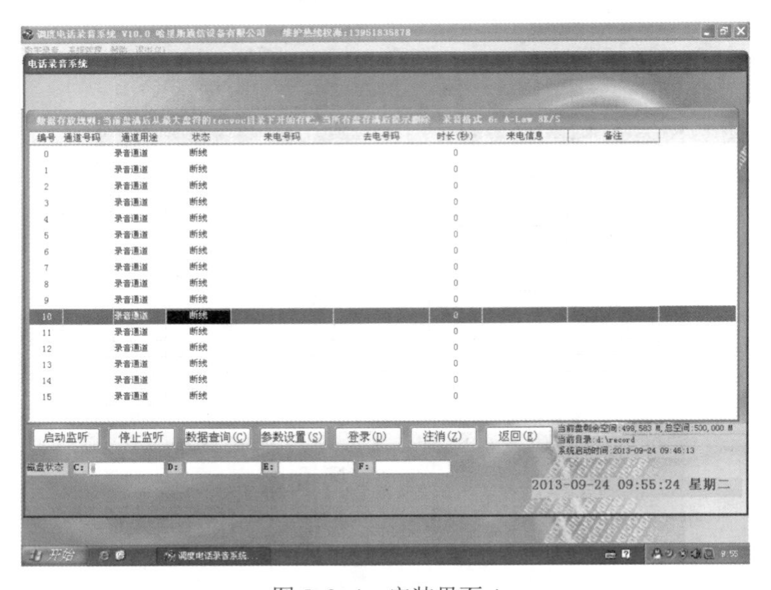

图 5–3–4　安装界面 4

【思考与练习】

1. 录音系统安装应做好哪些准备？
2. 简述录音系统安装步骤。
3. 录音系统硬件安装完成后应检查哪些项目？
4. 简述录音系统软件安装过程。

模块 4　电话机的安装（Z38F2004 Ⅰ）

【模块描述】本模块包含了电话机的安装工艺要求、安装流程、调试方法及常见故障的分析和处理。通过工艺介绍、操作过程、故障分析、案例的详细介绍，掌握电话机的安装、调试及故障的分析和处理方法。

【模块内容】

一、安装内容

电话机的安装及相关线缆连接。

二、安装准备

为保证整个设备安装的顺利进行，需要准备以下相关技术资料及工具：

（1）施工技术资料：安装手册（使用说明书）。

（2）工器具及材料：一字螺钉旋具、电话线缆。

三、安装环境检查

电话机应安装在阴凉、干燥、通风、无腐蚀气体的地方。

四、安装操作步骤

桌面电话机的安装：以步步高 HCD007（188）TSD 话机为例，如图 5-4-1 所示。

（1）选择平整稳固的桌面放置话机，不要在靠近水的地方使用话机，不要将液体泼洒在话机上。

（2）用手柄卷线连接手柄与座机，用外引线连接座机与电话面板接口。

五、电话机调试

（1）铃音检查。检查拨号音、回铃音、忙音和振铃是否正常。

（2）通话检查。拨打和接听电话检查通话是否正常；音质是否清晰无杂音。

（3）按键功能检查。检查每个按键是否正常。

（4）常用功能测试。测试并使用免提、查询、回拨等常用功能是否正常。

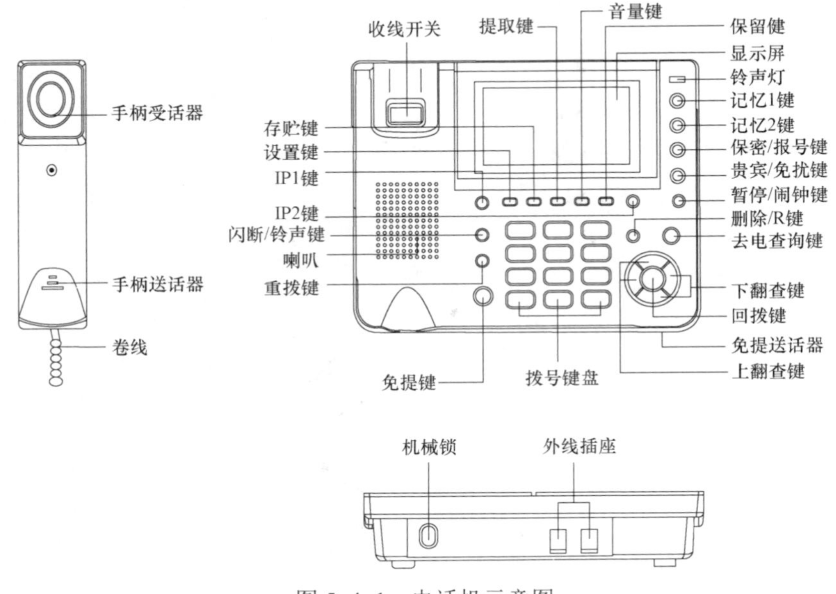

图 5-4-1 电话机示意图

六、常见故障及处理

（1）通话时有杂音。检查各连接线路是否有松动脱皮等现象；检查与电话外线接头是否接触不良；如果是 ADSL 用户，请确认是否正确安装了 ADSL 语音分离器。

（2）来电无响铃。检查是否与外线接触不良或电话外线断；收线开关没有压下或话机已设置免打扰；机内响铃部分有故障。

（3）来电无来电显示。查看电池电量是否充足；是否申请开通了来电显示服务；内线交换机是否具有来电显示功能等。

（4）手柄无法授话。检查收线开关是否弹起；手柄卷线是否断或接触不良；是否机内手柄通话部分故障。

（5）不能拨号。检查按键盘是否进水引起拨号盘短路；检查是否机内拨号部分故障。

（6）取机无声。检查电话外引线是否在接头处脱落或折断；检查电话外线是否有接触不良。

【思考与练习】

1. 简述电话机安装步骤。
2. 简述电话机调试步骤。
3. 简述电话机常见故障和常用故障分析方法。

模块 5　IAD 设备的安装（Z38F2005 Ⅰ）

【模块描述】本模块包含典型软交换 IAD 设备的安装工艺和安装流程。通过要点讲解、操作过程详细介绍，掌握软交换 IAD 设备的安装规范要求。

【模块内容】

一、安装内容

IAD 设备安装及相关线缆布放连接。

二、安装准备

为保证整个设备安装的顺利进行，需要准备以下相关技术资料及工具：

（1）施工技术资料包括：① 合同协议书、设备配置表；② 机房设计书、施工详图；③ 安装手册。

（2）工器具及材料：十字螺钉旋具、一字螺钉旋具、热吹风机、剥线钳、尖嘴钳、斜口钳、网线钳、冷压钳、剪线钳、美工刀、压接钳；万用表、网线测试仪、檫纤器、防静电手套、胶带、直流电源线、接地线、线鼻子、扎带。万用表等仪表必须经过严格校验，证明合格后方能使用。

三、安装环境的检查

（1）交流配电设备满足 IAD 设备用电需求，供电电压满足设备交流电源电压指标。

（2）有效的防静电、防干扰、防雷措施和良好的接地系统检查。

（3）固定可靠的机柜和足够的预留安装位置检查。

（4）IAD 设备所在的 IP 网络环境检查，应满足 IAD 设备接入条件，保证语音通话质量以及正常的通信。

四、安全注意事项

（1）施工用电的电缆盘上必须具备触电保护装置，电缆盘上的熔丝应严格按照用电容量进行配置，严禁采用金属丝代替熔丝，严禁不使用插头而直接用电缆取电。

（2）现场施工人员应经过安全教育培训并能按规定正确使用安全防护用品。

五、操作步骤及要求

1. 开箱检查

（1）检查物品的外包装的完好性；检查机箱有无变形和严重回潮。

（2）按装箱清单，检验设备数量和设备装箱的正确性。

（3）根据合同和设计文件，检验设备配置的完备性和全部物品的发货正确性。

2. IAD 设备安装

（1）IAD 设备安装位置应符合设计要求。

（2）IAD 设备安装应牢固、排列整齐、插接件接触良好。

（3）IAD 设备接地要可靠牢固，符合规范要求。

3. 线缆连接

（1）连接网络侧接口。IAD 设备可以通过电口或光口与 ISP 提供的网络接口连接，使用光口时需要选配光模块。

1）采用电口方式时，将网线一端插入设备 WAN 口，另一端根据实际与上行网络设备连接，网口 LINK 指示灯亮，表示网线连接正确。

2）采用光口方式时，需配置光模块。光模块一侧连接设备的 TX/RX 口，一侧连接上行网络。

（2）连接用户侧接口。将 IAD 设备的用户侧接口与用户 PC 机或电话机连接。

（3）电源和接地线连接。

1）将电源线的一端与 IAD 设备的电源插口连接，将另一端插到交流电源插座上，确认电源指示灯点亮。

2）用 $6mm^2$ 黄绿接地线将接地螺柱连接至柜内接地母排。

4. 安装完检查

（1）检查电源接线极性、防雷保护接地情况。

（2）检查机柜、子架、单板、线缆标示标签是否正确、完备。

5. 设备配置

本节以中兴 ZXV10 I532D 为例介绍 IAD 设备的配置。中兴 ZXV10 I532D 外观如图 5–5–1 所示。

图 5–5–1 中兴 ZXV10 I532D 外观图

（1）配置准备。用一根交叉或直连的以太网线将一台计算机直接与 I532D 的以太网口连接。

（2）登录。I532D 默认的 WAN 网络设置如下。

IP 地址为 192.168.1.1

子网掩码为 255.255.255.0

默认网关 192.168.1.1

在登录配置界面前需对计算机 IP 地址进行设置，指定本机 IP 地址与 I532D 的 WAN 口地址为同一网段，即 192.168.1.x。例如，IP 地址为 192.168.1.2，子网掩码为 255.255.255.0，默认网关设置为 192.168.1.1。

I532D 提供基于 Web 界面的配置工具，可以通过 Web 浏览器来配置和管理。打开 IE 浏览器，在地址栏输入<http://192.168.1.1>（I532D 的 WAN 侧接口默认 IP 地址），然后单击<回车>键，显示登录界面如图 5–5–2 所示。

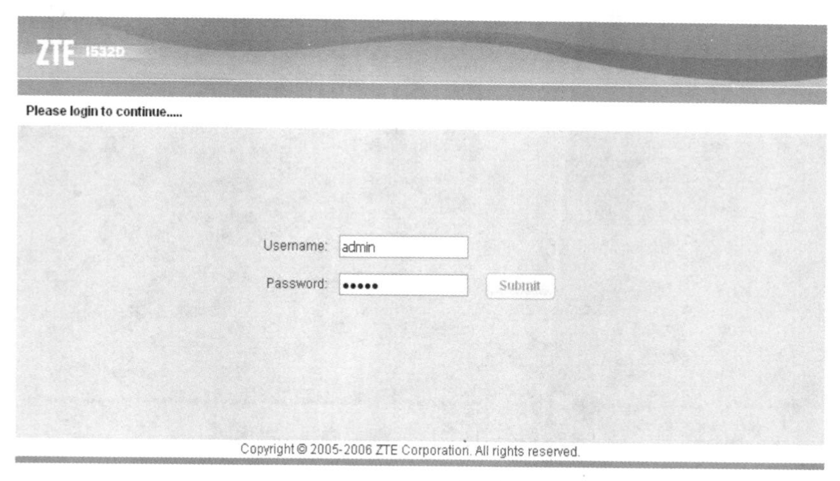

图 5–5–2　登录界面

默认“Username”和“Password”分别是“admin”和“admin”，登录后进入 I532D 的总体功能界面，显示了 I532D 所有配置内容的描述，包含 Wizard 向导、Setup 配置、Advanced 配置、VOIP 配置、Tools 工具和 Status 状态，同时也显示了 I532D 的基本状态信息，包含软件版本号和版本日期、系统的上电时间和 WAN 口的连接状态信息，如图 5–5–3 所示。

（3）WAN 口接入设置。在 I532D 的总体功能界面，单击“Wizard”按钮进入 I532D 的配置向导界面，如图 5–5–4 所示。可指导用户对 WAN 连接参数和 VOIP 相关参数进行配置。

选择“Static”选项，进入 Static 配置界面，如图 5–5–5 所示。

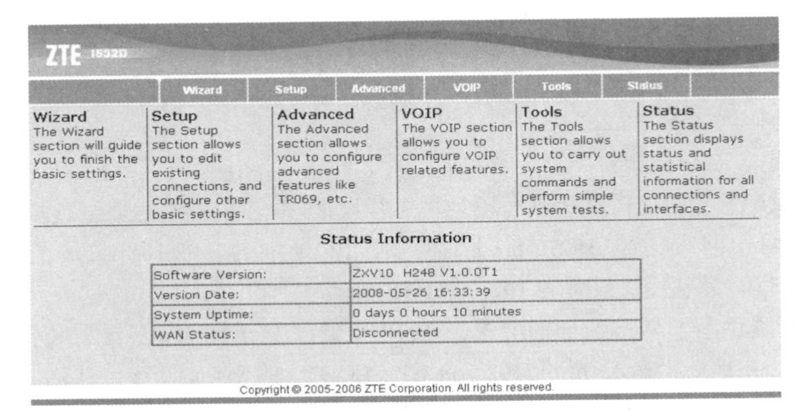

图 5–5–3 总体功能界面

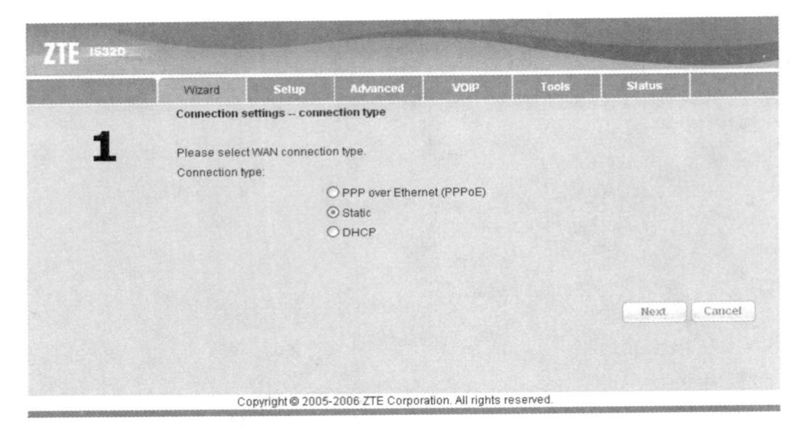

图 5–5–4 I532D 的配置向导界面

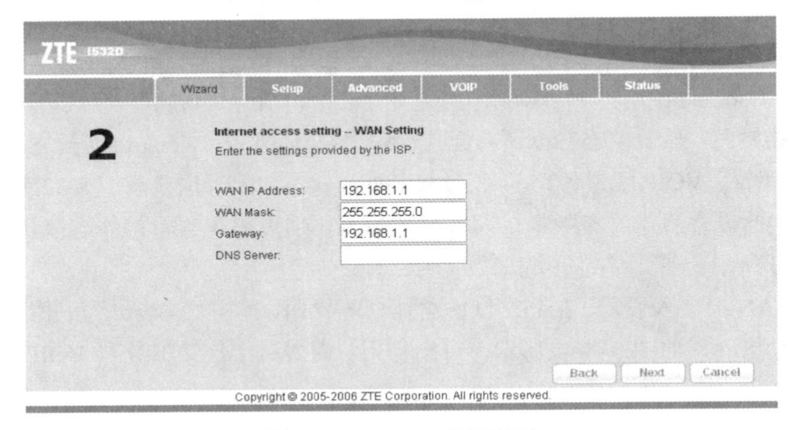

图 5–5–5 Static 配置界面

在如图 5–5–5 所示界面，需配置 IP 地址、子网掩码、缺省网关和 DNS Server，具体数值请从提供服务的网络运行单位获取。配置完毕，单击“Next”按钮，进入 MGCP 配置界面，如图 5–5–6 所示。

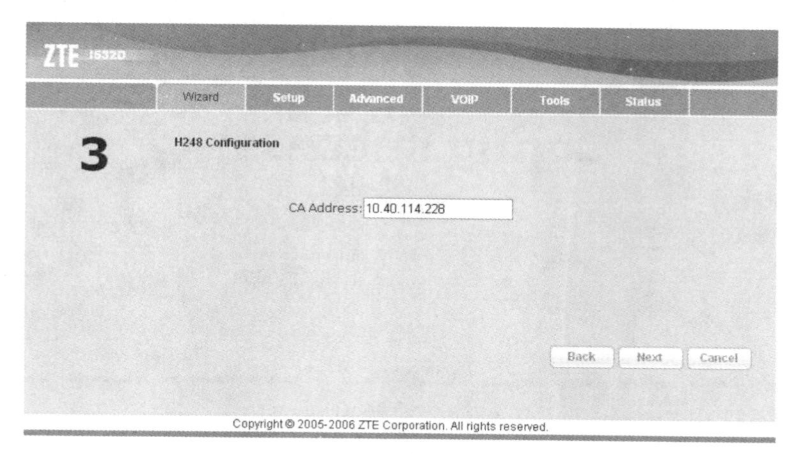

图 5–5–6　H.248 CA 配置界面

在图 5–5–6 所示界面，需配置 H.248 呼叫代理（CA）的 IP 地址，具体数值请从提供服务的网络运行单位获取。配置完毕，单击“Next”按钮，进入配置信息界面，如图 5–5–7 所示。

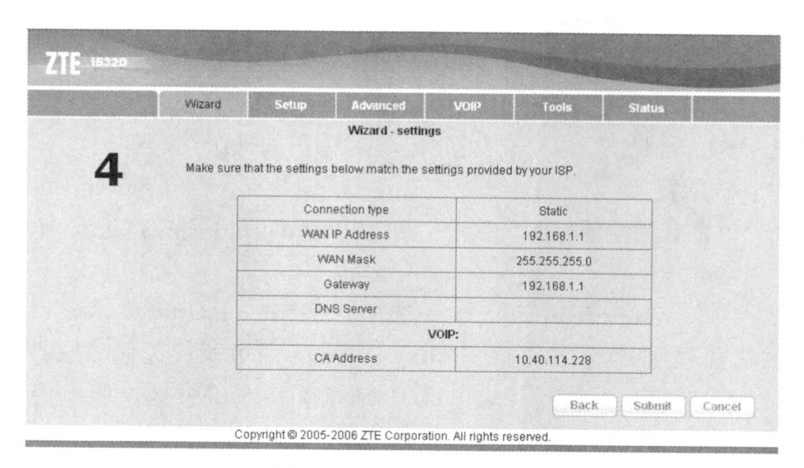

图 5–5–7　配置信息界面

在如图 5–5–7 所示界面，可以查看配置是否正确，单击“Back”按钮，返回前面步骤修改配置，单击“Submit”按钮，进入配置成功界面，如图 5–5–8 所示，配置成功后设备会自动重启，全部的配置都将生效。

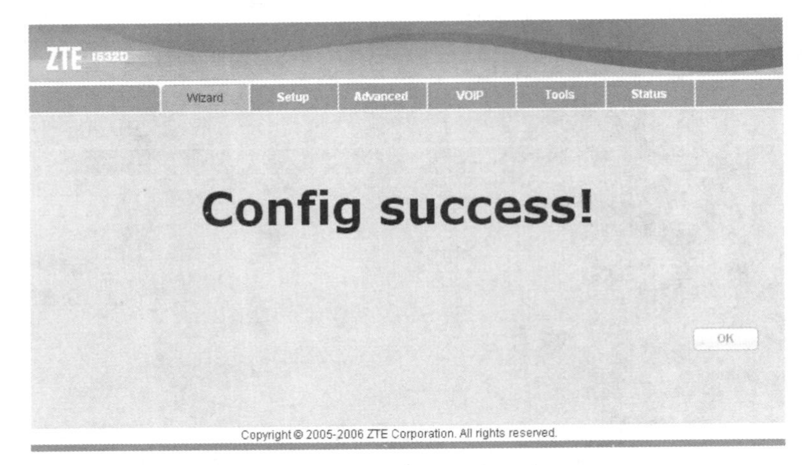

图 5–5–8　配置成功界面

（4）SIP 协议典型配置。

1）配置内部电话号码。

a. 在图模块号–3 所示界面，单击“VOIP”按钮，进入 VOIP 的配置界面。

b. 单击左侧“General”链接，进入 VOIP 的通用配置界面。

c. 在 Ext.number setup 框中设置内部电话号码的字长（Length）和字冠（Prefix）。

d. 设置是否启用二次拨号音（Two–stage Dialing Flag）。

e. 单击“Submit”按钮，完成设置内部电话号码的操作。

2）SIP 协议配置。

a. 在 VOIP 的通用配置界面，单击左侧［SIP Protocol］链接，进入 SIP 协议配置界面。

b. 在本地接口（Host Information）中选择上行接口（Interface）和端口（Port）。

c. 在首选代理服务器（Primary Proxy Server）中填写首选代理服务器的域名（或 IP 地址）和端口，具体的域名（或 IP 地址）和端口由提供服务的运行单位提供。

d. 设置备用代理服务器（Secondary Proxy Server）中的域名（或 IP 地址）和端口，如果运行单位没有特殊要求，可以保持为缺省值，不用改动。

e. 对电话口配置用户名、密码、鉴权用户名和启用标志，相应值由提供服务的运行单位提供。

f. 单击“Submit”按钮，完成SIP协议的基本配置。

3）查看端口状态。在SIP协议配置界面，单击左侧“General”链接，查看VOIP电话端口状态（Port Status）显示，当端口都显示为［In Service］（进入服务），则可以拨打电话。

（5）保存配置。配置成功后，在I532D的总体功能界面，单击“Tools”按钮。再单击左侧的System Commands链接，进入系统命令界面，如图5–5–9所示。单击“Save All”按钮，保存所有的配置修改。

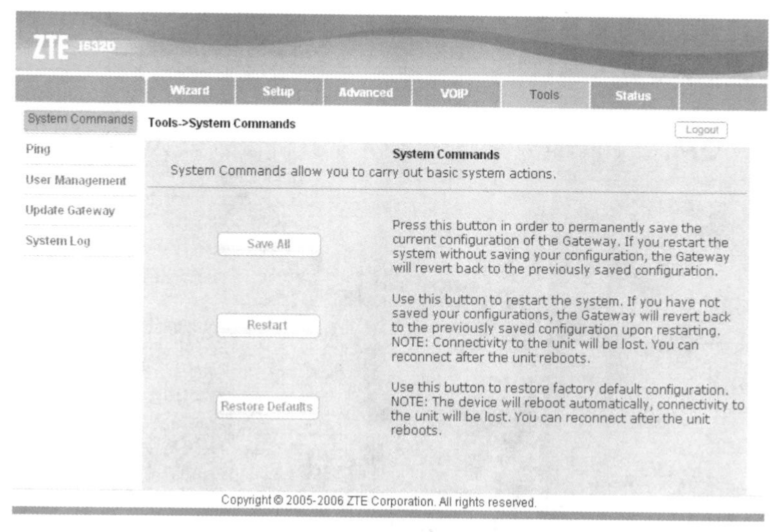

图5–5–9　系统命令界面

【思考与练习】

1. IAD设备采用电口上联网络时采用什么接口？
2. 如何使用一台计算机登录中兴ZXV10 I532D设备的控制界面？
3. 简述中兴ZXV10 I532D设备SIP协议配置主要步骤。

模块6　IP电话终端的安装（Z38F2006 Ⅰ）

【模块描述】本模块包含典型软交换设备IP电话终端的安装工艺和安装流程。通过要点讲解、操作过程详细介绍，掌握软交换设备IP电话终端的安装规范要求。

【模块内容】

一、安装内容

IP 电话终端的安装及相关线缆连接。

二、安装准备

为保证整个设备安装的顺利进行，需要准备以下相关技术资料及工具：

（1）施工技术资料：安装手册（使用说明书）。

（2）工器具及材料：一字螺钉旋具。

三、安装环境检查

电话机应安装在阴凉、干燥、通风、无腐蚀气体的地方。

四、安装操作步骤

1. 电话机硬件安装

以 AVAYA1608 IP 电话机为例，描述 IP 电话终端的安装。AVAYA1608 电话机外观如图 5–6–1 所示。

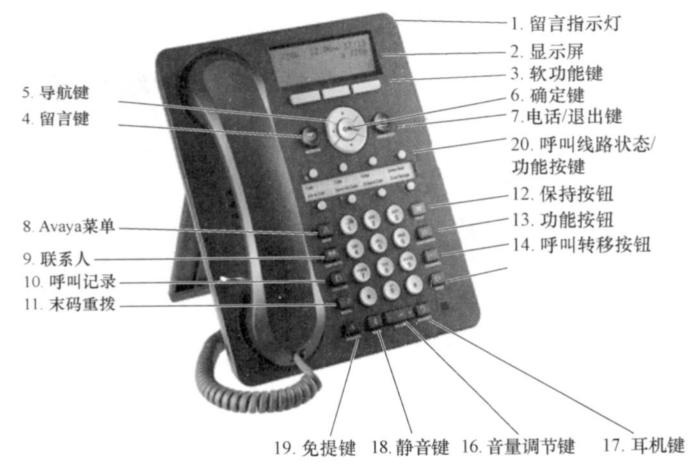

图 5–6–1 AVAYA1608 话机前面板示意图

（1）选择平整稳固的桌面放置话机，不要在靠近水的地方使用话机，不要将液体泼洒在话机上。

（2）确认话机摆放位置并引出 1 根网线连接到网络交换机。准备 1 个 IP 供话机使用的 IP 地址。

（3）将支架安装在话机背后，将话机、电源适配器、网线按图 5–6–2 连接。

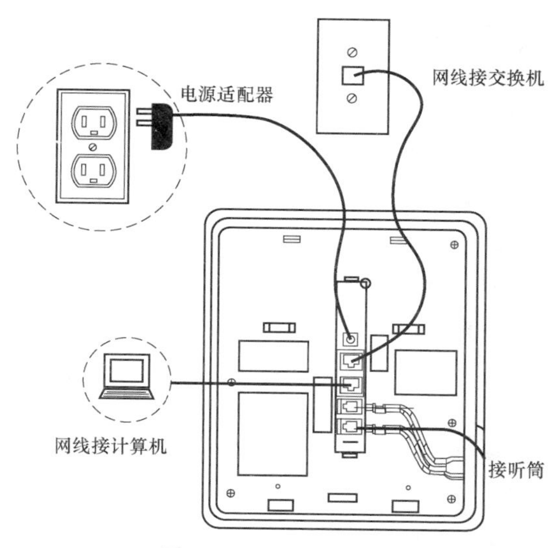

图 5–6–2　安装接线图

2. IP 电话终端的配置

确认话机与电源适配器连接无误后按以下步骤操作：

（1）连接线路成功后屏幕上出现：

DHCP…

*　to　progrom（进入话机系统配置话机信息）

（2）按“*”键进入话机系统，屏幕显示：

Phone=0.0.0.0

New=×××.×××.×××.×××（IP 地址根据话机所在地实际情况而定）

（3）按“#”确认后屏幕显示：

Callsv=0.0.0.0

New=10.0.88.10（此 IP 地址为 AVAYA 交换机服务器地址）

（4）按“#”确认后屏幕显示：

Callsvport=1719

New=（此处无需修改，直接按“#”进入下一步）

（5）按“#”确认后屏幕显示：

Rout=0.0.0.0

New=×××.×××.×××.×××（此处 IP 地址根据实际情况而定，为电话机所

分配到 IP 地址后相对应的路由网关）

（6）按“#”确认后屏幕显示：

Mask=0.0.0.0

New=×××.×××.×××.×××（此处 IP 地址根据实际情况而定，为电话机所分配到 IP 地址后相对应的子网掩码）

（7）按“#”确认后屏幕显示：

Filesv=0.0.0.0

New=（此处无需修改，直接按“#”进入下一步）

（8）按“#”确认后屏幕显示：

802.1Q=auto

*=Change #=OK

（9）按“#”确认后屏幕显示：

VlanID=0

New=（此处填入话机 IP 地址所分配的 Vlan 号，如无划分 Vlan 可直接按“#”进入下一步）

（10）按“#”确认后屏幕显示：

Save new values？

*=No #=Yes

（11）按“#”确认后电话机将自动重启：

Starting…

（12）重启完成后屏幕显示：

Enter Extension

Ext=（在此处输入系统已经分配好的每个地方的分机号码）

（13）按“#”或 OK 确认后屏幕显示：

Password=××××（在此处键入分机号码相对应的密码，初始定义为：1234）

（14）按“OK”确认后电话机验证分机号码和密码，如果号码和密码正确，电话机注册成功，按 SPEAKER 键可听到拨号音，电话配置完毕。

【思考与练习】

1. 简述 IP 电话终端安装步骤。
2. 简述 IP 电话终端硬件安装要求。
3. IP 电话终端如何配置？

模块7 调度台的调试（Z38F2007Ⅱ）

【模块描述】本模块包含了典型调度台的数据编辑、数据传送、密码管理、功能测试等调试项目。通过要点讲解、操作过程详细介绍，掌握调度台的调试方法。

【模块内容】

调度台的调试分为两部分。首先在交换机维护终端上针对新增的调度台进行对应的交换机配置，包括 DLU 板设置、调度台功能级别设置、增加调度分机设置。其次需在维护终端上进行调度台的各项参数设置，包括创建调度台组、添加热线用户。

不同厂家调度交换机的调度台调试各不相同，下面以 Harris 数字程控交换机的 ADV 调度台为例，介绍调度台的调试方法。

一、调度台的功能级别设置

调度台功能级别设置需在交换机维护终端上完成。

（1）新建功能级。新建功能级可以对新增调度台进行设置，使手柄具备强插、强拆等功能。采用功能等级命令（FEA）完成，如图 5-7-1 所示。

```
EDT ...? se b
... SELECTING DATABASE 'B' ...
B ...? fea
FEA ...? add
Feature class (1 - 63) ...? 10
Feature class type ...? opt
... At this point the Editor has already configured the default values for ...
... the feature class.  Press return if default configuration is desired.  ...
Feature [END] ...?
Comment ...?
... ADDING FEATURE CLASS 10 ...
FEA ...? _
```

图 5-7-1 新建功能级

（2）新建服务等级。新建服务等级是为了对调度台手柄的拨打内线电话、拨打市话、拨打长途电话权限做出定义，采用命令 COS 完成，如图 5-7-2 所示。

二、增加 DLU 板

图 5-7-3 表示在 SLOT 01–20/16 PORTS 位置添加了一块 DLU 板卡，添加 DLU 板卡是为了连接调度台手柄，DLU 板卡上可以连接 8 个电路，每个电路对应一个调度台手柄。

```
... ADDING FEATURE CLASS 10 ...
FEA ...? cos
COS ...? add
COS number (1 - 255) ...? 10
Dial control class (0 - 63) ...? 10
Feature class (0 - 63) ...? 10
Routing class (0 - 63) ...? 10
Bearer capability class (0 - 7) [0] ...?
Reliable disconnect (Y/N) [Y] ...?
Comment ...?
... ADDING CLASS OF SERVICE 10 ...
COS ...?
```

图 5–7–2 新建服务等级

```
 R - System must be reset to save edit session

EDT ...? se b
... SELECTING DATABASE 'B' ...
B ...? boa
BOA ...? l 1-20
SLOT 01-20/16 PORTS: FREE
BOA ...? add
Board type ...? dlu
Slot ...? 1-20
Circuit number (1 - 8, ALL, or END) [END] ...?
... ADDING DLU BOARD AT SLOT LOCATION 01-20 ...
BOA ...? _
```

图 5–7–3 增加 DLU 板

三、增加调度分机

图 5–7–4 的步骤表示在 20 槽位电路 1 位置添加了一个分机号码为 2209 的调度分机，增加的调度分机与 DLU 板卡上的一个电路一一对应。

```
EXT ...? add 2209
Extension type ...? dop
Circuit location ...? 1-20-1
COS number (0 - 255) ...? 10
Extension priority level range (0 - 9) [0] ...?

Auto-Answer operation [N] ...?
Individual speed dial blocks (0 - 4) [4] ...?
Last name ...? .
First name ...?
Extension number for directory [2209] ...?
Location ...?
Department ...?
Published directory entry (YES/NO) ...? y
Group I category name [KA1] ...?
Group II category name [SUB-NO-PRIORITY] ...?
Prefix index (1-99, DEFAULT) [DEFAULT] ...?
Comment ...? _
```

图 5–7–4 增加调度分机

四、调度台基本参数设置

（1）登录程序。运行程序后，将看到调度维护台的登录界面，如图 5–7–5 所示。

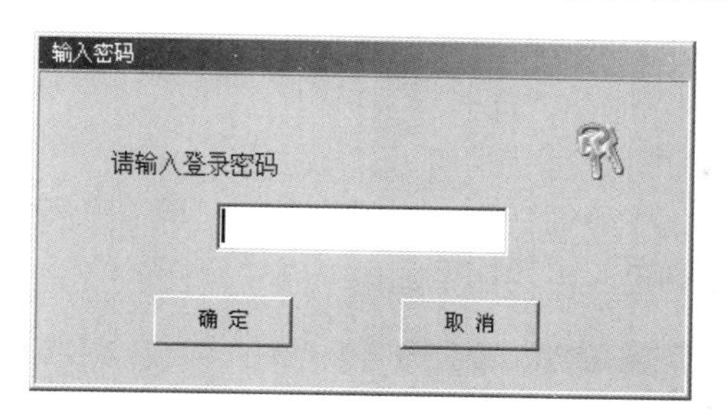

图 5–7–5 登录界面

输入正确的密码并单击“确定”键。登录系统的初始密码为“2000”。

（2）主界面。输入正确的密码并按“确定”后，进入主界面，如图 5–7–6 所示。

图 5–7–6 主界面

其中重要内容如下：

1）数据编辑：在此程序模块中，可以对所有调度台席位的调度台组参数、席位参数、手柄参数、热线用户等进行编辑。

2）数据传送：在此程序模块中，可以向调度台席位发送系统配置、热线用户等数据；调度维护台也可以接收调度台席位中的任意数据文件；对调度台席位编号进行重组。

3）席位监视：在此程序模块中，可以对系统内所有调度台席位的运行状态进行监视。

4）密码管理：在此程序模块中，可以对系统登录密码进行管理。系统初始密码为“2000”。

5）网管设置：本功能不提供。

6）关于软件：关于调度维护台的版本说明。

7）退出：退出调度维护台程序。

（3）创建调度台组。主界面在数据编辑界面下，单击“组操作”与“创建组”功能按键，即可进入创建调度台组界面，如图 5–7–7 所示。

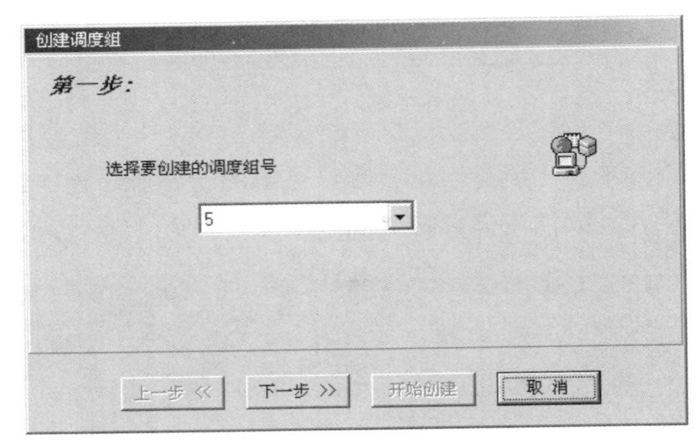

图 5–7–7 创建调度台组_第一步

在此界面下选择所要创建调度台组的编号，最多可以创建 64 个调度台组，并单击“下一步”按键进入下一步，如图 5–7–8 所示。

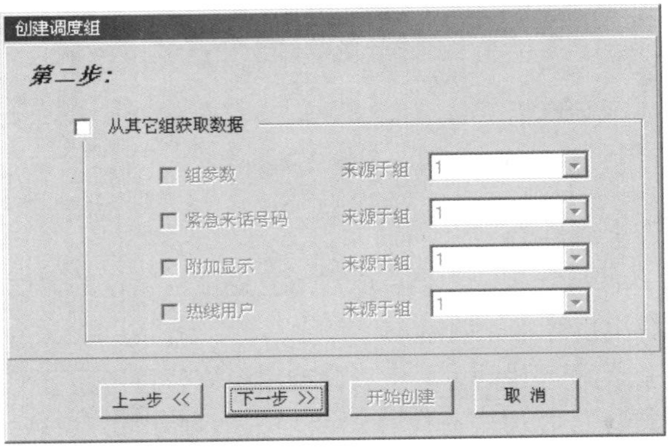

图 5–7–8 创建调度台组_第二步

要重新选择调度台组编号请按“上一步”按键。

在此界面下若选择“从其他组获取数据”，那么所要创建调度台组的组参数、紧急来话号码、附加显示及热线用户数据从其他调度台组中获得，否则，将创建一个空的调度台组。单击“下一步”按键进入下一步，如图 5–7–9 所示。

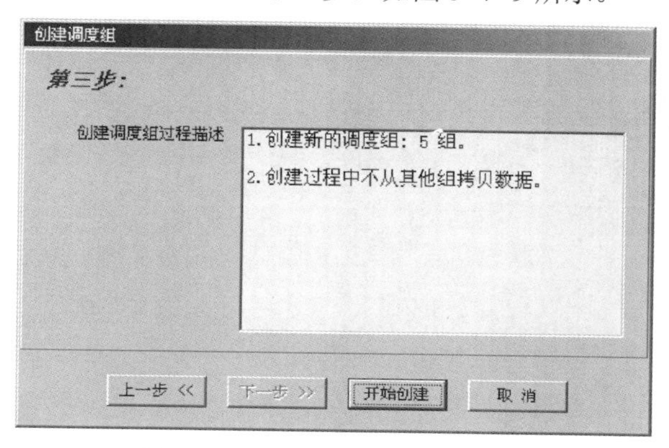

图 5–7–9　创建调度台组_第三步

要重新选择调度台组数据来源请单击“上一步”按键。

在此界面下按“开始创建”按键，调度维护台根据以上二步的设置进行调度台组的创建工作。完成调台组创建后返回系统功能的组操作界面。

五、热线用户添加

在调度维护台主界面下，单击“热线用户”功能按键，选择所需要编辑的组号和席位号后即可进入调度维护台数据编辑界面。

（1）有关热线用户的注意事项。在调度维护台中允许每一个调度台组有热线用户数据表、标签名数据表、附加显示数据表，同时也允许每一个调度台有热线用户数据表、标签名数据表、附加显示数据表。当调度台具有这些热线用户数据表、标签名数据表、附加显示数据表时不使用调度台组中的这些数据表。

（2）编辑热线用户。选择所需要编辑的调度台组号与席位号，如图 5–7–10 所示。

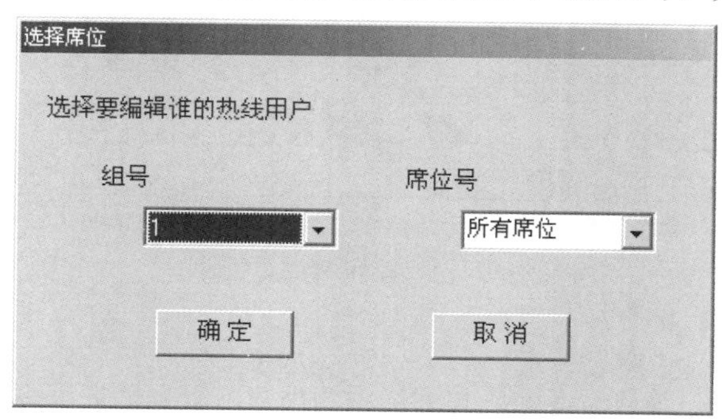

图 5–7–10　选择调度台组号、席位号

（3）热线用户编辑界面。在图 5–7–10 中单击“确定”按钮，进入热线用户编辑界面，如图 5–7–11 所示。

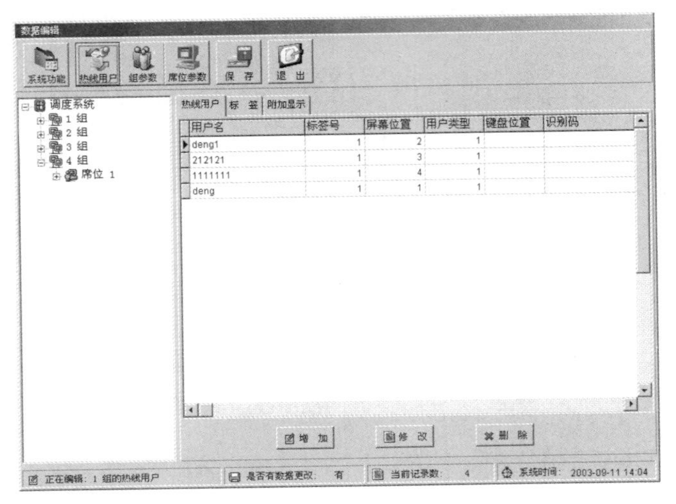

图 5–7–11　热线用户界面

（4）编辑热线用户。在图 5–7–11 中双击需要编辑的热线用户，可以对用户名称、标签号、屏幕位置、用户类型等进行编辑，如图 5–7–12 所示。

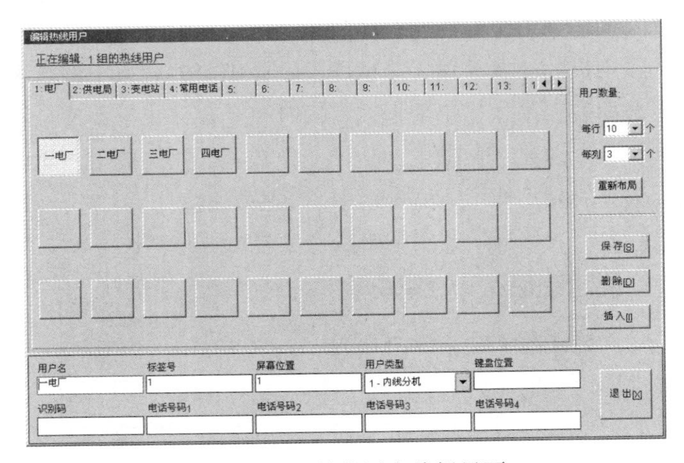

图 5–7–12　热线用户编辑界面

六、功能测试

（1）强插测试。调度台呼叫正在通话中的用户，听到忙音，按下强插功能键，实现调度台与通话用户间的三方通话。高级别用户可以对低级别用户进行强插强拆。

（2）强拆测试。调度台呼叫正在通话中的用户，听到忙音，按下强拆功能键，强行释放被叫用户，实现调度台与被叫用户的通话。高级别用户可以对低级别用户进行强拆。

（3）双机同组测试。选择连接至不同交换机的两部调度台，将这两部调度台定义在同一个调度台组，这两部调度台应能共享相互之间的调度信息和呼叫信息。

（4）排队测试。同时用多部电话呼叫调度台，调度台对呼入的用户按照时间顺序进行排队并提示。

（5）呼叫历史记录查询功能。用户可以通过简单操作查询已拨电话、未接来话、已接来话的记录，并能够显示呼叫的号码、时间等相关信息，每种呼叫历史记录不少于 200 条。用户可以通过按键回拨或者重拨记录号码。

（6）并席功能测试。当组群群中一部调度台与某一被调站点用户通话时，同组群的其他调度台席位可通过简单的操作实现插入监听或通话。

【思考与练习】

1. 调度台功能级别的设置包括哪几个主要步骤？各采用什么命令？
2. 调度台功能测试包括哪些内容？
3. 如何进行双机同组测试？

模块 8　录音系统的调试（Z38F2008Ⅱ）

【模块描述】本模块包含了典型录音系统的录音方式、存储方式等参数的设置。通过要点讲解、操作过程详细介绍，掌握录音系统的调试方法。

【模块内容】

录音系统的调试分为录音系统软件安装和软件设置。下面以三汇公司的 SHT–8B/PCI 型电话语音系统为例，介绍录音系统的调试方法。

一、录音系统软件安装

运行光盘附带的 setup.exe，即可在任意位置安装录音系统软件。

二、录音系统软件设置

（1）权限管理。系统把权限分为两种，管理员和操作员。管理员可以进行播放录音、删除语音记录、修改系统时间、退出录音系统等操作，操作员可以进行除以上操作以外的其他操作。初次访问录音系统，可以以管理员身份和默认密码登录，界面如图 5–8–1 所示。进入系统后，单击“系统管理”“操作员管理”，进入操作员管理界面如图 5–8–2 所示，可以创建、删除操作员和管理员，进行权限管理。

图 5–8–1 数字录音系统登录界面

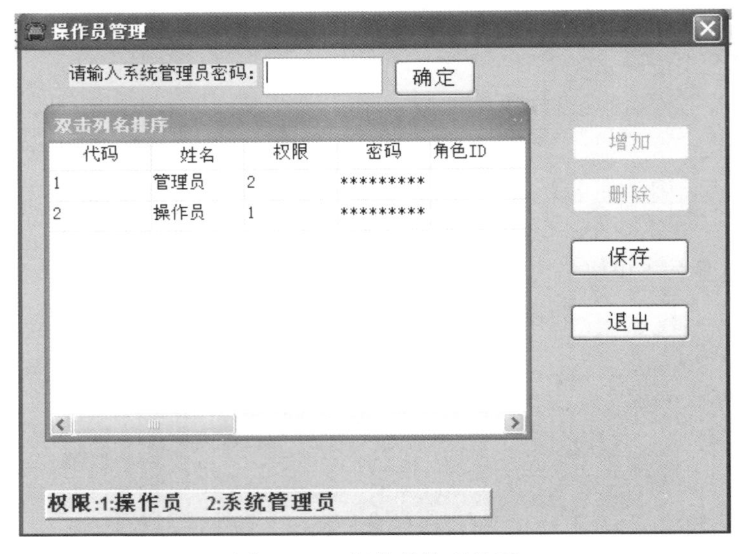

图 5–8–2 操作员管理界面

（2）录音参数设置。单击“数字录音”与“录音参数”功能按键，进入录音参数设置界面，如图 5–8–3 所示。根据实际需要，对每个录音通道的以下参数进行设置：

1）录音通道的最小开始录音时间和最大持续录音时间，系统默认最小开始录音时间为 2s，最大持续录音时间为 36 000s。根据实际需要进行调整。

2）振铃未摘机时是否登记，勾选为登记。

3）录音保留天数，系统默认为 400 天。

录音监听以及录音回放时的音量设置，单击控制面板中的“声音和音频设备”即可进行设置。

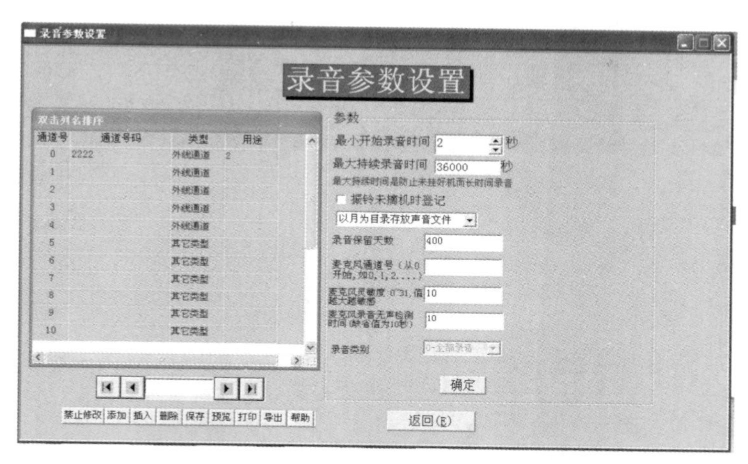

图 5–8–3　录音参数设置界面

（3）录音系统监听功能检查。启动录音系统、录音参数设置后，录音系统就开始按照参数设置对每个录音通道进行录音。为检查录音功能是否正常，可以单击“数字录音”“录音监听”功能按键，进入录音监听界面，如图 5–8–4 所示。任选一路录音通道，拨通电话后通话，录音系统中应当能够实时监听。

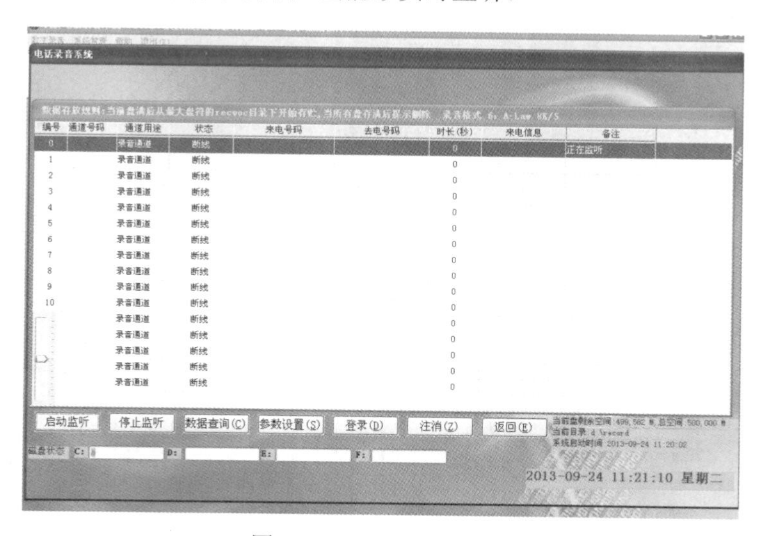

图 5–8–4　录音监听界面

（4）录音系统查询功能检查。对步骤 3 中监听检查后形成的录音记录进行检查。进入录音查询界面，如图 5-8-5 所示，根据起始日期、起始时间、结束日期、结束时间、本机号码、对方号码、主被叫等参数，应当能查询到符合条件的录音文件。

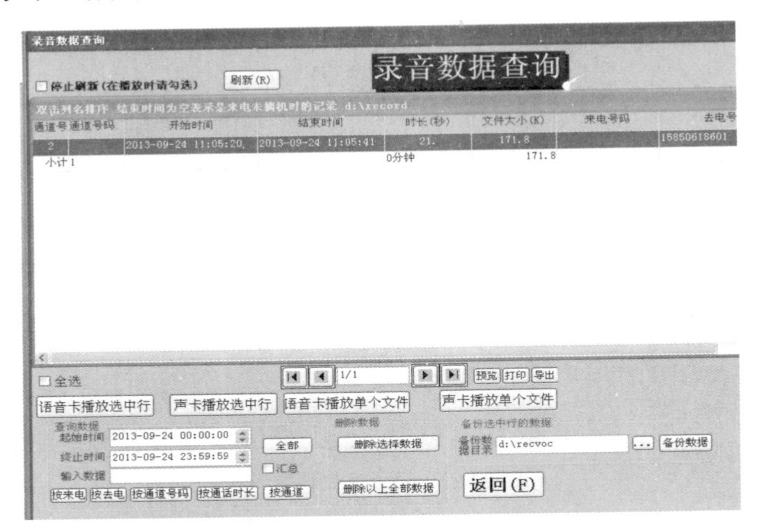

图 5-8-5 录音数据查询界面

（5）录音文件回放测试。选中任意录音文件，应能进行录音回放，如图 5-8-6 所示，可提供播放、暂停、停止、快进、快退等功能，录音应当能反复播放，回放时应可显示当时的通话时间。

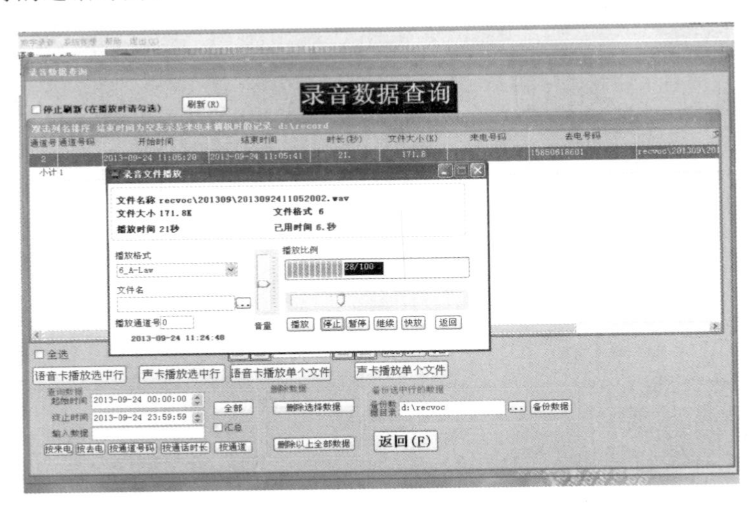

图 5-8-6 录音文件回放界面

（6）录音备份测试。对于任意语音记录，进入录音数据查询界面后，查找到记录后，单击“备份数据”按键，如图 5–8–7 应可将其备份到备份硬盘上，作为长期保存。

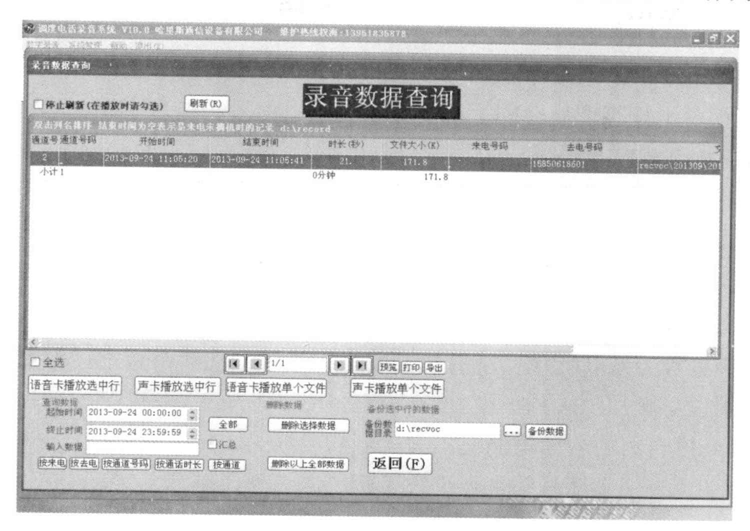

图 5–8–7　附加显示编辑界面

【思考与练习】

1. 如何调整录音监听音量？

2. 录音文件查询条件有哪些？

3. 录音系统调试包括哪些主要步骤？

模块 9　调度台常见故障处理（Z38F2009Ⅱ）

【模块描述】本模块包含了典型调度台的无法接通、无法挂机等常见故障的分析和处理。通过故障分析、案例介绍，掌握调度台常见故障的分析和处理方法。

【模块内容】

一、调度台故障分类及其处理

1. 无法应答被保持的来话

（1）故障现象：通话保持后，无法将该来话重新应答。

（2）故障处理方法。

1）检查调度台手柄的从属分机是否设置正确，每个手柄的从属分机号码必须连续。

2）查看调度台手柄所对应的收集路由表中是否设置了呼叫从属分机的收集序列。

2. 调度台无法接听来话

（1）故障现象。当调度台呼入来话时，调度台摘机无法接听来话。

（2）故障处理方法。

1）检查交换机数据库中调度台手柄能否拨打席位参数中设置的从属分机号码。

2）在维护台上检查调度台的手柄参数从属分机的号码是否设置正确，同时检查交换机号设置正确并确认已经发送给调度台。

3）在调度台上检查每个调度台的手柄号码与席位参数中设置的手柄号码是否一致。

3. 并机功能故障

（1）故障现象。无法实现并机功能。

（2）故障处理方法。无法实现并机功能是因为强插功能不正常，根据发生故障的可能性，按照以下顺序从大到小检查。

1）检查调度台组内各席位的左、右手柄的连线是否接反。

2）检查调度台的手柄号码是否设置正确。

3）检查调度手柄的级别是否设置不当。

4. 调度维护台连接故障

（1）故障现象。运行调度维护台软件之系统检测功能，在屏幕左下方显示“维护台故障”的信息。

（2）故障处理方法。运行调度维护台软件的系统检测功能，显示“维护台故障”信息的处理方法应针对两种配置情况分别进行分析。

若采用的是内置 ADIB 板形式，则：

1）检查 2B+D 数字电路是否正确连接到调度维护台计算机主机内的 ADIB 板中，若采用的是 U 接口 2B+D 电路，则必须设置一个数字话机号码，才能将该电路激活。

2）检查该 ADIB 板是否设置为主板。

3）检查计算机主机的“中断 5”是否打开或被其他硬件设备占用。

若采用的是外置 MCA 形式，则：

1）与 MCA 相连的数字线路，是否设置了数字话机号码。

2）计算机与 MCA 相连的串口是否正常。

3）检查维护台安装目录下的 comadib.ini 文件。

4）外置整流电源是否已接通。

5. 调度台无拨号音

（1）故障现象：调度台摘机无拨号音，但席位通信正常。

（2）故障处理方法：

1）检查连接调度台的 2B+D 数字用户线是否连接正常。

2）检查 DDU 板的状态，即是 16 线 HDDU 板还是 8 线 DDU 板。

3）检查交换机数据库 DDU 板的设置是否与硬件设置一致，8 线调度板应设置为“DLU”，16 线数字调度板应设置为“HDLU”。

二、故障案例分析举例

（1）故障现象。某调度员发现无法对通话中的用户进行强插操作，即无法实现并机功能。

（2）故障分析与处理。首先检查左、右手柄的连线是否接反。发现没有接反，接着检查调度台的手柄号码是否设置正确。发现号码设置正确，最后应当采用 FEA 命令检查调度手柄的级别是否设置不当，导致调度台的强插功能没有打开，发现强插功能没有打开，修改强插功能为打开状态，故障消失。

【思考与练习】

1. 调度台无法应答被保持的来话的处理步骤是什么？
2. 调度台无法接听来话的处理步骤是什么？
3. 并机功能故障的处理步骤是什么？

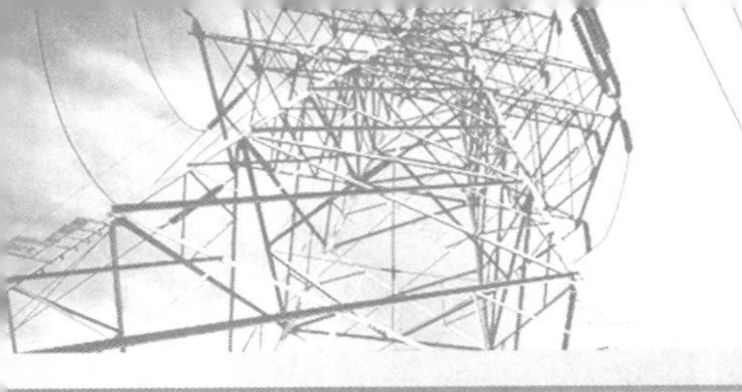

第六章

会议电视设备安装与调试

模块 1　会议电视系统设备的硬件组成（Z38F3001 Ⅰ）

【模块描述】本模块介绍了会议电视系统的硬件结构和 MCU、终端、扩声、显示、中控等单元的功能，通过功能介绍和图形举例，掌握会议电视设备的硬件组成和单元功能。

【模块内容】会议电视系统，又称视频会议系统。它是一种使用专门的音频/视频设备，通过传输网络，实现远距离点与点、点与多点间的现代会议系统。同传统的现场会议相比，具有节省时间、压缩空间、提高效率等优点。根据 H.323 建议，会议电视系统主要由多点控制单元（MCU）、会议终端、网关（GW）、网守（GK）以及通信网络组成。根据需要还包括其他外围设备，如摄像机、图像显示设备、传声器、编辑导演设备、会场扩声设备、调音台等。

一、MCU

1. MCU 的功能描述

MCU 是多点会议电视的核心设备，其作用相当于一台交换机，部署在网络中心，为用户提供群组会议、多组会议的连接服务。它将来自各会场的信息流，经过同步分离后，抽取出音频、视频、数据等信息和信令，再将各会场的信息和信令，送入处理模块，完成相应的音频混合或切换、视频混合或切换、数据广播和路由选择、定时和会议控制等过程，最后将各会场所需的各种信息重新组合起来，送往各相应的终端系统设备。MCU 由多点控制器（MC）和多点处理器（MP）组成，MCU 可以使独立的设备，也可以集成在终端、网关或者网守中。MC 和 MP 只是功能设备，而非物理实体，都没有单独的 IP 地址。

2. MCU 结构组成

MCU 一般由子架（一体化机箱）、主控制板、业务处理板、电源模块、风扇、业务接口等组成，如图 6–1–1 所示。

子架为主控板和各功能单板、电源模块等提供插槽位置。

主控板是核心处理单元，负责视频、音频、信令等信息交换处理，并执行业务管理中心的控制命令，具体包括呼叫处理、数据会议、多路音频混音处理、视频交换处理、系统时钟、系统监控、会议控制等功能。

业务处理板主要负责系统多画面处理、媒体码流处理及混音处理等功能。

交流或直流电源模块采用1+1热备份方式，正常时电源模块以负载分担方式工作。当一个电源模块掉电或出现故障时，另一个电源模块立即自动承载全部的电源负荷。

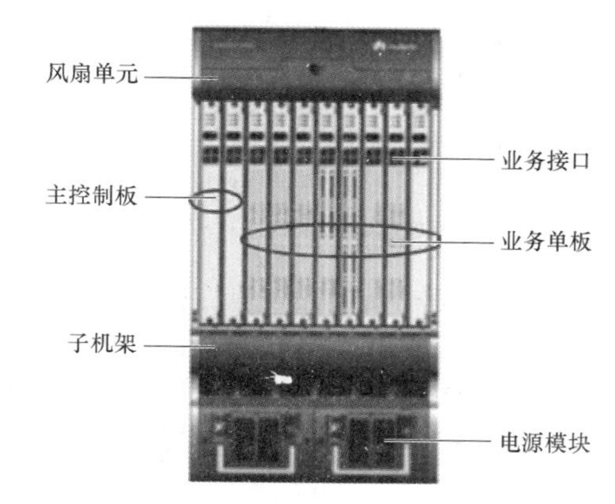

图 6-1-1 MCU 结构示意图

风扇单元支持热插拔，对单板插框中的单板进行抽风散热，需要定期除尘维护。

二、会议终端

会议终端是会议电视系统的基本功能实体，为会场提供基本的视频会议业务。会议终端与摄像头、传声器、电视机等外围设备互联，将摄像头和传声器输入的图像及声音数据编码、打包，然后通过网络传送给远端。同时接收网络传来的数据并进行拆包、解码，解码后将图像、声音和数据还原输出，实现与远端的实时交互。从和摄像机的连接方式可以将会议终端分为分体式终端和一体式终端，一体式终端的摄像机与主机连接为一体，分体式终端为独立的会议终端主机，如图 6-1-2 所示。

（a） （b）

图 6-1-2 终端类型
（a）一体式终端；（b）分体式终端

会议终端通过视频输入输出端口、音频输入输出端口、网络端口分别与视频系统设备、音频系统设备和通信网络设备连接。

三、网关

网关是不同会议系统间互通的连接实体，其主要功能如下：

（1）信号转换。将一个网络中的通信信号转换成另外一个网络环境中通信信号。

（2）协议转换。将符合其他协议标准的终端信令及流程转换为符合 H.323 协议的标准信令及流程。

（3）数据转换。可以进行视频、音频和数据格式的转换。

四、网守

网守是为 H.323 节点提供呼叫控制服务的实体，它为 H.323 终端、网关和 MCU 提供地址翻译、呼叫接入控制、带宽控制、区域管理等。在逻辑上，网守是一个独立于终端的功能单元，然而在物理实现时，他可以装备在终端、MCU 或者网关中。

五、通信网络

通信网络是信息传输的载体和通道，一般先于会议电视系统而存在，在选择会议电视设备时，应根据现有网络情况选择不同通信方式的 MCU 和终端，传输网络可以是 IP 广域网、ISDN（BRI/PRI）、E1、DDN 专线、卫星线路（V.35）等。

六、外围设备

1. 音频系统设备

音频系统设备主要包括传声器、调音台、均衡器、反馈抑制器、音频处理器、功率放大器、扬声器、监听、录音设备等硬件设备。根据会场空间和对音质要求的不同，均衡器、反馈抑制器、音频处理器不一定配置，但传声器、调音台、功放和扬声器一般情况都需要配置。

2. 视频系统设备

视频系统设备主要包括摄像机、视频矩阵、投影机、屏幕显示器、监视器等设备。摄像机和屏幕显示器是必须配置的，监视器可以是电视机、等离子监视器、拼接屏、投影等设备的一种或几种，视频矩阵需根据视频信号分配的需要来配置。

3. 中央控制系统

中央控制系统，也称为中央集控系统或智能控制系统，能对视频终端、摄像机、投影机、功放、传声器、计算机、便携式计算机、电动屏幕、电动窗帘、灯光等各种声、光、电设备进行集中控制以简化操作。中央控制系统主要由控制主机、控制终端组成，其他有强电继电器、弱电继电器、调光器、音量控制器、温湿度传感器、串口扩展器、红外发射棒、以太网卡、射频收发器、墙装控制面板等功能组件。

【思考与练习】

1. 会议电视系统主要有哪几个部分组成？
2. 简述会议电视系统网关的主要功能。

3. 会议电视系统网守的主要功能有哪些？

4. 会议电视系统视频外围设备包括哪些？

模块 2　会议电视系统 MCU 设备安装（Z38F3002Ⅰ）

【模块描述】本模块介绍了会议电视系统 MCU 设备的安装工艺要求和安装流程。通过工艺介绍和操作过程详细介绍，掌握会议电视系统 MCU 设备的安装规范要求。

【模块内容】下面以华为 ViewPoint9660 MCU 为例介绍 MCU 设备安装。

一、安装内容

MCU 设备安装包括机架安装、MCU 设备子架安装、板卡安装，设备线缆敷设。

二、安装准备

为保证 MCU 设备安装的顺利进行，需要准备以下相关技术资料及工具材料：

（1）施工技术资料：合同协议书、设备配置表、会审后的施工设计图、安装手册。

（2）工具和仪表：卷尺、工业水平尺、角尺、螺钉旋具、扳手、电烙铁、焊锡丝、橡胶锤、防静电腕带、防静电手套、剥线钳、压线钳、卡线钳、水晶头压线钳、光纤连接器、打线刀、万用表。工具使用前要做好绝缘处理，仪表必须经过严格校验，证明合格后方能使用。

（3）安装辅助材料：电源线、尾纤、接地线、以太网连接线缆、线缆标签、绑扎带等。

三、安装条件检查

1. 环境条件检查

（1）机房环境及温度、湿度应满足设备要求。

（2）会场灯光照明、装修和布置满足要求。

（3）防静电、防干扰、防雷措施和接地系统满足要求。

（4）机房应配备足够的消防设备。

（5）机房抗震等级达到规定要求。

2. 机房供电条件检查

（1）MCU 供电电压与容量应满足要求。

（2）配备必要的施工交流电源。

四、安全注意事项

（1）设备搬运、放置要注意保护。

（2）施工用电的电缆盘上必须具备触电保护装置。

（3）电动工具使用前应检查工具完好情况。对存在外壳、手柄破损、防护罩不齐全、电源线绝缘老化、破损的电动工具禁止在现场使用。

（4）在接触设备、手拿板卡前，须穿戴防静电手套或者防静电腕带。防静电腕带的另一端必须良好接地。

（5）单板安装时，必须关闭设备电源。

（6）检查 MCU 与相关线缆连接是否正确之前请勿上电，以免连接错误造成人体伤害和损坏 MCU 部件。

（7）设备上电过程中，切勿穿戴防静电腕带，以防电击。

（8）严禁带电安装或拆除电源线。

五、操作步骤及质量标准

会议电视 MCU 设备的安装步骤一般为：开箱检查→机架安装→设备安装→单板安装→电缆布放及连接→安装后检查。设备安装应符合施工图设计的要求。

1. 开箱检查

（1）检查物品的外包装的完好性。检查机箱有无变形和严重回潮。

（2）按系统装箱数、装箱清单，检验箱体标识的数量、序号和设备装箱的正确性。

（3）根据合同和设计文件检验设备配置的完备性和全部物品的发货正确性。

（4）主机、配件外观整洁、无划伤、无松动结构件、无破损；随机线缆无短缺、无破损，接头完好。

2. 机架安装

（1）机架应水平安装，端正牢固，用吊线测量，垂直偏差不应大于机架高度的 1‰。

（2）列内机架应相互靠拢，机架间隙不得大于 3mm，机面平齐，无明显参差不齐现象。

（3）机架应采用膨胀螺栓对地加固，机架顶应采用夹板与列槽道（或走道）上梁加固。

（4）所有紧固件必须拧紧，同一类螺丝露出螺帽的长度宜一致。

（5）机架间需使用并柜螺栓进行并柜连接，机架顶部通过并柜连接板固定在一起。

（6）机架的抗震加固应符合机架安装抗震加固要求，加固方式应符合施工图设计要求。

（7）机架安装完成后，应对机架进行命名并贴上标签进行标识。

3. 设备安装

（1）确定 MCU 设备安装位置，安装滑道和浮动螺母。

（2）两人将 MCU 抬起至略高于机柜滑道的位置，将设备放入滑道，水平推入机柜，如图 6–2–1 所示。

（3）用面板螺钉将 MCU 固定。

4. 单板安装

（1）将防静电手腕的插头插入机箱上的防静电插孔中，佩戴好防静电手腕。

（2）两手抓住单板上的扳手，使扳手向外翻，沿着插槽导轨平稳滑动插入该单板。

（3）将扳手向内翻，单板推入机箱，直到扳手扣紧。

（4）使用十字螺钉旋具沿顺时针方向拧紧螺钉。

（5）单板安装注意事项：

1）插拔单板时切勿用力过大，要缓缓推入或拔出，以免弄歪母板上的插针。

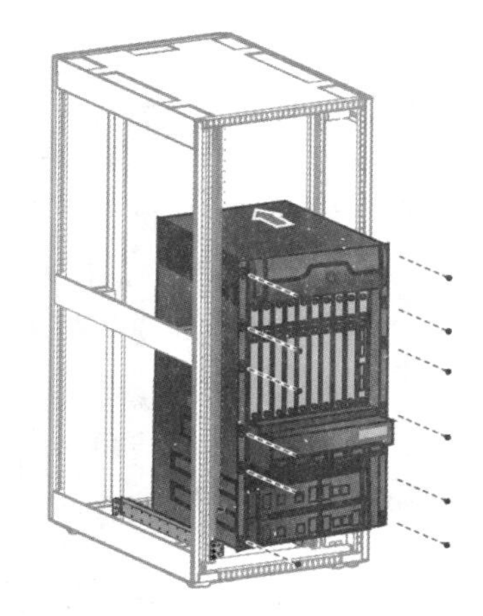

图 6–2–1　MCU 设备安装示意图

2）插拔单板时注意对准机箱内的导轨，沿着导轨推入或拉出。

3）单板插入槽位后，要拧紧两颗松不脱螺钉，保证单板拉手条与插框的可靠接触。

4）插拔单板时要佩戴防静电手腕，或者戴上防静电手套，确保防静电手腕的金属扣和皮肤充分接触，并且手腕带的另一个端点被正确连接到了机箱正面的防静电手腕插孔上。

5）在未插单板的槽位处，需安装假拉手条，以保证良好的电磁兼容性及防尘要求。

6）手拿单板时，切勿触摸单板电路、元器件、接线头、接线槽。

5. 线缆布放与连接

（1）线缆布放。线缆布放需要布放的线缆主要有：接地线、电源线、网线。

1）线缆绑扎间距均匀，松紧适度，线扣头朝向一致，保持整体整齐美观统一。

2）会议系统设备电源输入单独布线，与其他照明等电源分开敷设。

3）线缆布放应便于维护和扩容。

（2）设备连接。

1）接地线连接：将接地线一端接到右下侧的 M6 接地螺钉上，接地线另一端接到接地排上。

2）电源线的连接：VP9660 配置 4 个相同类型电源模块，需要分别连接 4 个电源模块的电源线。VP9660 支持直流（DC）和交流（AC）两种供电方式。其中交流供电方式是将标配的交流电源线一端的接头插入电源模块电源接口上，将电源线另一端的插头插入电源三相插座上。

3）以太网口连接：将所有单板前面板标识为 GE0 的网口连接到千兆交换机上。

6. 安装后检查

（1）核查设备外观、位置等是否符合要求。

（2）检查 MCU 安装螺栓是否牢固可靠。

（3）检查板卡槽位是否正确，空槽位是否全部安装假拉手条。

（4）检查该 MCU 的接地线是否连接正确且牢固。

（5）所有通信线缆是否连接正确、可靠，插头无松动。

（6）检查机柜、子架、单板、线缆标示标签是否齐全、正确。

（7）供电电压是否与 MCU 的要求一致。

【思考与练习】

1. 简述 MCU 设备安装步骤。

2. 简述 MCU 单板安装步骤与注意事项。

3. 简述 MCU 设备安装后的检查内容。

模块 3 会议电视系统终端设备安装（Z38F3003 Ⅰ）

【模块描述】本模块介绍了会议电视系统终端设备的安装工艺要求和安装流程。通过工艺介绍和操作过程详细介绍，掌握会议电视系统终端设备的安装规范要求。

【模块内容】

一、安装内容

终端的安装及相关线缆连接。

二、安装准备

为保证会议终端设备安装的顺利进行，需要准备以下相关技术资料及工具材料：

（1）施工技术资料：合同协议书、设备配置表、会审后的施工设计图、安装手册。

（2）工具和仪表：长卷尺、直尺（1m）、一字形螺钉旋具 M3～M6；十字形螺钉旋具 M3～M6、尖嘴钳、斜口钳、老虎钳、毛刷、镊子、裁纸刀、电烙铁、焊锡丝、防静电手腕、防静电手套、剥线钳、压线钳、卡线钳、水晶头打线刀、万用表。工具使用前要做好绝缘处理，仪表必须经过严格校验，证明合格后方能使用。

（3）安装辅助材料：高质量视频线（RGBHV 线）、专业麦克线（音频线）、E1 信号中继电缆、以太网连接线缆、线缆标签、绑扎带。材料应符合电气行业相关规范，并根据实际需要制作具体数量。

三、安装条件检查

1. 环境条件检查

（1）机房环境及温度、湿度应满足设备要求。

（2）会场灯光照明、装修和布置满足要求。

（3）防静电、防干扰、防雷措施和接地系统满足要求。

（4）机房应配备足够的消防设备。

（5）机房抗震等级达到规定要求。

2. 机房供电条件检查

应使用 UPS 单相 220V 交流电源，输入电压及其波动范围：220V（1±15%），频率 50Hz（1±5%）。

3. 配套设备检查

在安装前，应检查配套的其他设备是否安装就绪。比如走线架、配线架、显示设备、扩声设备是否安装完毕。

四、安全注意事项

（1）设备搬运、放置要注意保护。

（2）在未确认连接正确之前勿加电开机。

（3）施工用电的电缆盘上必须具备触电保护装置，电缆盘上的熔丝应严格按照用电容量进行配置，严禁采用金属丝代替熔丝，严禁不使用插头而直接用电缆取电。

（4）电动工具使用前应检查工具完好情况。对存在外壳、手柄破损、防护罩不齐全、电源线绝缘老化、破损的电动工具禁止在现场使用。

（5）现场施工人员应经过安全教育培训并能按规定正确使用安全防护用品。

（6）仪器仪表应经专业机构检测合格。

五、操作步骤及质量标准

会议电视终端设备的安装步骤一般为：开箱检查→设备安装→电缆布放及连接→安装后检查。

1. 开箱检查

（1）检查物品的外包装的完好性。检查机箱有无变形和严重回潮。

（2）按系统装箱数、装箱清单，检验箱体标识的数量、序号和设备装箱的正确性。

（3）根据合同和设计文件，检验设备配置的完备性和全部物品的发货正确性。

（4）主机、配件外观整洁、无划伤、无松动结构件、无破损；随机线缆无短缺、无破损，接头完好。

2. 设备安装

（1）确定终端安装位置。根据设计图纸，终端装入机柜或专用支架，应事先确定好终端的安装位置和安装空间。

（2）终端设备入柜。

1）把安装弯角固定在终端的两侧。

2）用 4 套面板螺钉将终端的安装弯角固定在机柜两侧的方孔条上。

3. 电缆布放及连接

（1）线缆布放要求。

1）线缆绑扎间距均匀，松紧适度，线扣头朝向一致，保持整体整齐美观统一。

2）线缆布放应便于维护和扩容。

3）线缆走线的实际施工与设计应相符。

（2）设备连接。

1）视频输入。将视频源设备（如摄像头或视频矩阵）的视频接口和终端的视频输入接口连接。常见的接口有 RGBHV（VGA）、DVI 等。

2）双流输入。将计算机的 VGA 接口和终端的双流输入端口连接。

3）视频输出。通过视频矩阵后再连接电视机、投影机等显示设备，或不接视频矩阵而直接连接至显示设备。

4）音频输入。将终端的音频输入端口连接至传声器或调音台。

5）音频输出。将终端的音频输出端口连接至电视机或调音台（调音台连接功放和扬声器）。

6）网络输入。将终端的 LAN 接口连接至已规划好的网络接口（指连接至 MCU 或对方终端的网络接口）。

7）电源输入。将电源适配器的输出端连接至终端电源口，另一端接机架电源插座。

8）摄像机控制线连接。将摄像机控制端口和规定的终端 COM 口（接口外观样式同 RJ45 口）连接起来，以便本地或远程遥控摄像机。

9）完成终端接地线的连接。

10）拆除电缆上的临时标志，将标签粘贴在距离电缆两端的接口 2cm 处的电缆上。

视频终端硬件连线示意图如图 6–3–1 所示。

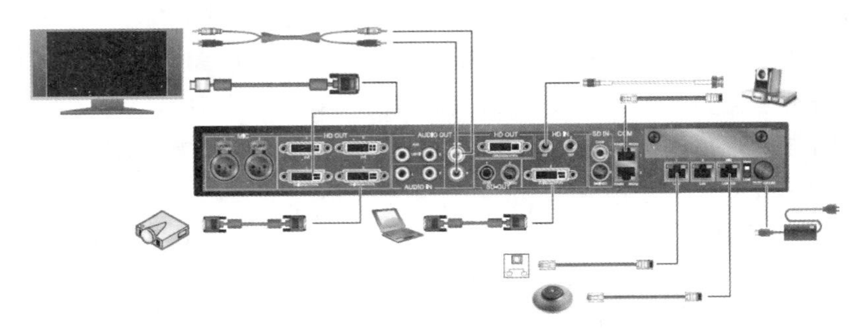

图 6–3–1 视频终端连接示意图

4. 安装后检查

网络、视频、音频、电源、控制等线缆安装后，需进行如下检查：

（1）线缆两端标签填写正确清晰、位置整齐、朝向一致。

（2）线缆、插头应无破损和断裂，连接正确、可靠。

（3）现场焊接线缆接头在焊接之后即刻检查焊接的正确性和可靠性。

（4）线缆与设备采用插接件连接时，必须使插接件免受外力的影响，保持良好的接触。

【思考与练习】

1. 终端设备的安装过程有哪几类的电缆需要布放？
2. 简述终端设备安装步骤。
3. 简述终端设备安装时的注意事项。

模块4　会议电视系统外围设备安装（Z38F3004Ⅰ）

【模块描述】本模块介绍了会议电视系统外围设备的安装工艺要求和安装流程。通过工艺介绍和操作过程详细介绍，掌握会议电视系统扩声、显示等外围设备的安装规范要求。

【模块内容】会议电视系统外围设备主要指会议电视会场系统的音频系统设备与视频系统设备。其中音频系统设备包括传声器、扬声器、调音台、混音器、均衡器、反馈抑制器、延时器、功率放大器、录音设备等；视频系统设备主要包括摄像机、视频切换矩阵、屏幕显示器、监视器、录像编辑设备等。本模块着重介绍安装要求较高、施工难度相对较大的几种会议电视外围设备。

一、安装内容

（1）音频系统设备调音台、反馈抑制器、均衡器、功率放大器、扬声器的安装与线缆连接。

（2）视频系统设备摄像机、视频矩阵的安装与线缆连接。

二、安装准备

为保证会议系统外围设备安装的顺利进行，需要准备以下相关技术资料及工具材料：

（1）施工技术资料：合同协议书、设备配置表、会审后的施工设计图、安装手册。

（2）工具和仪表：长卷尺、一字螺钉旋具（M3～M6）、十字螺钉旋具（M3～M6）、毛刷、镊子、尖嘴钳、电烙铁、焊锡丝、万用表、剥线钳等。工具使用前要做好绝缘处理，仪表必须经过严格校验，证明合格后方能使用。

（3）安装辅助材料：电源线、接地线、各类音频接头、以太网连接线缆、线缆标签、绑扎带等。

三、安装条件检查

1. 环境条件检查

（1）机房环境及温度、湿度应满足设备要求。

（2）会场灯光照明、装修和布置满足要求。

（3）防静电、防干扰、防雷措施和接地系统满足要求。

（4）机房应配备足够的消防设备。

（5）机房抗震等级达到规定要求。

2. 机房供电条件检查

应使用 UPS 单相 220V 交流电源，输入电压及其波动范围：220V（1±15%），频率 50Hz（1±5%）。

3. 配套设备检查

在安装前，应检查配套的其他设备是否安装就绪，如走线架、配线架安装完毕。

四、安全注意事项

（1）设备搬运、放置要注意保护，防止碰撞或跌落。

（2）在未确认连接正确之前勿加电开机。

（3）现场施工人员应经过安全教育培训并能按规定正确使用安全防护用品。

（4）仪器仪表应经专业机构检测合格。

五、操作步骤及质量标准

会议电视外围设备的安装步骤一般为：开箱检查→设备安装→电缆布放及连接→安装后检查。设备安装应符合施工图设计的要求。

（一）开箱检查

（1）检查物品的外包装的完好性；检查机箱有无变形和严重回潮。

（2）按系统装箱数、装箱清单，检验箱体标识的数量、序号和设备装箱的正确性。

（3）根据合同和设计文件，检验设备配置的完备性和全部物品的发货正确性。

（4）设备、配件外观整洁，无划伤，无松动结构件，无破损；随机线缆无短缺、无破损，接头完好。

（二）音频系统设备安装

1. 调音台安装

调音台一般放置在台面上。如果规格较小，可以平放在机柜内的托板上，也可以使用挂耳竖向安装到机柜内。调音台外观如图 6–4–1 所示。

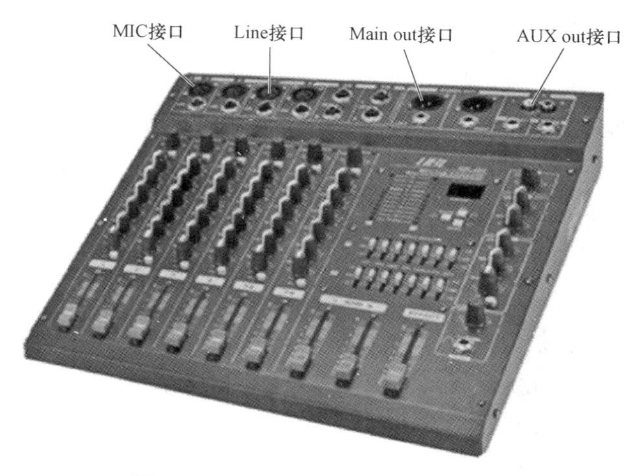

图 6–4–1　调音台外观及接口示意图

2. 反馈抑制器、均衡器、功率放大器安装

反馈抑制器、均衡器、功放一般都设计为适合 19 英寸机架式安装，各使用 4 套面板固定螺钉即可装入机柜。部分品牌型号的功放较重，需使用托板支撑。

3. 扬声器安装

根据会场的声响和声学特性确定其安装位置，达到预定的声压、声响和声效，消除声反馈和杂音干扰。扬声器主要有壁挂式、落地式和吸顶式三种安装方式。

（1）壁挂式扬声器。安装壁挂式扬声器需要挂壁架或吊顶架，支架要固定在坚固的墙面或顶面上。墙面固定时，用膨胀螺钉先将支架固定在水泥墙面或加固过的墙面合适的位置，再将扬声器牢固地安装在支架上；使用吊顶架时，吊顶架固定用的螺栓需与吊顶装饰板内部的吊筋、龙骨等连接起来。

（2）落地式扬声器。落地式扬声器使用三脚架安装，扬声器底部固定在三脚架顶部。

（3）吸顶式扬声器。吸顶式扬声器嵌入装饰顶板，先在顶板上按照扬声器的尺寸要求开孔，再将扬声器支架固定在装饰顶板内，最后把扬声器卡在支架上。

4. 线缆布放及连接

（1）将终端音频输出线接入调音台输入口 LINE。

（2）将终端音频输入线接调音台音频辅助输出口 AUX/Monitor。

（3）将传声器插入调音台输入接口 MIC。

（4）将调音台声音总输出（卡侬插座）的 MIX–L、R 分别连接至均衡器 INPTU 1 和 INPTU 2。

（5）将均衡器输出 Output1 和 Output2 分别连接至反馈抑制器的 INPTU 1 和 INPTU2。

（6）将反馈抑制器输出 Output1 和 Output2 分别连接至功放的 INPTU A 和 INPTU B。

（7）将功放输出 Output A 和 Output B 分别连接至两只扬声器的 Normal 端口。

5. 安装后检查

（1）检查设备安装符合图纸、工艺和规范要求。

（2）检查线路符合敷设要求，线缆接头连接正确、可靠、牢固。

（3）电源线布线、扎线应与信号线分开。

（4）检查标签标识是否正确。

（三）视频系统设备安装

1. 摄像机的安装

小型会议室的摄像机通常安放在电视机或三脚架上，中大型会议室的摄像机一般装在墙上或吊在顶上。

（1）依据设计图纸标注的位置将摄像机固定在预定位置。

（2）调节摄像机底座至水平状态。

（3）连接摄像机视频信号线至视频矩阵或终端。

（4）连接控制线至终端控制端口。

（5）连接摄像机电源线至电源端口。

注意事项：

1）摄像机安装前应检查摄像机的成像方向。

2）摄像机周围光线符合照度要求。

3）摄像机或者电动云台的固定安装架应牢固、稳定。电动云台转动时应平稳、无晃动。

4）摄像机安装过程中应注意镜头的保护。

5）摄像机连接线缆应留有余量，不应影响电动云台的转动，还应避免连线器件承受线缆的拉力。

6）同一会场内的摄像机供电电源应由同一相位电源提供。

2. 视频矩阵的安装

视频矩阵用来满足任何视频切换系统的需要，视频矩阵由箱体、前面板功能键、后面板端口板以及带电源的机箱组成，如图 6–4–2 所示。

箱体一般设计适合 19 英寸机架式安装，其高度根据规格、型号的不同而不同，如图所示的 RGB 矩阵适用于几乎任何的标准模拟视频信号的传输应用。

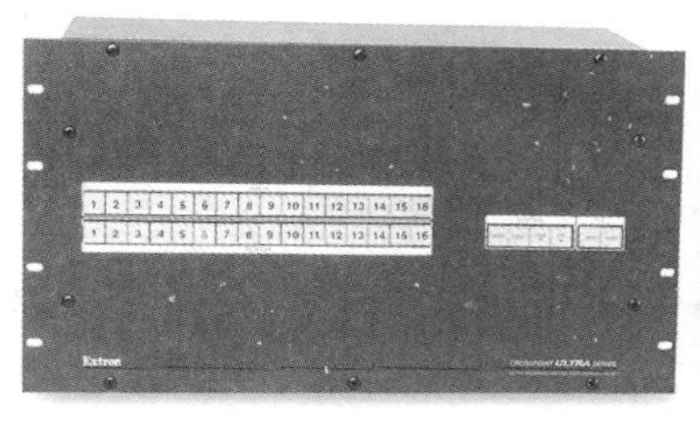
（a）

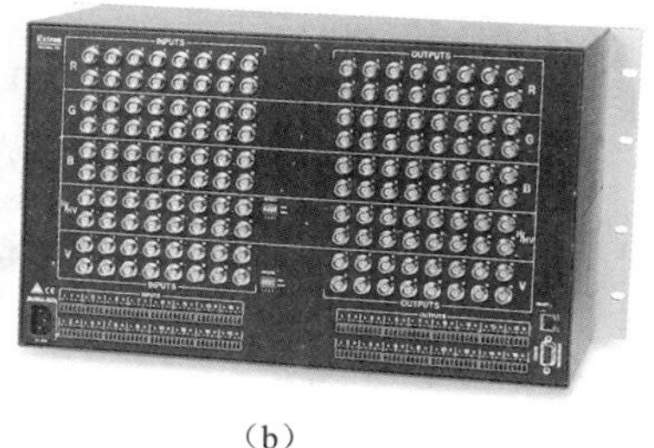
（b）

图 6–4–2　RGB 矩阵外观图
（a）前面板；（b）后面板

（1）机箱安装。将视频矩阵用螺丝固定在机柜上。

（2）视频源连接。根据已制定的接口对照表，将视频源设备（如会议终端视频输出端口、摄像机等）连接至矩阵视频输入端口，将视频输出设备（如电视机等）连接至矩阵视频输出端口。

（3）控制数据线连接。根据需求将 RS 232 或 RS 485 通信口用矩阵随机配备的端口连接线连接至控制台控制设备。

（4）控制键盘连接。如有控制键盘，将矩阵控制口用键盘随机附送的专用连接线与控制键盘的相应接口相连。

（5）安装并接好所有设备电源插座。

注意事项：

1）对于多机箱系统，安装前应规划好每个设备机箱的箱号，视频输入设备应置于机架中上部接线方便、容易操作的位置。

2）制作好接口对照表，将矩阵的输入、输出端口分别和视频源设备、输出设备对号，制作线缆标签。设备采用三线接地型电源插头时，应使用对应的三孔接地型插座，并确保接地良好。

3. 安装后检查

（1）检查设备安装符合图纸、工艺和规范要求。

（2）检查线路符合敷设要求，线缆接头连接正确、可靠、牢固。

（3）电源线布线、扎线应与信号线分开。

（4）检查设备、线缆接地符合要求。

（5）检查标签标识是否正确。

【思考与练习】

1. 会议电视系统主要包括哪些外围设备？

2. 会场内各类音频设备之间如何连接？

3. 简述摄像机的安装步骤。

模块 5 会议电视系统 MCU 设备配置（Z38F3005Ⅱ）

【模块描述】本模块介绍了会议电视系统 MCU 设备的配置操作步骤。通过操作过程详细介绍，掌握终端设备的配置方法。

【模块内容】MCU 为会议系统控制、处理和转发中心，设备安装完毕后须进行系统配置才能投入使用。本模块以华为 VP9660 MCU 为例进行介绍 MCU 的配置方法和步骤。

首次接入启动和配置新的 MCU 设备有四个步骤：配置准备→初始化配置→组网配置→业务与特性配置。

（一）配置准备

（1）准备配置工具。计算机（Microsoft Internet Explorer 6 以上浏览器版本）、SSH 客户端（如 PuTTY 软件）、FTP 软件。

（2）设备加电检查。硬件安装完成后，打开 MCU 电源开关，通过单板面板上的指示灯查看 MCU 是否正常。RUN 指示灯为绿灯闪烁（2s 1 次），表示 MCU 处于正常工作状态。

（3）确认版本信息。登录 MCU 的内置 Web 管理界面，选择“帮助→“版本信息”，检查 MCU 的软件版本，确保实际安装的 MCU 软件版本满足要求。

（二）初始化配置

1. 配置 IP 地址

（1）在 MCU 的 Web 页面选择“设备管理”→“网络配置”。

（2）配置单板槽位和 IP 地址，如图 6–5–1 所示。

图 6–5–1 MCU GE0 网口 IP 地址配置示意图

2. 配置系统时间

（1）在 MCU 的 Web 页面选择“设备管理”→“系统配置”，进入系统配置页面。

（2）配置系统时间，如图 6–5–2 所示。

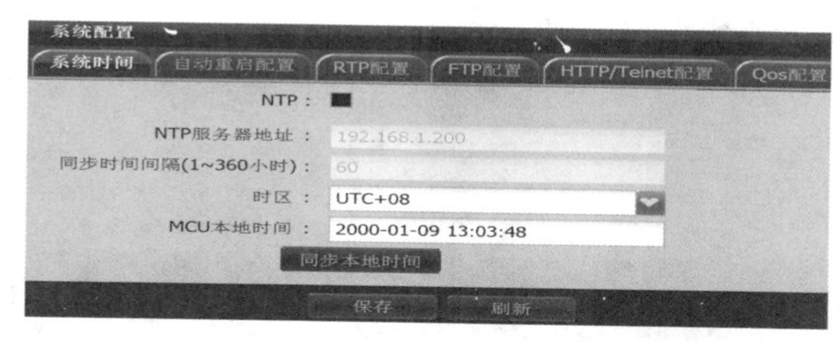

图 6–5–2　MCU 系统时间配置界面

3. 导入 License

（1）使用系统管理员账号登录内置 Web 管理页面，选择“设备管理”→“维护”→“导入”。

（2）导入 License，如图 6–5–3 所示。

（3）根据系统提示，重新启动 MCU。

（4）重新登录 MCU 的 Web 页面，在“设备管理”→“系统状态”→“License 信息”里检查 License 信息是否正确。

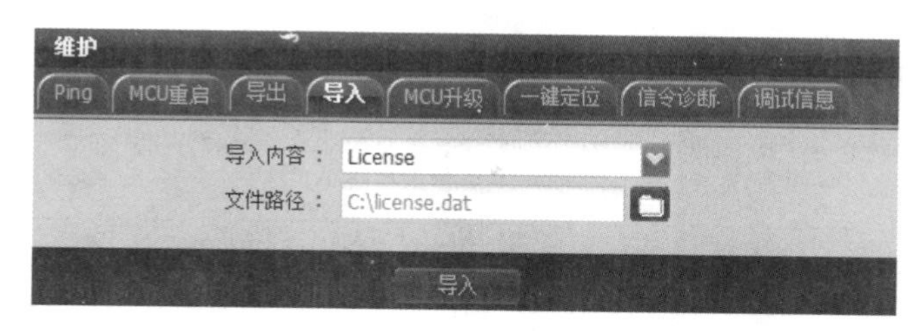

图 6–5–3　MCU License 导入界面

（三）组网配置

常见的组网配置方法包含 MCU 内置 Web 组网、SMC2.0 与 MCU 组网，本文仅介绍 SMC2.0 与 MCU 组网配置方法。

1. 添加可管理 MCU

在 SMC2.0 中成功添加可管理 MCU 的配置关键点：SMC2.0 与 MCU 建立管理连接、SMC2.0 与 MCU 建立业务连接、MCU 注册 GK 和 MCU 注册 SIP 服务器。

SMC2.0 与 MCU 建立管理连接后，MCU 支持 SMC2.0 下发配置参数。但是“连接模式”“连接密码”和“HTTP 连接密码”作为建立业务连接的认证参数，不支持下发。

（1）在 MCU 侧配置连接参数。

1）以 admin 用户登录 MCU 的 Web 页面。

2）选择“设备管理”→“系统配置”→“管理配置”，如图 6–5–4 所示。

3）参考表 6–5–1 填写连接参数。

4）单击“保存”。

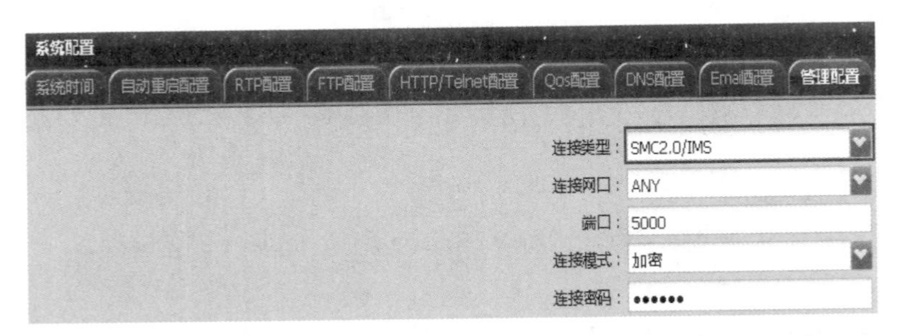

图 6–5–4 MCU 侧配置连接参数设置界面

表 6–5–1 在 MCU 侧配置连接参数设置表

参数	含　义	设置方法
连接类型	MCU 所连接的会议管理系统的类型	选择“SMC2.0/IMS”
端口	MCU 与 SMC2.0 之间通信的端口	请记录，在 SMC2.0 侧配置的“端口”必须与此处保持一致。缺省值：5000
连接模式	MCU 与 SMC2.0 的连接是否采用加密模式	请记录，在 SMC2.0 侧配置的“连接模式”必须与此处保持一致。缺省值：加密

（2）在 SMC2.0 上添加可管理 MCU。

1）登录 SMC2.0 的 Web 页面。

2）选择“设备”→“MCU”，单击“添加 MCU”，弹出搜索页面。

3）在“设备地址”中输入 MCU 的 IP 地址，如图 6–5–5 所示。单击“下一步”，弹出页面显示当前 MCU 的配置信息，如图 6–5–6 所示。

4）参考表 6–5–2 填写 MCU 的参数。

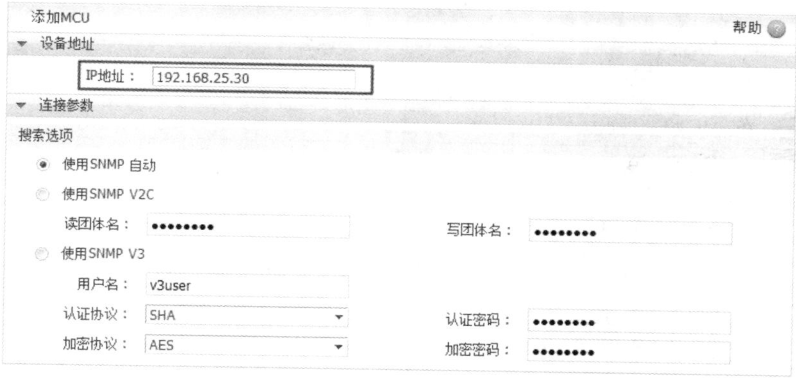

添加MCU　帮助
设备地址
IP地址：192.168.25.30
连接参数
搜索选项
使用SNMP 自动
使用SNMP V2C
读团体名：••••••••　写团体名：••••••••
使用SNMP V3
用户名：v3user
认证协议：SHA　认证密码：••••••••
加密协议：AES　加密密码：••••••••

图 6–5–5　在 SMC2.0 上添加 MCU 界面

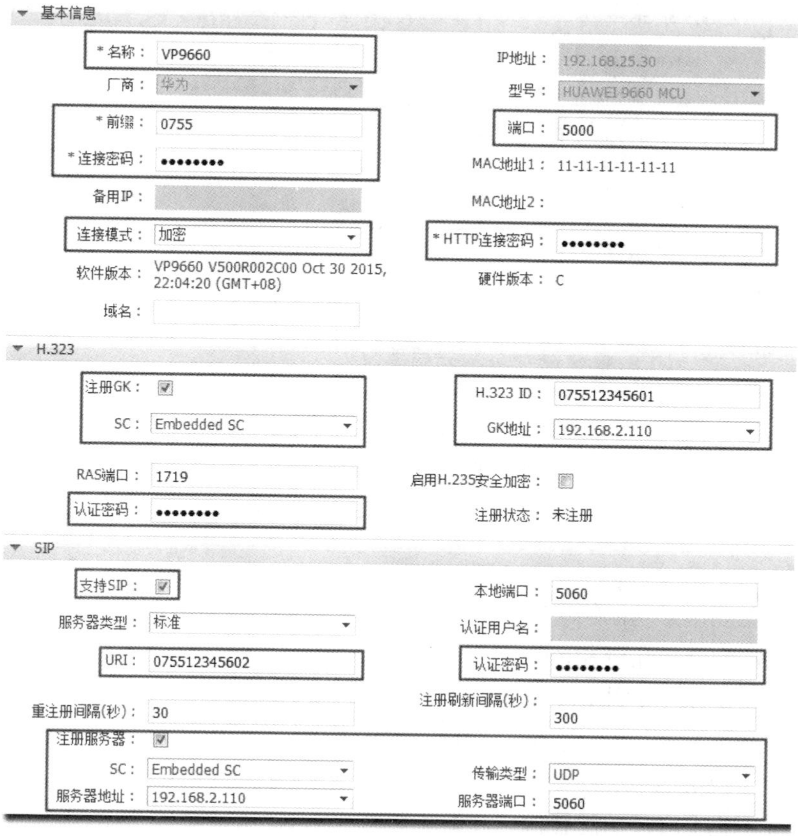

基本信息
* 名称：VP9660　IP地址：192.168.25.30
厂商：华为　型号：HUAWEI 9660 MCU
* 前缀：0755　端口：5000
* 连接密码：••••••••　MAC地址1：11-11-11-11-11-11
备用IP：　MAC地址2：
连接模式：加密　* HTTP连接密码：••••••••
软件版本：VP9660 V500R002C00 Oct 30 2015, 22:04:20 (GMT+08)　硬件版本：C
域名：
H.323
注册GK：☑　H.323 ID：075512345601
SC：Embedded SC　GK地址：192.168.2.110
RAS端口：1719　启用H.235安全加密：☐
认证密码：••••••••　注册状态：未注册
SIP
支持SIP：☑　本地端口：5060
服务器类型：标准　认证用户名：
URI：075512345602　认证密码：••••••••
重注册间隔(秒)：30　注册刷新间隔(秒)：300
注册服务器：☑
SC：Embedded SC　传输类型：UDP
服务器地址：192.168.2.110　服务器端口：5060

图 6–5–6　在 SMC2.0 上添加 MCU 参数设置界面

表 6–5–2　在 SMC2.0 上添加 MCU 参数设置表

参数	意　义	设置方法
名称	为待添加 MCU 自定义的名称，用于在 SMC2.0 中标识该 MCU	由用户自定义
前缀	表示该 MCU 用于为该前缀标识的服务区提供视频会议服务	示例：0755
端口	SMC2.0 与 MCU 之间通信的端口	该参数与 MCU 侧配置的“侦听端口”必须保持一致
连接密码	SMC2.0 与 MCU 之间建立连接时所验证的密码	该参数与 MCU 侧配置的“连接密码”必须保持一致。示例：smc_to_mcu
连接模式	SMC2.0 与 MCU 之间是否启用加密模式进行连接	该参数与 MCU 侧配置的“连接模式”必须保持一致。缺省值：加密
HTTP 连接密码	在 SMC2.0 中在线升级 MCU 时所校验的密码	该参数必须与 MCU 的 Administrator 用户密码保持一致。缺省值：Change_Me
注册 GK	是否注册 GK	勾选“注册 GK”
H.323 ID	MCU 注册到 GK 时所用的别名	由用户自定义。示例：075525301
SC	选择 MCU 所归属的 SC	从下拉选单中选择目标 SC
GK 地址	MCU 注册的 GK 的 IP 地址	从下拉选单中选择 SC 的 IPv4 或 IPv6 地址
认证密码	MCU 在注册 GK 或 SIP 服务器时所校验的密码	不能小于 8 位，且至少包含小写字母、大写字母、数字或特殊字符（除空格）中的两项

5）单击“添加”。在 MCU 列表中，添加的 MCU 为在线状态，如图 6–5–7 所示。

图 6–5–7　MCU 状态示意图

2. 添加可管理会场

在 SMC2.0 中成功添加可管理会场的配置关键点：MC2.0 与会场建立管理连接、会场注册 GK 和会场注册 SIP 服务器。

（1）登录 SMC2.0 的 Web 页面。

（2）选择“设备”→“会场”，单击“添加会场”，弹出搜索页面。

（3）在“设备地址”中输入会场的 IP 地址，如图 6–5–8 所示。单击“下一步”，弹出页面显示当前会场的配置信息，如图 6–5–9 所示。

（4）参考表 6–5–3 填写会场的参数。

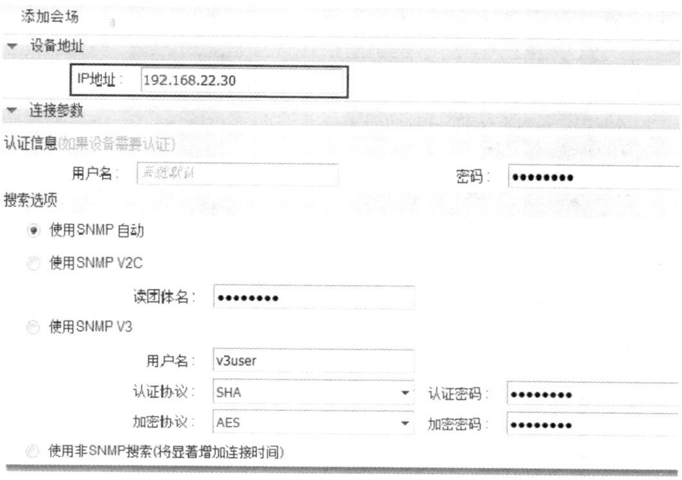

图 6–5–8　在 SMC2.0 上添加会场界面

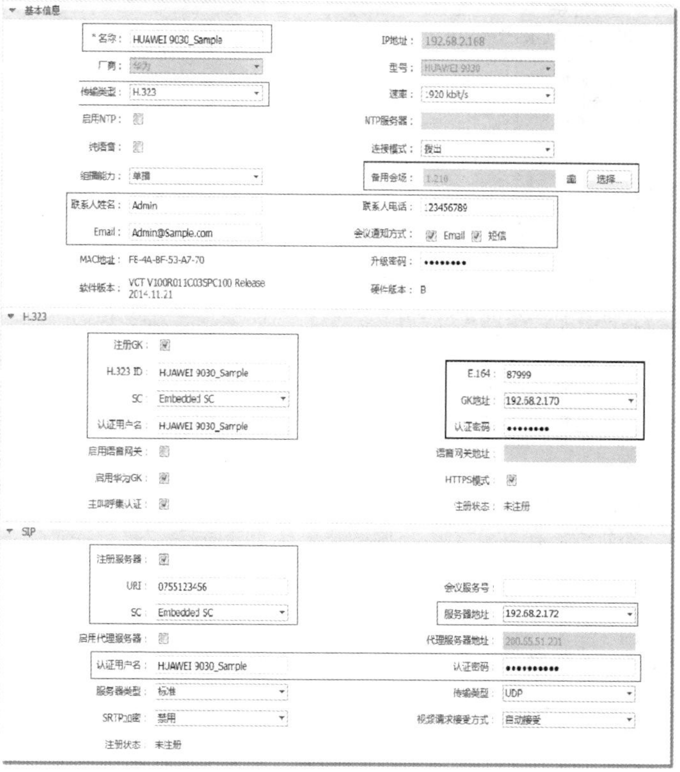

图 6–5–9　在 SMC2.0 上添加会场参数设置界面

表 6–5–3 在 SMC2.0 上添加可管理会场参数设置表

参数	意　　义	如何设置
名称	为待添加会场自定义的名称，用于在 SMC2.0 中标识该会场	由用户自定义
传输类型	会场接入的协议类型。如果会场支持多种协议类型，在加入会议时缺省选择传输类型所设置的类型	示例：H.323
备用会场	给当前会场添加或删除备份会场	单击“选择…”添加备用会场；单击删除图标，删除备用会场
联系人姓名	给当前会场添加联系人	由用户自定义
联系人电话	添加会场联系人的联系电话	输入实际联系人的电话号码
Email	添加会场联系人的 Email 地址	输入实际联系人的 Email 地址
会议通知方式	选择会议消息以何种方式通知会场联系人	按实际需要勾选 Email 或短信
注册 GK	会场是否需要注册 GK	勾选“注册 GK”
H.323 ID	会场注册到 GK 时所用的别名	由用户自定义
E.164	会场注册到 GK 上的号码	根据区域的规划填写号码，号码以区域前缀开头
SC	会场归属的 SC 的名称	从下拉选单中选择 SC
GK 地址	会场注册的 GK 的 IP 地址，即 SC 的 IP 地址	从下拉选单中选择 SC 的 IPv4 或 IPv6 地址
认证用户名	会场注册 GK 或 SIP 服务器时需要认证的用户名	由用户自定义
认证密码	会场注册 GK 或 SIP 服务器时需要认证的密码	不能小于 8 位，且至少包含小写字母、大写字母、数字或特殊字符（除空格）中的两项。若填写了“认证用户名”，则必须设置该参数
注册服务器	是否注册 SIP 服务器	勾选“注册服务器”
URI	会场注册到 SIP 服务器时所用的统一标识	可以设置为纯数字、IP 地址或 URI 形式的别名

（5）单击“添加”。在“会场”列表中，添加的会场为在线状态，如图 6–5–10 所示。

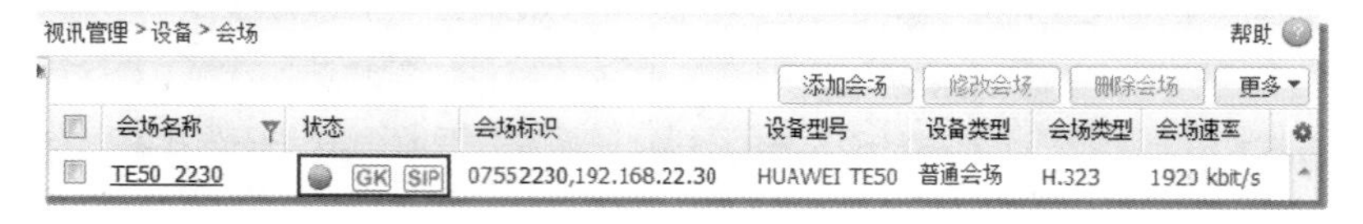

图 6–5–10 会场状态示意图

（四）业务与特性配置

MCU 支持多种业务与特性，可根据具体业务需求完成相应的配置。主要业务与特性配置功能简要介绍如下：

（1）配置网络录播业务。通过架设网络录播服务器并作业务配置，可实现远程登录 Web 页面观看会议实况或点播会议的功能。

（2）配置 DTMF 会控业务。通过配置双音多频 DTMF（Dual Tone Multiple Frequency），可实现终端会场使用特定的数字键或方向键进行会控操作的功能。DTMF 由高频群和低频群组成，高低频群各包含 4 个频率。一个高频信号和一个低频信号叠加组成一个组合信号，代表一个数字。MCU 支持数字 2、4、6、8 键或者 FECC（Far-End Camera Control）上、左、右、下方向键的 DTMF 会控。

（3）定制 IVR 语音。可通过定制 IVR 语音文件，实现选择多语种的 IVR 提示语音的需求。MCU 出厂时已经配置多个语种的 IVR 提示语音。如果需要使用其他语言，可自行录制 IVR 语音，替换原有 IVR 语音文件，再升级 IVR 语音即可。

（4）配置 DNS。通过配置 DNS（Domain Name Server），可实现通过 URL 呼叫会场。在成功配置 DNS 后，如果 MCU 使用 URL 向已经注册到 DNS 服务器的终端设备发起呼叫时，MCU 将通过 URL 向 DNS 服务器查询终端相应的 IP 地址，DNS 服务器从其数据库中查询并解析后返回该终端的 IP 地址给 MCU。

（5）配置 ISDN 业务。在 VP9660 相应单板槽位上安装 ISDN 单板并进行 ISDN 配置后，实现 ISDN 接入。

（6）配置骑墙业务。MCU 的骑墙特性用于解决处于两个不同网段的终端设备间多媒体通信，是解决公私网穿越的一种方法。

（7）配置静态 NAT。静态 NAT 适用于会议电视系统中存在相当数量外地分会场，而这些分会场放置在单向（仅允许私网向公网访问）防火墙设备后面且 MCU 设备不宜直接放置在公网环境中的场景。通过配置、启用静态 NAT，可实现 MCU 与公网终端间的 NAT 穿越。

（8）配置 H.460 穿越。H.460 协议是国际电信同盟 ITU 批准的 FW/NAT 穿越标准，主要由 H.460.18 和 H.460.19 两部分组成。MCU 可以部署在私网或公网，注册到 Traversal Server（即作为 H.460 服务端的 GK）上，通过与 Traversal Server 的配合，完成公网与私网之间的穿越，从而实现音视频会议通信。

（9）配置级联业务。级联特性用于解决单台 MCU 端口不足、带宽资源有限或者区域管理的问题，从而满足一定带宽下跨区域召集大型视频会议的需求。

（10）配置邻居网守。邻居网守是一种用于确保不同区域之间正常通信的机制。当接收到的转发请求中包含未注册的 ID，需要解析为 IP 地址时，GK 会将请求转发到对应邻居网守上，再根据邻居网守解析后的 IP 地址信息处理原请求。

【思考与练习】

1. MCU 设备配置前需要做哪些准备工作？
2. MCU 设备的配置主要包括哪几个步骤？
3. 简述在 SMC2.0 中添加 MCU 的配置关键点。

模块 6 会议电视系统终端设备配置（Z38F3006Ⅱ）

【模块描述】本模块介绍了会议电视系统终端设备的配置操作步骤。通过操作过程详细介绍，掌握终端设备的配置方法。

【模块内容】会议终端配置有两种方式，一是看着监视器画面，用遥控器控制终端进行配置；二是登录 Web 管理系统进行配置。下面以华为 VP9000 终端为例，介绍用遥控器控制方式配置终端的方法。

一、会议终端的配置内容

会议终端的配置项目包括：基本信息、网络配置、会议参数、视频输入、视频输出、摄像机控制、输入源选择/图像参数设置、摄像机参数调节、音频控制等。通过对会议终端各功能模块的配置，终端才具备加入 MCU 召集的多点会议并进行远程会议的能力。

二、配置方法和步骤

（1）按遥控器上的“选单”按钮，看着监视器选择“设置”→“安装”，如图 6-6-1 所示。

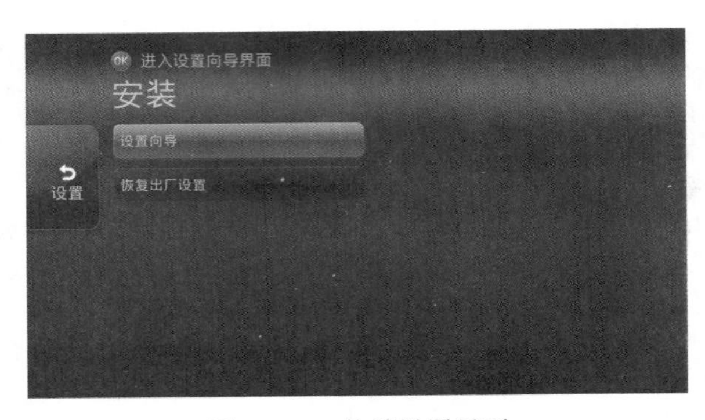

图 6-6-1 终端设置界面

（2）选择“设置向导”→“基本信息”选项，在弹出的界面上对本端的会场名称、界面使用的语言、系统时间、终端的 IP 地址、子网掩码、网关地址等基本信息进行输入操作，如图 6–6–2 所示。

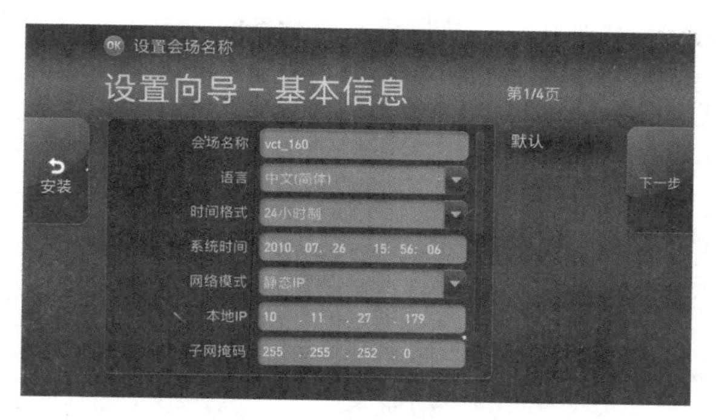

图 6–6–2　终端基本信息设置界面

（3）选择“视频输入”选项，对每个高清（HD IN）和标清（SD IN）视频输入端口、对应的摄像机及其遥控端口等参数进行设置，如图 6–6–3 所示。

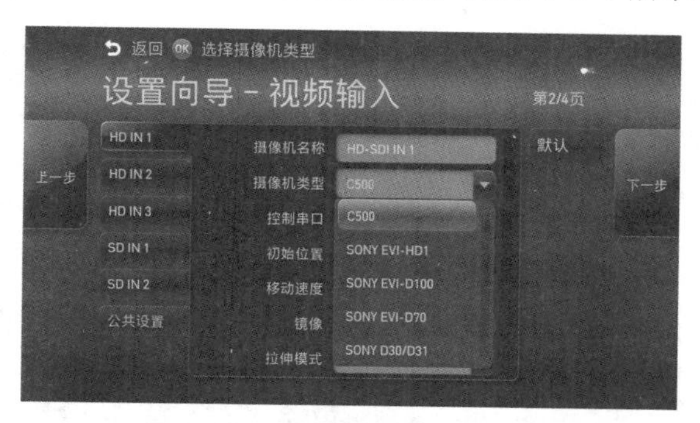

图 6–6–3　视频输入设置界面

（4）选择“H.323”选项，在弹出的界面上对 GK 认证参数进行配置，如图 6–6–4 所示。

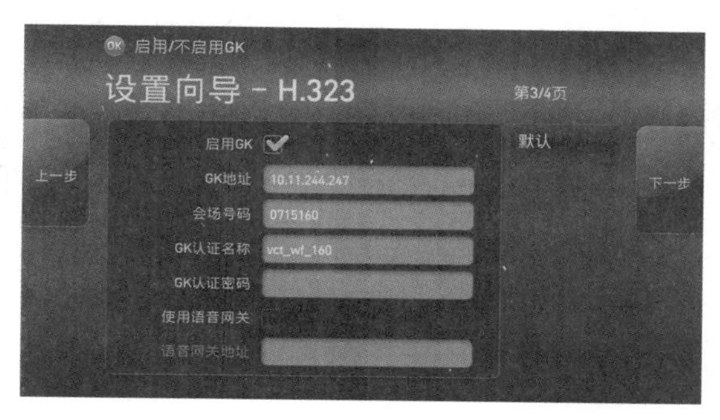

图 6–6–4　终端 H.323 设置界面

（5）选择“SIP”选项，在弹出的界面上进行注册SIP服务器的设置，如图6–6–5所示。一般都使用H323，则跳过SIP设置，直接保存即完成设置向导。

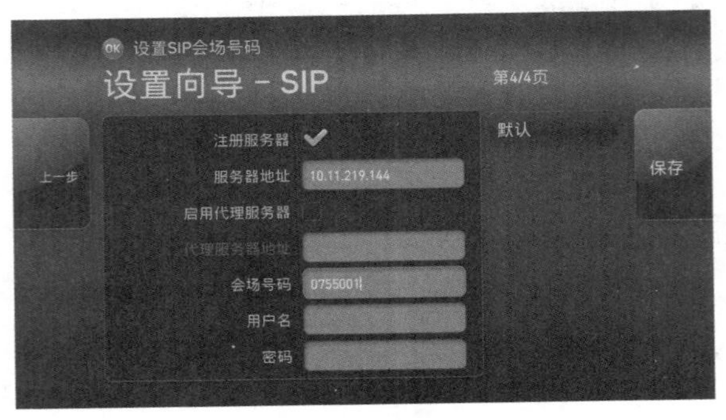

图6–6–5 终端SIP设置界面

（6）选择“视频输出”选项，对视频主辅流显示模式及格式、输出口显示的图像组合等进行配置，如图6–6–6所示。双流会议中，可能同时具有本端主流、本端辅流、远端主流、远端辅流。

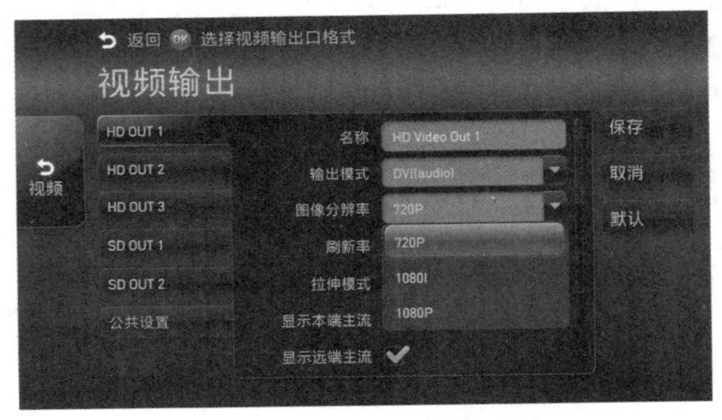

图6–6–6 视频输出设置界面

（7）选择“音频控制”选项，对传声器输入和线路输入增益、音量、音效等参数进行配置。

（8）选择“会议参数”选项，对视频协议、音频协议等参数进行配置。

至此，会议终端的配置基本完成。为确保配置的正确性，应进行相关功能检查和测试，如视频图像显示、摄像机控制、音频自环检测音频的输入输出等。

【思考与练习】

1. 会议终端有几种配置方式？

2. 会议终端的配置项目主要包括哪些内容？

3. 简述会议终端的配置过程或关键步骤。

模块 7　会议电视系统音频功能测试（Z38F3007Ⅱ）

【模块描述】模块包含了会议电视系统的音频部分功能性测试。通过操作过程详细介绍，掌握会议电视系统音频功能测试方法。

【模块内容】

一、测试目的

音频功能测试是为了检验会议电视系统的音频功能和音频效果是否达到设计和标准要求。

二、测试前准备工作

（1）了解被测设备现场情况及试验条件。检查设备接线是否正确、牢固，布线工艺是否符合要求，检查系统电源电压是否满足要求。

（2）准备测试仪器、设备、秒表、装有各种曲风 MP3 的便携式计算机、便携式计算机与调音台的连接线、报纸等。

（3）准备测试记录表。

三、安全注意事项

（1）防止损坏设备。电源电压不符合要求或者接线不正确可能会损坏设备。各设备检查无误完毕后，对各设备逐一进行加电，严禁不经检查立即上电。音频系统中设备的加电开机应先开声源设备，再开音频处理设备，最后开功放设备，关机顺序相反。

（2）防范人身触电。测试人员应熟悉系统内各电源开关位置，熟悉各设备加电步骤。临时接线不能随处乱拉乱放。设备操作时由一个专业人员进行，严禁多人同时操作同一个设备。保证通信联系畅通，现场照明充分。

（3）抑制噪声。音频系统的连接尽量使用平衡式接线，平衡式接线可以有效地抑制线路噪声，提高音频质量。

四、测试步骤及要求

（一）测试步骤

1. 会场音频质量测试

会场音频环境根据需要进行主观评价测试和客观评价测试，目的是将会场声音调节至清晰、正常，无抖动、失真的状态，会场声压级、混响时间符合要求。

（1）音频质量主观评价。

1）将传声器、便携式计算机正常连接在调音台上。

2）测试人员用传声器读报纸，一边试听一边调节调音台、功放等音频设备至会场声音响度适当，无噪声、无啸叫、无回声现象。

3）用计算机播放 MP3，一边试听一边调节便携式计算机、调音台至会场声音响度适当，音乐声效果较好。

4）邀请多人试听会场音效，综合意见，调节调音台、功放等音频设备至绝大多数试听人员认为比较好为宜。

（2）音频质量客观测量。当工程设计文件对会场音频系统性能指标提出明确等级要求或者对主观评价的结论存有争议时，应进行系统质量客观检测，包括会场音频系统声学特性指标的监测、会场音频系统电性能指标的监测。具体监测内容与方法详见 GB 50793—2012《会议电视会场系统工程施工及验收规范》。

2. 会议终端音频功能测试

使用会议终端内嵌的检测手段测试会议终端音频输入、输出功能是否正常。

（1）声音测试。在遥控器页面中选择“诊断”，进入“诊断”→“声音测试”页面。选择“声音测试”，会场扬声器内应发出测试铃声。如果扬声器内没有发出测试铃声，说明终端音频输出端口和调音台的连接或调音台的设置不当，排除问题后再行测试，直至从扬声器内听到测试铃声为止。

（2）本地环回。在遥控器页面中选择“诊断”，进入“诊断”→“本地环回”→“音频自环”页面，如图 6–7–1 所示。声音经由传声器→调音台→终端音频输入→终端音频输出→扬声器播放，扬声器上应能听到用传声器讲话声。如果在扬声器上听不到用传声器讲话声，应按音频故障进行排除，直至能在扬声器上听到讲话声为止。

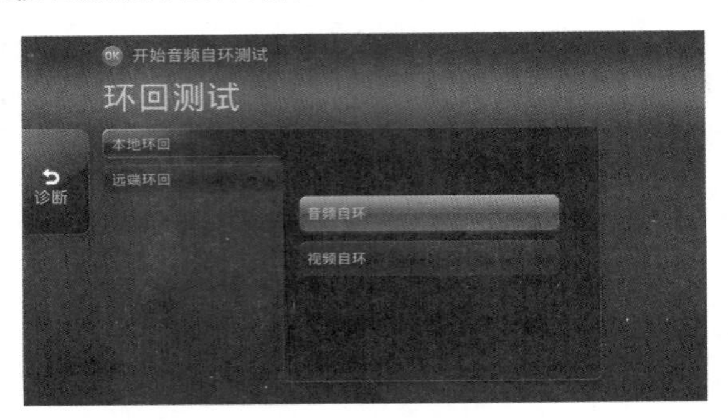

图 6–7–1 本端音频环回测试示意图

（3）远端环回。在遥控器页面中选择“诊断”，进入“诊断”→“远端环回”→“远端音频环回”，如图 6–7–2 所示。声音经由传声器→调音台→终端音频输入→终端编码→网络线路传输→远端 MCU，MCU 再原路转发回来→终端解码→终端音频输出→扬声器播放，扬声器上应能听到与测试者讲话同步的声音和稍有延迟的回传声音。同步的声音是测试者讲话的声音直接从本地扬声器输出，有延后的是经过远端环回后再从扬声器发出的声音。如果在扬声器上听不到声音，应按音频故障进行排除，直至在扬声器上能听到本地无延迟的和稍有延迟的声音为止。

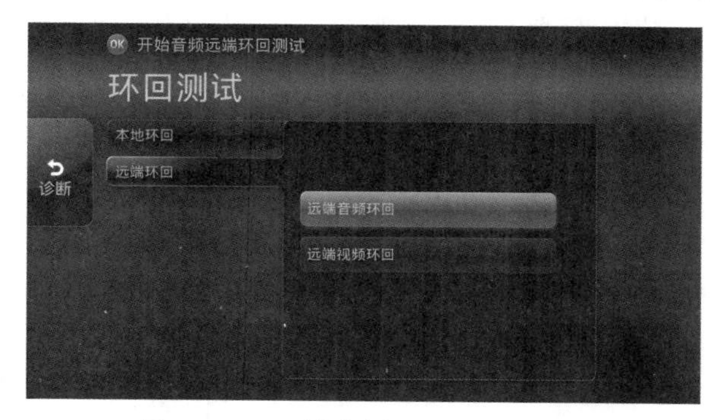

图 6–7–2　远端音频环回测试示意图

3. 多点会议系统音频功能测试

在会场音频质量满足要求，且完成终端音频功能测试的基础上，通过 SMC 会控软件建立 1 个主会场、*N* 个分会场参与的 *N*+1 多点会议，开展会议电视系统音频效果测试。

（1）多方混音测试。在主席会场会议管理系统上选中要进行混音的会场加入多方混音。加入多方混音的会场打开传声器，随机进行语音交流，检查多方混音功能和效果是否正常。

（2）声音效果测试。主会场、分会场终端都进入同一会议中。主会场和分会场的测试人员轮流发言，不停地念文字，播放 MP3 声音，以倾听会议的声音效果。以声音清晰、柔和、饱和为佳。

（3）唇音同步测试。各会场观看被广播的会场，被广播会场测试人员从 1～10 报数，一边报数，一边用手势表示数的数值，主会场和其他分会场测试人员观看其手势动作和声音是否一致。同样，主会场测试人员报数，分会场观察其手势动作和声音是否一致。如果其他会场观察到的测试者手势动作和声音同步，说明唇音是同步的，否则，需进行唇音同步故障的排除。

（4）计算机图像及声音采集功能测试。确定计算机的 VGA 输出接入终端相应视频输入接口，计算机的音频输出接入终端的音频输入接口。用计算机播放音乐或者影片，主席广播此会场，其他会场应该能够看到计算机播放的画面，也能听到计算机播放的声音。

（5）回声抑制测试。主席广播 A 会场，B 会场采用全向 MIC 或将定向 MIC 对准扬声器，离扬声器分别 1、2、3m 以及 3m 以上，测试 A 会场说话时 A 会场是否能够听到自己的回声。

（6）声音时延测试。主会场和分会场来回报数，主会场报 1 同时按下秒表计时，分会场在听到 1 后立即报 2，然后主会场听到 2 后再报 3，这样来回报数到主会场听到 10 时立即停止秒表计时。共记录 3 次有效的计时，计算平均值。测得的声音时延应符合标准要求。

（二）音频质量的评定标准

1. 会场声音质量主观评价

会场质量主观评价五级评分等级见表 6–7–1。

表 6–7–1 会场质量主观评价五级评分等级

会场声音质量主观评价	评分等级
质量极佳，十分满意	5 分
质量好，比较满意	4 分
质量一般，尚可接受	3 分
质量差，勉强能听	2 分
质量低劣，无法忍受	1 分

2. 会议电视系统音频质量的定性评定

（1）回声抑制：主观评定由本地和对方传输造成的回声量值，系统应无明显回声。

（2）唇音同步：动作和声音应无明显时间间隔。

（3）声音质量：主观评定系统音质，应清晰可辨、自然圆润。

五、注意事项

（1）会场音频主观评价人员不少于 5 名，所有评价人员独立评价打分，取算术平均值为评价结果，不小于 4 分为合格。

（2）评价人员应在会场听音使用区域内进行评价。

六、测试结果分析及测试报告编写

1. 测试结果分析

在测试过程中，如发现有不正常的情况出现，应详细记录不正常现象，并进行故障排查处理。故障排除后再进行测试直至测试结果正常为止。

2. 测试报告编写

将最终测试结果填入表 6–7–2、表 6–7–3 测试表格中。

表 6–7–2　终端音频功能测试记录

测试项目	测试终端音频功能	
测试方法	利用 MCU 和会议终端组成测试环境，并召开多点会议	
测试过程	测试如下功能是否支持：进入终端操作界面检查并记录	
测试结果	声音测试	□支持　□不支持
	本地自环	□支持　□不支持
	远端环回	□支持　□不支持

表 6–7–3　多点会议音频效果测试记录表

测试环境描述	本系统共包括___个会场，其中 1 个主会场，___个分会场；组网方式：□IP □ISDN PRI □E1；视频编解码协议：□H.261 □H.263 □H.264；音频编解码协议：□G.711 □G.722 □G.729；终端编码条件：码率__M、____P、___帧以上；宽频语音：□24kHz □32kHz □48kHz 其他：______	
声音效果	主会场、分会场终端都进入同一会议中。主会场和分会场的测试人员轮流发言、不停地念文字，播放 MP3 声音，以倾听会议的声音效果。以声音清晰、柔和、饱和为佳	优□　良□　中□　差□
唇音同步	各会场观看被广播的会场，被广播会场测试人员从 1～10 报数，一边报数，一边用手势表示数的数值，主会场和其他分会场测试人员观看其手势动作和声音是否一致。同样，主会场测试人员报数，分会场观察其手势动作和声音是否一致	优□　良□　中□　差□
计算机图像及声音采集功能	用计算机播放影片（1080P），该影片的声音由终端解码输出，侦听声音效果	优□　良□　中□　差□
回声抑制	MCU 召集 A、B 2 个会场入会，广播 A 会场，B 会场采用全向 MIC 或将定向 MIC 对准扬声器，离扬声器分别 1、2、3m 以及 3m 以上，测试 A 会场说话时 A 会场是否能够听到自己的回声	优□　良□　中□　差□
声音时延	主会场和分会场来回报数，主会场报 1，分会场在听到后立即报 2，然后主会场听到 2 后再报 3，这样来回报数到 10，共记录 3 次，取其有效计数计算平均值	优□　良□　中□　差□

【思考与练习】

1. 会议电视系统音频部分功能性测试包括哪些内容？
2. 怎样测试会议终端的音频输入、输出功能正常？
3. 简述唇音同步的测试方法。

模块 8　会议电视系统视频功能测试（Z38F3008Ⅱ）

【模块描述】模块包含了会议电视系统的视频部分功能性测试。通过操作过程详细介绍，掌握会议电视系统视频功能测试方法。

【模块内容】

一、测试目的

视频功能测试是为了检验会议电视系统的视频清晰度、色彩还原度和流畅度是否达到设计和标准要求。

二、测试前准备工作

（1）了解被测设备现场情况及试验条件。检查设备接线是否正确、牢固，布线工艺是否符合要求，检查系统电源电压是否满足要求。

（2）完成会场灯光系统的调试，确保灯光系统照度和色温满足要求。

（3）准备测试记录表。

三、安全注意事项

（1）防止损坏设备。电源电压不符合要求或者接线不正确可能会损坏设备。各设备检查无误完毕后，对各设备逐一进行加电，严禁不经检查立即上电。

（2）防范人身触电。测试人员应熟悉系统内各电源开关位置，熟悉各设备加电步骤。临时接线不能随处乱拉乱放。设备操作时由一个专业人员进行，严禁多人同时操作同一个设备。保证通信联系畅通，现场照明充分。

四、测试步骤及要求

（一）测试步骤

1. 会场视频质量测试

会场视频环境需要进行主观评价测试和客观评价测试，目的是将会场图像质量、清晰度、连续性、色调及色饱和度均满足要求。

（1）视频质量主观评价。

1）通过会场屏幕显示器观看本地摄像机图像信号，主观判断图像效果是否符合要求。

2）用便携式计算机连接会议终端，播放视频源信号，主观判断图像效果是否符合要求。

3）本地会场显示远端摄像机图像信号、视频源播放信号，主观判断图像效果是否符合要求。

4）检查摄像机的控制功能和视频矩阵的切换功能。

（2）视频质量客观测量。当工程设计文件对会场视频系统性能指标提出明确等级要求或者对主观评价的结论存有争议时，应进行系统质量客观检测，包括会场视频系统显示特性指标的检测、会场视频系统电性能指标的检测。具体检测内容与方法详见GB 50793—2012《会议电视会场系统工程施工及验收规范》。

2. 会议终端视频功能测试

测试终端的视频输入输出功能、网络线路和连接是否正常。

（1）色条测试。在遥控器页面中选择“诊断”，进入“诊断”→“色条测试”页面。选择“输出测试彩条”，显示设备上应能显示测试彩条。如果显示设备无图像显示，说明终端输出端口和显示设备的连接或显示设备的设置不当，排除问题后再进行测试，直至显示设备上显示测试彩条为止。

（2）本端环回。在遥控器页面中选择“诊断”，进入“诊断”→“本地环回”→“视频自环”页面。图像经由摄像机→视频输入→视频输出→显示设备，显示设备上应能显示本地图像。如果显示设备未显示本地图像，应按视频故障进行排除，直至显示设备能够显示本地图像。

（3）远端环回测试。在遥控器页面中选择“诊断”，进入“诊断”→“远端环回”→“远端视频环回”。图像经由摄像机→视频输入→终端编码→网络线路传输→远端 MCU，MCU 再原路转发回来→终端解码→视频输出→显示设备，显示设备上应能显示本地会场图像。如果显示设备上看不到图像，应按视频故障进行排除，直至显示设备能够显示本地会场图像。测试人员在会场走动、挥手，仔细观察显示设备上显示的测试人员图像动作应该有滞后或延时。

3. 多点会议系统视频功能测试

（1）分屏模式下视频清晰度、色彩还原度和流畅度测试。

1）建立 1 个主会场、N 个分会场参与的 N+1 多点会议。

2）把主会场设定为 N+1 分屏中的大画面。

3）主会场镜头设定为全景会场，从主会场观看主会场图像是否清晰，色彩还原是否正常。

4）把主会场测试人员图像放大，分会场观看主会场测试人员的图像是否足够清晰，色彩还原是否正常。

5）主会场测试人员快速挥手、大范围走动，分会场观看主会场图像的连续性和流畅度。

6）观察主会场的图像有无马赛克，是否存在闪烁和抖动现象。

7）再把分会场图像设定为 N+1 分屏中的大画面。

8）分会场镜头设定为全景会场，从分会场观看分会场图像是否清晰，色彩还原是否正常。

9）把分会场测试人员图像放大，主会场观看分会场测试人员的图像是否足够清晰，色彩还原是否正常。

10）分会场测试人员快速挥手、大范围走动，主会场观看分会场图像的连续性和流畅度。

11）观察分会场的图像有无马赛克，是否存在闪烁和抖动现象。

12）重复6）～10），直至测试完所有分会场。

13）改变会议带宽，重复测试图像质量。

（2）全屏会议模式视频清晰度、色彩还原度和流畅度测试。

1）不中断刚才的会议，切换为全屏模式。

2）广播分会场图像，主会场和其他分会场观看。

3）分会场图像设定为全景会场，观看整体效果是否清晰，色彩还原是否正常。

4）把分会场测试人员图像放大，观看测试人员的图像是否足够清晰，色彩还原是否正常。

5）测试人员快速挥手、大范围走动，观看远端图像的连续性和流畅度。

6）广播主会场图像，重复2）～5）。

（二）视频质量的评定标准

1. 会场图像质量主观评价

会场质量主观评价五级评分等级如表6–8–1所示。

表6–8–1　　会场质量主观评价五级评分等级

会场图像质量主观评价	评分等级
质量极佳，十分满意	5分
质量好，比较满意	4分
质量一般，尚可接受	3分
质量差，勉强能看	2分
质量低劣，无法观看	1分

2. 会议电视系统视频质量的定性评定

（1）图像质量：达到720P高清图像质量。

（2）图像清晰度：送至本端的固定物体的图像应清晰可辨。

（3）图像连续性：送至本端的运动图像连续性应良好，无严重拖尾现象。

（4）图像色调及色饱和度：本端观察到的图像与被摄实体对照，色调及色饱和度应良好。

五、注意事项

（1）会场视频主观评价人员不少于5名，所有评价人员独立评价打分，取算术平均值为评价结果，不小于4分为合格。

（2）图像质量主观评价的内容应包括本会场视频图像质量和远程会场视频图像质量。

（3）当工程设计文件对会场系统性能指标提出明确等级要求或者对主观评价的结论存有争议时，应进行系统质量客观检测，包括会场视频系统显示特性指标的检测、会场视频系统电性能指标的监测。具体检测内容与方法详见 GB 50793—2012《会议电视会场系统工程施工及验收规范》。

六、测试结果分析及测试报告编写

1. 测试结果分析

在测试过程中，如发现有不正常的情况出现，应详细记录不正常现象，并进行故障排查处理。故障排除后再进行测试直至测试结果正常为止。

2. 测试报告编写

将最终测试结果填入表 6–8–2、表 6–8–3 测试表格中。

表 6–8–2　终端视频功能测试记录

测试项目	测试终端音频功能	
测试方法	利用 MCU 和会议终端组成测试环境，并召开多点会议	
测试过程	测试如下功能是否支持：进入终端操作界面检查并记录	
测试结果	色条测试	□支持　□不支持
	本端自环	□支持　□不支持
	远端环回	□支持　□不支持

表 6–8–3　多点会议系统视频质量测试记录

测试环境描述	本系统共包括___个会场，其中 1 个主会场，___个分会场；组网方式：□IP □ISDN PRI □E1；视频编解码协议：□H.261 □H.263 □H.264；音频编解码协议：□G.711 □G.722 □G.729；终端编码条件：码率__M、____P、___帧以上	
测试内容	测试方法及标准	得　分
图像清晰性	首先观看一个全景会场，看整体效果是否清晰	优□　良□　中□　差□
	放大一张一百元钞票，看水印是否清晰，线条是否清晰	优□　良□　中□　差□
	将镜头指向 3m 外的不同字号的数字表，观察分辨率、线条边缘锯齿程度，观察能分辨到什么程度	优□　良□　中□　差□
图像色彩还原性	采用摄像机观看绿色植物和红色植物，看颜色是否有失真	优□　良□　中□　差□

续表

测试内容	测试方法及标准	得　分
图像流畅性	在人物图像占满屏幕大约1半的样子时，大幅度挥动双手，看图像是否自然流畅，有无马赛克	优□ 良□ 中□ 差□
	人在摄像机前面走动，看图像的连续性	优□ 良□ 中□ 差□
	摇动摄像机镜头，观察图像的连续性及清晰度	优□ 良□ 中□ 差□
图像延时性	两块秒表对时后，一块由专家使用，另一块由摄像机拍摄，观察专家手里秒表和远程终端图像里面的秒表时间，比较时间差（t）	$t\leqslant1$s□ 1s$<t\leqslant$2s□ 2s$<t\leqslant$3s□ $t>$3s□
静态图片图像分辨率、色彩饱和度、图像还原度	用计算机播放图片（1920×1080），观察图像的分辨率、色彩、还原度效果	优□ 良□ 中□ 差□
动态图像分辨率、色彩饱和度、图像还原度、图像连贯性	用计算机播放影片（1080P），观察图像的分辨率、色彩、还原度、连贯性效果	优□ 良□ 中□ 差□

【思考与练习】

1. 会议电视系统视频部分功能测试包括哪些内容？
2. 测试前需要注意哪些事项？
3. 怎样测试会议终端的视频输入、输出功能正常？
4. 简述图像流畅性的测试方法。

模块9　会议电视系统会议控制功能测试（Z38F3009Ⅱ）

【模块描述】模块包含了会议电视系统的会议控制功能性测试。通过操作过程详细介绍，掌握会议电视系统控制功能测试方法。

【模块内容】会议控制包括两部分内容，一是MCU上的会议控制功能；二是终端上的会议控制功能。MCU上的会议控制功能通过其配套的会议管理系统进行测试，终端的会议控制功能通过浏览器登录终端的方式进行测试。下面以华为VP9000系列终端和SMC2.0会议管理系统为例进行介绍会议控制功能的操作。

一、测试目的

（1）测试终端上的会议控制功能，检测作为普通会场和主席会场时的观看会场等各功能是否正常。

（2）测试 SMC2.0 上的会议控制功能操作是否正常。

二、测试前准备工作

（1）了解被测设备现场情况及试验条件。检查设备接线是否正确、牢固，布线工艺是否符合要求，检查系统电源电压是否满足要求。

（2）完成会议电视系统各设备安装、配置与音视频功能测试。

（3）准备测试记录表。

三、安全注意事项

（1）防止损坏设备。电源电压不符合要求或者接线不正确可能会损坏，各设备、点位检查无误完毕后，对各设备点位逐个通电实验，严禁不经检查立即上电。

（2）防范人身触电。测试人员应熟悉系统内各设备电源供电点位和其电源开关位置，熟悉各设备加电步骤。

四、测试步骤及要求

（一）终端上的会议控制功能测试

1. 普通会场的会议控制功能测试

普通会场的会议控制功能的主要测试内容有：观看会场、申请主席、申请发言。

（1）终端已入会后，全屏观看图像时按 OK 键进入会控列表，如图 6–9–1 所示，在“观看会场”选项中可以选择需要观看的会场。如会议中无广播会场或多画面时“观看会场”操作有效，应能观看其他会场的图像。如会议中有广播会场或多画面时，只能观看被广播会场图像或多画面图像。

图 6–9–1　观看会场界面

（2）选择“会议控制”→“申请主席”，如图 6–9–2 所示，如果当前会议中不存在主席，申请主席成功后就可以对整个会议进行控制。

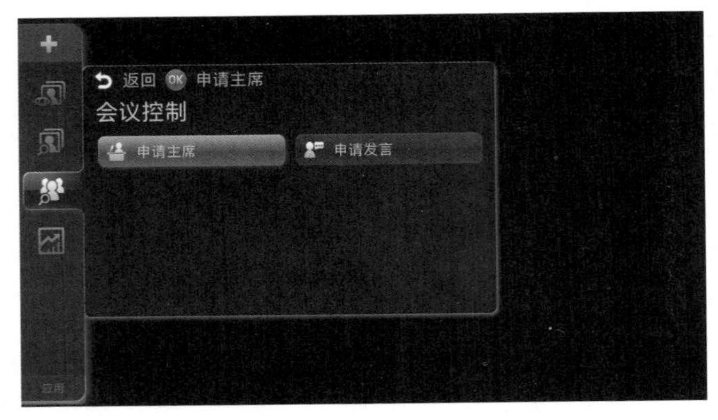

图 6–9–2 普通会场会议控制界面

（3）选择“会议控制”→“申请发言”，界面如图 6–9–2 所示。当非主席会场希望在会议中发言时，可以向主席申请发言。会议中有主席会场时，“申请发言”操作有效。会场申请发言后，申请发言信息将传给主席会场，由主席会场决定：

允许发言—该会场的图像被广播，其他非主席会场均被闭音。

不允许发言—会议保持现状。

2. 主席会场的会议控制功能测试

主席拥有全局会议控制权，控制整个会议秩序，可以管理所有会场声音图像。主席会场的会议控制界面如图 6–9–3 所示，单击相应图标即可进行相关会议控制功能测试。主席会场会议控制功能主要有观看会场、广播会场、点名发言、延长会议、添加会场、释放主席、结束会议、声控切换、设置多画面等，具体功能描述如下：

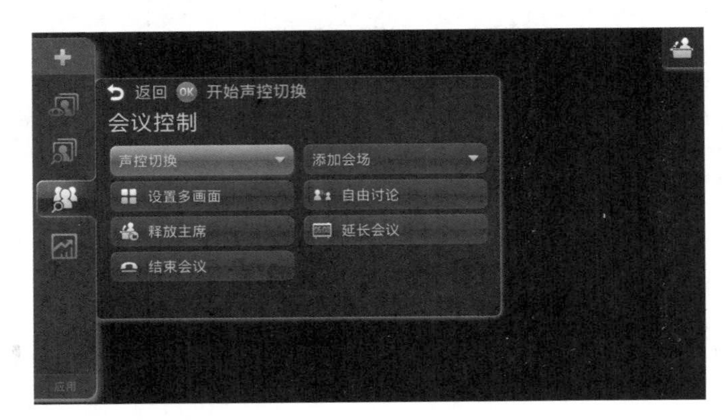

图 6–9–3 主席会场会议控制界面

（1）释放主席。主席会场不再担当主席时，可以释放主席。释放主席后，其他会场才申请主席。

（2）添加会场。主席会场可以根据需要，在会议过程中，添加一些会场到当前的会议中。会场添加成功后，该会场成为本会议的与会会场。待添加的会场可以在地址本中选择，也可以新定义一个会场。

（3）删除会场。会议过程中，主席会场可以将某个入会或未入会的会场删除。某个会场被主席会场删除后，将不再属于该会议，该会场记录也不会出现在会场列表中。

（4）挂断会场。主席会场可以对某个已入会的会场执行挂断操作，该会场被挂断后，将自动离会。

（5）呼叫会场。呼叫会场列表中单个未入会的会场，使未入会的会场入会。也可以执行“呼叫所有”操作，呼叫所有未入会的会场。

（6）延长会议。估计预定的会议时间不足以完成本次会议，可通过“延长会议”操作使会议结束时间延后。

（7）结束会议。尚未到预定的会议结束时间，会议内容已经完成，主席会场可通过“结束会议”操作提前结束会议。

（8）会场静音。主席会场通过“会场静音”操作，停止向被静音会场发送会议声音，直至主席会场停止静音。

（9）会场闭音。关闭某与会会场的传声器，该会场的声音不被其他会场听到，直至对该会场停止闭音。

（10）声控切换。用于讨论或辩论，声音最大的会场图像将被其他所有与会会场看到。启用“声控切换”功能后，如果有会场（一个或多个）的音量超过视讯系统设置的声控门限，音量最大的会场图像将被广播。如果所有会场的声音音量均未超过声控门限，会议保持现状。

（11）观看会场。主席会场可以观看单个会场，也可按照设置的时间间隔循环观看多个会场。主席会场能够观看任意一个会场的图像。主席会场的“观看会场”操作在广播会场或多画面时也有效。

（12）广播会场。所有会场（广播源会场除外）被强制观看广播源会场的图像。主席会场能广播任意一个会场或按照设定的时间间隔循环广播多个会场，包括主席会场本身。广播某会场时，所有非主席会场被强制观看该会场的图像，主席会场仍然可观看任意一个与会会场的图像。使用“停止广播”或“自由讨论”操作停止广播。

（13）点名发言。当主席会场需要某个会场发言时，需要对该会场执行“点名发言”操作。被主席会场“点名发言”后，会场的图像、声音被广播，除主席会场和该会场以外的其他会场传声器均被关闭。在“点名发言”页面，用遥控器的方向键将焦点移动到该会场上，按遥控器的**OK**键，即可执行点名发言操作。主席会场选择“自由讨论”操作才能终止“点名发言”。

（14）自由讨论。“自由讨论”操作用于取消主席会场所做的以下控制操作：广播会场；会场闭音；会场静音；点名发言。自由讨论的特性：一是所有会场的传声器被打开，各会场的声音被混合后广播给所有会场；二是各会场所观看的图像保持不变，但各会场间能自由观看。

（15）申请发言列表。主席会场查看当前请求发言的会场。会议进行时任何非主席会场选择“申请发言”，申请记录存储于本列表中。主席会场在列表中选择允许发言的会场，该会场的图像被广播，其他非主席会场的传声器均被关闭。执行一次允许发言的操作后，会场列表就被清空。

（16）设置多画面。多画面是指一个监视器同时显示2个以上会场的图像。不同多画面模式，显示的会场数、会场位置排列不同。选择某个多画面区域框后，在页面弹出的会场列表下拉框中选择某个会场，然后选择“确定”即可将该会场设置到该区域框中。如果选择的多画面区域框中已有会场，原来区域框中的会场将会被替换。也可以选择“清除所有”，清除所有多画面区域中的会场。

对上述各项功能进行逐一测试，根据测试情况逐项填写记录表中各项测试结果。

（二）SMC2.0上的会议控制功能测试

SMC2.0上的会议控制功能测试内容主要有：定义会议、调度会议、会议控制。

1. 定义会议

在完成添加GK、MCU和会议终端等会议准备后，可以通过添加会议模版的方式进行定义会议。会议模板即在SMC2.0中预先定义的一组会议参数，会议模板可保存在SMC中，以便随时调度，也可在定义后立即召开会议。

（1）单击“会议管理”子选单中的“会议模板”，然后单击“添加会议模板”，设置会议的时长，会议的效果、多画面等，如图6–9–4所示。

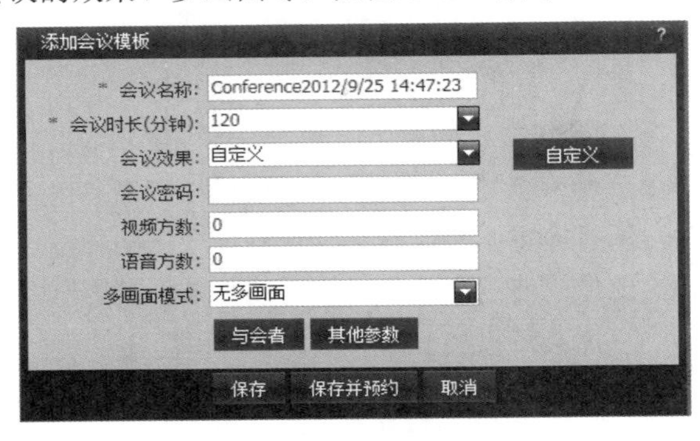

图6–9–4 添加会议模版

（2）单击“与会者”，然后单击“添加会场”，选择需要加入会议的会场，如图 6–9–5 所示。

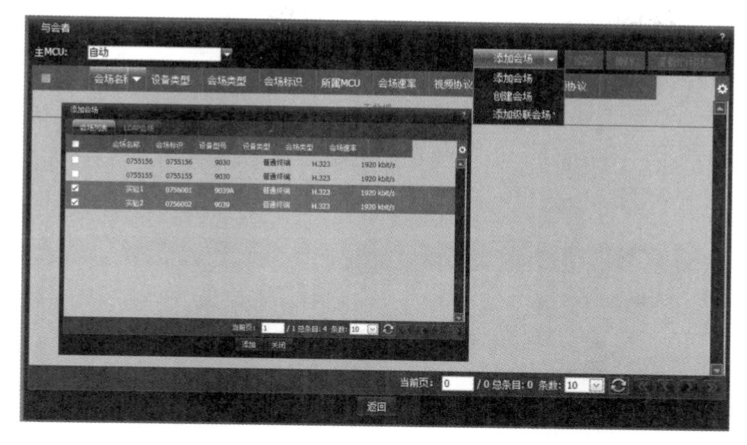

图 6–9–5　添加与会者

（3）保存。

（4）单击“其他参数”，弹出如图 6–9–6 所示对话框，主要对速率适配、声控切换、加密类型、辅流、组播、会议通知、计费码等参数进行配置。配置完成后单击“返回”，保存后完成会议定义。

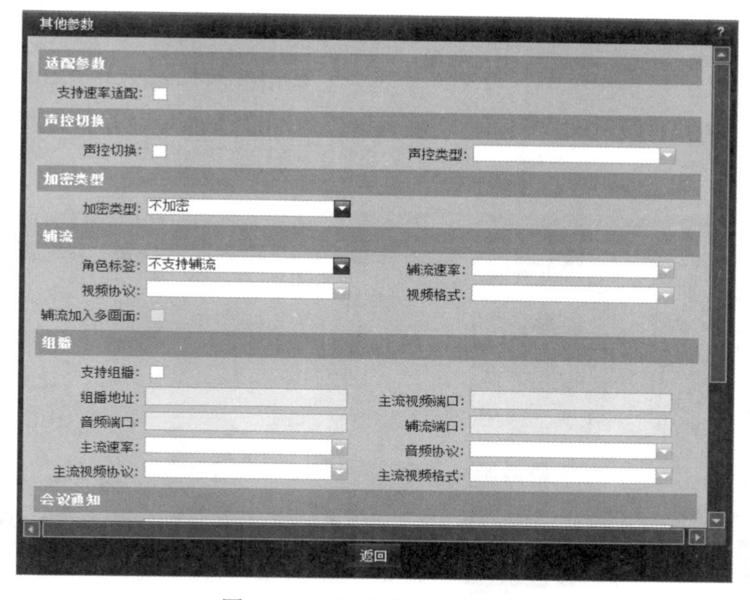

图 6–9–6　设置会议其他参数

2. 调度会议

会议定义完成后，可以通过调度会议召开会议，调度会议有两种方式，一种是预约会议，另一种是即时会议。

（1）预约会议。

1）在“会议管理”→“会议模板”中选中需要召开的会议，如图 6–9–7 所示。

2）选中会议的开始时间、会议时长，会议模板，Email 参数等。

3）单击“预约”，完成会议预约。

图 6–9–7 预约会议

（2）即时会议。

1）可以单击“会议管理”下“即时会议”，弹出如图 6–9–8 所示画面。

2）设置会议参数，选择需要入会的会场然后单击“预约会议”，就调度好一个即时会议了。

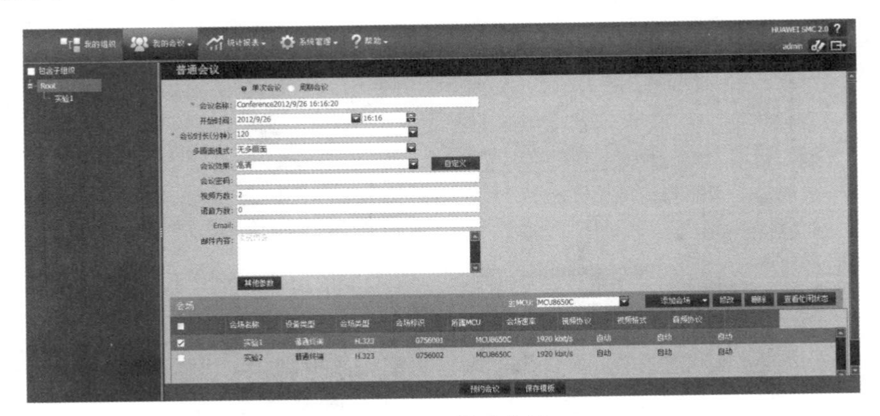

图 6–9–8 即时会议

3. 会议控制

对于正在召开的会议，可以通过 SMC2.0 进行会议控制操作。选中会议，如图 6–9–9 所示，在右上角可以看到会议控制功能的操作图标，相关功能及其描述详见表 6–9–1 所示；在下方可以看到会场控制功能的操作图标，相关功能及其描述详见表 6–9–2 所示。对各项会议控制功能和会场控制功能进行测试,，根据测试情况逐项填写记录表中各项测试结果。

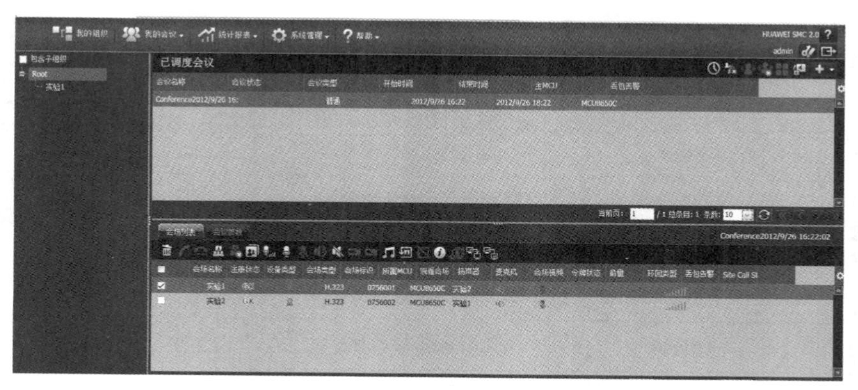

图 6–9–9　SMC2.0 会议控制操作界面

表 6–9–1　　SMC2.0 会议控制功能描述

图标	功　能	描　述
	延长会议	推迟会议的结束时间
	结束会议	结束当前会议
	广播多画面	使会议中所有会场都观看多画面
	取消广播多画面	停止将多画面广播到各个会场
	设置多画面	设置会议的多画面模式，以及各个子画面显示的会场
	声控切换	声控切换后会议按照会场的音量大小自动广播当前音量最高的会场
	添加会场	从地址本中选择会场添加到当前会议中

表 6–9–2　　SMC2.0 会场控制功能描述

图标	功　能	描　述
	移除会场	在当前会议中删除会场
	呼叫	将所选会场呼入到会议中

续表

图标	功　能	描　述
	挂断	将所选会场挂断
	广播会场	把所选会场图像广播给所有会场
	取消广播会场	取消广播的会场
	观看会场	为所选会场选择要观看的会场
	设置音量	调整所选会场的音量
	打开传声器	打开所选会场的传声器
	关闭传声器	关闭所选会场的传声器
	打开扬声器	打开所选会场的扬声器
	关闭扬声器	关闭所选会场的扬声器
	打开视频	打开所选会场的视频
	关闭视频	关闭所选会场的视频
	音频环回	对所选会场进行音频环回测试
	视频环回	对所选会场进行视频环回测试
	取消环回	取消所选会场的所有环回测试
	活动会场详细信息	查看所选会场的详细参数
	查看会场能力	查看所选会场的视音频能力
	查询实时网络数据	查看所选会场当前的丢包率数据
	查询会议内网络数据	查看所选会场在会议进行期间的丢包率数据

五、注意事项

（1）进行多画面测试时，主要测试其功能是否正常，对组合模式一般不做全部的测试，选取几种实用和常用的模式进行测试即可。

（2）严禁带电插拔任何连接线。

（3）严禁随意拆卸设备。

六、测试结果分析及测试报告编写

1. 测试结果分析

会议控制功能比较多，测试人员应逐项次地进行测试，每测试一项及时记录测试结果。如测试功能正常时测试结果勾选“正常”，测试结果异常时应进行原因分析，排除故障再进行测试，直至测试结果正常为止。

2. 测试报告编写

将测试结果填入相应的测试表格中。测试报告的编写可参照表 6–9–3～表 6–9–5。

表 6–9–3　　普通终端会议控制功能测试记录

会控操作	操　作　说　明	测试结果
申请发言	普通终端请求发言，MCU 将转发该请求给主席，由主席决定是否点名该终端	正常□不正常□
申请主席	会场申请主席控制权。成为主席后将有更多的会控操作	正常□不正常□
观看会场	看主席广播的会场画面	正常□不正常□

表 6–9–4　　主席会场终端的会议控制功能测试记录

会控操作	操　作　说　明	测试结果
释放主席	取消主席控制权限	正常□不正常□
添加会场	增加一个新的会场	正常□不正常□
删除会场	删除会议中的一个会场	正常□不正常□
挂断会场	挂断对应会场的呼叫连接	正常□不正常□
呼叫会场	向会场发起呼叫	正常□不正常□
延长会议	使会议结束时间延后	正常□不正常□
结束会议	结束对应的会议	正常□不正常□
会场静音	关闭会场传声器	正常□不正常□
会场闭音	关闭会场的扬声器	正常□不正常□
声控切换	是否启用会议的声控切换。启用后，声音最大的会场将被实时广播	正常□不正常□
观看会场	观看对应会场。主席可选看任意会场，普通会场只能看本 MCU 会场	正常□不正常□
广播会场	所有会场观看被广播会场。可配置广播会场是否看自己	正常□不正常□
点名发言	广播被点名会场，同时闭音主席和发言会场以外的其他会场	正常□不正常□
申请发言列表	主席会场查看当前请求发言的会场	正常□不正常□
设置多画面	设置多画面的组合	正常□不正常□

表 6–9–5 SMC2.0 会议控制功能测试记录表

会控操作		测试结果
会议控制	延长会议	正常□不正常□
	结束会议	正常□不正常□
	广播多画面	正常□不正常□
	取消广播多画面	正常□不正常□
	设置多画面	正常□不正常□
	声控切换	正常□不正常□
	添加会场	正常□不正常□
会场控制	移除会场	正常□不正常□
	呼叫	正常□不正常□
	挂断	正常□不正常□
	广播会场	正常□不正常□
	取消广播会场	正常□不正常□
	观看会场	正常□不正常□
	设置音量	正常□不正常□
	打开传声器	正常□不正常□
	关闭传声器	正常□不正常□
	打开扬声器	正常□不正常□
	关闭扬声器	正常□不正常□
	打开视频	正常□不正常□
	关闭视频	正常□不正常□
	音频环回	正常□不正常□
	视频环回	正常□不正常□
	取消环回	正常□不正常□
	活动会场详细信息	正常□不正常□
	查看会场能力	正常□不正常□
	查询实时网络数据	正常□不正常□
	查询会议内网络数据	正常□不正常□

【思考与练习】

1. 普通会场的会议控制功能的主要测试内容有哪些？
2. 简述主席会场“广播会场”“点名发言”的操作功能。
3. SMC2.0 会议控制功能有哪些？

模块 10　音频信号常见故障分析及处理（Z38F3010Ⅲ）

【模块描述】本模块包含了会议电视系统音频信号常见故障现象的描述、分析和处理。通过案例分析，掌握会议电视系统音频信号常见故障的分析和处理方法。

【模块内容】音频信号故障是会议电视调试过程中最常见的问题。无声音、声音卡顿、回声、啸叫、声音过大或过小等问题都是经常会出现的。有些是本地设置或设备造成的，有些是远端造成的，要通过仔细的分析和查找才能发现问题和解决问题。本模块就音频信号常见的故障现象、故障分析及处理、故障处理流程进行介绍。

一、无声音问题

1. 本地没有声音

（1）故障现象。会场扬声器中听不到本地的声音。

（2）原因分析。

1）音频线缆连接错误或连接松动。

2）本地传声器未打开。

3）终端的音量被调到最小。

4）调音台未打开，或者对应通道开关、旋钮等状态位置不正确。

5）扬声器被闭音或者输出音量过小。

（3）处理方法与步骤。

1）检查音频线缆，确保连接正确、无松动。

2）打开本地传声器。

3）调整终端音量设置。

4）打开调音台，相应通道开关或旋钮调整到正确位置。

5）调整本地扬声器音量设置。

2. 远端没有声音

（1）故障现象。能听到本地会场声音，听不见远端会场声音。

（2）原因分析。

1）远端传声器未打开或者静音。

2）会议管理系统上将发言会场静音或者将收听会场闭音。

3）终端的输出音量被调到最小。

4）调音台上远端声音输入通道功能开关或旋钮、按钮等设置不当。

5）远端音频线缆连接错误或连接松动。

6）传输网络设置问题。

（3）处理方法与步骤。

1）打开远端会场传声器，取消静音，在会议管理系统上取消相关静闭音操作。

2）将调音台上远端声音输入通道功能开关或旋钮、按钮等设置在正常的状态。

3）远方会场做本地音频自环测试。如果不能听到声音，检查音频线缆；如果声音正常，排除远端会场音频问题。

4）检查传输网络设置，避免防火墙或其他网络设备把音频包过滤。

二、声音效果问题

1. 声音卡顿

（1）故障现象。本地听远端声音有卡顿现象。

（2）原因分析。

1）网络丢包造成音频卡顿、断续。

2）终端异常 CPU 占用过高。

（3）处理方法与步骤。

1）检查终端的音频丢包情况，排查网络。

2）减少对终端操作，降低 CPU 占用率。

2. 回声

（1）故障现象。会议中，某个会场听到本端回声。

（2）原因分析。

1）对方传声器离扬声器太近或会场音量太高，本端的声音从对方的传声器又传了回来。

2）对方调音台设置有误，将接收到的远端音频信号又返送到调音台的输出。

3）会议终端上未启动回音消除功能。

（3）处理方法与步骤。

1）对方会场增加传声器与扬声器的距离。

2）降低对方会场扬声器的音量，降低传声器的灵敏度。

3）检查调音台设置确保正确。

4）启用会议终端回声消除功能。

3. 啸叫

（1）故障现象。发言时扬声器内发生啸叫。

（2）原因分析。

1）传声器离扬声器太近。

2）调音台主输出音量调节太高。

3）功放输出通道音量调节过大。

（3）处理方法与步骤。

1）确保传声器与扬声器的距离满足设计规范对其最小距离的要求。

2）将调音台主输出通道推杆向下滑动或旋钮逆时针转动，使扬声器声音播放正常。

3）将功放输出通道的音量调节旋钮向逆时针方向旋转，直至扬声器声音播放正常。

三、注意事项

（1）会场的大小、扬声器的规格和数量对传声器的拾音都会产生影响，因此传声器布放位置必须符合设计规范的要求，否则可能会产生回声或啸叫现象。

（2）声音信号要经过传声器、调音台、功放、扬声器才能被播放出来，这些设备任何一个设置不当都会造成会场扬声器中听不到本地或远端的声音。

（3）调音台、功放的输出要相互配合调节，不能将调音台输出推至最高或最低，或者把功放的输出调至最低或最高。

（4）故障排除时，首先要确定本地传声器上的发言在本地扬声器内能听到，然后再进行其他音频故障检查。

（5）音频故障必须分清楚是本地故障还是远端故障。

（6）调音台为专业性很强的设备，其功能旋钮、开关等比较多，安装调试人员需掌握基本操作技能，不要随便推拉或转动其推杆和旋钮。

四、故障案例分析举例

调音台输入 1、2 路上连接有 2 只传声器，输入第 3 路上为会议终端输出的远端音频，本地音频从 AUX2 发送至会议终端的音频输入，调音台主输出连接功放，100m^2 30 人的会场，地面至会场吊顶高度为 3.5m，吊顶上布置有 8 只吸顶扬声器。开会前与主席会场调试发现：本地听到扬声器有轻微啸叫和回声，主席会场称也听到有自己轻微的回声。

（1）对于本地啸叫和回声采用的故障分析和排除方法。查看传声器的位置：因在调试临时移动，发现正好将传声器放在一只吸顶扬声器的正下方，由此判断，啸叫是由传声器放置位置不当引起，将传声器移回原来的位置后扬声器内的啸叫声消除了，本端也听不到自己的回声，但主席会场称仍能听到自己轻微的回声。

（2）针对主席会场听到自己回声的现象采用的故障分析和排除方法。查看调音台各输入通道和输出通道的开关和旋钮，第 1、2 路对应的各部分状态正常，第 3 路 AUX2 旋钮处在 8 点钟左右的位置，而使用说明上标明第 3 路的 AUX2 旋钮必须转至最小应处在“-∞”关闭位置。由此判断主席会场听到的回声是AUX2旋钮位置不当引起的，将AUX2旋钮转至“-∞”关闭位置再行对话，对端称回声消除了。

经过上述有条理的问题分析和排除步骤，案例中产生的音频故障得到了解决。

【思考与练习】

1. 发言时扬声器内发生啸叫的原因有哪些？
2. 发言会场听到回声应如何处理？
3. 终端已入会，本地声音正常，但是扬声器中听不到远端声音，该如何处理？

模块11 视频信号常见故障分析及处理（Z38F3011Ⅲ）

【模块描述】本模块包含了会议电视系统视频信号常见故障现象的描述、分析和处理。通过案例分析，掌握会议电视系统视频信号常见故障的分析和处理方法。

【模块内容】在会议电视系统安装调试过程中，不可避免会出现图像不显示、图像效果不佳和摄像头遥控失灵等视频问题，需要对这些故障排查处理。

一、图像不显示故障

1. 本地没有图像

（1）故障现象。终端启动但未入会，监视器上既不显示遥控器页面，也不显示本地图像。

（2）原因分析。

1）监视器的视频通道选择错误。

2）终端或监视器的图像参数设置不正确。

3）视频线缆连接松动。

（3）处理方法与步骤。

1）使用监视器的遥控器将其视频源设置为对应的视频通道。

2）检查并正确设置终端和监视器的图像参数。

3）拧紧终端到监视器的视频线缆插头。

2. 本地图像为蓝屏

（1）故障现象。终端启动但未入会，监视器能显示遥控器页面，显示的本地图像为蓝屏。

（2）原因分析。

1）连接主视频源所在接口的摄像机没有打开电源开关或者摄像机休眠了。

2）给终端视频输入接口选择的主视频源没有连接摄像机。

（3）处理方法与步骤。

1）打开摄像机电源开关或用遥控器激活摄像机。

2）切换到连接有摄像机的本地主视频源。

3. 不能显示遥控器页面

（1）故障现象。终端启动但未入会，监视器可显示本地图像，但不能显示遥控器页面。

（2）原因分析。

1）设置的遥控器页面输出接口没有接视频输出设备或连接的视频输出设备异常。

2）终端系统故障，导致对遥控器操作无响应。

（3）处理方法与步骤。

1）在设置的遥控器页面输出接口上连接视频输出设备并正确设置其视频参数。

2）通过 Telnet 连接到终端，若对终端操作失败，则是终端系统故障。此时，请重启终端。重启后还不能解决问题请送修。

4. 不能显示远端图像

（1）故障现象。本地已入会，能显示本地图像，但不能显示远端图像。

（2）原因分析。

1）未取消本地自环或远端环回。

2）远端未发送图像。

3）视频输出接口选择显示本端主视频。

（3）处理方法与步骤。

1）进入遥控器页面的“系统诊断”选项，选择“断开”所有的自环或环回。

2）进入遥控器页面查看“呼叫统计”选项，如发现接收到的“视频带宽”为 0，说明远端未发送图像，需联系远端的管理员进行检查并发送图像。

3）进入遥控器页面将相应视频输出端口切换成显示远端主流。

二、图像效果类故障

1. 本地黑白图像

（1）故障现象。本地图像异常，成为黑白图像或黑白图像伴有闪烁。

（2）原因分析。会议终端相应视频输出接口的模式选择错误。

（3）处理方法与步骤。

1）确认视频输出接口的模式和使用的线缆配套。

2）检查线路是否正确连接或更换线缆。

2. 远端图像模糊

（1）故障现象。入会后本地看到的远端图像模糊，有马赛克、凝固、不连续等现象。

（2）原因分析。

1）远端摄像机聚集方式设置为向近聚焦或向远聚焦。如果远端设置为非自动调焦，景物变换时，摄像机就不会自动聚焦而使摄取的图像不清晰。

2）呼叫带宽过低，协商出来的视频格式较低。

3）网络连接器件（如光纤收发器）质量差，导致传送的数据丢失。

4）本地视频模块有故障。

（3）处理方法与步骤。

1）设置远端主摄像机为自动调焦方式。

2）进入遥控器页面中的“呼叫统计”页面，查看会议速率，如果会议速率低，建议挂断后采用高带宽呼叫。

3）检查、更换网络连接器件（如光纤收发器）。

4）执行视频自环，自环图像质量差，说明终端的视频模块有故障，需送检。

3. 监视器显示的图像不清晰

（1）故障现象。本地入会后，显示的远端图像比较连续，但是不够清晰。

（2）原因分析。

1）在远端执行视频自环，发现自环图像清晰，故可判断远端设置的图像帧率过高。

2）呼叫带宽过低，协商出来的视频格式较低。

3）会议参数被强制。

（3）处理方法与步骤。

1）请远端的管理员执行操作：“挂断会场”→“降低图像帧率”→“呼叫入会”。

2）挂断后采用高带宽呼叫。

3）挂断后，修改会议参数，再发起呼叫。

4. 监视器显示的图像过亮或过暗

（1）故障现象。终端未入会，监视器显示的图像过亮或过暗。

（2）原因分析。

1）终端本身的图像参数调整不当。

2）监视器的图像参数调整不当。

3）房间光线太亮或太暗。

4）会议终端对环境参数设置不当。

5）摄像机故障。

（3）处理方法与步骤。

1）将终端输出接口图像参数设置为缺省值。

2）将监视器的图像参数设置为缺省值。

3）组合式开、关房间灯光直至达到较好光线效果。

4）如果图像太亮，将“房间光线”设置成“亮”，如果图像太暗，将“房间光线”设置成“暗”。

5）摄像机一般都能可以感应周围光线照度并进行自动调整适配，如将摄像机设置为自动后问题不能解决，说明摄像机故障，需送检。

三、摄像机遥控故障

1. 无法控制本地摄像机

（1）故障现象。进入会议终端的摄像机控制页面，按遥控器方向键不能控制摄像机。

（2）原因分析。

1）没有正确选择控制对象。

2）摄像机参数设置错误，如摄像机类型和控制串口。

3）未连接摄像机控制线缆或连接不可靠。

（3）处理方法与步骤。

1）进入摄像机控制页面，选择控制对象。

2）请重新设置摄像机参数为对应的摄像机和串口。

3）请重新连接摄像机控制线缆。

2. 无法控制远端摄像机

（1）故障现象。终端入会后，监视器显示远端图像，但遥控器不能控制远端摄像机。

（2）原因分析。

1）远端摄像机设置为不允许控制。

2）摄像机参数设置错误，或连接摄像机控制线缆连接不可靠。

（3）处理方法与步骤。

1）请联系远端的管理员，修改摄像机为允许远端控制。

2）请联系远端的管理员，重新设置摄像机参数，或重新连接摄像机控制线缆。

四、注意事项

（1）视频终端的开关机使用遥控器操作，切勿直接关闭电源开关。

（2）摄像机长时间拍摄到静止画面时会进入休眠状态，需用遥控器激活。

（3）摄像机接口连接线拔插必须在摄像机关机状态下进行。

（4）周围环境对图像的质量有决定性影响，所以会场灯光和照度必须符合要求。

（5）如采用串口连接线控制摄像机时，控制线的长度和质量需符合规范要求。

五、故障案例分析举例

（1）故障现象。终端开机后显示本地已入会，本地监视器能显示本地图像，远端监视器也显示本地图像但不能显示远端图像。

（2）故障原因。

1）远端未发送图像。

2）视频输出接口选择显示本端主流而非远端主流。

（3）故障处理。

1）进入遥控器页面查看“呼叫统计”选项，发现接收到的“视频带宽”为1.5M，说明是其他问题造成的故障，进行下一步的处理措施。

2）对比系统设计和安装资料，发现终端视频输出端口1显示内容应为“本端主流”，连接至本地监视器；终端视频输出端口2显示内容应为“远端主流”，连接至远端监视器；进入遥控器页面，查看终端视频输出端口的实际设置情况，发现视频端口1、端口2的设置都为显示“本端主流”。用遥控器选择视频输出端口2为显示“远端主流”，远端监视器上正常出现远端图像。

【思考与练习】

1.“本地已入会，能显示本地图像，但不能显示远端图像”的原因有哪些？

2. 入会后如果本地看到的远端图像模糊，有马赛克、凝固、不连续现象，该如何处理？

3. 摄像机遥控故障的现象有哪些？